D1702548

Geschichtsmeile Wilhelmstraße

Publikationen der Historischen Kommission zu Berlin

Geschichtsmeile Wilhelmstraße

Herausgegeben von
Helmut Engel und Wolfgang Ribbe

Akademie Verlag

Tagung und Tagungsband sind auf Anregung des Abgeordnetenhauses im Auftrag des Berliner Senats und mit finanzieller Unterstützung der Senatsverwaltung für Bauen, Wohnen und Verkehr durch die Historische Kommission zu Berlin realisiert worden.

Kartographie des Titelbildes: Karsten Bremer

Die Deutsche Bibliothek – CIP-Einheitsaufnahme

Geschichtsmeile Wilhelmstrasse / hrsg. von Helmut Engel und Wolfgang Ribbe. – Berlin : Akad. Verl., 1997
  (Publikationen der Historischen Kommission zu Berlin)
  ISBN 3-05-003058-5

© Akademie Verlag GmbH, Berlin 1997
Der Akademie Verlag ist ein Unternehmen der VCH-Verlagsgruppe

Gedruckt auf chlorfrei gebleichtem Papier
Das eingesetzte Papier entspricht der amerikanischen Norm ANSI Z.39.48-1984 bzw. der europäischen Norm ISO TC 46.

Alle Rechte, insbesondere die der Übersetzung in andere Sprachen, vorbehalten. Kein Teil dieses Buches darf ohne schriftliche Genehmigung des Verlages in irgendeiner Form – durch Photokopie, Mikroverfilmung oder irgendein anderes Verfahren – reproduziert oder in eine von Maschinen, insbesondere von Datenverarbeitungsmaschinen, verwendbare Sprache übertragen werden.

Satz und Litho: Werksatz J. Schmidt, Gräfenhainichen
Druck: GAM Media, Berlin
Bindung: Verlagsbuchbinderei Mikolai GmbH, Berlin
Einbandgestaltung: Ralf Michaelis, Berlin
Printed in the Federal Republic of Germany

Inhalt

Vorwort der Herausgeber ... 9

HANNA-RENATE LAURIN
Zur Einführung: Stadt und Geschichte ... 11

ULRICH ARNDT
Planung für die Wilhelmstraße ... 13

Die Wilhelmstraße in der Sicht der politischen Systeme

WOLFGANG RIBBE
Die Wilhelmstraße im Wandel der politischen Systeme
Preußen – Kaiserreich – Weimarer Republik – National-
sozialismus ... 21

LAURENZ DEMPS
Die Wilhelmstraße in der DDR ... 41

LUDWIG BIEWER
Die Wilhelmstraße in der Sicht des Auswärtigen Amts ... 85

HANS WILDEROTTER
»Germania mit dem Reichswappen«
Der Ausbau der Behördenstandorte des Norddeutschen
Bundes und des Deutschen Reiches in der Wilhelmstraße
bis 1880 ... 101

ANDREAS NACHAMA
Wilhelmstraße – Umschlagplatz der Politik
Diplomatische Vertretungen, politische und wirtschaftliche
Interessenverbände im Umkreis der Wilhelmstraße ... 117

Wahrnehmungs- und Bedeutungsgeschichte in vergleichender Sicht

ROSEMARIE BAUDISCH
Kultur, Gesellschaft und Politik in der Wilhelmstraße
Wahrnehmungs- und Bedeutungsgeschichte — 129

GERHARD BOTZ
Herrschaftstopographie Wiens
Historische Dimensionen und politisch-symbolische Bedeutung des österreichischen Regierungszentrums — 153

ETIENNE FRANÇOIS
Geschichte und Selbstverständnis des Pariser Regierungszentrums — 189

LOTHAR KETTENACKER
Whitehall in Geschichte und Gegenwart — 199

KLAUS MEYER
Gibt es eine »Geschichtsmeile« in Moskau?
Zur Wahrnehmungs- und Bedeutungsgeschichte und als Regierungszentrum im Selbstverständnis — 213

Bauliche Gestaltung

HELMUT ENGEL
Die Baugeschichte der Wilhelmstraße im 19. Jahrhundert — 221

HARALD BODENSCHATZ
Hauptstadtplanungen aus der Perspektive der Stadt — 247

FALK JESCH
Die Wilhelmstraße im Nutzungswandel
Vom Machtzentrum zum sozialen Wohnungsbau — 261

ANNALIE SCHOEN
Planungen seit dem Mauerfall im Parlaments- und Regierungsviertel um die Wilhelmstraße — 269

Ausblick — 283

Rosemarie Baudisch
Verzeichnisse

    Quellen und Literatur   291

Register

    Personen   301
    Orte – Standorte – Bauwerke   306

    Bildnachweis   314
    Autoren   314

Vorwort

Die Wilhelmstraße gilt als Synonym für die preußische und deutsche Politik in der Zeit von der Mitte des 19. bis zur Mitte des 20. Jahrhunderts. Hier etablierte sich die Machtzentrale des Reiches, mit dem Auswärtigen Amt und der Reichskanzlei als Mittelpunkt. In der Sicht der politischen Systeme war die Wilhelmstraße von unterschiedlicher Bedeutung: Während der Monarchie bildete sie ein Machtzentrum neben dem Schloß und dem Reichstag, in der Weimarer Demokratie teilte sie die machtpolitische Bedeutung mit dem Reichstag, und erst die Nationalsozialisten konzentrierten ihre Machtausübung in der Reichshauptstadt vorrangig auf diese Adresse, die auch für wirtschaftliche Interessenverbände und diplomatische Vertretungen ein Statussymbol blieb. Kunst und Kultur waren aber nur zeitweise in einigen Salons zu Hause, die politische Gesellschaft gab in der Wilhelmstraße den Ton an. So wurde es auch vom Ausland her gesehen: Man verglich die Wilhelmstraße mit dem Quai d'Orsay in Paris, der Downing Street in London, dem Ballhausplatz in Wien und dem Kreml in Moskau, doch hat es – wie in den Beiträgen dieses Bandes deutlich gezeigt wird – gravierende Unterschiede gegeben: Weder in Paris, noch in London oder Wien wurde die Regierungsmacht so konzentriert wie in Berlin, allenfalls der Moskauer Kreml ist in dieser Hinsicht mit der Wilhelmstraße vergleichbar.

Mit dem politischen Wandel hat sich auch die bauliche Gestalt der Straße verändert. In den aktuellen Hauptstadtplanungen ist ihr keine zentrale Funktion mehr zugewiesen. Nachdem die DDR-Regierung zunächst noch teilweise auf den Standort zurückgegriffen hatte, zogen bedeutende politische Institutionen, wie die SED-Parteizentrale, der Staatsrat und die Volkskammer, in die Mitte Berlins. Auf der Reichsseite der Wilhelmstraße entstand ein Wohnviertel, und die Stadtkante zwischen Pariser und Leipziger Platz wird erst im Rahmen der Bundes-Hauptstadtplanung für eine neue Bebauung vorbereitet. Ein politisches Zentrum »Wilhelmstraße« wird es nicht wieder geben.

Damit droht die Historizität dieses Ortes verlorenzugehen, von dem aus anderthalb Jahrhunderte lang Preußen bzw. das Reich regiert wurden. Es sollte daher auch erörtert werden, welche Möglichkeiten es gibt, diesem Geschichtsverlust entgegenzuwirken.

Die Historische Kommission zu Berlin dankt allen, die zum Gelingen der Tagung beigetragen haben, insbesondere den Referenten, aber auch den Sponsoren: Die Durchführung der Tagung und das Erscheinen des Tagungsbandes hat die Berliner Senatsverwaltung für Bauen, Wohnen und Verkehr durch eine Zuwendung ermöglicht. Den Tagungsort, das ehemalige Staatsratsgebäude am Schloßplatz 1, stellte uns liebenswürdigerweise Bundesminister Prof. Dr. Klaus Töpfer, der auch die Schirmherrschaft für diese Tagung übernahm, zur Verfügung.

Die Vorbereitung der Tagung lag in den Händen des Konsultationsbüros der Historischen Kommission zu Berlin. Ihr Leiter ist dabei unterstützt worden von Monika Koch, Constanze Mörth und

Diana Schulle. Die Redaktion des Tagungsbandes lag in den Händen von Rosemarie Baudisch in reibungsloser Zusammenarbeit mit Heidemarie Kruschwitz, Christine Fromm und Günter Hertel vom Akademie Verlag Berlin. Ihnen allen sei für ihre Mitwirkung herzlich gedankt.

Helmut Engel
Wolfgang Ribbe

Hanna-Renate Laurien

Zur Einführung: Stadt und Geschichte

Ich will unter dem Thema »Stadt und Geschichte« nicht etwas über die Beziehung unserer Stadt zu ihrer Geschichte sagen, noch will ich einen großen Bezugsrahmen für die Wilhelmstraße beschreiben. Ich will aus einer Defiziterfahrung »Honig saugen«. Ich meine: In unserer Stadt kommt ein auf sie bezogenes Geschichtsbewußtsein recht selten zutage. Man erinnert sich – wenn man sich erinnert – punktuell, ohne einen ganzheitlichen Zusammenhang, wie er mir in Köln, in Trier, auch in Erfurt oder Dresden begegnet. Ob es nun die Hugenotten und der Große Kurfürst, die Königin Luise und Napoleon, Ebert und Hindenburg, ja selbst der unmenschliche Hitler oder die Schergen des DDR-Systems sind: Geschichtskontinuität wird kaum zur Sprache gebracht.

Das liegt vermutlich daran, daß in Berlin, wie sonst wohl vergleichbar nur am Rhein, unsäglich viele Völkerströme zusammengeflossen sind. Nachdem schon um 10 000 v. Chr. die Rentierjäger Spandau und Niederschönhausen durchstreiften und besonders gern dort lagerten, wo heute der Flugplatz Tegel liegt – Feuersteingeräte belegen dies –, ist Berlin immer wieder Anziehungspunkt für Menschen aus den verschiedensten Gegenden gewesen. Ob es die ostgermanischen Burgunden im 2. Jahrhundert, die slawischen Stämme im 6. Jahrhundert waren oder – sehr früh – die Menschen aus dem Schwabengau oder vom Niederrhein, im 16. Jahrhundert die Sachsen, die Thüringer und Franken, oder dann die aus allen preußischen Gebieten und schließlich aus allen Bereichen des Umlandes in die neue Hauptstadt, die neue Metropole Ziehenden – in Berlin vermischten sich, um Zuckmayers Preislied auf das Rheingebiet auf uns anzuwenden, die Völker der Welt; er sagt: Die Besten der Welt. So ist Berlin Ort der Absage an Gleichmacherei, von Wechsel und Vielfalt gekennzeichnet.

Ich behaupte nun kühn: Sein Geschichtsbewußtsein gewinnt es aus seinen Straßen und Plätzen deutlicher als durch die Abfolge von Personen. Der Potsdamer Platz, Ort der Geschichte Berlins als Metropole, Berlin-Alexanderplatz in Döblins Erfahrung, die »Linden«, beschrieben und besungen, Ort des Bürgersinns und seiner Vernichtung, durchaus in Spannung zum anderen Boulevard, dem Kurfürstendamm, dem von den Nazis als Ort der Dekadenz geschmähten Platz der Bohème. Die Große Hamburger Straße mit der Synagoge, deren Kuppel die Kuppeln von St. Hedwig und dem Berliner Dom übertraf, und die Auguststraße mit dem jüdischen Kinderheim Ahawah, die Leipziger und die Fasanenstraße, die Schöneberger Nollendorfstraße oder die Gropiusstadt – sie alle sind Steine im Mosaikbild der Geschichte unserer Stadt.

Und nun hier die Wilhelmstraße

In dem immer noch höchst lesenswerten Berlin-Buch[1], das Johann Jakob Hässlin herausgegeben hat und das Berlin-Erfahrungen prominenter Men-

---

1 Johann Jakob Hässlin (Hrsg.), *Berlin,* München 1962.

schen aus Politik, Literatur und Kunst durchaus stadtteilbezogen wiedergibt, wird Berlin zwar von Jean Paul als »architektonisches Universium«[2] aufs höchste gepriesen, von Heine als Stadt ohne Altertümlichkeit, in der man nichts weiter sieht als tote Häuser und Berliner[3], recht kritisch gesehen, doch immer wieder ist von seinen Bauten, seinen Architekten die Rede. Noch einmal Heinrich Heine: Ihm kommt die Friedrichstraße wie eine Veranschaulichung der Idee der Unendlichkeit vor, und nachdem er die schönen Gebäude auf beiden Seiten der Linden genannt hat, ist ihm der Bau der Boulevards erwähnenswert, »wodurch die Wilhelmstraße mit der Luisenstraße in Verbindung gesetzt wird.«[4]

Die Wilhelmstraße selbst kommt nur in drei kurzen Texten vor, und zwar die Nummern 76 und 77: das Auswärtige Amt, das Harold Nicolson 1944 als eines der wenigen Gebäude Berlins bezeichnet, das sich seiner Vergangenheit rühmen konnte[5], und das Reichskanzlerpalais, das Hildegard Baronin von Spitzemberg 1902 Anlaß gibt, sich zu vergegenwärtigen, »welch verschiedenen Geistes Kinder diesem Haus ihren Stempel aufgedrückt haben« und wie mit der äußeren Form auch die Menschentypen gewechsel haben.[6]

Günter Weisenborn beschreibt dann 1947 den 27. September 1940, als im Goldenen Saal der Reichskanzlei – und ich zitiere – »der gelassene Himmler mit dem bestialischen Buchhaltergesicht, Keitel, die korrupte Säule verbissenen Soldatentums, jener ganze alberne blutbesudelte Apparat der drei Diktaturen ... uns die Unterzeichnung des Dreimächtepaktes vor[spielten].«[7]

Da finden wir unsere Stadt und unsere vielfältige Geschichte. Doch diese Stadt, ihre Straßen, haben nicht nur Geschichte, sie haben in einmaliger Weise Zukunft. Da ist es angebracht, Jean Giraudoux 1932 zu zitieren: »Ein ganzer Stab begabter Architekten: Peter Behrens, Erich Mendelsohn, Hans Poelzig, Max Taut«, so stellt er fest, »sie fanden in Berlin, was unsere Architekten nur in Marokko, in der Wüste und in der Steppe finden: Raum, Linie, Freiheit ...«[8]

Raum, Linie, Freiheit – kein schlechtes Leitwort für diese Tagung.

---

2 Jean Paul Friedrich Richter, *Briefe,* aus: Ernst Foerster, *Denkwürdigkeiten aus dem Leben von J.P.F.R.,* München 1863. Zitiert nach J. J. Hässlin, *Berlin ...* (wie Anm. 1), S. 9.

3 Heinrich Heine, *Reisebilder II. Reise von München nach Genua,* 1828. Zitiert nach J. J. Hässlin, *Berlin ...* (wie Anm. 1), S. 11.

4 Heinrich Heine, *Briefe aus Berlin,* 1822. Zitiert nach J. J. Hässlin, *Berlin ...* (wie Anm. 1), S. 95.

5 Harold Nicolson, *Am Rande vermerkt. Gesammelte Aufsätze 1941–1944,* Deutsch von Leo Emmerich, Bonn [1947]. Zitiert nach J. J. Hässlin, *Berlin ...* (wie Anm. 1), S. 134.

6 Hildegard Baronin Spitzemberg, *Das Tagebuch der Baronin Spitzemberg geb. Freiin v. Varnbüler. Aufzeichnungen aus der Hofgesellschaft des Hohenzollernreiches.* Ausgew. und hrsg. von Rudolf Vierhaus, 5. Aufl., Göttingen 1989, S. 413.

7 Günter Weisenborn, *Memorial,* Berlin 1948, S. 25.

8 Jean Giraudoux/Chas-Laborde, *Berlin 1930. Straßen und Gesichter.* Übersetzt, hrsg. und mit einem Nachwort versehen von Friederike Haussauer und Peter Roos, Nördlingen 1987, S. 19.

Ulrich Arndt

Planungen für die Wilhelmstraße

Das Berliner Abgeordnetenhaus hat das Thema »Geschichtsmeile Wilhelmstraße« aufgegriffen und den Senat gebeten, gemeinsam mit der »Stiftung Topographie des Terrors« und der Historischen Kommission zu Berlin die politische und historische Bedeutung und die Zukunft des Wilhelmstraßenbereichs aufzuzeigen und der Öffentlichkeit zu vermitteln.

Ich möchte heute im Rahmen dieses Symposiums ein paar kurze Anmerkungen zur Geschichte und den Planungen im Bereich der Wilhelmstraße machen.

Die Wilhelmstraße, über die ich heute auf dieser Tagung sprechen möchte, ist das 750 Meter lange Teilstück eines drei Kilometer langen Straßenzuges, das zwischen dem Standort Unter den Linden und Leipziger Straße liegt. Bis zum Fall der Mauer hieß dieses Teilstück Otto-Grotewohl-Straße – nach dem 1949 ernannten Ministerpräsidenten der DDR. Nach dem Fall der Mauer gab es eine heftig geführte öffentliche Diskussion um die Namensgebung jenes 750 Meter langen Teilabschnittes, der zu der barocken Planungsfigur der Friedrichstadt gehört, die vom heutigen Mehringplatz ausgehend mit drei Strahlen die Tiefe der Stadt erschloß, die heutige Lindenstraße, die Friedrichstraße und die Wilhelmstraße.

Dem – wie ich meine – wenig überzeugenden Versuch über die Namensgebung »Toleranzstraße« der Geschichte dieses Ortes auszuweichen, war kein Erfolg beschieden und am 1. Oktober 1993 konnte der Wilhelmstraße ihr historischer Name wiedergegeben werden.

Friedrich Wilhelm I., 1713 bis 1740 preußischer König, bekannt unter dem Namen »Soldatenkönig«, war ihr Namenspatron, die Erweiterung der Friedrichstadt nach Süd-Westen mit den drei bedeutenden Plätzen, dem heutigen Mehring-, Leipziger und Pariser Platz, fiel in seine Regentschaft. Und heute, 50 Jahre nach Kriegsende, stellen sich bei dem Namen Wilhelmstraße Assoziationen und Bilder ein, die weniger mit den 50 Jahren Nachkriegsgeschichte oder ihrem Namenspatron zu tun haben und den 200 Jahren Entstehungsgeschichte, sondern mit der Zeit von 1933 bis 1945. Aber fangen wir zunächst mit ihrem Ende an: Ein jähes Ende wurde der Wilhelmstraße 1945 beschert. Der Bombenangriff am 3. Februar 1945 und die folgenden Straßenkämpfe bis Kriegsende verwandelten die Wilhelmstraße in ein Trümmerfeld. Eine Zeitzeugin – Ursula von Kardoff – beschreibt diesen Zustand in ihren »Berliner Aufzeichnungen 1942–1945« eindrücklich unter dem Datum des 21. September 1945: »Von der Wilhelmstraße steht nichts mehr, das Auswärtige Amt eine Ruine. Nur das Promi, Stätte unserer Angst, ist unversehrt. Auch am Pariser Platz nur Ruinen. Das Adlon völlig ausgebrannt.«[1]

Wohl kaum ist eine vergleichbare Straße wie die

---

1 Ursula von Kardoff, *Berliner Aufzeichnungen 1942–1945*. Unter Verwendung der Original-Tagebücher neu herausgegeben und dokumentiert von Peter Hartl, München 1992, S. 355.

Wilhelmstraße mit ihren einst bemerkenswerten Architekturen und der Fülle von historischen Transformationsprozessen und den Entscheidungszentralen der wechselvollen deutschen Geschichte so nachhaltig in Bedeutungslosigkeit gefallen. Von der ehemaligen Machtkonzentration der hier angesiedelten Ministerien und Dienststellen ist fast nichts geblieben. Nur etwa fünf Prozent der historischen Bausubstanz sind vorhanden. Die Wilhelmstraße, als ehemalige Regierungsmagistrale vergleichbar mit der »Downing Street« in London, ist in ihrer politischen Bedeutung und Architektur heute nicht mehr erfahrbar. Durch die Bombardements und Kämpfe des Zweiten Weltkrieges, nachfolgender Sprengungen der sowjetischen Besatzungsmacht sowie späterer Überplanungen in der Nachkriegszeit ist ihr Gesicht völlig verändert. Mit Ausnahme des 1935/1936 vom Architekten Ernst Sagebiel als Reichsluftfahrtministerium errichteten Gebäudekomplexes muß man schon die nähere Umgebung bemühen, um zumindest eine Ahnung der Bebauung der ehemaligen Wilhelmstraße zu bekommen – als Beispiele mögen das prächtige Preußische Herrenhaus und der Preußische Landtag gelten.

Und hatte doch alles so erfolgversprechend begonnen: Mit der Verlagerung der Machtzentrale nach der Reichsgründung 1871 an den westlichen Stadtrand durch den Bau des Reichstages gewann die Wilhelmstraße in unmittelbarer Nähe einen enormen Bedeutungszuwachs. Die notwendigen Nutzungsänderungen und daraus resultierenden baulichen Erweiterungen führten zu weiterer Verdichtung und Konzentration von Ministerien in den einstigen Barockpalais entlang dieser Straße.

Von der Schönheit und dem klaren Aufbau dieser Palais gibt das ehemalige Collegiengebäude in der Lindenstraße, dem Sitz des heutigen Berlin-Museums mit seiner streng gegliederten Fassade und den sparsam, aber bewußt gesetzten baulichen Details noch heute Auskunft. Eine zurückhaltende Gediegenheit, die einst die Adelspalais auch in der Wilhelmstraße als Eindruck hinterließen. Es ist außerordentlich bedauerlich, daß die Konzeption der Stadtpalais im modernen Bauen so wenig Achtung und Weiterentwicklung erfährt; dies trifft insbesondere auf den Pariser Platz und seine Ergänzungsbauten zu.

Die Selbstdarstellung vom Deutschen Kaiserreich und später die der Weimarer Republik verlagerten sich also zum Reichstag und in die Wilhelmstraße. Die Traditionen der Monarchie begrenzten sich auf den Lustgarten, die Neue Wache und die Straße Unter den Linden. Das Ende der Monarchie wurde durch die eben genannten strukturellen Neugliederungen endgültig besiegelt und schließlich 1933, am 30. Januar, dem Tag der »Machtergreifung«, durch Hitler eindeutig und endgültig zelebriert.

»Hitlers Leute« zogen zwar durch das Brandenburger Tor, bogen dann aber rechts ab. Unter den Linden, die »Via triumphalis« Preußens, wurde nicht ihr Ort der Machtdemonstration, sondern die Wilhelmstraße. So beschreibt Joseph Goebbels eines seiner wirkungsvollsten »Arrangements«, den großen Fackelzug am Abend des 30. Januar 1933 – jenes Tages, an dem Hitler aus Hindenburgs Hand die Urkunde seiner Ernennung zum Reichskanzler erhalten hatte.

»Es ist fast wie ein Traum. Die Wilhelmstraße gehört uns. Der Führer arbeitet bereits in der Reichskanzlei. Wir stehen oben am Fenster, und Hunderttausende und Hunderttausende von Menschen ziehen im lodernden Schein der Fackeln am greisen Reichspräsidenten und jungen Kanzler vorbei und rufen ihm ihre Dankbarkeit und ihren Jubel zu ...«[2]

Zwölf Jahre NS-Terror und die Wilhelmstraße standen synonym für dieses Machtsystem. Ursula von Kardoff drückt in einer kurzen Sequenz ihres Tagebuches aus, welches Empfinden bei der Nennung einer Adresse an der Wilhelmstraße aufkam: »Stätten unserer Angst«.[3] Die Hoffnung mancher,

---

2 *Die Tagebücher von Joseph Goebbels. Sämtliche Fragmente*, T. 1: *Aufzeichnungen 1924–1941*, Bd. 2: 1.1.1931–31.12.1936, herausgegeben von Elke Fröhlich im Auftrag des Instituts für Zeitgeschichte und in Verbindung mit dem Bundesarchiv, München–New York–London–Paris 1987, S. 357.
3 Ursula von Kardoff, *Berliner Aufzeichnungen* ... (wie Anm. 2).

ja vieler Deutschen 1933 auf ein erneuertes Deutschland gar im Bismarckschen Geist erwies sich bald als Illusion. Dies war in der Wilhelmstraße, dem Zentrum preußisch-deutscher Macht, schon in der Architektur ablesbar. Dort, wo sich die nationalsozialistische Regierung ihre eigenen Gebäude schuf, im 1935/1936 errichteten Reichsluftfahrtministerium und in der 1939 fertiggestellten Neuen Reichskanzlei, triumphierte der nackte Wille zur Macht und Weltherrschaft. Diese Architektur kontrastierte auffällig mit dem eher bescheidenen Ambiente, das die Wilhelmstraße bis dahin charakterisiert hatte.

Neue Reichskanzlei und Reichsluftfahrtministerium und natürlich erst recht die Planungen von Speer für »Germania« geben eine Ahnung davon, wie Berlin nach einem Sieg im Weltkrieg umgeformt worden wäre. Bis dahin verbargen sich die Zentralen des Terrors hinter freundlichen, ehrwürdigen oder auch unscheinbaren Fassaden.

Bombenhagel und »Endkampf« haben die meisten Gebäude, in denen sich die Macht im »Dritten Reich« konzentrierte, zerstört. Mit dieser Zerstörung ist eine deutsche und europäische Schreckensherrschaft zu Ende gegangen.

Mit der Erforschung dieses Sachverhaltes und den planerischen Konsequenzen nach 1945 befaßt sich auf wissenschaftlicher Ebene unser Symposium. Der Historischen Kommission sei mein besonderer Dank für dieses Bemühen ausgesprochen.

Es gilt also, sich mit einer über 200jährigen Zeitspanne zwischen Preußentum, Kaiserzeit, Weimarer Republik, NS-Regime, Ost-Zone und DDR-Ära auseinanderzusetzen. Die Veranstaltung zur »Geschichtsmeile Wilhelmstraße«, insbesondere dieses Symposium mit den Diskussionsbeiträgen, könnte als Katalysator für eine Neubestimmung der Aufarbeitung der Geschichte wirken. Aus den Diskussionen über Macht und Architektur werden sich interessante Aspekte über den Umgang mit der Geschichte und deren Topographie ergeben.

Es wäre ein hohes Ziel erreicht, wenn neu gewonnene Ergebnisse und Erkenntnisse zum Umgang mit der Geschichte in künftigen Planungen ihren Niederschlag fänden. Vielleicht werden sich auch in wissenschaftlicher Hinsicht neue Fragenkomplexe, insbesondere im Hinblick auf die Methodendiskussion ergeben.

Zur Geschichte und politisch-historischen Bedeutung der Wilhelmstraße möchte ich mich hier nicht vertiefend äußern, dies ist das Thema der nachfolgenden Referate.

Aber dennoch wird die Wilhelmstraße auch im Jahre 2010 nach Fertigstellung der aktuellen Planungen keine Adresse ohne Erinnerungen an einen Ort unheilvoller und menschenverachtender Entscheidungen sein, auch wenn sie physisch, baulich – stadtstrukturell – fast ausgelöscht ist. Mit dieser Bürde (Prinz-Albrecht-Palais) wird der Ort verbunden sein, auch wenn es gegenüber der Geschichte nicht gerecht erscheint, die Wilhelmstraße ausschließlich mit Blickwinkel auf die zwölf dunkelsten Jahre deutscher Geschichte zu betrachten.

In der DDR-Ära wurde entlang der Wilhelmstraße eine die Historie völlig negierende Bebauung, weit von der ehemaligen Bauflucht entfernt (Wohnen), errichtet. So wie der ehemalige Wilhelmplatz wurden bestehende Bebauungsreste, die von der Vergangenheit der Wilhelmstraße hätten künden können, fast völlig ausgelöscht.

Der sozialistische Städtebau hat nach allen Kriegszerstörungen der Wilhelmstraße, wie sonst so häufig im Bereich der ehemaligen Innenstadt – erinnert sei hier an die Sprengung des Berliner Stadtschlosses und den Abriß der Bauakademie – auch noch die Reste ihrer Geschichte genommen. Mit Beschluß des Politbüros des Zentralkomitees der SED vom 26. Januar 1984 sollte die Trostlosigkeit dieses Ortes beseitigt werden, indem Wohnungsneubau in Plattenbauweise mit »Fassadengestaltung« entstand. Laurenz Demps meint zu diesem Umgang mit der Geschichte: »Unter allen Möglichkeiten, mit diesem historischen Raum umzugehen, war diese Lösung vielleicht ein freundliches Angebot.«[4]

Die Tagung sollte sich auch mit dieser Interpretation noch einmal ernsthaft auseinandersetzen. Die

---

4 Laurenz Demps, *Berlin – Wilhelmstraße. Eine Topographie preußisch-deutscher Macht,* Berlin 1994, S. 289.

strukturelle Frage sollte dabei im Vordergrund stehen. War dies nicht eher ein Verdrängen als eine Bewußtmachung durch Auseinandersetzung, indem die Orte einfach überplant wurden – ähnlich wie die eingangs erwähnte Namensnennung zur Wilhelmstraße.

Über die künftige Gestaltung der Wilhelmstraße und ihres näheren Umfeldes, zu dem auch der Bereich der Ministergärten gehört, hat es nach dem Fall der Mauer unterschiedliche Vorstellungen gegeben. Die aktuellen Planungen für den Wilhelmstraßen-Bereich seitens der zuständigen Senatsverwaltung werden von Annalie Schoen aus meinem Hause morgen ausführlich dargestellt.

Auf dem Gelände der ehemaligen Neuen Reichskanzlei werden sich die Ländervertretungen ansiedeln. Vorgesehen ist eine Bebauung mit hohem Grünanteil, die in Anlehnung an die ehemalige Palaisbebauung der Ministergärten den Übergang vom Tiergarten zur dicht bebauten Friedrichstadt herstellen soll. In unmittelbarer Nähe südlich des Pariser Platzes ist das Denkmal für die ermordeten Juden Europas geplant. Sie wissen, daß die Diskussion hierüber noch nicht abgeschlossen ist und uns sicher noch einige Zeit beschäftigen wird.

Der angrenzende Pariser Platz wird in seiner historischen Form leider nicht als detailgetreue historische Rekonstruktion wieder errichtet werden. Ich hoffe dennoch, daß er wieder seine vormalige Stellung als »Visitenkarte der Stadt« einnehmen kann.

Der Leipziger und der Potsdamer Platz werden in ihrer Grundform, aber mit zeitgemäßer, moderner Architektur wieder errichtet. Es werden Büro- und Geschäftshäuser entstehen, die dem Anspruch einer Metropole entsprechen. Zwischen dem Leipziger Platz und der Wilhelmstraße wird das Preußische Herrenhaus restauriert und als zweiter Dienstsitz der in Bonn verbleibenden Ministerien hergerichtet, gegenüber entstehen großstädtische Wohn- und Geschäftshäuser.

An der Wilhelmstraße im Bereich des Pariser Platzes wird neben der historisierenden Wiedererrichtung des Hotel »Adlon« wieder die Britische Botschaft an ihren historischen Standort Wilhelmstraße 70 zurückkehren. Gegenüber dem Hotel »Adlon«, direkt an der Wilhelmstraße Ecke Unter den Linden wurde bereits ein Bürogebäude für Bundestagsabgeordnete saniert, das ehemalige Volksbildungsministerium von Margot Honecker und vormalige Reichsministerium für Wissenschaft, Kunst und Volksbildung.

In unmittelbarer Nähe zur Wilhelmstraße, Mauerstraße 45–53, wird das Bundesministerium für Arbeit und Sozialordnung sowie Jägerstraße 9/Glinkastraße 26, das Bundesministerium für Familie, Senioren, Frauen und Jugend in ein vorhandenes Gebäude einziehen.

Südlich der Leipziger Straße wird sich im Gebäude des ehemaligen Reichsluftfahrtministeriums, dem »Haus der Ministerien« und dem späteren Gebäude der Treuhandanstalt das Bundesfinanzministerium einrichten. Auf der gegenüberliegenden Seite der Wilhelmstraße sind dagegen noch keine Festlegungen zur Nutzung und Bebauung getroffen worden.

Die Wilhelmstraße selbst, jene berühmten 750 Meter Straße zwischen Unter den Linden und Leipziger Straße, wird heute durch Plattenbauarchitektur dominiert, und ist mit wenigen Ausnahmen – zum Beispiel der Britschen Botschaft am Pariser Platz und dem künftigen Bundesministerium der Finanzen – ist sie damit ihrer politischen Bedeutung beraubt. Keine prominente Adresse, bis auf die wenigen genannten Ausnahmen, wird sich jedoch hier in Zukunft finden, sie wird eher Erschließungsstraße für in den Querstraßen liegende bedeutsamen Adressen. Eine fast »normale« Wohn- und Geschäftsstraße – wäre da nicht ihre Geschichte.

Die Konzentration von Macht auf kleinstem Raum wird es zukünftig nicht mehr geben, da die Regierungsstandorte künftig über den gesamten Bereich der eigentlichen Innenstadt, über die historische Mitte hinaus, verteilt liegen. Diese Verteilung entspricht auch der föderalen Struktur unseres heutigen Staatswesens und unterscheidet sich damit deutlich von der Machtachse des Kaiserreiches und des »Dritten Reiches« unter den Nazis. Eine gewisse Konzentration ist um den Reichstag mit Bundeskanzleramt, Bundestagsabgeordnetenbüros und Fraktionssälen zu sehen. Die städtebauliche Figur des »Regierungsbandes« von Axel Schulte soll als Teilachse mit in sich vereinenden Elementen der drei Gewalten dabei eher als Ergänzung, denn als Konzentration zu sehen sein.

Die ehemalige Dominanz der Wilhelmstraße wird durch bestehende Bauten und zukünftige Planungen nicht wieder entstehen. Neue Querstraßen, die den aufkommenden Ost-West-Verkehr aufnehmen sollen, werden sie zusätzlich zerstückeln. Die Verlängerung der Behrenstraße bis zur Ebertstraße ist erfolgt. Der Durchbruch der Französischen Straße ist in Vorbereitung. Die Verschiebung des westlichen Altstadtrandes mit seiner immensen baulichen Verdichtung am Lehrter Bahnhof, dem südlich angrenzenden Regierungsviertel und dem neuen Stadtquartier Potsdamer/Leipziger Platz erfordert verkehrliche Verknüpfung mit der sich ebenfalls entwickelnden, stark verdichtenden Friedrichstadt.

Straßendurchbrüche in der Wilhelmstraße sind übrigens nicht neu, bereits im letzten Jahrhundert durch starke Entwicklungen im Westen Berlins in Charlottenburg und die Anlage der Bahnhöfe am westlichen Stadtrand wie Potsdamer, Dresdner und Anhalter Bahnhof führten zu Straßendurchbrüchen wie der Dorotheenstraße, der Hedemannstraße, der Anhalter Straße und der Prinz-Albrecht-Straße. Anfang der siebziger Jahre des vorigen Jahrhunderts erfolgte dann der Durchbruch der Voßstraße.

1929 entstand ein erbitterter Streit zwischen Martin Wagner und dem City-Ausschuß einerseits sowie dem Staatssekretär Hermann Pünder andererseits um den Durchbruch der Jägerstraße zur Lennéstraße durch die Ministergärten, nachdem Pünder in der Presse geäußert hatte: »So viel war in den letzten Jahren von dem Durchbruch durch die Ministergärten die Rede, wobei aber zaghaft der Zusatz vermieden wurde, daß es nicht nur durch die Ministergärten hindurchgehen sollte, sondern selbstverständlich auch durch die anschließenden Baulichkeiten auf beiden Seiten der Wilhelmstraße. Um diese Pläne ist es jetzt erfreulicherweise stiller geworden. Es wäre ja wohl auch ein Vandalismus sondergleichen, wenn in unserer, an Geschichte und Kultur so armen Reichshauptstadt das wenige architektonisch Gute nun in jedem Stadtviertel der Spitzhacke zum Opfer fallen müßte, ohne daß im übrigen die Gewähr geboten wäre, dem großstädtischen Verkehr damit auch wirklich brauchbare Schleusen zu öffnen.«[5]

Ich will mit einem Zitat von Max Osborn[6] schließen, das fast aus heutiger Zeit stammen könnte, jedoch aus dem Jahre 1929 rührt. »Eine Stadt darf nicht skrupellos die Spuren ihres Werdens, ihrer Vergangenheit verwischen. Erst deren Vorhandensein in Verbindung mit den Zeugnissen ihres neuen Lebens ergibt das Bild eines organischen und individuellen Geschöpfs, und erst diese Eigenschaft vermittelt dem Bewohner wie dem Besucher jenes Gefühl des Behagens und Geborgenseins, das beglückt. Unbedenkliche Neuerungssucht kann ebensoviel Schaden anstiften, wie übertriebener historischer Sinn. In Berlin aber wird die Verpflichtung zur Vorsicht um so dringlicher, weil die Stadt überaus arm ist an charakteristischen und zugleich wertvollen Zeugnissen der Vergangenheit ... man kann keine Gesetze ein für allemal aufstellen. Es ist notwendig, in jedem Einzelfall verantwortungsvoll zu prüfen und abzuwägen. Das Unglück in Berlin ist, daß wir zwei Gruppen haben, die aneinander vorbeidenken. Hier die geschichtlich Gestimmten, die kein Verständnis für den Geist der Gegenwart, für die Baukunst und Stadtkunst, die aus dem Blut der Zeit geboren sind, aufbringen können. Dort die Gegenwartsmenschen, die kein Gefühl für Sinn und Wert überkommenen Gutes haben (viele Architekten, die ich liebe, gehören dazu). Was uns fehlt, ist die wohlgeschüttelte Mischung dieser Elemente, eine Generation von Künstlern und Maßgeblichen, deren Köpfe und Herzen für beide Forderungen offenstehen, die sich ergeben. Nicht verwaschener Kompromißlerei soll hier das Wort geredet werden, sondern einer Anschauung, die jedes Problem aus seinen Bedingungen zu lösen vermag – oder wenigstens versucht.«

---

5 Hermann Pünder in: *Vossische Zeitung,* vom 31. 3. 1929.
6 Max Osborn (1870–1946), Schriftsteller und Kunstkritiker bei der Vossischen Zeitung. Das Zitat stammt aus: *Das Neue Berlin* (1929), H. 7.

Die Wilhelmstraße in der Sicht
der politischen Systeme

Wolfgang Ribbe

Die Wilhelmstraße im Wandel der politischen Systeme
Preußen – Kaiserreich – Weimarer Republik – Nationalsozialismus

Als Machtzentrum Deutschlands kann die Wilhelmstraße während einiger Jahrzehnte am Ende des 19. und in der ersten Hälfte des 20. Jahrhunderts angesehen werden. Weder davor noch danach hat sie objektiv oder in der Sicht der politischen Systeme diese Funktion gehabt. Deutlich erkennbar ist dies bereits während der ersten anderthalb Jahrhunderte ihres Bestehens, denn die brandenburgisch-preußischen Verfassungsorgane waren im Berliner Stadtschloß ansässig. Seit dem späten Mittelalter tagten hier die Landstände und mit der Zeit fanden alle Institutionen, die während des Mittelalters an keinen festen Ort gebunden waren oder an anderer Stelle ihren Sitz hatten, wie die Kanzlei und das Archiv, ihre Unterkunft im Cöllner Schloß und die Hohenzollern waren dazu übergegangen, die Schloßkirche als Grablege für die Angehörigen ihres Hauses zu nutzen. Aber auch die Regierung und die zentralen Staatsbehörden waren im Schloß untergebracht. Hier wirkte auch seit Anfang des 17. Jahrhunderts der brandenburgische Geheime Rat, der später oberstes Organ für die außerbrandenburgischen Teile der Hohenzollernmonarchie wurde, schließlich aber an Bedeutung einbüßte. Doch fast gleichzeitig setzte ein Exodus der kurfürstlichen Behörden aus dem Stadtschloß ein, als Teile der Kanzlei mit der Registratur in die Breite Straße zogen. Es folgten am Ausgang des 17. Jahrhunderts das Kammergericht, das Cöllnische Konsistorium (später auch das Evangelisch-reformierte Kirchendirektorium) und das Oberheroldsamt, die in einem Kollegienhaus in der Brüderstraße untergebracht wurden, das im 18. Jahrhundert auch das Generalkriegskommissariat beherbergte, zusammen mit der Generalkriegskasse. Die Steuerverwaltung hatte ihren Sitz sogar in einem privaten Wohnhaus in der Königsstraße, dem Berliner Domizil des Geheimen Kriegsrates Johann Andreas Kraut. Im Marstall fand das Oberappellationsgericht seinen Sitz. Ob die Aussiedlung einzelner Behörden aus dem Schloß auf eine Emanzipation der Behörden vom Herrscher hindeutet, ob ihr eine Verwaltungsreform zugrunde liegt oder ob schlicht nicht mehr ausreichend Platz im Schloß für die wachsende Behördentätigkeit war, mag dahingestellt bleiben. Die neuen Standorte verteilten sich über das Stadtgebiet, ohne einen Schwerpunkt zu bilden.

An der Wende vom 18. zum 19. Jahrhundert ist dann ein neuer Schub der Behördenverlagerung aus dem Schloß heraus zu konstatieren. Vorangegangen war die Unterbringung des Oberkriegskollegiums im Palais Danckelmann, dem »Fürstenhaus« in der Kurstraße, sowie des neu entstehenden Auswärtigen Amtes im Hause des Geheimen Kriegsrates Cäsar in der Straße Unter den Linden. Bereits vor den Stein-Hardenbergschen Reformen, deren Realisierung einen größeren Verwaltungsapparat als bis dahin üblich erforderte, verließen weitere Abteilungen der Staatsverwaltung das Schloß, aber insbesondere der Landtag und das Herrenhaus kamen zu besonderen Anlässen im Schloß zusammen. Friedrich Wilhelm IV. eröffnete dort am 11. April 1847 den ersten Vereinigten Landtag und er leistete dort

Eröffnung des ersten Vereinigten Landtags durch Friedrich Wilhelm IV. am 11. April 1847 im Weißen Saal, zeitgenössische Lithographie von Loeillot

auch am 6. Februar 1850 den Eid auf die Verfassung. Beide Kammern folgten dem Ministerpräsidenten als letzte zum neuen Machtzentrum, an die Peripherie der Wilhelmstraße. Der Reichstag, der zunächst in Provisorien in der Leipziger Straße unterkam, fand sich zur Parlamentseröffnung ebenfalls im Schloß ein, wo auch weiterhin der Preußische Staatsrat tagte.

Mit der Etablierung des Kollegienhauses in der Friedrichstadt scheint Friedrich Wilhelm I. bereits die Richtung für die Ausbildung eines Regierungsviertels vorgegeben zu haben. Trotzdem hat die Wilhelmstraße von der Aussiedlung der Staatsbehörden aus dem Berliner Schloß zu Beginn des 19. Jahrhunderts zunächst nur am Rande profitiert. Von den zahlreichen Behörden, die ein neues Quartier suchten, kamen nur wenige dort unter. Die erste ausgelagerte Behörde waren Dienstlokal und Dienstwohnung des Großkanzlers und Justizministers, der 1799 das Palais Wilhelmstaße 74 bezog. Diese »Keimzelle für das spätere Zentrum der preußischen Staatsverwaltung« vermehrte sich nach den Befreiungskriegen nur langsam. Im Juni 1819 bezog Außenminister Bernstorff seine Dienstwohnung in der Wilhelmstraße 76, kurze Zeit darauf nahm das Kriegsministerium Quartier in der Leipziger Straße 5.[1]

---

1 Alle Standortangaben nach Laurenz Demps, *Berlin-*

Friedrich Wilhelm IV. leistet vor beiden Kammern des Preußischen Landtages am 6. Februar 1850 den Schwur auf die Verfassung, Lithographie von F. W. Gennerich nach einer Zeichnung von Paul Börde (Ausschnitt)

Doch nicht nur für preußische Dienststellen wurde die Wilhelmstraße attraktiv. Seit den dreißiger Jahren des 19. Jahrhunderts siedelten sich in der Umgebung auch immer mehr in- und ausländische Gesandtschaften an. Im Jahr 1843 waren dies etwa die Gesandtschaften von Belgien (Wilhelmstraße Nr. 78), Braunschweig, Sachsen-Coburg-Gotha, Altenburg, Nassau, Schwarzburg-Sondershausen und Rudolstadt, Reuß-Greiz, Reuß-Schleiz, Reuß-Lobenstein und Ebersdorf (vertreten durch einen Gesandten in der Wilhelmstraße 79), Dänemark (Pariser Platz 6), Frankreich (Pariser Platz 5), Großbritannien (Unter den Linden 21), Hannover (Unter den Linden 4), Mecklenburg-Strelitz (Wilhelmstraße 79), Niederlande

Wilhelmstraße. Eine Topographie preußisch-deutscher Macht, Berlin 1994, S. 85ff.

Feierliche Eröffnung des Deutschen Reichstages im Weißen Saal des Berliner Stadtschlosses durch Kaiser Wilhelm II. am 25. Juni 1888, Gemälde von Anton von Werner, 1893 (Ausschnitt)

(Unter den Linden 17), Österreich (Wilhelmstraße 75), Rußland (Unter den Linden 7), Sachsen (Behrenstraße 47), Schweden (Wilhelmstraße 66), Sizilien (Wilhelmstraße 71), USA (Behrenstraße 60) und Württemberg (Wilhelmplatz 2).
Die Tendenz der Botschaften, in die Wilhelmstraße zu ziehen, soll als Indiz dafür gelten, daß »das sich dort ausbildende Zentrum der preußischen Staatsverwaltung und ihrer obersten Entscheidungs- und Verwaltungsbehörde sowie das mit diesem verbundene gesellschaftliche Leben in den Palais als Bezugspunkt in diesen Jahren bereits wichtiger geworden [war] als das Berliner Schloß ...«[2] Genau das war aber nicht der Fall. Dreh- und Angelpunkt des gesellschaftlichen Le-

---

2 L. Demps, *Berlin-Wilhelmstraße* ... (wie Anm. 1), S. 90.

bens blieb der Hof. Der gesellschaftliche Trend zur Wilhelmstraße hin blieb noch verhalten. König Friedrich Wilhelm IV. ließ weitere Palais umbauen und renovieren. Es folgten in der Wilhelmstraße 79 das Ministerium für Handel, Gewerbe und öffentliche Arbeiten, die Anmietung von Räumen im Haus Nr. 73 für das Auswärtige Amt, die Umwandlung der Nr. 65 für das Justizministerium sowie der Ankauf der Nr. 80 für das bereits zu klein gewordene Handelsministerium. Gerade das Handelsministerium zeigt exemplarisch die Anforderungen, die an die Dienstgebäude der preußischen Verwaltung gestellt wurden. Nicht nur mußten die Beamten dort arbeiten können, fast noch wichtiger waren die Repräsentationspflichten des Ministers. Ihm wurde das gesamte erste Obergeschoß für seine Gesellschaftsräume zur Verfügung gestellt und prunkvoll ausgestattet. Aber erst mit der Reichsgründung 1871 wurde die Zunahme von Ministerien und Ämtern offensichtlich. Dies wird deutlich, wenn wir einen Blick auf Besitz- und Nutzungsstruktur des Areals werfen, wobei hier der Bereich zwischen Linden und Leipziger Straße berücksichtigt wird, unter Einschluß des Wilhelmplatzes und der Eckgrundstücke Leipziger Straße, Voßstraße und Unter den Linden. Es handelt sich insgesamt um 34 Objekte, von denen im Jahre 1800 lediglich zwei in fiskalischem Besitz waren, beziehungsweise von Staatsbehörden genutzt wurden, darunter das Gebäude Leipziger Straße 4. Im Zuge der preußischen Reformen gelangt dann auch noch das Nachbargrundstück Leipziger Straße 5 in den Besitz des Preußischen Fiskus, aber kein weiteres Grundstück in der Wilhelmstraße selbst. Erst 1844 erwirbt Preußen das Anwesen Wilhelmstraße 65, das ab 1848 dem Justizministerium zur Nutzung überlassen wird, und das Haus Wilhelmstraße 79 für die Generalverwaltung der Domänen und Forsten, das nach einem Umbau 1854/1855 dem Ministerium für Handel, Gewerbe und öffentliche Arbeiten dient. Dies ist alles, bis zum Beginn der Ära Bismarck: ganze vier Objekte für die Preußische Regierung, davon zwei in der Leipziger Straße.

Zur Zeit Bismarcks als preußischer Ministerpräsident erwirbt der Kronfiskus zwar weitere Objekte,

Sitzungssaal des Staatsrates,
Zeichnung des Kronprinzen Friedrich Wilhelm, um 1885

eines kaufen die Hohenzollern privat. Aber erst nach der Reichsgründung 1871 setzt der eigentliche »run« auf die Wilhelmstraße ein, in der sich allerdings mit dem Sitz des Reichskanzlers und dem Auswärtigen Amt sowie dem Justizministerium Schlüsselministerien befinden. Während der Dauer des Kaiserreiches kommen neun weitere Objekte hinzu, von denen Preußen und das Reich sieben erwerben. Drei weitere wechseln aus preußischem Besitz an das Reich. Die rasante Entwicklung wird durch Weltkrieg und Revolution unterbrochen. Aus der Erbmasse der Hohenzollern erwirbt das Reich 1919 die Wilhelmstraße 73 als Dienstsitz des Reichspräsidenten und die Nr. 72 für das Landwirtschafts- und Ernährungsministerium. 1925 geht die Nr. 66 aus Privatbesitz an die Reichspost über und das Eckhaus Wilhelmstraße 80/Leipziger Straße erwirbt das Reich für sein Verkehrsministerium vom Preußischen Fiskus.

Das Reich ist dann auch in erheblichem Umfang

an den Neuerwerbungen während der NS-Zeit beteiligt, teils durch Erwerb vom Freistaat Preußen, vor allem aber durch Enteignung jüdischen Besitzes zu Beginn der dreißiger Jahre und Zwangsenteignung ausländischen Besitzes während des Zweiten Weltkrieges. Insgesamt handelt es sich um fünf Grundstücke. Hinzu kommt hier natürlich noch die neue Reichskanzlei und der Ausbau des Regierungsviertels in südlicher Richtung über die Leipziger Straße hinaus, unter anderen mit dem Prinz-Heinrich-Palais und dem Reichsluftfahrtministerium, worauf noch einzugehen sein wird. Die Nachkriegssituation wird in einem gesonderten Beitrag behandelt und darf daher hier außer acht bleiben. Sie führte aber – wie wir wissen – nach der Zwischennutzung einiger Gebäude zu Regierungszwecken von der Wilhelmstraße weg, wieder in die Mitte Berlins.

Zurück in die Zeit der Reichsgründung: Zwar »dominierte zuerst das Provisorium«, doch nach und nach erwarb das Reich in der Wilhelmstraße eine Reihe von privaten Palais, die durch An- und Umbauten für Verwaltungen hergerichtet wurden. Die Palais beherbergten neben den Büros der leitenden Minister gleichzeitig deren Dienstwohnungen – in der Wilhelmstraße wurde nicht nur gearbeitet, sondern auch gelebt. Teile der Beamtenschaft wurden in angemieteten Räumen einzelner Privathäuser untergebracht. Dies traf vor allem für die Inhaber leitender Funktionen zu, denn diese mußten Tag und Nacht erreichbar sein und ihrem Dienstherren zur Verfügung stehen. Wenn auch die privaten Bewohner der Wilhelmstraße nie ganz verdrängt wurden, eine normale Wohngegend war es nicht mehr. »Es war eine Straße der Verwaltung, ein ›Bürokratenboulevard‹, kein Café, keine Gastwirtschaft oder sonst einen Ort, der nicht der Verwaltung diente, konnte der Besucher finden.« Es herrschte Ruhe und vornehme Zurückhaltung, in die niemand ungebeten eindrang. »Der ›Pöbel‹ hatte in dieser Straße nichts zu suchen. Hier wandelten nur die Herren Hofräte und Geheimen Hofräte ... gemessenen Schrittes zum Dienst.« Die Straße war zur Bühne geworden, »auf der sich die Entscheidungen der zentralen Regierungsorgane des Reiches und Preußens abspielten.«[3]

Doch auf dieser Bühne drängten sich nicht nur als Hauptdarsteller die Politiker, auch andere suchten und brauchten die Nähe zur politischen und wirtschaftlichen Macht der Wilhelmstraße. In der Nähe entstanden »Dienstleistungszentren« verschiedenster Art. Die Friedrichstraße entwickelte sich mit ihren Theatern, Restaurants und Nachtklubs zur Stätte für Amüsement und Unterhaltung, östlich daran schloß sich der Kaiserlich-Königliche Bezirk mit Oper, Universität, Museen und Bildungsanstalten an. Nach Westen hin bis zur Wilhelmstraße und südlich bis über die Leipziger Straße hinweg ließen sich Banken, Versicherungen, Geschäfte, Büros und Zeitungsverlage nieder. Nicht vergessen werden dürfen in diesem Zusammenhang die Parlamente: Der Bundesrat hatte seinen Sitz in der Wilhelmstraße 74, der Reichstag traf sich vor seinem Umzug 1894 in der Leipziger Straße 4, das Herrenhaus tagte in der Leipziger Straße 3 und das Abgeordnetenhaus in der Leipziger Straße 75. Doch hier wurde hauptsächlich gearbeitet. Wenngleich auch die höchsten Beamten ihr Quartier in der Wilhelmstraße hatten, das Gros der Geheimräte bevorzugte eine andere Wohngegend. Dies war das Gebiet westlich und südwestlich der Politikmeile. Hier war die Konzentration an Staatsdienern derart auffällig, daß sich auch gleich ein Name dafür fand: Das »Geheimratsviertel«. Ebensolche bevorzugten Wohnquartiere hatten im Stadtzentrum und seiner unmittelbaren Umgebung Bankiers und Millionäre, in Ansätzen auch Militärs und hohe Adelige.

Die Wilhelmstraße selbst hat nicht durch die Fülle der dort angesiedelten staatlichen Dienststellen politische Bedeutung erlangt. Entscheidend für ihre gesamte Entwicklung war, daß »die« preußische Behörde und ihr Leiter dort verankert wurden, die zum Grundpfeiler politischer Macht in Preußen wie im Reich avancierten. Auch ihre weitere Entwicklung nach dem Ende der Monarchie und während der NS-Herrschaft beruht auf dieser Grundvoraussetzung. Mit dem Preußischen Großkanzler, später dem Preußischen Mi-

---

3 Annemarie Lange, *Das Wilhelminische Berlin,* Berlin [Ost] 1967, S. 244f., sowie Laurenz Demps, *Berlin-Wilhelmstraße ...* (wie Anm. 1), S. 118 und S. 159.

nisterpräsidenten und dem Leiter der Außenpolitik hat sich die Spitze der politischen Verwaltung Preußens in der Wilhelmstraße etabliert, ebenso die beiden Kammern des preußischen Parlaments in ihrer unmittelbaren Nähe. Von entscheidender Bedeutung war in diesem Zusammenhang Bismarck, der in seiner Person die beiden wichtigsten Ämter vereinte. Um ihm eine angemessene Residenz zu verschaffen, kaufte das Deutsche Reich 1875 das ehemalige »Palais Radziwill« in der Wilhelmstraße 77. Bis dahin hatte der oberste Reichsbeamte die Dienstwohnung des Preußischen Ministers für Auswärtige Angelegenheiten im Auswärtigen Amt, Wilhelmstraße 76, bewohnt. Als der Umbau dann im Frühjahr 1878 abgeschlossen war, zog auch gleich eine neue Behörde mit ein, die am 18. Mai 1878 unter dem Namen »Reichskanzlei« aus der Taufe gehoben worden war.

Daß der Reichskanzler bis 1878 die Dienstwohnung des Preußischen Außenministers bezogen hatte und daß erst sieben Jahre nach der Berufung eines Reichskanzlers ein Amt mit dem Namen »Reichskanzlei« eingerichtet wurde, hängt mit der besonderen Stellung des Kanzlers in der Reichsverfassung vom 16. April 1871 zusammen, die, wie in fast allen Teilen, auch in der Bestimmung der Stellung und des Aufgabengebietes des Kanzlers mit der Verfassung des Norddeutschen Bundes vom 16. April 1867 übereinstimmte, denn die Reichsgründung von 1871 war formal gesehen nichts anderes als eine Erweiterung des Norddeutschen Bundes.[4]

Nach der Gründung des Deutschen Reiches im Jahre 1871 wuchsen die Aufgaben des Reichskanzleramtes in solchem Maße, daß für einzelne Bereiche nacheinander eigene Abteilungen gegründet werden mußten, die oft schon nach kurzer Zeit zu Ämtern nach dem Vorbild des Auswärtigen Amtes verselbständigt wurden; diese wurden in der Weimarer Republik zu Ministerien umgebildet. Aus der Tatsache, daß im Reichskanzleramt nur noch einige Aufgabenbereiche verblieben, die die bisherige Bezeichnung mit dem umfassenden Anspruch keineswegs rechtfertigten, zog man Ende 1879 die Konsequenzen, indem man das Amt in »Reichsamt des Inneren« umbenannte.

Bismarck am Schreibtisch in seinem Arbeitszimmer in der Reichskanzlei, Wilhelmstraße 77, Photo aus dem Jahre 1889

Schon im Jahr zuvor war auf die Notwendigkeit hingewiesen worden, zur unmittelbaren Verfügung des Reichskanzlers »behufs seines Geschäftsverkehrs mit den Reichsbehörden und Ministerien ein besonderes Centralbureau« zu errichten. Der Reichskanzler wandte sich an den König, um die Genehmigung für die Errichtung einer »Reichskanzlei« zu erbitten. Nach Allerhöchster Genehmigung konnten die vier Mitarbeiter des Amtes zusammen mit ihrem Chef in das Palais in der Wilhelmstraße 77 einziehen, wo die Räume im südlichen der beiden Flügelbauten als Büros zur Verfügung standen.

Zu den bedeutenden politischen Ereignissen, die

---

4 Hans Wilderotter hat darauf in diesem Zusammenhang bereits einmal hingewiesen; vgl. ders., *Die Wilhelmstraße. Regierungsmeile in der Reichshauptstadt*, in: *Hauptstadt. Zentren, Residenzen, Metropolen in der deutschen Geschichte*, Köln 1989, S. 330–338.

Sitzung des Berliner Kongresses in Bismarcks Amtssitz in der Reichskanzlei (obere Etage), zeitgenössische Zeichnung

in Bismarcks Reichskanzlei stattfanden, darf der Berliner Kongreß vom Sommer 1878 zählen, der die europäischen Großmächte und die Türkei unter dem Vorsitz des deutschen Reichskanzlers in der Wilhelmstraße zusammenführte. Bismarck, der als »ehrlicher Makler« auftrat, führte den »Berliner Frieden« vom 13. Juli 1878 herbei, mit dem der russisch-türkische Frieden von San Stefano revidiert wurde, der aber die Beziehungen zu Rußland stark belastete und zum Deutsch-Österreichischen Zweibund von 1878 führte.

Der Personalbestand der Reichskanzlei, der bis zum Ersten Weltkrieg auf 20 Beamte anwachsen sollte, erhöhte sich nach der Gründung der Weimarer Republik noch einmal erheblich. Dieser neue Zuwachs hing mit der grundsätzlich veränderten Stellung zusammen, die der Reichskanzler nach der Verfassung vom 11. August 1919 einnahm. Im Rahmen der Parlamentarisierung der Verfassung übernahm jeder Minister für seinen Geschäftsbereich die unmittelbare Verantwortung gegenüber dem Parlament. Diese Minister bildeten als Kollegium das Kabinett, dessen Vorsitzender der Reichskanzler war, dem nach Para-

graph 56 der Verfassung die Richtlinienkompetenz zustand; der Aufgabenbereich der Reichskanzlei wurde entsprechend erweitert.
Mit dem Reichspräsidenten, dem als Amtssitz das Palais in der Wilhelmstraße 73 zur Verfügung gestellt wurde, zog nach dem Ende der Monarchie eine weitere Reichsbehörde in der Wilhelmstraße ein, in der jetzt der westlichen »Reichsseite« die östliche »Preußenseite« gegenüberstand. Hier war der Amtssitz des Preußischen Ministerpräsidenten, das Preußische Staatsministerium, das, nachdem es 1868 dem Bundeskanzleramt weichen mußte, mehrmals die Adresse gewechselt hatte und erst im Jahre 1902 in die Wilhelmstraße zurückgekehrt war. Die Personalunion, in der das Amt des Preußischen Ministerpräsidenten von 1866 bis 1918 zwar nicht »de jure«, aber »de facto« mit dem Amt des Reichskanzlers und dem Amt des Preußischen Außenministers verbunden war, wurde 1919 aufgelöst. Die zwei Seiten der Wilhelmstraße boten so ein Bild des Nebeneinander von Preußen und Reich, von preußischer Hauptstadt und Reichshauptstadt.
Noch während der Revolutionswirren im November 1918 zeigte sich, daß es drei reichspolitische Schwerpunkte in Berlin gab: das Schloß, den Reichstag und die Wilhelmstraße. Vom Schloß und vom Reichstag ist die Republik ausgerufen worden. Von der Reichskanzlei in der Wilhelmstraße hat Philipp Scheidemann zu den Revolutionären gesprochen. Mit dem Ende der Monarchie hatte das Schloß aber als politischer Bezugspunkt ausgedient. Es ist vom Reichspräsidenten zu keiner Zeit als Amtssitz in Betracht gezogen worden. Friedrich Ebert zog in die Wilhelmstraße, und die herausragende politische Stellung, die dem Reichspräsidenten nach der Weimarer Verfassung zukam, verstärkte auch die politische Macht, die sich nun in der Wilhelmstraße versammelt hatte. Reichspräsident und Reichsregierung agierten Tür an Tür, und es zeugt nicht nur von Lokalpatriotismus, sondern bringt den allgemein herrschenden Eindruck auf den Punkt, wenn eine Berliner Tageszeitung 1924 schrieb: »Die wichtigste Straße Berlins und damit Deutschlands ist die Wilhelmstraße. Wenigstens jener Teil zwischen dem Wilhelmplatz und den

Vom 15. November 1884 bis zum 26. Februar 1885 tagte unter Bismarcks Leitung die Kongo-Konferenz in Berlin, zeitgenössische Zeichnung von einer Sitzung im Reichskanzlerpalais

Linden, wo dicht nebeneinander fast alle Ministerien, das Auswärtige Amt, das Reichskanzlerpalais und das Haus des Reichspräsidenten stehen. Hier in diesen Häusern wird über die Geschicke des ganzen Landes entschieden. Hier ist das, was man das offizielle Deutschland nennt. Man liest so oft in den Zeitungen, daß man im ›Quai d'Orsay‹ berate oder daß die ›Downing Street‹ beschlossen habe. Man nimmt hier den Teil fürs Ganze. Die Wilhelmstraße von Paris ist der ›Quai d'Orsay‹. Es ist nur zu natürlich, wenn der Fremde, der nach Berlin kommt, in erster Linie sich diese Straße ansieht.«[5]
Im internationalen Vergleich hatte aber die Wilhelmstraße während der Zeit der Weimarer Republik die Bedeutung verloren, die ihr hier zugeschrieben wird. Anders als etwa in der Bismarck-Zeit fand hier kein bedeutender politischer Kongreß mehr statt, und Weltpolitik, wie sie in Paris und London weiterhin betrieben wurde, fand in der Wilhelmstraße der zwanziger Jahre nicht ihren Ort. Zu den entscheidenden politischen Verhandlungen reiste der deutsche Außenminister ins europäische Ausland, es sei nur an Rapallo und Locarno erinnert. Was an äußerer Repräsentation blieb, waren Staatsakte, wenn einer der seltenen hochrangigen auswärtigen Gäste in der Reichshauptstadt zu Besuch waren oder wenn die Repu-

---

5 *Berliner Tageblatt,* vom 11. Juni 1924, S. 6.

»Für die Regierung Ebert-Scheidemann gegen den Terror!« ist 1919 im Berliner Regierungsviertel demonstriert worden, Photo 1919

blik ihre führende Staatsmänner zu Grabe trug, so beim Tode Friedrich Eberts und Gustav Stresemanns, wobei die Staatsakte im Reichstag stattfanden. Felix Hirsch schreibt dazu in seiner Stresemann-Biographie: »Dann setzte sich der lange Trauerzug in Bewegung vom Wallot-Bau über die Friedrich-Ebert-Straße zum Brandenburger Tor und dann zur Wilhelmstraße. Hinter dem Leichenwagen folgten zu Fuß die nächsten Angehörigen, der 82jährige Reichspräsident [Hindenburg] und der kranke Kanzler [Luther]. Vor dem Auswärtigen Amt machte man eine kurze Gedenkpause; hier verließen Präsident und Kanzler den Zug. ›Das Fenster von Stresemanns Arbeitszimmer war schwarz drapiert, und auf der Fensterbrüstung stand ein Korb mit weißen Lilien; das war eigentlich das erschütterndste, menschliche Bild‹ … Dann ging es weiter über den Belle-Alliance-Platz zum Luisenstädtischen Friedhof. In dessen Kapelle fand der eigentliche Trauergottesdienst statt.«[6]

Als nach ihren führenden Repräsentanten auch die Republik von Weimar zu Grabe getragen worden

6 Felix Hirsch, *Stresemann. Ein Lebensbild,* Göttingen 1978, S. 267.

Am 9. November 1918 sprach Philipp Scheidemann nicht nur vom Reichstag, sondern auch von einem Fenster der Reichskanzlei in der Wilhelmstraße 77 zu Demonstranten

war, erhielt die Wilhelmstraße einen politischen Machtzuwachs. War nach dem Ende des Kaiserreiches das Stadtschloß als ein Zentrum des politisch-gesellschaftlichen Lebens nicht mehr existent, so entfiel nach dem Reichstagsbrand und der Abschaffung einer parlamentarischen Demokratie ein weiterer bedeutender Schwerpunkt des politischen Systems. Die Krolloper war nur ein vorübergehender Ersatz. Alle Macht konzentrierte sich nun in der Wilhelmstraße, wo Reichspräsident und Kanzler zunächst noch mit, dann aber Führer und Reichskanzler ohne parlamentarische Kontrolle die politische Macht ausübten. Erst und nur in der NS-Zeit avancierte die Wilhelmstraße zum unumschränkten Machtzentrum des Deutschen Reiches.

Die Nachbarschaft von Preußen und Reich wurde nach dem Vorspiel des Papen-Putsches vom 20. Juli 1932, dem sogenannten »Preußenschlag«, und mit der »Gleichschaltung der Länder« gewaltsam aufgehoben. Bis 1936 war die zwangsweise Vereinigung der preußischen Ministerien mit den Reichsministerien abgeschlossen. Hermann Göring, der seit April 1933 preußischer Ministerpräsident war und nach der »Gleichschaltung« das Amt eines »Reichsstatthalters für Preußen« wahrnahm, verlegte seinen Amtssitz in einen Anbau des Ministeriums für Reichsluftfahrt, den er sich 1935/1936 auf dem Gelände des ehemaligen preußischen Kriegsministeriums errichten ließ, das sich südlich der Leipziger Straße von Wilhelmstraße 81 bis 85 erstreckte.

Schon vor ihrer Machtübernahme am 30. Januar 1933 hatten die Nationalsozialisten wiederholt versucht, ein Ladenlokal oder ein Haus in der Wilhelmstraße anzumieten, um sich das politische Kapital dieses Straßennamens nutzbar zu machen: Wer eine Adresse in der Wilhelmstraße hatte, schien schon fast zur Regierung zu gehören. Allerdings gelang es erst im Oktober 1932, die Redaktion des »Angriff«, der Parteizeitung der Berliner NSDAP, in die Wilhelmstraße 106 zu

Das Vorzimmer des Reichskanzlers in der Weimarer Republik, Photo um 1930

verlegen. Bereits 1930 wählte Hitler das Hotel »Kaiserhof« am Wilhelmplatz, schräg gegenüber der Reichskanzlei, zu seiner Berliner »Residenz«, von der aus er seine »Machtergreifung« vorbereitete. »Vom Kaiserhof zur Reichskanzlei« nannte Goebbels dann auch folgerichtig die Beschreibung dieses Vorganges, die er als Propagandaschrift in Buchform veröffentlichte.[7] Sein Ministerium für Volksaufklärung und Propaganda fand dann auch ein Domizil im Herzen der Wilhelmstraße, am Wilhelmplatz, wo er einen Altbau, in dem im Oktober 1919 die kurz zuvor gegründete »Vereinigte Presseabteilung der Reichsregierung«, die zum Auswärtigen Amt gehörte, ihr Domizil aufgeschlagen hatte, seit 1934 mit An- und Neubauten im Stil der NS-Herrschaftsarchitektur erweiterte. Die Marschkolonnen des Fakkelzuges, die am 30. Januar 1933 durch das Brandenburger Tor zogen, schwenkten nach rechts in die Wilhelmstraße ein, um Hitler an seiner neuen Wirkungsstätte zu huldigen.

Die Unterwanderung des Staates durch die NSDAP wird an zwei Gebäuden in der Wilhelmstraße besonders deutlich sichtbar. Im Jahre 1934 zog der »Verbindungsstab des Stellvertreters des Führers« in die Gebäude ein, die bisher das Preußische Staatsministerium beherbergt hatten. Das Borsig-Palais an der Ecke Wilhelmstraße und Voßstraße, in unmittelbarer Nähe der Reichskanzlei, wurde im März 1933 angemietet, um dem Inhaber des neugeschaffenen Amtes des Vizekanz-

---

7 Joseph Goebbels, *Vom Kaiserhof zur Reichskanzlei*, München 1934.

Die Wilhelmstraße im Wandel der politischen Systeme

Friedrich Ebert an seinem Schreibtisch im Reichspräsidentenpalais, Photo um 1924

Auf dem Wege vom Staatsakt im Deutschen Reichstag zur Beisetzung führt der Trauerzug mit dem Leichnam Gustav Stresemanns an seiner Wirkungsstätte in der Wilhelmstraße vorüber. »Das Fenster von Stresemanns Arbeitszimmer war schwarz drapiert, und auf der Fensterbrüstung stand ein Korb mit weißen Lilien« (Harry Graf Kessler), Photo vom 6. Oktober 1929

Neugierige und Anhänger versammeln sich vor dem Hotel Kaiserhof am Wilhelmplatz, wo Hitler und die NSDAP vor ihrer »Machtergreifung« Quartier bezogen hatten, Photo 1932

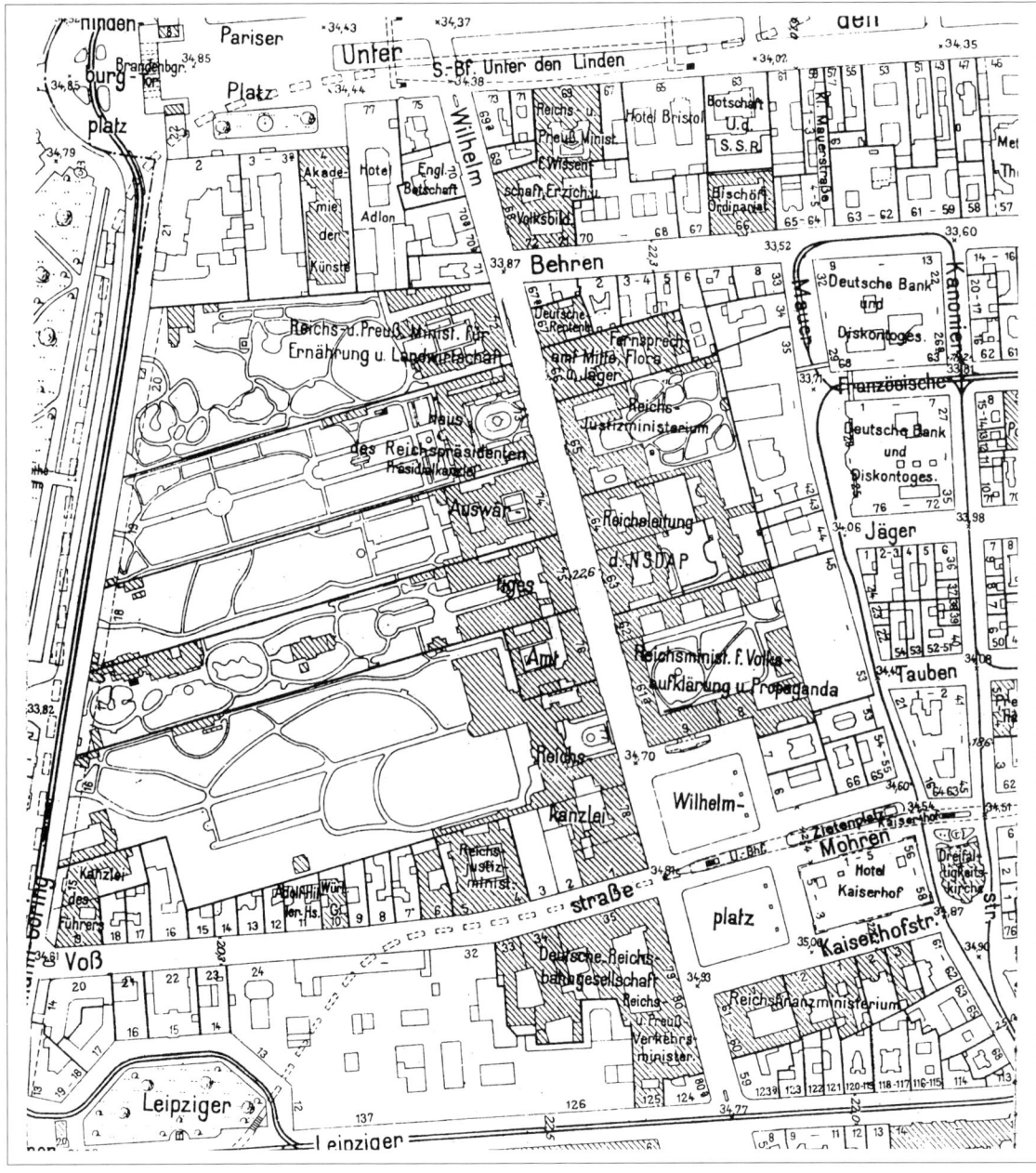

Die Nutzung der Wilhelmstraße in ihrem nördlichen Abschnitt zwischen »Linden« und Leipziger Straße während der NS-Zeit, Umzeichnung nach einem zeitgenössischen Plan

Hitlers Kabinett bei der Verkündigung des Wehrgesetzes in der Alten Reichskanzlei, Photo 1934

lers, Franz von Papen, als Residenz zu dienen; Anfang 1934 vom Reich angekauft, wurde das Gebäude nach der Auflösung des Vizekanzleramts umgebaut und einigen Beamten der Reichskanzlei, vor allem aber der Obersten SA-Führung zur Verfügung gestellt.

Weiter südlich, in der Wilhelmstraße 102, lag das zwischen 1736 und 1739 als Palais Vernezobre errichtete Gebäude, das unter dem Namen eines späteren Besitzers als Prinz-Albrecht-Palais bekannt wurde. Hier zog 1934 der »Sicherheitsdienst der SS« ein, der 1939 mit der in der Prinz-Albrecht-Straße 8 benachbart untergebrachten Gestapo sowie anderen Dienststellen von SS und Polizei zum Reichssicherheitshauptamt zusammengefaßt wurde.

Trotz der tiefgreifenden politischen Änderungen, die damit verbunden waren und die den ersten deutschen Demokratie-Versuch scheitern ließen zugunsten der schlimmsten faschistischen Diktatur, die es je in Europa gegeben hat, ist in der veröffentlichten Meinung der NS-Zeit die alte Tradition der Wilhelmstraße beschworen worden. In einem Zeitungsartikel zur 700-Jahr-Feier der Stadt 1937 heißt es: »Seit langem mit Aemtern belegt, in denen die hohe Politik gemacht wird, eines davon seit Bismarck sogar der Wohnsitz des jeweiligen Reichskanzlers, bilden sie auf der Strecke zwischen Voßstraße und Linden die ›Wilhelmstraße‹, die wie der Ballhausplatz in Wien, wie die Downing Street in London, wie der Quai d'Orsay in Paris, für die Welt zu einem politischen Begriff geworden ist. Jedes Fenster atmet hier Geschichte, Haus für Haus, bis in jüngste

Hitler und sein Außenminister Konstantin von Neurath während des Neujahrsempfanges 1935 auf dem Balkon des Reichspräsidentenpalais

Tage hinauf, Erinnerungen, die eine beredte Sprache sprechen. Manch Würfel ist hier gefallen, der über Wohl und Wehe ganzer Epochen entschied. Und zu den Schatten, die einem hier begegnen, wenn man einmal die Straße etwas nachdenklicher auf und ab schlendert, gesellt sich das Heute mit seiner Fülle markantester Gestalten. Pulst hier, im Regierungsviertel, das Leben doch macht- und kraftvoller denn je, nachdem der Fackelzug vom 30. Januar 1933 auch für die Wilhelmstraße eine neue Zeit heraufgeführt hat!«[8]
War mit dem Wechsel von der Monarchie zur Republik mit dem Schloß einer der beiden verfassungsrechtlichen Bezugspunkte der Reichsregierung in der Wilhelmstraße verlorengegangen, so kennzeichnet den Übergang von der Weimarer Demokratie zur NS-Diktatur der Verlust der anderen Verfassungsinstitution, also des Reichstages. Die Wilhelmstraße allein war von nun der politische Ort, der alle entscheidenden Verfassungsorgane vereinte: Hier residierten in benachbarten Bauten Reichskanzler und Reichspräsident, und nach Hindenburgs Tod Hitler in Personalunion als Führer und Reichskanzler. Dieser hatte mit dem Tag von Potsdam am Grabe Friedrichs des Großen und mit Hindenburg als Kronzeugen an die Hohenzollerntradition anknüpfen wollen. Nun wirkte er in Bismarcks Arbeitszimmer und an dessen Schreibtisch. Damit nahm das Dritte Reich zumindest in seiner Selbstdarstellung und Propaganda eine Anknüpfung an das Zweite Deutsche Reich vor, die allerdings nicht lange währte: Mit dem Bau der Neuen Reichskanzlei ist dieser Anspruch auch äußerlich aufgegeben worden: Hitler benötigte eine eindrucksvolle Kulisse für seinen imperialen Anspruch der Vorherrschaft in der Welt, und dafür waren weder das Radziwillsche Palais mit der Alten Reichskanzlei in der Wilhelmstraße 77 noch der während der Weimarer Republik realisierte Erweiterungsbau in der Wilhelmstraße 78 geeignet, den Hitler mit dem Bürohaus eines Seifenkonzerns verglich.
Wie sehr sich die Wilhelmstraße in ihrem Charakter während der NS-Diktatur verändert hatte, zeigte nach Kriegsende unter anderem der »Wilhelmstraßen-Prozeß«, den die Hauptsiegermächte in Nürnberg gegen die Verantwortlichen vor allem im Auswärtigen Amt führten, der aber auch Angehörigen anderer Dienststellen galt, die nicht ihren Sitz in der Wilhelmstraße hatten.

*

Angesichts der Verbrechen, die von der Wilhelmstraße ihren Ausgang nahmen, ist der erstaunliche Vorgang zu konstatieren, daß die sowjetzonale

---

8 *Die Wilhelmstraße machte Geschichte. Ein Gang durch Berlins Regierungsviertel – Erinnerungen und lebendige Gegenwart*, in: *Berliner Morgenpost*, vom 28. 10. 1937, Beilage.

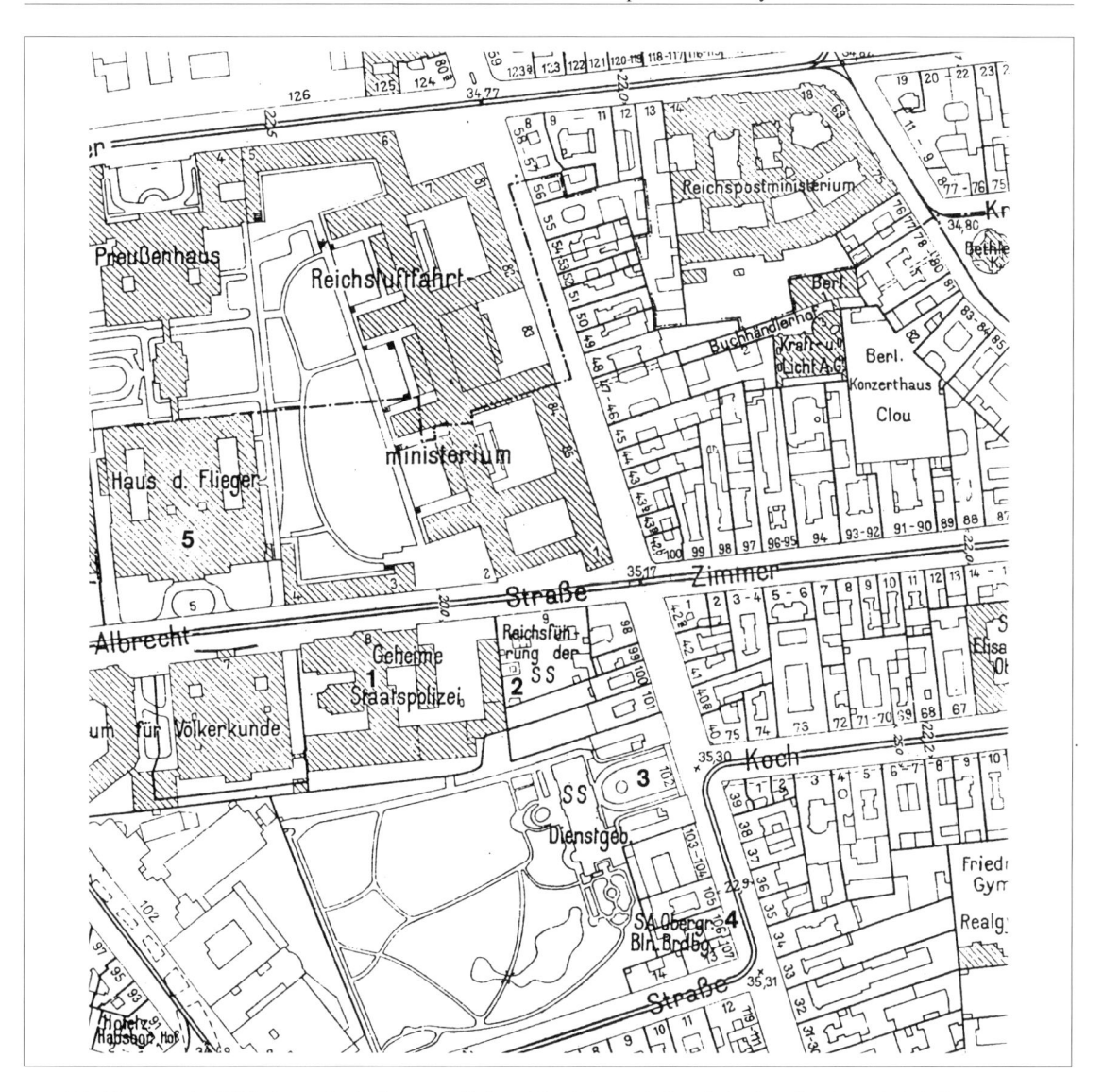

Die Wilhelmstraße im Wandel der politischen Systeme

Die Nutzung der Wilhelmstraße in ihrem südlichen Abschnitt zwischen Leipziger Straße und Anhalter Straße bzw. Kochstraße, Umzeichnung nach einem zeitgenössischen Plan

Legende:
1. Gestapogebäude; Prinz-Albrecht-Straße 9 (heute: Niederkirchnerstraße)
2. Sitz der Reichsführung der SS; Prinz-Albrecht-Straße 9
3. Sitz des Sicherheitsdienstes (SD) im ehemaligen Prinz-Albrecht-Palais in der Wilhelmstraße 102
4. Sitz der SA-Obergruppenführung Berlin-Brandenburg in der Wilhelmstraße 106
5. Im ehemaligen Preußischen Abgeordnetenhaus war vom 14. Juli 1934 bis zum Mai 1935 der Volksgerichtshof untergebracht

Das Reichsluftfahrtministerium in der Wilhelmstraße Ecke Leipziger Straße ist an der Stelle älterer, preußischer Bauten von Ernst Sagebiel im Stil der NS-Herrschaftsarchitektur errichtet worden, Photo von 1936

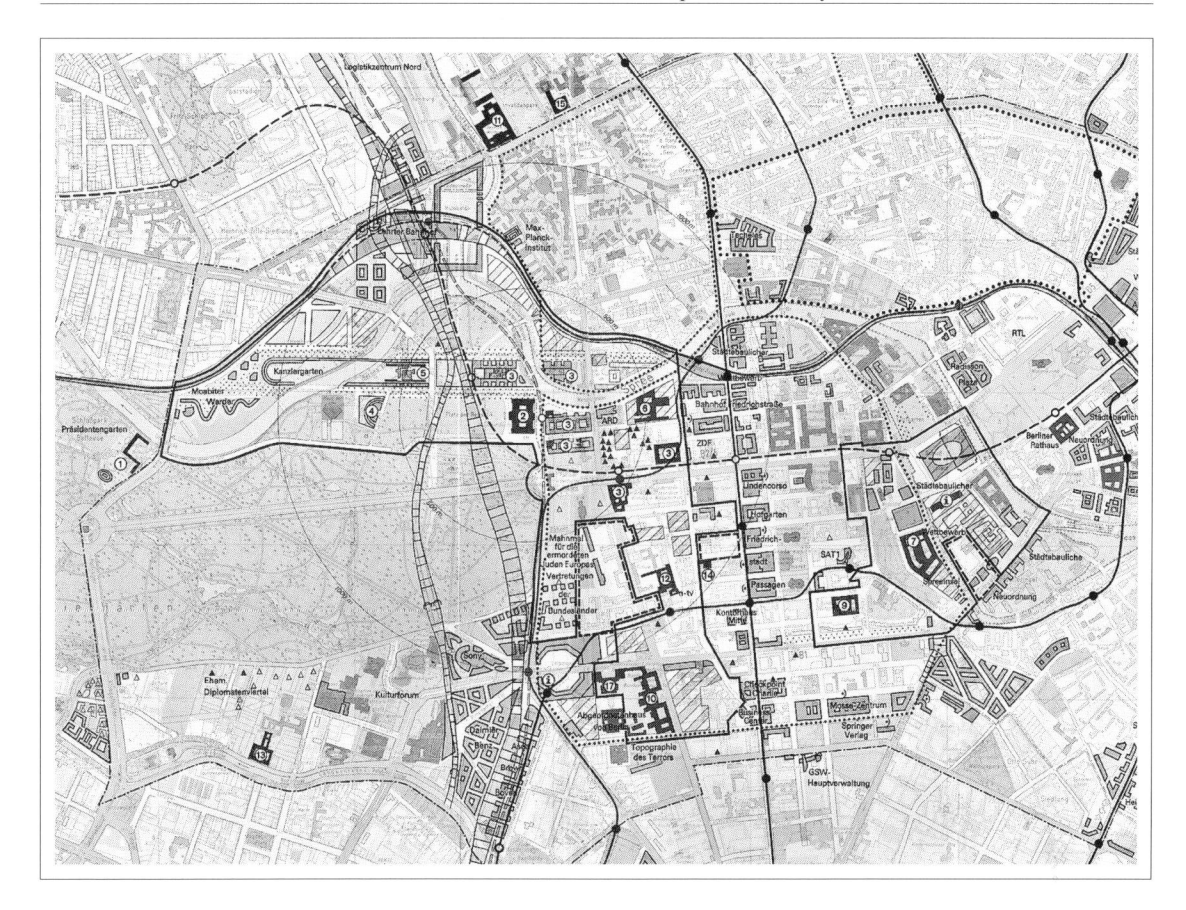

Standorte und Planungen der Bundesregierung für die Bundeshauptstadt Berlin.
Die Ministerien sind über das innere Stadtgebiet verteilt, mit einem Schwerpunkt im »Spreebogen«.
Die Wilhelmstraße ist nur noch teilweise in die Planung einbezogen, Plan des Beauftragten der Bundesregierung
für den Berlin-Umzug und den Bonn-Ausgleich, 1996

»Zentrale Verwaltung« und später auch Dienststellen der DDR hier ihren Sitz nahmen, darunter ausgerechnet auch in Görings Reichsluftfahrtministerium, das zum »Haus der Ministerien« avancierte. Aber damit leite ich schon über zu dem nachfolgenden Beitrag, der unter anderem zu klären haben wird, welche Gründe dafür ausschlaggebend waren und welche Überlegungen dann doch von der Wilhelmstraße weg wieder in die Mitte Berlins führten, wo Partei- und Staatsführung, aber auch Parlament und Außenministerium angesiedelt wurden, während in einem langen städtebaulichen Prozeß die Reichsseite der Wilhelmstraße in ihrem Kernabschnitt unwiederbringlich zugunsten einer Wohnbebauung aufgegeben wurde. Vielleicht wird hier eines Tages doch ein Mahnmal an die Verbrechen erinnern, die während der NS-Zeit in der Wilhelmstraße geplant wurden und deren Ausführung von hier aus gesteuert worden ist. Auch von daher ist es durchaus verständlich, wenn die neue Bundesrepublik nicht an die politische Tradition dieses Ortes anknüpft, sondern ihre Regierungssitze dezentral, mit einem Kern in unmittelbarer Nähe des Parlaments etabliert.

Laurenz Demps

Die Wilhelmstraße in der DDR

Das Regierungsviertel des Deutschen Reiches, das im Feuer des Zweiten Weltkriegs verbrannt war, und des aufgelösten preußischen Staates lag im Mai 1945 in Trümmern. Entgegen einer allgemein vertretenen Auffassung, teils auch Hoffnung, war der Schauplatz der politischen Verantwortung, die Wilhelmstraße, mit diesem katastrophalen Ende jedoch noch lange nicht aus der Geschichte entlassen, war auch in den folgenden Jahren Austragungsort von Geschichte: zunächst als »Wallfahrtsort« der Sieger, aber es war daran gedacht, sie zu einem Symbol eines Neubeginns werden zu lassen.

Anfangs dominierte die Erinnerung an einen Schauplatz von Geschichte, der ein internationales Publikum anlockte und dessen Handlungsstränge und Verbrechen im »Wilhelmstraßen-Prozeß« in Nürnberg untersucht wurden und zur Verurteilung der handelnden Personen führten. Neugierige zogen durch die ruinösen Baulichkeiten; ein nicht fertiggestellter Film nach einem Drehbuch von Günter Weisenborn – »Europa wird wieder lachen« – fand einen Handlungsort in den Ruinen der Speerschen Reichskanzlei. Zwischen dem 3. und 5. Oktober 1949 hatten der Wilhelmplatz und seine Ruinen einem zweiten Film als Kulisse zu dienen. In diesen Tagen drehten sowjetische Kameraleute an den Originalschauplätzen in Berlin den ersten großen Propagandafilm über den Zweiten Weltkrieg: »Der Fall von Berlin.« Die sich im Teilabriß befindende Fassade der Reichskanzlei – vor allem der Garten – und die Wilhelmstraße selbst wurden dafür »kriegsmäßig ausstaffiert«.

Untersuchungen über den Zustand der Ruinen wurden nur knapp festgehalten. Sie betrafen in erster Linie die Bauten, die unter Denkmalschutz standen. Paul Ortwin Rave hielt Angaben in Form kurzer Notizen fest. Er stellte unter anderem für das Auswärtige Amt – Wilhelmstraße 74–75 – folgende Zustandsbeschreibung fest: »Im Innern Ruinen, Außenmauern zum Teil stehengeblieben«. Für die Reichskanzlei – Wilhelmstraße 77 – lautete sein Urteil: »Ruine, Mauern nur zum Teil erhalten«. Das Palais Borsig wurde so beschrieben: »Schwerste Beschädigungen innen und außen«. Das Palais des Prinzen Karl erhielt folgende Bewertung: »Zustand: bis auf die Grundmauern zerstört, wird zur Zeit abgetragen.«[1]

Der Magistrat von Groß-Berlin ließ weitere Untersuchungen über den Zustand der Gebäude anstellen, die sich nicht speziell nur diesem Komplex widmeten. Fast jedes Gebäude der Stadtmitte wurde untersucht und sein Schaden bewertet. So das Fernamt Wilhelmstraße 66 (in der NS-Zeit als Abhörzentrale der Gestapo genutzt): »Einschätzung des Schadens: Vorderhaus 92 Prozent, Seitenflügel 2 Prozent und 98 Prozent, Doppelquergebäude 95 Prozent.« Für das Gebäude Wilhelmstraße 67 wird ein Zerstörungsgrad von 96 Prozent und für das Gebäude 67a einer von 95 Prozent notiert.[2]

Der Bauwirtschaftsplan für die Jahre 1947 bis

---

1 *Aktenbestand Wilhelmstraße,* Bauamt Berlin-Mitte, undatiert 1948.
2 *Ebda.*

Blick vom Wilhelmplatz auf die zerstörten Bauten der Reichskanzlei. Links das Palais Borsig, daneben der Bauteil der Reichskanzlei (Siedler-Bau) mit der Einfahrt zum Neubau der Reichskanzlei und dem Balkon von Speer

Wilhelmstraße 77, Ruine des Altbaus der Reichskanzlei. Erkennbar die Rückfront des einstigen Mittelbaus
Aufnahme: 1947

1949 enthält Angaben über den Abriß beziehungsweise die Verwendung von Baumaterial aus den Ruinen. So wird über den Speer-Bau der Reichskanzlei geurteilt: »Ausbau von Baustoffen (Neue Reichskanzlei), da kulturell minderwertiges Gebäude.«[3] Gegenläufig dazu war ein Magistratsbericht vom 20. Oktober 1947, der auch in der Wilhelmstraße die kunsthistorisch wichtigen Denkmäler auflistete.[4] Darin war das Palais Schwerin (Wilhelmstraße 73) enthalten, dessen Zustand als erheblich beschädigt festgehalten wurde. Das Palais Wilhelmstraße 77 (Alte Reichskanzlei) galt als zerstört.[5]

Gleichzeitig begannen erste Aufräumungsarbeiten des Fahrdamms, und die Löcher über der Tunneldecke der Untergrundbahn wurden von dazu bestimmten »Mitläufern« der Nazizeit geschlossen. Nicht völlig zerstörte beziehungsweise noch benutzbare Gebäude wurden bereits 1945 provisorisch hergerichtet, so Teile des Reichsverkehrsministeriums – Wilhelmstraße 79 – und vor allem das Gebäude des Reichsluftfahrtministeriums an der Ecke Leipziger Straße. In dieses Gebäude und Teile der umliegenden Häuser zog die »Deutsche Wirtschaftskommission«, die in gewisser Weise als oberstes deutsches Verwaltungsgremium der Sowjetischen Besatzungszone betrachtet werden kann. Für die Wiederherstellung wurden andere Gebäude der Umgebung »ausgeschlachtet«, um Baumaterial, vor allem Eisenträger, zu erhalten. Stehengeblieben waren zum Teil die Hintergebäude der alten Ministerien, die, erst nach der Jahrhundertwende errichtet, einfach stabiler waren und zum Teil noch heute existieren. Reste der Hintergebäude des Reichsfinanzministeriums stehen noch heute – wenn auch leer.

Gegen die Ausschlachtung der Hofgebäude des Propagandaministeriums regte sich Protest: Das sei doch ein moderner Bürobau, der wieder hergestellt werden könnte, und man benötige dringend Verwaltungsräume. Hier tat sich ein Konflikt auf, den die damals Verantwortlichen offensichtlich nicht sahen oder begriffen: Beim Wiederaufbau der Verwaltung nach der Katastrophe des Jahres 1945 kehrte man an fast alle Plätze zurück, die zentrale Entscheidungsorte der Nazizeit gewesen waren. Dieses beinahe bruchlose Anknüpfen an den einstigen Ort der Täter hatte Gründe. Zum

---

3 *Ebda.*
4 *Berlin. Quellen und Dokumente 1945–1951* (= Schriftenreihe zur Berliner Zeitgeschichte, Bd. 4), hrsg. im Auftrage des Senats von Berlin, bearb. durch Hans J. Reichhardt u. a., 1. Halbbd., Berlin 1964, S. 488.
5 *Ebda.*

einen hatte man in der zerstörten Stadt kaum Möglichkeiten, große und geeignete Verwaltungskomplexe zu übernehmen, die noch einigermaßen erhalten waren, um sie für die eigenen Zwecke auszubauen. 1948/49 gab es wenig erhaltene, stabile und große Gebäude, in denen Veranstaltungen – egal welcher Art – stattfinden konnten. Da waren Theater, Varietés, aber auch die nur zum Teil zerstörten Bauten aus der NS-Zeit, Gebäude von einer massiven Substanz, da sie einst für ein Tausendjähriges Reich gebaut worden waren. Zum anderen machte man sich in der großen Notsituation auch kaum Gedanken darüber. Angesichts dieser Ausgangssituation wäre es nun überaus platt, zu behaupten: Wer bestimmte Gebäude benutzt, übernimmt deren Geist und Geschichte. Die gesamte Geschichte der Wilhelmstraße belegt eigentlich das Gegenteil. Jede Generation bis 1945 berief sich zwar auch auf den symbolischen Wert dieses Ortes, eignete sich auch bald mehr, bald weniger den einen oder anderen historischen Bezug an, eigentlich aber waren die eigenen Zwecke maßgebend. Auch nach 1945 wurde, ja mußte zunächst einmal unter pragmatischen Gesichtspunkten gehandelt werden: In der Wilhelmstraße standen – mehr oder minder intakt – funktionstüchtige Gebäude, die genutzt werden konnten.

Das Reichsluftfahrtministerium – um bei diesem Beispiel zu bleiben – war ein »Befehlsbau«, das heißt, es wurde auf Befehl der sowjetischen Militärbehörden wieder hergerichtet; ein Vorgang, den man an verschiedenen Teilen der Stadt beobachten konnte. Die sowjetische Besatzungsmacht regelte jede Kleinigkeit in der Stadt durch Befehl – nach Abstimmung mit den deutschen Behörden. So auch die Baumaßnahmen in der Wilhelmstraße; zum Beispiel wurde mit Befehl 112 vom 22. August 1947 angewiesen, das Gebäude Wilhelmstraße 64 – vormals Zivilkabinett des Kaisers – als Studentenheim der Berliner Universität wieder herzurichten und es dem Studentenrat zu übergeben. Ein Werbeblatt für das Studium aus dem Jahre 1950 zeigte die wiederhergestellte, purifizierte Fassade des Baues sowie ein Schwimmbassin auf dem Gelände. Das Bild trägt die Unterschrift: »Die Studenten, die im Internat in der Wilhelmstraße wohnen, haben es bequem, gleich auf dem Hof befindet sich ein Schwimmbassin.«[6] In einem anderen Zeitungsbericht aus dem Jahre 1950 wurden der Treppenaufgang und die Zimmer dieses Studentenheims gezeigt und es als »Studentenheim der Arbeiter- und Bauern-Fakultät der Berliner Humboldt-Universität« bezeichnet. Man lebte in freundlichen, hellen Zimmern, »die in der Regel von zwei Studenten oder Studentinnen bewohnt werden ...«[7] Nach 1952 waren hier das Staatssekretariat für Hoch- und Fachschulwesen und bis zum Jahre 1990 der Staatsverlag der DDR untergebracht.

Ein weiterer Befehl wies für die Zeit vom 21. bis 31. Oktober 1947 die Sprengung der Ruine des Propagandaministeriums, des Altbaus Wilhelmplatz 8/9 – Palais Prinz Karl und von 1933 bis 1945 Sitz des Ministerbüros des Propagandaministeriums an.[8] Ebenso erfolgte am 25. Oktober die Sprengung eines Bunkers in der Ruine der Dreifaltigkeitskirche, so daß dieser Kirchenbau in seiner Substanz entscheidend zerstört wurde und später der Spitzhacke zum Opfer fiel.[9]

Eine Weisung vom 25. Oktober befahl die Trockenlegung des Bunkers in der Reichskanzlei bis zum 25. November. Die Berliner Feuerwehr begann damit am 12. November und konnte bis zum 18. November ein Absenken des Wasserspiegels um zwei Meter melden. Gleichzeitig wies sie darauf hin, daß noch 1,70 Meter unter Wasser stand. Bis zum 20. November konnte bis auf einen Rest von 18 Zentimetern über der Bunkersohle das Wasser abgepumpt werden. Am 27. Januar 1948 folgte der Befehl über die Sprengung der Bunker im Raum der Wilhelmstraße. Es handelte sich um den Bunker unter dem Wilhelmplatz, den Bunker im Altbau der Reichskanzlei, den Bunker im Garten des Reichsaußenministers, den Bunker in der früheren Wohnung Goebbels,

---

6 Vgl. Erich Hanke, *Lang ist es her ... Erinnerungen aber bestehen fort*, Privatdruck, Berlin 1995.
7 Ebda.
8 Landesarchiv Berlin, Rep 131/9/10, Akte Nr. 6: *Bau- und Wohnungswesen 1947–1948* [ohne Blatt-Zählung].
9 Ebda.

Blick auf die Ostseite der Wilhelmstraße Richtung Norden, 1946: die Ruinen des Erweiterungsbaus des Propagandaministeriums, das Preußische Staatsministerium, das ehem. Civil-Kabinett, die Fassaden des Justizministeriums

den Bunker unter dem Pariser Platz sowie den Bunker unter dem Dienstsitz Pariser Platz 3.

Die deutschen Behörden verweisen auf die Schwierigkeiten. Zum einen verfügten sie nicht über die notwendige Sprengtechnik und ausreichend Sprengstoff, und zum anderen wurde befürchtet, daß diese Sprengungen andere Gebäude – insbesondere die unterirdischen Verkehrswege – in Mitleidenschaft ziehen könnten. Deshalb wurde der Befehl dahingehend geändert, daß die Bunker durch geeignete Maßnahmen unbrauchbar zu machen seien, so daß sie in ihrer Gesamtheit nicht in die Luft gesprengt zu werden brauchten. So wurde dann auch vorgegangen, und die Akten melden mit Datum vom 16. März 1948, daß der »Hitlerbunker vernichtet« sei.[10] 1988 zeigte sich dann, daß der Bunker nur unbrauchbar und unbegehbar gemacht worden war.

Die Mächtigen der neuen Zeit in der Sowjetischen Besatzungszone und später der DDR waren mit diesen Orten wenig vertraut. Sie kamen aus der Emigration und standen vor Ruinen. Sie sahen die zerstörte Reichskanzlei und die Überreste der anderen Bauten in der Wilhelmstraße. Die Gebäude der einstigen Reichskanzlei wollte niemand mehr haben – da war man sich unabhängig vom politischen Standpunkt und auch vom Wohnort einig –, aber den historischen Raum galt es zurückzuerobern, ihn sich untertan zu machen. Ein in der Geschichte oft zu beobachtender Vorgang wiederholte sich erneut: Besetzung des historischen Raumes und Überwindung der als »schlecht« erkannten oder angesehenen Geschichte durch eine neue Politik, die am nämlichen Ort die alte durch eine bessere, neue ablösen sollte.

Mit den praktischen Schritten zur Nutzbarmachung des historischen Raumes ging in den ersten Nachkriegsjahren eine intensive kulturpolitische Auseinandersetzung mit der Geschichte der

---

10 *Ebda.*

Ecke Wilhelmstraße/Wilhelmplatz, die Ruine des Palais des Prinzen Karl.
Erhalten sind die Bauteile auf dem Hof

Blick in die Wilhelmstraße nach Norden, um 1946: links der nördliche Flügel der Alten Reichskanzlei und die Fassadenfronten der Gebäude des Auswärtigen Amtes

Jahre bis 1945 einher. Bei der DEFA, dem staatlichen Filmunternehmen der Sowjetischen Besatzungszone und dann der DDR, entstanden Filme wie »Die Mörder sind unter uns« (1946) von Wolfgang Staudte, Kurt Maetzigs »Ehe im Schatten« (1947) oder Erich Engels »Affäre Blum« (1948) – heute schon fast »Klassiker« deutscher Filmkunst nach 1945. Dokumentarfilme über die Verbrechen der Nazis liefen im Beiprogramm der Kinos, doch nur wenige Menschen stellten sich damals den Themen der gerade erst vergangenen NS-Zeit, ebensowenig wie den vielen sowjetischen Filmen, die noch in der Kriegszeit als Propagandafilme gedreht worden waren. Nach 1950 entstanden Filme wie der »Rat der Götter« von Kurt Maetzig, der sich mit dem brisanten Thema der Verantwortung der Industrie – nun unter anderem Vorzeichen der Kontinuität – auseinandersetzen sollte. Danach wurde für längere Zeit jede weitere Auseinandersetzung mit der Geschichte im Film »ausgeblendet«.

Diese kulturpolitische Entwicklung deckte sich mit der politischen Hinwendung zur Wilhelmstraße. Der aus der Not geborenen Entscheidung für diesen Ort in den ersten Nachkriegsjahren folgte ab 1949 eine bewußte »Eroberung«. Die Nachkriegsgeschichte des einstigen Regierungsviertels in der Wilhelmstraße wurde Teil des Kalten Krieges in allen seinen politischen und kulturellen Varianten. Mit der Entscheidung der Jahre 1949 und Anfang 1950, den Wiederaufbau Ost-Berlins zunächst in der Wilhelmstraße beginnen zu lassen, verschob sich auch das Thema der politischen Auseinandersetzung vom 20. Jahrhundert in die weiter zurückliegenden Phasen der deut-

Der zerstörte Ehrenhof des Reichspräsidentenpalais
Aufnahme: 1949

schen Geschichte, sie nahm ein historisches Gewand an.

Die Mehrzahl der Artikel und Veröffentlichungen über die Wilhelmstraße nach 1945 geht davon aus, daß die Neue Reichskanzlei Hitlers bereits 1945, spätestens aber 1946 gesprengt worden sei. Die Abrißarbeiten begannen aber erst etwa im April 1949 und endeten zunächst im Sommer/Herbst 1950, und dies nicht etwa, weil die Arbeiten beendet und die Fläche frei war, sondern weil die Technik, Bagger und Lkw, sowie die Arbeitskräfte für den Abriß des Berliner Schlosses gebraucht wurden – ein letztes Mal zeigte sich der historische Bezug von Schloß und Wilhelmstraße. In der Wilhelmstraße blieb der zusammengesprengte Schutthügel der Reichskanzlei zurück. Bilddokumente und die Akten belegen die Daten.

Der vergleichsweise späte Abriß der Ruinen dieses zentralen Entscheidungsortes, der Schaltstelle der Nazidiktatur, zeigt, daß es ganz offensichtlich nicht in erster Linie um ein Auslöschen von Geschichte, ein Bereinigen der so belasteten Fläche ging, sondern vielmehr um eine bewußte Hinwendung zu diesem Ort. Die Wilhelmstraße genoß in jenen unmittelbaren Nachkriegsjahren in der Sowjetischen Besatzungszone und dann in den ersten Monaten der Existenz der DDR höchste Priorität – soviel kann man festhalten, wenn auch die Einzelheiten dieser Rückeroberung noch nicht ganz deutlich zu rekonstruieren sind.

Alle Tätigkeiten in Berlin und damit auch in der Wilhelmstraße wurden zunächst (bis 1949) vom Magistrat von Groß-Berlin organisiert und geleitet. Zentrale Organe, die darüber standen – außer

Die Überreste des ehem. Ordenspalais, im Hintergrund erhaltene Teile des Propagandaministeriums

den Behörden der Besatzungsmacht –, gab es nicht. Leider ist aber die Überlieferung einer regionalen Behörde über zentrale Fragen zu gering. Das Sekretariat des Zentralkomitees (ZK) der SED, das höchste Führungsgremium der Partei, die in der SBZ/DDR die Macht übernahm, dem in der Regel die staatlichen Stellen bedingungslos zu folgen hatten, beschloß auf seiner Sitzung am 12. September 1949: »7. Einweihung des Ernst-Thälmann-Platzes in Berlin. Das Sekretariat des Landesverbandes Groß-Berlin wird verpflichtet, zu veranlassen, daß der Platz in Ordnung gebracht und dem Sekretariat der Termin der Einweihung mitgeteilt wird. Zur Einweihung sprechen für die Partei: Genosse Wilhelm Pieck, für die Stadt Berlin: Oberbürgermeister Genosse Fritz Ebert.«[11] Knapp einen Monat vor der Gründung der DDR am 7. Oktober 1949 zeichnete sich somit der erste große Schritt in der zukünftigen Entwicklung der Straße ab. Der Magistrat erhielt die Weisung, den einstigen Wilhelmplatz, der jetzt in Trümmern lag, für eine Demonstration herzurichten. Noch mußte der Magistrat von Berlin alle dafür notwendigen Maßnahmen organisieren, denn eine Zentrale, eine Regierung, gab es für den kommenden Teilstaat Deutschlands noch nicht. Möglicherweise, – und dies muß als Hypothese verstanden werde – dachte man 1949 noch daran, einen großen Demonstrationsplatz an diesem Ort

Voßstraße, die Front der Reichskanzlei
Aufnahme: Mai 1947

zu installieren. Raum war da, Straßen gab es, und im Denken dieser Zeit, das noch Gesamt-Berlin im Blickpunkt hatte, war das der Ort, an dem das Überwinden der schlechten Geschichte durch eine gute, neue zu dokumentieren wäre. Wenn man daran denkt, daß zu dieser Zeit Repins Gemälde über die Hinrichtung der Kosaken auf dem Roten Platz in Moskau und die Schlacht auf dem Kulikower Feld durch eine intensive Propaganda in das Bewußtsein der Öffentlichkeit gerückt

---

11 Stiftung Archiv der Parteien und Massenorganisationen der DDR [künftig zitiert: *SAPMO*] im Bundesarchiv Berlin, ZPA, J IV 2/3, Nr. 193, Bl. 4.

Der wiederaufgebaute Flügel des ehem. Propagandaministeriums. Das Preußische Staatsministerium ist gesprengt
Aufnahme: 5. 5. 1950

wurden, so könnten Bezüge transparent werden.

Das änderte sich mit der Spaltung Berlins 1948, deren Wirkung erst Monate später in das Bewußtsein trat, und mit dem 7. Oktober 1949, dem Tag der Gründung der DDR. An diesem Tage trat im ehemaligen Reichsluftfahrtministerium, das jetzt der Deutschen Wirtschaftskommission diente, der Deutsche Volksrat zusammen, der vom sogenannten Dritten Deutschen Volkskongreß gewählt worden war und sich auf dieser Sitzung zur Provisorischen Volkskammer der DDR erklärte. Bereits am Nachmittag begann ebenfalls in diesem Haus der nunmehrigen Provisorischen Volkskammer die erste Sitzung, die das Präsidium wählte. Der Deutsche Volkskongreß und der Deutsche Volksrat hatten ihren Sitz in der Mauerstraße 45. Das war eine verschämte Umschreibung dafür, daß man in den ehemaligen Büroräumen des Propagandaministeriums tagte, genauer in dem Teil, der in den Jahren nach 1933 für dieses Ministerium errichtet worden war, denn der Altbau von Schinkel, das alte Ordenspalais, war zerstört und die Ruine abgeräumt.

Doch der Ort der Tagung war nicht wertfrei, und so verschwieg man seine zentrale Rolle oder spielte sie herunter. Ein offizielles Gedenken an die Gründung der DDR fand an diesem Ort nie statt, ja solange die DDR existierte, gab es ein Verwirrspiel um diese Orte. Bis zum Jahre 1989 erschienen zahlreiche Veröffentlichungen, die an die Gründung der DDR erinnerten, aber die Handlungsorte dieses so wichtigen, staatspolitischen Ereignisses ließen sie im wesentlichen verschämt offen oder vermerkten ihre Geschichte nicht, so als wolle man an diesen Handlungsraum nicht erinnert werden.[12]

Die 55. Sitzung des Politbüros der SED am 8. November 1949 nahm den Beschluß vom 12. September über die Einweihung des ehemaligen

---

12 So u. a. *Geschichte der deutschen Arbeiterbewegung. Chronik*, T. III: *1945 bis 1963,* Berlin 1967, S. 217ff.; *DDR. Werden und Wachsen. Zur Geschichte der Deutschen Demokratischen Republik,* Berlin 1975, S. 153ff., sowie Evemarie Badstübner-Peters, *Wie unsere Republik entstand* (= Illustrierte Historische Hefte 2), Berlin 1976.

Wilhelmplatzes, der jetzt Ernst-Thälmann-Platz heißen sollte, wieder auf. Nach den Bestimmungen der neu gegründeten DDR hatte das entscheidende Gremium dieses Staates darüber zu befinden, wer aus dem Kreis der Mächtigen an derartigen Veranstaltungen teilzunehmen hatte. Das Protokoll hält fest: »9. Einweihung des Thälmannplatzes in Berlin. Die Einweihung des Thälmannplatzes soll am 30. November um 14 Uhr [im Original handschriftlich verbessert in 12.30, d. Verf.] stattfinden. Es sprechen Oberbürgermeister Friedrich Ebert – vom Politbüro Walter Ulbricht.«[13] Die Veranstaltung war hochkarätig besetzt – nach den Spielregeln dieser sich formierenden Gesellschaft durfte nichts dem Zufall überlassen bleiben.

Die Propaganda dieser Wochen war auf den 70. Geburtstag Stalins sowie das angebliche oder tatsächliche Elend in West-Berlin abgestellt. Ganz offensichtlich scheint jedoch die Verknüpfung der Veranstaltung zur Einweihung des zukünftigen Thälmannplatzes mit dem ersten Jahrestag des Bestehens des Ost-Berliner Magistrats unter Friedrich Ebert, der sich am 30. November 1948 im Sowjetsektor gegründet und die Spaltung Berlins besiegelt hatte. Der Schwerpunkt der nun einsetzenden ideologischen Arbeit zielte auf Berlin als Entscheidungsort der Geschichte, dem die Hauptstadt der Bundesrepublik – Bonn – nichts entgegenzusetzen hätte. Unter diesem Vorzeichen konnte die Wilhelmstraße in das »Neue Deutschland«, das Zentralorgan der SED, rücken – allerdings auf die letzte Seite dieser Zeitung, die Lokalseite. Die Berichterstattung war knapp, da alles auf Stalin und seinen Geburtstag ausgerichtet war, aber zwei Artikel vom November/Dezember 1949 waren von »strategischem« Charakter und bedürfen besonderer Aufmerksamkeit. Was beide Artikel nicht beantworten, ist die Frage, warum gerade hier und an diesem Ort jene symbolische Umbenennung und diese hochrangige Veranstaltung stattfanden. Möglich ist, daß durch den Abriß der Reichskanzlei über kurz oder lang ein riesenhafter freier Platz zur Verfügung stand, den man nutzen wollte. Denkbar ist ferner, daß im Zusammenhang mit der Planung eines großen Aufmarschplatzes zu diesem Zeitpunkt die Überlegung aufkam, ihn hierher, an den neuen Thälmannplatz, der in seinen Konturen nicht mit dem alten Wilhelmplatz identisch war, zu legen und die Stadtstruktur nach ihm auszurichten.

Der Artikel vom 29. November bereitete in einem Bericht auf die geplante Veranstaltung vor. Er trägt die Überschrift: »Vom Wilhelmplatz zum Thälmannplatz« und leitet mit dem Hinweis auf den Nieselregen des Novembers geradezu lyrisch die am 30. November stattfindende Veranstaltung zur Umbenennung des Platzes ein, um in einer Mischung aus Tatsachen, allgemeinem Zeitgeist nach der NS-Zeit und dem Wilhelmstraßen-Prozeß, Wunschdenken über das Verhalten von Menschen, vor allem aber ideologischer Feindseligkeit ein Stimmungsbild der sich gerade formierenden DDR-Gesellschaft zu geben. Der Autor weist ferner auf einige interessante Aspekte hin, die gegenwärtig noch nicht durch andere Quellen abgesichert werden können: Die Wilhelmstraße sollte wieder Sitz der Regierung, Zentrum der Macht werden! »Die Völker der Welt«, so heißt es trotzig, drohend, »sollen aber auch wissen, daß die Diplomaten, die vom Thälmannplatz aus in alle Welt gehen, die hohe Aufgabe haben, den Frieden zu sichern und Freundschaft zwischen den Völkern zu schließen.«[14] Zugleich deutet der Artikel indirekt an, daß mit diesem Platz noch einiges geschehen werde, denn er sei jetzt einige hundert Meter länger als früher und an dem weißen Gebäude des Deutschen Volksrates stünden Wagen mit Nummernschildern aus allen deutschen Ländern. Interessant die Tatsache, daß nur der Platz umbenannt wurde, die Straße behielt – wohl wegen ihrer internationalen Bedeutung, die man zu diesem Zeitpunkt wohl noch nutzen wollte – ihren historischen Namen.

Der zweite Artikel erschien am 1. Dezember. In knapper, kürzester Form wird über die Umbenennung berichtet: »Berlin hat einen Platz des Friedens – den Ernst-Thälmann-Platz«, und »aus einem Kriegshetzerplatz ist ein Symbol des friedliebenden, aufbauenden Berlins geworden.«[15] Die Sensation blieb verhalten. Es war dies die erste

---

13 *SAPMO, ZPA, IV 2/2-55*, Bl. 5.
14 *Neues Deutschland*, vom 29. 11. 1949, S. 6.
15 *Neues Deutschland*, vom 1. 12. 1949, S. 6.

> **Berlin bricht mit einer traurigen Tradition**
>
> ## Vom Wilhelmplatz zum Thälmannplatz
>
> **Der Kaiserhof brannte aus, die Reichskanzlei wird weggeräumt / Das Neue dient dem Frieden**
>
> In feinen Strippen fällt der Herbstregen vom graudunstigen Himmel. Der Wilhelmplatz, heute noch einige hundert Meter länger als früher, liegt fast leer und verlassen da. Nur hin und wieder biegt ein Auto aus der Leipziger Straße in die Wilhelmstraße ein und fährt über den Platz bis zum weißen Portal, über dem in riesigen Lettern die Worte „Deutscher Volksrat" stehen. Und dann rollt der Wagen einige Meter weiter auf den Parkplatz, wo man die Nummernschilder aller deutschen Länder finden kann. Früher einmal standen hier sechs Denkmäler, aber nicht etwa Künstler oder Wissenschaftler waren es, sondern die sechs Generale, die dem „Alten Fritz" geholfen hatten, sieben Jahre lang auf Kosten des Volkes Krieg zu führen. Und diese Denkmäler gaben, obwohl sie längst verschwunden sind, dem Platz ihren Stempel. In den Gebäuden, die ihn umsäumten, sind Kriege und Raubzüge ausgebrütet worden. Und deshalb hat der Wilhelmplatz eine schlechte Tradition für eine Stadt und ein Volk, das in der Friedensfront steht.
>
> **Blechschilder werden fallen**
>
> Es gibt „internationale Straßennamen, denen man immer wieder begegnet, die man fast täglich liest. Da ist in New York die Wall Street und in London die Downing Street. Der Wilhelmplatz vervollständigte diese Begriffe zu einem Trio, das die Völker hassen.
>
> Es werden keine 48 Stunden vergehen, dann werden die Blechschilder, die heute noch den Namen Wilhelmplatz tragen, für immer fallen. Sie werden durch neue ersetzt werden, die den Namen eines großen Friedenskämpfers tragen, Ernst Thälmann.
>
> Der „Naziminister", der zwölf Jahre hindurch am Wilhelmplatz hauste und der den Schmöker „Vom Kaiserhof zur Reichskanzlei" erfunden haben will, der hat in einem anderen Gebäude am Wilhelmplatz die Verhaftung Ernst Thälmanns angeordnet. Vom Kaiserhof bis zur Reichskanzlei waren es nur gute 200 Schritte, die quer über den Wilhelmplatz führten. Aber es ist zugleich der verbrecherische Weg, den die deutsche Reaktion je zurückgelegt hat. Was in den Konferenzzimmern des Kaiserhofs ausgeheckt worden war, das wurde dann auf der anderen Seite in der Reichskanzlei in furchtbare Wirklichkeit verwandelt. Und wie oft wurden die Berliner zusammengeholt und mußten auf diesem Platz fremden „Staatsmännern" zujubeln, mit denen man hinter verschlossenen Türen den neuen Weltbrand und damit den Untergang Deutschlands beriet.
>
> **Bomben fielen auf Arbeiterviertel**
>
> Dann kamen die furchtbaren Bombennächte, aber der Wilhelmplatz blieb zunächst verschont, offenbar lagen da Anweisungen vor aus der Wall Street und aus der Downing Street. Dafür warfen die Bomber allabendlich ihre tödliche Last über den Arbeiterviertel Berlins ab. Und erst, als der Krieg in seine letzte entscheidende Phase eintrat, da zerbarsten in der Hitze der lodernden Phosphorglut die Mauern des Kaiserhofs. Nicht viel später ging das Gebäude des sogenannten Propagandaministeriums in Flammen auf, nur die Reichskanzlei benötigte die Nachhilfe einiger Sprengpatronen. Dann neigte sich der gepanzerte Balkon, von dem man behauptete, daß er „historisch" sei, für immer in die Tiefe.
>
> Heute leuchtet das helle Weiß des Volksratsgebäudes über den Platz und daneben das soeben eröffnete Gästehaus der neuen demokratischen Regierung. Ein neuer Geist entsteht am Wilhelmplatz, und wenn die Rentner, Frauen und Kriegsversehrten langsam über den Platz gehen, um ins Sozialamt zu kommen, dann werfen sie oft genug einen haßerfüllten Blick hinüber an die Stelle, wo Trümmerfrauen heute die letzten Schuttreste der Reichskanzlei in Loren füllen.
>
> **Ernst Thälmann zu Ehren**
>
> In der Downing Street und in der Wall Street hat man langsam begriffen, daß die Zeiten, in denen man am Wilhelmplatz Geschäfte über Millionen Menschenleben abschließen konnte, der Vergangenheit angehören. Man könnte sagen, es ist alles richtig, aber warum muß man den Platz deshalb umbenennen? Dafür gibt es verschiedene sehr ernste Gründe. Zunächst soll dadurch der Name Ernst Thälmann, der von den faschistischen Machthabern des Wilhelmplatz feige ermordet wurde, in Ehren gehalten werden. Die Völker der Welt sollen aber auch wissen, daß die Diplomaten, die vom Thälmannplatz aus in alle Welt gehen, die hohe Aufgabe haben, den Frieden zu sichern und Freundschaft zwischen den Völkern und dem deutschen Volk zu schließen. Und schließlich soll man in der Wall Street und Downing Street zur Kenntnis nehmen, daß ab Mittwoch mittag der Name Wilhelmplatz ebenso der Vergessenheit angehören wird wie die Politik, die er verkörperte. Man weiß dort genau, daß in Gebäuden, die an einem Thälmannplatz stehen, keine Kriegspläne mehr verwirklicht werden können. K. U.

Artikel aus dem »Neuen Deutschland« vom 29. 11. 1950

politische Großveranstaltung der DDR und ihr sollte am historischen Ort das Signal für den Wieder- und Neuaufbau Berlins gegeben werden und zugleich die politische Richtung des weiteren Handelns öffentlich gemacht werden: Berlin wird Hauptstadt und hat sich auch an diesem Ort in eine politisch andere Richtung zu entwickeln!

Durch die Veranstaltung auf dem Thälmannplatz war dieses Stadtviertel von der Führung der DDR auch offiziell entscheidend aufgewertet. Undatiert – wohl vom Dezember 1949 stammend – hat sich

Mittelfront des wiederhergestellten ehem. Propagandaministeriums, nun Nationalrat der Nationalen Front
Aufnahme: Oktober 1949

eine »Ausschreibung zum Thälmann-Denkmal« im Nachlaß Otto Grotewohls erhalten. Es sollte auf dem neuen Platz seinen Standort haben. Der Text der Ausschreibung macht kenntlich, daß die historischen Konturen der einstigen Platzsituation verändert worden waren. Durch die Einbeziehung des Grundstücks des vormaligen Ordenspalais schob sich der Platz jetzt weiter nach Norden. Dabei sollte die stehengebliebene Hoffassade des Goebbels-Ministeriums nun die Straßenfront bilden. Seine Ostseite wurde durch die ehemalige Neumärkische Ritterschaftsbank – nun Gästehaus der Regierung der DDR –, den Diensteingang des Propagandaministeriums – nun Nationalrat der Nationalen Front – und die Ruine der ehemaligen Botschaft der USA, die hier bis 1939 ihren Platz gehabt hatte, gebildet. Nord- und Ostseite des Platzes waren für Regierungsbauten (Verwaltung) reserviert. Die Südseite sollte durch einen Neubau geschlossen werden. Dabei sah die Ausschreibung die Möglichkeit vor, den Platz entweder durch ein Gebäude oder eine andere Gestaltungsmöglichkeit zu schließen. Bedingung war die Berücksichtigung der geplanten Autostraße im Verlauf der Voßstraße, südlich der Mohren- und nördlich der Kronenstraße, bei der es sich »um die wichtigste Ost-West-Durchgangsstraße ausschließlich für den Autoverkehr« handeln sollte. »Die Wilhelm-

straße ist eine Fahrstraße von untergeordneter Bedeutung.«[16] Die Westseite der Wilhelmstraße (zu diesem Zeitpunkt noch Standort der Reichskanzlei-Ruine) hatte von Bauten freizubleiben. Hier sollten »Auto-Parkplätze und Grünanlagen« angelegt werden.
Die Ausschreibung begann mit den Worten: »Zur Erlangung von Entwürfen für die Gestaltung eines Ernst-Thälmann-Denkmals auf dem Thälmannplatz in Berlin wird auf Beschluß der Regierung der Deutschen Demokratischen Republik vom Ministerium für Volksbildung ein Wettbewerb veranstaltet.«[17] Der Ausschreibung waren drei Photos aus dem Frühjahr 1950 beigelegt, die eine detaillierte Ansicht der einzelnen Platzfassaden sowie auf einem den Stand der Abrißarbeiten an der Reichskanzlei dokumentieren. Als Abgabetermin für die Entwürfe war der 15. April 1950, 17.00 Uhr genannt. Dem Preisgericht sollten u. a. angehören: Otto Grotewohl, Walter Ulbricht, Hermann Kastner, Paul Wandel, Hans Scharoun, May Lingner, Willy Bredel. In der Zeit vom 30. April bis zum 21. Mai plante man, die Entwürfe in einer Ausstellung der Öffentlichkeit vorzustellen. Die Bekanntgabe des Wettbewerbsergebnisses war für den 31. Mai vorgesehen, und auf den 18. August – den fünften Jahrestag der Ermordung Ernst Thälmanns – war die Grundsteinlegung für das Denkmal festgelegt.
Gleichzeitig damit war an einen Wettbewerb für die Gestaltung des Thälmannplatzes gedacht. Das ergibt sich aus einem Brief des Ministeriums für Aufbau an den persönlichen Referenten des Ministerpräsidenten Otto Grotewohl: »Die endgültigen Grenzen des Thälmannplatzes wurden von der Planungskommission Berlin festgelegt, und aufgrund dieser nun erstellten Unterlagen wird ein Wettbewerb ausgeschrieben werden für die Gestaltung des Thälmannplatzes: Der Wettbewerb hat keinen Einfluß auf das Thälmann-Denkmal, dessen Stelle von der Planungskommission festgelegt worden ist ...«[18]
Belege konnten dazu bisher nicht aufgefunden

---
16 *SAPMO*, ZPA IV/906, Nr. 169, Bl. 101.
17 *SAPMO*, NY 4090/556, Bl. 50f.
18 *SAPMO*, Bl. 78.

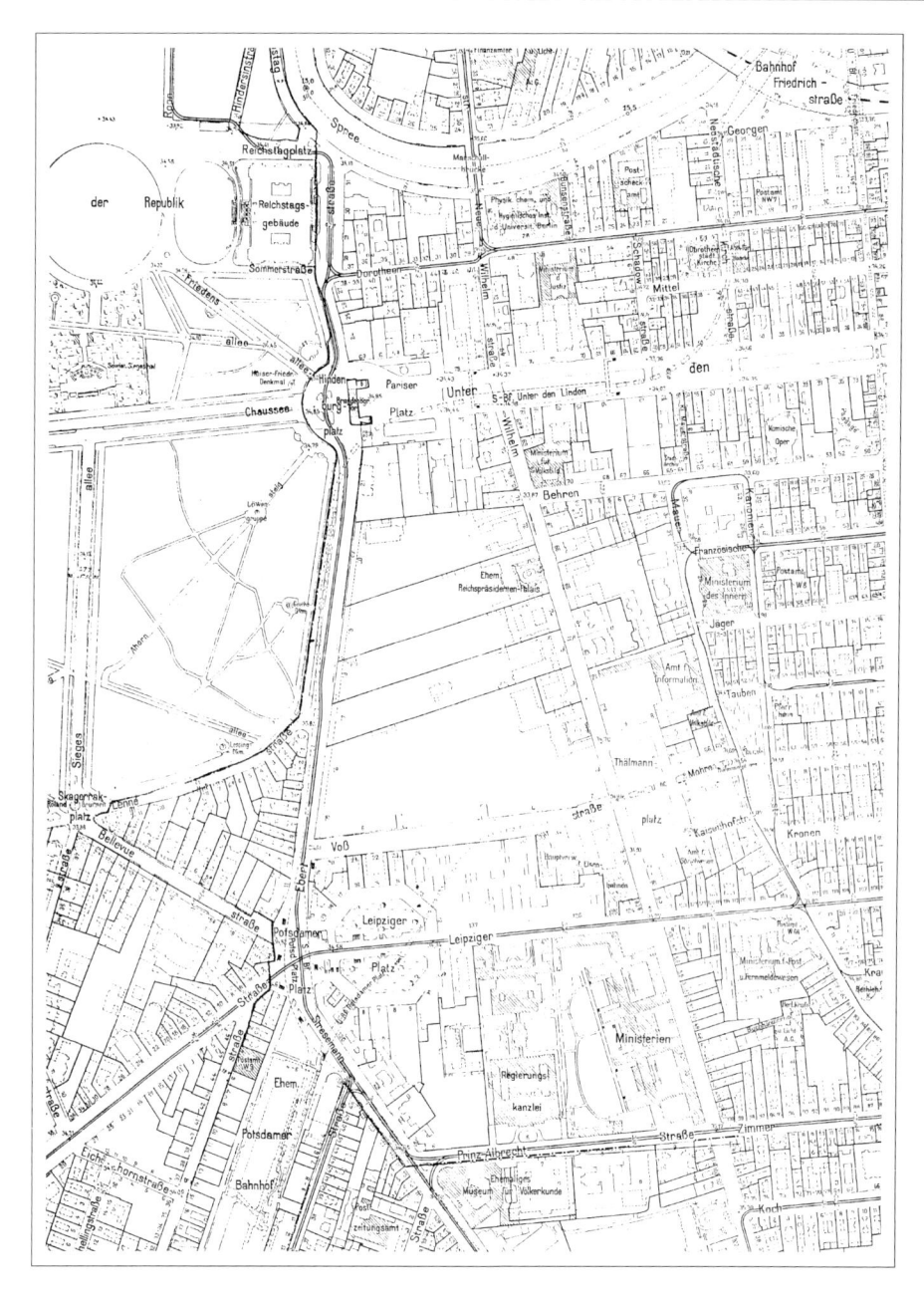

Meßtischblatt der Wilhelmstraße mit der Besetzung des historischen Raumes durch die zentralen Stellen und Ministerien der DDR, 1950

werden, tatsächlich nahm die (weiter unten zu erläuternde) Stadtplanungskomission am 18. November zum Thälmannplatz Stellung: »18. Thälmannplatz: Im Zusammenhang mit den Konturen des Plans für den Thälmannplatz: Bearbeitung der Wilhelmstraße mit Aufteilung und Anweisung der Gestaltung des gesamten Komplexes: Geiler. Dazu Herausgabe der Unterlagen im Maßstab 1:1000 an Geiler: Menzel. Für die Entwürfe zum Thälmannplatz verantwortlich das Ministerium für Aufbau. Ausarbeitung der Ausschreibungsunterlagen Verantwortlich: Dr. Kurt Liebknecht.«[19] Die Erklärung für die unverständlichen Notizen kann nur der Wettbewerb für das Thälmann-Denkmal sein und das nicht eingestandene Unvermögen, die sich selbst gestellte Aufgabe zu lösen.

Am 24. Mai 1950 eröffnete in den Räumen der neu gegründeten Akademie der Künste am Robert-Koch-Platz eine Ausstellung mit den eingereichten Entwürfen für das Denkmal. Sie ist bis heute nur wenig zur Kenntnis genommen worden, denn in ihrem Hintergrund stand die unsägliche, sich durch die Zeit der DDR und darüber hinaus hinziehende Geschichte des Thälmann-Denkmals. Ernst Thälmann, ab 1925 Vorsitzender der KPD und Vertrauensmann Stalins, war 1933 verhaftet und nach elf Jahren Einzelhaft im KZ Buchenwald ermordet worden. Die Geschichte von Thälmanns Verhaftung und die Unmöglichkeit, ihn aus Deutschland herauszubekommen, lag wie Mehltau auch nach 1945 auf der Geschichte der KPD. Eine Partei, die ihren Führer nicht schützen konnte, welche Schwächen mußte sie noch haben? Aus dieser Frage wuchs die Verpflichtung, seiner besonders zu gedenken, ja ihn in seiner tatsächlichen Wirkung zu überhöhen – eine Idee, die sich zunächst auf den Thälmannplatz bezog und dann an einem anderen Ort, auf dem Gelände des ehemaligen Gaswerkes im Stadtbezirk Prenzlauer Berg, verwirklicht werden sollte. Die Ausstellung mit den Entwürfen fand statt, und der Auftrag, ein Thälmann-Denkmal zu schaffen, erging, alle anderen geplanten Vorhaben für den einstigen Wilhelmplatz wurden zu dieser Zeit aus den unterschiedlichsten Gründen nicht weiter verfolgt. Das Preisgericht entschied sich dafür, drei Entwürfe mit gleichen Preisen zu versehen. Im August 1950 erhielten die Bildhauerin Ruthild Hahne und der Bildhauer René Graetz den Auftrag, das Thälmann-Denkmal zu entwerfen und zur Ausfertigung vorzubereiten. Eine Anmerkung muß zu diesem Vorgang gemacht werden: Mit dem Beschluß, ein Thälmann-Denkmal zu errichten, begann auch ein Denkmalrausch, eine der Problematiken der Stadtplanung in Ost-Berlin, die bis 1989 anhielt. Zwei Denkmale waren im Jahre 1950 vorgesehen: das Thälmann-Denkmal und das sogenannte FIAPP-Denkmal. Hierbei handelte es sich um die Internationale Organisation der Widerstandskämpfer, und für die internationalen Opfer des NS-Regimes sollte ein Denkmal im Zentrum Berlins errichtet werden. Am 15. August 1950 nimmt die Stadtplanungskommission auch dazu Stellung. Sie möchte bis zum 12. September, dem Tag der Opfer das Faschismus, eine Stellungnahme der Exekutive der FIAPP, die sich an diesem Tage in Berlin versammelte, einholen. Achtzehn Nationen sollen auf diesem Denkmal namentlich als Opfernationen erwähnt werden. Am 15. September sollte dann die Wettbewerbsausschreibung erfolgen. Eine Grundsteinlegung war bereits für den 10. September vorgesehen.[20] Die Planung für das Marx-Engels-Denkmal verschob dann den Standort für dieses Denkmal auf den Bürgerplatz vor dem Roten Rathaus, auch hier wurden dafür wieder Baulichkeiten abgerissen, ohne daß das Denkmal je zur Ausführung kam. Weitere zwölf Denkmale für Führer der Arbeiterbewegung, zum Beispiel das Liebknecht-Denkmal auf dem Potsdamer Platz – ironisch die »12 Heiligen« genannt – waren geplant, eine Ausführung wurde immer wieder verschoben.

Inzwischen hatten sich Entwicklungen vollzogen, die die Stellung der Wilhelmstraße im Gefüge der Stadtplanung in Ost-Berlin langsam verschoben.

---

19 Bundesarchiv Potsdam, Rep DH 2: *Deutsche Bauakademie* [künftig zitiert: *DBA*], A/21. Die Ergebnisse der Sitzungen sind komplett überliefert; ihre Veröffentlichung für die Neubauplanung des historischen Zentrums ist vorgesehen.

20 Bundesarchiv Potsdam, Rep. DH 1: *Ministerium für Aufbau* [künftig zitiert: *MfA*], Nr. 38927.

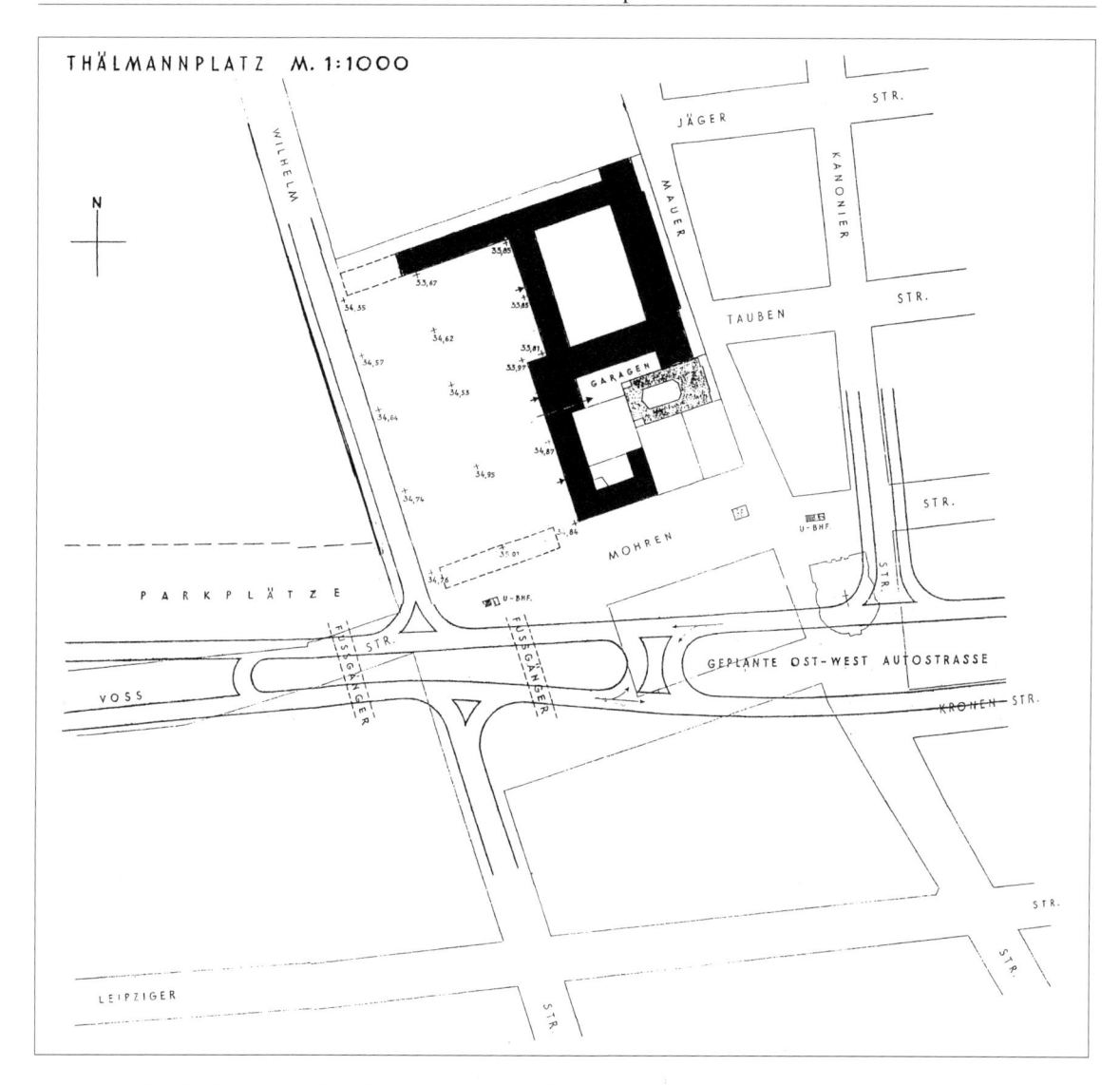

Plan der Umgebung des Thälmannplatzes für die Ausschreibung zum Thälmann-Denkmal, 1950
Der Thälmannplatz nimmt den Nordteil des Wilhelmplatzes, zieht sich über das Palais des Prinzen Karl und macht den Hof des ehem. Propagandaministeriums zum Platz. Der Westteil des Wilhelmplatzes sollte aufgelöst werden und die Voßstraße – Ost-West-Achse genannt – soll über das Gelände gezogen werden.

Mit der Bildung der Regierung der DDR entstand unter Lothar Bolz ein Ministerium für Aufbau, das in der Folgezeit unter anderem die weiteren Planungen für die Entwicklung in Berlin leitete. Am 28. November 1949 legte er in einem Brief an den Ministerpräsidenten Grotewohl seine Gedanken über die Planung der weiteren baulichen Entwicklung Berlins vor. Dieses Dokument, wohl auch als Grundsatzpapier über die Tätigkeit des Ministeriums gedacht, ging davon aus, daß alle Tätigkeiten des Magistrats für die zentrale Planung in der Stadt an die Regierung der DDR übergingen, der Magistrat aber weiterhin an ihnen beteiligt sein mußte. Programmatisch die Aufforderung Bolz' an Grotewohl, einen Brief an den Rat der Stadt Moskau zu senden mit der Bitte, Unterlagen, Pläne und Beschlüsse über den – so wörtlich – »Moskauer Wiederaufbau« zu erhalten; im übrigen dachte Bolz in diesem Brief auch an Warschau und seine Wiederaufbauplanung.

Unter Punkt 3 hieß es: »... einige Moskauer Planer und Wissenschaftler nach Berlin zu entsenden, die Ratschläge für die Aufbauarbeit und die Entfaltung der Masseninitiative geben können.«[21] Hier war weniger an die Stadtplanungspolitik in Moskau zur Beseitigung der im Vergleich zu Berlin wenig vorhandenen Kriegszerstörungen gedacht, als an die Übernahme des ersten Generalbebauungsplanes von Moskau aus dem Jahre 1931. Ohne dies vertiefen zu können – der Generalbebauungsplan von Moskau sowie die weiteren der folgenden Jahre gingen von der Möglichkeit aus, historische Konturen einer Stadt so zu verändern, daß diese den neuen Gegebenheiten gewaltsam angepaßt werden konnte. Im Wesen war das Negierung und Zerstörung der historischen Kultur. Ziel war der Platz für die politische Manifestation, der Demonstrationsplatz, der an die Stelle – so in Moskau – zaristischer Alleinherrschaft zu treten hatte. Also Ausrichtung der Stadt nach einem Ort der Demonstration und nicht zaristischer Repräsentation oder demokratischer Willensbildung. Bolz führte weiter aus: »4. Der bisher vom Magistrat von Groß-Berlin ausgearbeitete Plan [bisher nicht ermittelt, d. Verf.] wird in einigen Teilen eine Veränderung erfahren müssen. Es wird angenommen, daß die Regierung der Deutschen Demokratischen Republik die entscheidenden Beschlüsse faßt. Planung und Aufbau der Hauptstadt ist nicht Sache des Magistrats von Groß-Berlin allein, sondern Angelegenheit aller Deutschen.«[22] Es folgt der Vorschlag zur Bildung eines Planungsrates und eines Arbeitsausschusses für diesen Arbeitsbereich.

Am 30. November 1949 beschloß der Magistrat die Leitsätze für die Planung des Wiederaufbaus. In ihnen hieß es: »Berlin, der Sitz der Regierung der Deutschen Demokratischen Republik, ist die Hauptstadt Deutschlands. Der Aufbau der Hauptstadt ist Angelegenheit aller Deutschen ... Berlin als Mittelpunkt des politischen, wirtschaftlichen und kulturellen Lebens erhält sein Gepräge durch die Gestaltung der ganzen Stadt, die Innenstadt und die Bezirke, bestimmte Straßen und Plätze sowie Einzelbauwerke entsprechend seiner Aufgabe als Hauptstadt Deutschlands ... Die Innenstadt muß als Standort der zentralen Regierungs- und Wirtschaftsorgane sowie übergeordneter kultureller Bauten besonders hervorgehoben werden.«[23]

Die alte Mitte Berlins, die mit dem Regierungsviertel dem Sowjetischen Sektor Berlins zugeschlagen worden war (denn es war die Rote Armee, die Berlin erobert und besetzt hatte und damit das Regierungszentrum des Deutschen Reiches symbolisch in der Hand hielt), kam nun in eine zentrale Planung durch die Behörden des neuen Staates. Unmittelbar nach Kriegsende, im Jahre 1945 achtete noch niemand darauf, aber entscheidende Punkte der Nachkriegsentwicklung in Berlin lagen zunächst unter sowjetischem Einfluß. Dabei schob sich der westliche Teil des Bezirks Mitte mit dem alten Regierungsviertel wie ein Balkon in das Territorium West-Berlins.

Bereits 1945 hatte eine intensive Planungstätigkeit für den Wiederaufbau und die Neugestaltung Berlins eingesetzt; noch verstand man darunter eine Planung für Gesamt-Berlin. Die Avantgarde der Architekturentwicklung der zwanziger Jahre sah ihre große Chance, die Stadt nach ihrer kata-

---

21 *MfA* ... (wie Anm. 20), Nr. 39026.
22 *Ebda.*
23 *Ebda.*

strophalen Zerstörung neu zu ordnen und nach ihren Prinzipien ein modernes Stadtbild zu schaffen. In diesem Sinne richtungweisend war die Ausstellung »Berlin plant. Erster Bericht«, die am 22. August 1946 im damals noch nicht gesprengten Berliner Schloß – der »Weiße Saal« war eigens dafür in dem ruinösen Bau hergerichtet worden – eröffnet wurde. Der geistige Vater dieser sehr interessanten Ausstellung, die heute legendären Charakter trägt, war Hans Scharoun – zu dieser Zeit Leiter der Abteilung Bau- und Wohnungswesen im Magistrat von Berlin. Zu der Gruppe gehörten Karl Böttcher, Wils Ebert, Peter Friedrich, Ludmilla Herzenstein, Reinhold Lingner, Luise Seitz, Selman Selmanagic und Herbert Weinberger[24], die alle in der Werkbund- und Bauhaustradition standen. Sie legten im Frühjahr 1949 ihre Grundsätze für die Neuplanung Berlins vor, die vor allem dem Wohnungsbau, der Neuordnung des Verkehrs und der Verbesserung des Lebensumfelds der Bewohner der Stadt verpflichtet war.[25] Repräsentationsbauten spielten in dieser Planung eine eher untergeordnete Rolle.

Nachzudenken ist darüber, warum diese Ausstellung im Schloß zu Berlin stattfand, das einst Zentralpunkt königlich-kaiserlicher Repräsentanz und Macht gewesen war. Wurde hier nicht nur die Wiederherstellung des Baues eingeklagt, sondern war möglicherweise auch das Einbringen des Ortes in die deutsche Nachkriegsgeschichte beabsichtigt?

Lothar Bolz nahm zur Gründung des dem Ministerium angeschlossenen Instituts für Städtebau und Hochbau (unter der Leitung von Kurt Liebknecht) in der Presse Stellung: »Es wird Richtlinien für den Städtebau festlegen und dabei den Wiederaufbau unserer zerstörten Städte nicht nur zu einer Aufgabe modernster Technik, sondern vor allem zu einer städtebaulichen Verwirklichung der gesellschaftlichen, wirtschaftlichen und kulturellen Grundzüge echter Demokratie machen ... Dabei werden die Regierungsbauten selbst eine bedeutende Rolle spielen.«[26] Die Entscheidungen, die das weitere Schicksal der Wilhelmstraße und des Berliner Schlosses bestimmten, wurden anderwärts gefällt; im Ergebnis ist von beiden nichts geblieben. Nach der Umbenennung des Wilhelmplatzes in Thälmannplatz zeigte sich, daß dieses Stadtviertel nicht den Ausgangspunkt für ein »neues, sozialistisches Stadtzentrum« bilden konnte. Richtungweisend für die neue repräsentative und offizielle Gestaltung der Nachkriegsstadt Ost-Berlin sollte der mit großem Pomp in Moskau gefeierte 70. Geburtstag von Stalin werden, zu dem auch Walter Ulbricht, damals Generalsekretär der SED und Erster Stellvertreter des Vorsitzenden des Ministerrates der DDR, und Friedrich Ebert, Sohn des ersten Präsidenten der Weimarer Republik und Oberbürgermeister von Groß-Berlin (Ost-Berlin), geladen waren. Ulbricht bat den Präsidenten der Architekturakademie der Sowjetunion, Alexander G. Mordwinow, um ein Gespräch über Städtebau und Architektur.[27] Nach einem Bericht des Architekten Kurt Liebknecht, später Präsident der Deutschen Bauakademie bzw. Bauakademie der DDR, erhielten Ulbricht und Ebert »eine Lektion über die Direktiven des Genossen Stalin über Städtebau und Architektur, wie sie bei der Umgestaltung der sowjetischen Hauptstadt und vieler anderer Städte zur Grundlage gedient hatten.«[28] Im Grundtenor folgte dies den Gedanken, die Bolz im November 1949 geäußert hatte.

Das Entwurfsinstitut des Ministeriums für Aufbau bereitete in einer Besprechung am 4. Februar 1950 eine Tagung zur »Planung von Berlin« vor. Auf dieser Beratung sprach Kurt Junghans von der Kammer der Technik und machte Ausführungen zur historischen Entwicklung Berlins bis zum Ende des 19. Jahrhunderts: »Es wurde der Wunsch ausgesprochen, weitere Pläne und Unterlagen über die Entwicklung Berlins bis zum

---

24 Siehe dazu Jonas Friedrich Geist/Klaus Kürvers, *Das Berliner Mietshaus 1945–1989,* München 1989, S. 218ff.
25 Heinrich Starck, *Berlin plant und baut,* in: *Bauplanung und Bautechnik* 3 (1949), S. 345–355.
26 Zitiert nach Kurt Liebknecht, *Mein bewegtes Leben,* Berlin 1986, S. 121.
27 Zitiert nach Renate Petras, *Das Schloß in Berlin. Von der Revolution 1918 bis zur Vernichtung 1950,* München–Berlin 1992, S. 111f.
28 R. Petras, *Das Schloß ...* (wie Anm. 27), S. 110.

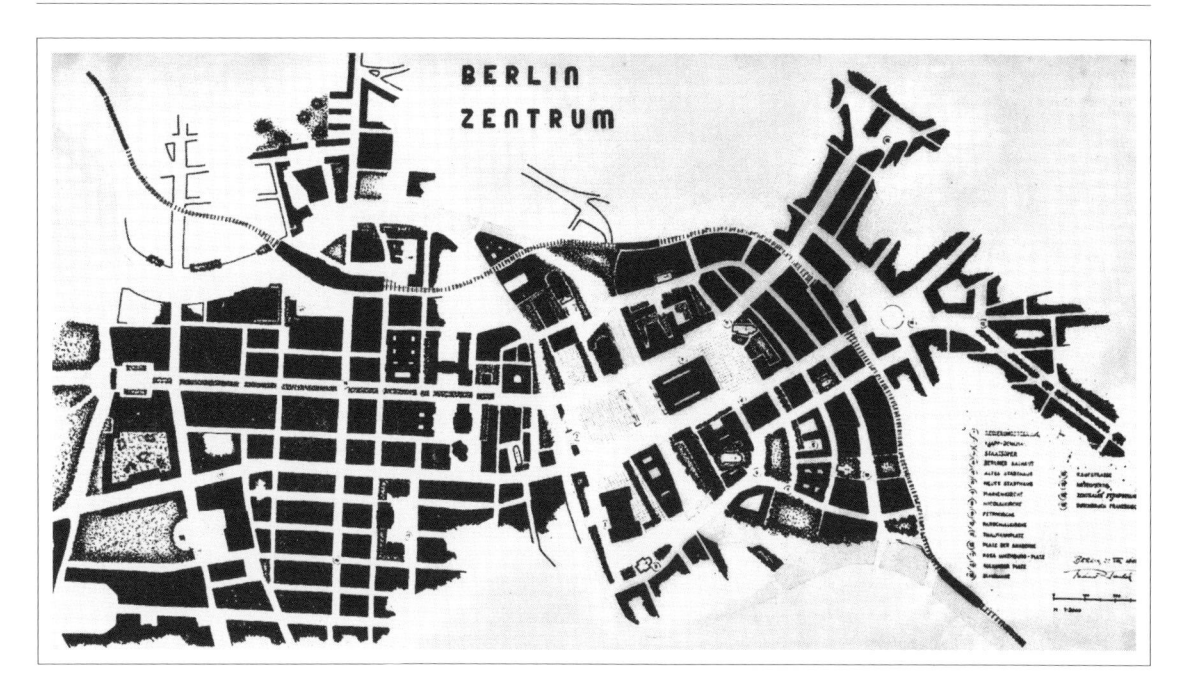

Plan der Neugestaltung des Zentrums, 1950

1. Weltkrieg, die Entwicklung Berlins in der Weimarer Zeit, unter besonderer Berücksichtigung der in dieser Zeit geplanten und ausgeführten Siedlungen Gehag, Gagfa usw., wie auch der Baupläne und der ausgeführten Bauten in der faschistischen Zeit aufzeigen.«[29]

Kurt Junghans, hochgebildet, in Kenntnis des Standes der Auseinandersetzungen der zwanziger Jahre und mit den Brüdern Taut bekannt, brachte die historische Seite der Stadtplanung Berlins in die schwebende Diskussion ein. Es ist davon auszugehen, daß er die Diskussion der zwanziger Jahre rezipierte und den Kreis der Handelnden – soweit diese nicht durch eigene Studienzeit oder Teilnahme an den Kontroversen der zwanziger Jahre über eigenes Wissen verfügte – in den Kenntnisstand setzte. Insbesondere kann das auf die Idee von Martin Wagner über den Durchbruch über die Wilhelmstraße im Verlauf der Französischen oder Jägerstraße angenommen werden, da diese Idee seit 1950 konkret in den Planungs-

gegenstand der Wilhelmstraße aufgenommen worden war. Ebenso kann das für die Erläuterung der Tendenzen der Stadtplanung der zwanziger Jahre angenommen werden, die das Berliner Schloß als Hemmnis der modernen Stadtplanung bezeichnete. Bekanntlich hatte zum Beispiel Adolf Behne aus diesem Grunde den Teilabriß des Berliner Schlosses vorgeschlagen. Es ist also davon auszugehen, daß die Handelnden in Kenntnis des Diskussionsstandes dieser Jahre waren.

In der Zeit vom 12. April bis 27. Mai 1950 reisten sechs Architekten unter der Leitung von Lothar Bolz in die Sowjetunion, die die sowjetischen Erfahrungen im Städtebau vor Ort studieren sollten. Dem folgten für Berlin sofort Umsetzungen für Berlin und Festlegungen für die weitere Planungsarbeit. Am 17. Juli lag eine erste Skizze der konkreten Planung für die Innenstadt Berlins vor. Zur

---

29 *DBA* ... (wie Anm. 19), A/21, Bl. 281.

weiteren Planung sollte vordringlich geklärt werden: »... die gesamte Konzeption der Planung, die Festlegung des Zentrums, des zentralen Bezirks, der historisch gewordenen Bezirkszentren, die Grenze der städtischen Bebauung, die Bedeutung des Flusses, die Führung des Schnellverkehrs (Berliner Ring, Autobahn beenden) usw.«[30]
Die darauf fußende Gedankenskizze lag wohl am 22. Juli vor und wurde beraten. In der Notiz darüber steht: »Der Vorschlag der Bildung eines zentralen Kundgebungsplatzes zwischen Königsstrasse, Hoher Steinweg, Liebknechtstrasse und Spree wurde einstimmig gebilligt, und einige Rückwirkungen auf die Gestaltung des Verkehrs im Zentrum erörtert«[31], es war also daran gedacht, einen Demonstrationsplatz in Berlin zu schaffen und ihn vor das Berliner Rathaus zu legen. Regierungsbauten oder gar die Wilhelmstraße wurden nicht berührt. Das Ministerium für Aufbau nahm am 24. Juli 1950 in einer Aktennotiz zum Stand der Planung Stellung. Es ging um die Lösung »der dringendsten städtebaulichen Teilaufgaben, insbesondere die Gestaltung des Zentrums (als Ziel der politischen Demonstrationen und als Standort der wichtigsten zentralen Funktionen)«. Der allgemeine Plan sollte nur eine Diskussionsgrundlage darstellen. Unter dem Punkt Arbeitsprogramm hielt die Notiz fest, daß die Begrenzung des Zentrums festzulegen sei, und »als dringlichste Aufgabe ist zu untersuchen, welche Anforderungen an einen zentralen Platz für Kundgebungen und Demonstrationen zu stellen sind und einen Vorschlag für die Lage dieses Platzes im Zentrum, gegebenenfalls mit Varianten auszuarbeiten«.[32] Festzuhalten bleibt, daß der Demonstrationsplatz und der Standort der Regierungsbauten zusammen liegen sollten.
Das Ergebnis der Reise nach Moskau war ein Dokument, das über Jahrzehnte entscheidend die Architekturentwicklung in der DDR getragen und beeinflußt hat. Es handelt sich um »Die Sechzehn Grundsätze des Städtebaus«, die am 27. Juli 1950 von der Regierung der DDR beschlossen wurden.[33] Sie enthielten die allgemeinen und theoretischen Grundsätze des Städtebaus, wie er sich in der DDR vollziehen sollte, und wurden beziehungsweise werden noch heute als Gegenstück zur »Charta von Athen« verstanden. Diese Grundsätze und die Charta von Athen (Thesen zum modernen Städtebau, auf dem Architektenkongreß in Athen 1933 beraten) traten in den folgenden Jahren in der Berliner Architekturentwicklung in Konkurrenz, mit ihrer Umsetzung begannen sich die beiden Stadthälften auch in ihrem äußeren Antlitz zu unterscheiden.[34]
Für die Wilhelmstraße wurde der Grundsatz 6 wichtig: »Das Zentrum bildet den bestimmenden Kern der Stadt. Das Zentrum der Stadt ist der politische Mittelpunkt für das Leben seiner Bevölkerung. Im Zentrum liegen die wichtigsten politisch-administrativen und kulturellen Stätten. Auf den Plätzen im Stadtzentrum finden die politischen Demonstrationen, die Aufmärsche und die Volksfeiern an Festtagen statt. Das Zentrum der Stadt wird mit den wichtigsten und monumentalsten Gebäuden bebaut, beherrscht die architektonische Komposition des Stadtplanes und bestimmt die architektonische Silhouette der Stadt.«[35] Die Demonstration inmitten prunkvoller Gebäude galt als Ausdruck der politischen Kultur des 20. Jahrhunderts.
Eigentlich anachronistisch, denn wie oft können Demonstrationen stattfinden? Aber man sehe sich das Gemälde von Max Ligner in der Halle des ehemaligen Reichsluftfahrtministeriums, dem späteren Haus der Ministerien und heutigen Karsten-Rohwedder-Haus, oder die Reliefs an den Häusern in der Weberwiese an. Sie zeigen praktische, freudige Arbeit, Demonstration und Tanz als Ausdruck des neuen Lebens.
Nun kam von zentraler Seite der Politik Bewegung in die gesamte Planung Berlins. Eine Beratung vom 29. Juli präzisierte unter Wirkung der 16 Grundsätze den neuen Mittelpunkt der

---

30 *DBA* ... (wie Anm. 19), Bl. 279.
31 *DBA* ... (wie Anm. 19), Bl. 275.
32 *DBA* ... (wie Anm. 19), Bl. 247.
33 Siehe dazu Lothar Bolz, *Vom Deutschen Bauen*, Berlin 1950, S. 32ff.
34 J. F. Geist/K. Kürvers, *Das Berliner Mietshaus* ... (wie Anm. 24), Bd. 3, S. 312.
35 L. Bolz, *Vom Deutschen Bauen* ... (wie Anm. 33), S. 42.

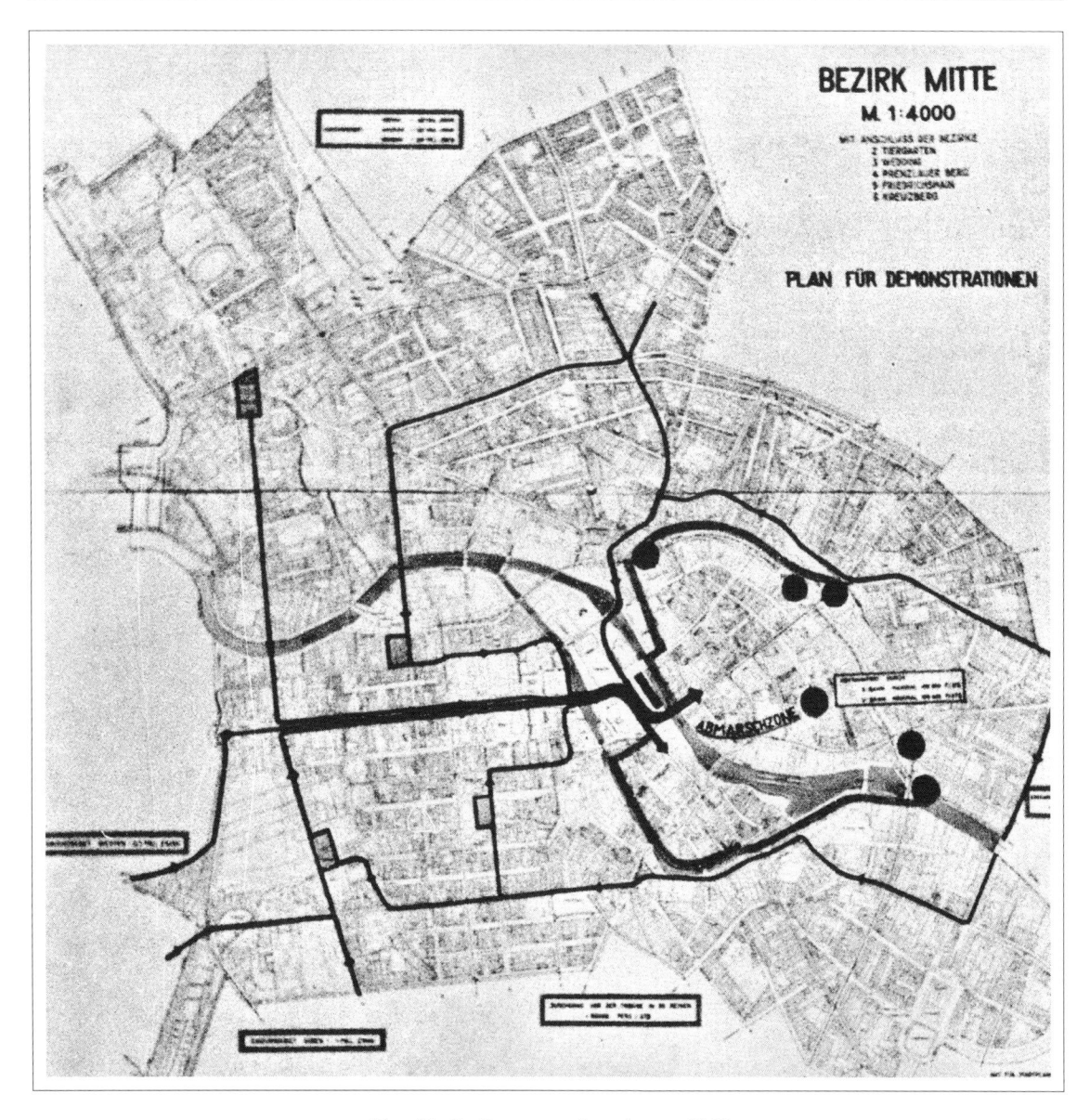

Plan für die Demonstration, August 1950

Stadt. Es gab nun zwei Standorte, den oben genannten (Vorschlag I) und die Idee, den Platz auf die Spreeinsel zu legen (Vorschlag II). Kurt Junghans erhielt den Auftrag, die Ergebnisse der Untersuchung zusammenzustellen. Einhellig aber war die Meinung, der Kundgebungsplatz vor dem Rathaus war »wertvoller«. Alle Ergebnisse sollten in einer Eingabe »an die SED« der Parteiführung vorgetragen werden. Der Thälmannplatz und die Wilhelmstraße wurden Planungsvorhaben von untergeordneter Bedeutung.

Diese Eingabe ist in den Akten des Ministeriums für Aufbau nicht überliefert.[36] Mit dem Datum vom 3. August 1950 lag aber eine Ausarbeitung des Ministeriums für Aufbau vor, die der Architekt Kurt Liebknecht (Direktor des Instituts für Städtebau und Hochbau im Ministerium für Aufbau) und der Leiter der Hauptabteilung II (Allgemeines Bauwesen, Städtebau und Hochbau) des Ministeriums des Aufbaus, Walter Pisternick, unterschrieben haben. Sie ist den Akten der Parteiführung der SED überliefert. In ihr wird vor allem Wert auf die Schaffung eines »großen Aufmarschplatzes« gelegt. Einleitend stehen folgende Sätze: »Das Zentrum Berlin, gestaltet nach den 16 vom Ministerrat beschlossenen Grundsätzen des Städtebaus, kann vom Brandenburger Tor bis zum Luxemburgplatz und der Stalinallee reichen. Es führt über die Linden zum Lustgarten über das neu zu schaffende demokratische Forum und den Alexanderplatz zum Luxemburgplatz. Um sofort [sic!] einen ausreichend großen Platz für Standdemonstrationen und fließende Demonstration zu haben, ist das Schloß abzureißen. Eine weitere Vergrößerung des Platzes auf der Spreeinsel empfiehlt sich nicht ...«[37] Ebenfalls werden – wie in einem »Platzrausch« – die Schaffung weiterer Plätze (Bürgerplatz, Platz des FDGB usw.) vorgeschlagen; der Thälmannplatz ist nicht mehr darunter beziehungsweise wird in dem Dokument nicht behandelt.

Eine nachträgliche maschinenschriftliche Notiz auf dem Dokument macht jedoch stutzig, ohne daß gegenwärtig weitere Klärung gegeben werden kann: »Bei Gen. Grotewohl beraten. Infolge Ablehnung des Vorschlages Nr. 1 [Abriß des Schlosses, d. Verf.] durch Gen. Grotewohl und Ulbricht nicht eingereicht«. Ganz offensichtlich stand der Erhalt des Berliner Schlosses zu diesem Zeitpunkt noch zur Diskussion. Der weitere Verlauf der Ereignisse ist nicht klar, aber am 5. August kommt es zu einer Beratung zwischen Ulbricht und Liebknecht[38], auf der die Planungsgrundlage verbindlich wurde. Ulbricht selbst hatte am 22. Juli öffentlich, in einer Rede auf dem III. Parteitag der SED, indirekt auf das Schloß Bezug genommen und davon gesprochen, daß Lustgarten und der Platz der Schloßruine zu einem großen Demonstrationsplatz werden sollten. Die Stadtplanungskommission nahm zu den Ergebnissen dieser Beratung Stellung und hielt als Sofortaufgaben im Protokoll fest, daß die Planung des Thälmannplatzes vorangetrieben und das Problem der »Demonstrationsstraßen« gelöst werden müsse.[39]

Am 11. August folgen weitere Festlegungen, die die Schaffung des Demonstrationsplatzes und den Abriß des Schlosses zum Gegenstand haben. »Das Schloss ist Reichsvermögen. Die Regierung muss bis 19. August 1950 den Auftrag zum Abriss an den Magistrat erteilt haben. Verantwortlich: Dr. Liebknecht«.[40] Gleichzeitig dokumentiert die Sitzung in den anderen Besprechungspunkten die Abwendung von der Wilhelmstraße. Der Ort wird nicht berührt. Dagegen werden das Rote Rathaus, der Alexanderplatz und die Königsstraße behandelt. Aufgenommen wird in die Überlegungen der Neubau einer Oper: »Enttrümmerung bis zur Ger-

---

36 Die damals Beteiligten leben zum Teil nicht mehr und haben sich später über ihren Anteil nicht geäußert. So hat Kurt Liebknecht, der als Architekt wesentlich für die Planungen dieser Jahre verantwortlich war, diese Zeit in seinen Erinnerungen – aus welchen Gründen auch immer – nicht berührt; vgl. K. Liebknecht, *Mein bewegtes Leben* ... (wie Anm. 26).

37 *SAPMO*, ZPA IV L-2, Nr. 267 [ohne Blattzählung].

38 *MfA* ... (wie Anm. 20), Nr. 39026. Zwar ist darüber keine Unterlage überliefert, aber über dem Protokoll der Sitzung der Planungskommission vom 7. August steht: »Schlußfolgerungen aus der Beratung mit dem Gen. Ulbricht am 5. August.«

39 *Ebda.* Die Papiere sind veröffentlicht in Laurenz Demps, *Berlin-Wilhelmstraße*. Eine Topographie preußisch-deutscher Macht, Berlin 1994, S. 328ff.

40 *DBA* ... (wie Anm. 19), A/21, Bl. 269.

traudenstrasse. Den Raum zwischen Schlossplatz und Getraudenstrasse insgesamt für die Oper zur Verfügung stellen, dadurch mehr Platz zum Abfluß der Demonstrationszüge.«

Die Ereignisse überschlugen sich, bleiben in der Rekonstruktion aber im Detail undurchsichtig. Am 15. August 1950 lag dem Politbüro des ZK der SED eine Ausarbeitung zur Entwicklung Berlins vor, die in Thesenform Prinzipien der weiteren Stadtplanung festhält und in zwei Anlagen die Konsequenzen des Vorgehens festmacht. Autor ist Kurt Liebknecht, der zu diesem Tagesordnungspunkt als Berichterstatter eingeladen war. Die Vorlage ist vom 14. August datiert, nennt sich »Neuaufbau Berlins« und wurde von der Abteilung Wirtschaftspolitik des ZK der SED eingereicht. Unterschrieben ist sie von dem damaligen Leiter dieser Abteilung, Willi Stoph.[41] Es ist anzunehmen, daß nach der Beratung Liebknechts mit Ulbricht und Grotewohl das Papier vom 5. August von der Abteilung Wirtschaftspolitik verändert, um einen Teil »Schlußfolgerungen« ergänzt und in die Sitzung des Politbüros eingebracht wurde. Kernpunkt dieses Papiers ist die Schaffung eines großen Aufmarschplatzes, für den das Berliner Schloß geopfert werden sollte und wurde.

Kurt Liebknecht hat die Thesen – in leicht veränderter Form – nach der Beschlußfassung veröffentlicht.[42] Der Veröffentlichung lag eine Ideenskizze zur Gestaltung des Zentrums von Berlin bei. Eine fast gleichlautende, aber in einigen Bereichen gestraffte Zusammenfassung gab die »Berliner Zeitung« in ihrer Ausgabe vom 27. August 1950 unter der Überschrift: »Aufbauplan für das Zentrum des neuen Berlin.«[43] Nicht veröffentlicht wurde die Anlage, die über die Konsequenzen dieser Planung für das vorhandene Stadtbild informiert, ebenso wie eine weitere Anlage über die Gestaltung von Demonstrationen in Berlin und den dafür notwendigen An- und Abtransport der Menschenmassen – den eigentlichen Anlaß für diesen Beschluß.

Die beschlossenen Grundsätze trugen für die weitere stadtplanerische Entwicklung im Zentrum der Teil-Stadt – also Ost-Berlins – richtungsweisenden Charakter. Zum einen war die hier aufgezeigte Planung noch einem Denken in Gesamt-Berliner Zusammenhängen verpflichtet. Zum anderen wurde, nach einem abwertenden Hieb gegen Scharoun, darauf verwiesen, welche Bedeutung das Studium der sowjetischen Erfahrungen im Städtebau, durch eine Delegation des Ministeriums für Aufbau unter der Leitung von Lothar Bolz, für die weitere Planung hatte. Nach Paris und London in den vorangegangenen Bauepochen Berlins sollte nun auch das Moskauer Beispiel bemüht werden. Das alte Regierungszentrum erhält folgende Beschreibung: »Die Wilhelmstraße, die als Repräsentationsstraße gedacht ist (Botschaften und Regierungsgebäude) soll verbreitert werden, ebenso ihre Fortsetzung über die Straße Unter den Linden hinaus. Die Neue Wilhelmstraße und Luisenstraße sind ebenfalls bis zur Überführung der S-Bahn zu verbreitern.«[44] Aufgenommen in diesen Plan wurde der Durchbruch durch die Ministergärten, wie ihn bereits 1926 Martin Wagner vorgeschlagen hatte – für die Zukunft eine der Prämissen für die Verkehrsplanung. Die Gründe, die zu diesem Zeitpunkt dazu führten, diese alte Idee wieder aufleben zu lassen, waren bisher nicht zu ermitteln, müssen beim Stand der Detailforschung Vermutung bleiben. Die Architekten, die in jenen Jahren in der DDR für die Stadtplanung verantwortlich zeichneten, waren nicht nur mit Wagners Auffassungen über die moderne Stadt vertraut, sondern kannten den Stadtplaner und ehemaligen Stadtbaurat von Berlin, der 1933 zuerst in die Türkei emigriert und später dann an die Harvard Universität gegangen war, zum Teil noch persönlich. Sie haben seine Schriften gelesen, Vorträge von ihm gehört und bei den gleichen Lehrern studiert wie ihre Kollegen und Freunde, die nun im Westen zu Antipoden geworden waren.

Dem Thälmannplatz kam in dem Beschluß eine nur noch geringe Aufmerksamkeit zu: »Die vor-

---

41 *SAPMO*, ZPA IV 2/2, Nr. 104, Bl. 13ff.
42 Sie sind nachzulesen in: *Planen und Bauen* [Neue Folge von *Bauplanung und Bautechnik*] 4 (1950), Nr. 12, S. 381ff.
43 *Berliner Zeitung*, Nr. 199, vom 27. 8. 1950.
44 *Planen und Bauen* ... (wie Anm. 42), S. 383.

geschlagene Aufstellung des Thälmann-Denkmals auf der Seite des Tiergartens macht es notwendig, den Platz südlich im Zuge der Mohrenstraße durch eine neue Bebauung zu schließen. Die Front des Nationalrates, des Gästehauses und der dazwischen liegenden Baulücke muß neu gestaltet werden. (Höherziehung des Eingangsteils des Nationalrates ist zu erwägen).« Die ursprünglich vorgesehene Ost-West-Autostraße entlang der Voßstraße wurde in dieser Planung fallengelassen. Der neue Standort für das Denkmal befand sich nun direkt auf dem Gelände der ehemaligen Reichskanzlei. Entlarvend für die Prämissen der in diesem Dokument dargestellten Planungsabsichten ist der Satz, der die Größenabmessungen des zu schaffenden Aufmarschplatzes am Lustgarten festhält: »Die Größenabmessungen des Platzes sind ungefähr 180 × 450 [Meter] = etwa 82 000 [Quadratmeter]. Im Vergleich dazu die Ziffern des Roten Platzes in Moskau, der 120 × 400 [Meter] = 50 000 [Quadratmeter] besitzt.«

Die hier formulierten Überlegungen, ihre Ziele sowie die kühle und sachliche Sprache, in der die Beschlüsse und Dokumente abgefaßt waren, sind das Produkt einer Gruppe von Urhebern ganz unterschiedlicher Herkunft und Absichten. Die einen, ein Großteil der Architekten wie zum Beispiel Kurt Liebknecht (er kam im übrigen erst 1948 aus der Sowjetunion zurück), waren Aufklärer und als solche in Deutschland traditionell »geschichtsfeindlich« eingestellt; die anderen verstanden sich als solche und übernahmen mehr oder weniger unkritisch diese Haltung. Die dritten, die Politiker wie Walter Ulbricht, waren Machtpolitiker, die die nach der Katastrophe des Zweiten Weltkriegs aufgebrochene totale Ablehnung der Geschichte und des Umgangs mit ihr für ihre eigenen Zwecke zu nutzen wußten. Einig war man sich in der grundsätzlichen Argumentation, die nicht historisch, sondern allein nach »vorne« orientiert war und die überkommenen Räume als Orte der Geschichte gar nicht oder nur zum Teil wahrnahm. Die Geschichte galt als »überwunden«, so war sie noch nicht einmal mehr lästig. In dieser Stadt hatte der »deutsche Wahn« sein Grab gefunden, warum darüber noch reden! – ein zutiefst ahistorisches Denken, das die Auseinandersetzung oder besser die fehlende Auseinandersetzung über die jüngste Vergangenheit in ganz Deutschland – Ost wie West – prägte. Die Planung galt der Zukunft. Was dabei noch im Weg war, erledigten die Abrißkolonnen und der Sprengstoff: Platz für das Neue war zu schaffen. Man glaubte die Vergangenheit an eben ihren Orten durch die Zukunft zu überwinden. Es gab keinen Zwang, keine Notwendigkeit über die jüngsten Ereignisse zu reden, denn der Beweis für ihr Versagen war ja für jedermann offensichtlich. Die »Last« der individuellen Verantwortung war durch den Sieg der Anti-Hitler-Koalition genommen und damit keine Begründung für das eigene Vorgehen notwendig. Der Gedanke läßt sich auch umkehren: Wer wollte diese Bauten noch? Wer konnte es wagen, für sie einzutreten, ohne zugleich in einen enormen Rechtfertigungsdruck im internationalen Blickfeld zu geraten? Insgesamt trägt der Plan mit den Höhepunkten Thälmann-Denkmal und FIAPP-Denkmal Züge einer fast religiösen Auffassung von Geschichte; das eine überwindet am Wilhelmplatz und dann auf dem Gelände der Reichskanzlei das Böse der Vergangenheit und das andere auf dem Platz des Nationaldenkmals für Kaiser Wilhelm I. den Nationalismus in der deutschen Geschichte.

Noch am 15. August werden konkrete Schritte beraten und festgelegt. Hier taucht die Wilhelmstraße wieder auf, sie soll als Anmarschstraße für die Demonstrationen verbreitert werden. Ebenso sollen die Arbeiten am Thälmannplatz und am Durchbruch der Französische Straße forciert werden.[45] Interimistisch hatte sich ein Planungsausschuß gebildet, der die Detailarbeiten leistete. Aus ihm entstand am 22. August 1950 eine Stadtplanungskommission, deren Bildung im Verordnungsblatt des Magistrats bekannt gegeben wurde.[46] Ihr wurde die Aufgabe übertragen, »die innerhalb des S-Bahn-Ringes gelegenen Gebäude« zu planen, und es gehörten ihr vier Vertreter des Ministeriums für Aufbau – Walter Pisternick, Kurt Liebknecht, Kurt Junghans und Kurt

---

45 DBA ... (wie Anm. 19), A/21, Bl. 263.
46 *Verordnungsblatt des Magistrats von Groß-Berlin* 7 (Jahr), T. I, Nr. 57.

Leucht – sowie vier Vertreter des Magistrats: Bruno Baum, Karl Brockenschmidt, Edmund Collein und Helmut Henning[47] – an. Bei dem Vertreter des Magistrats Baum handelte es sich um Bruno Baum, den zweiten Sekretär der Landesleitung der SED. Die Stadtplanungskommission bildete fünf Unterkommissionen: 1. Verkehr, 2. Versorgung, 3. Industrie, 4. Wohnungsbauprogramm und 5. Baudenkmale.[48] In ihnen wurden die Detailplanungen geleistet, während auf der Sitzung der Stadtplanungskommission Grundsatzentscheidungen getroffen werden sollten.

Am 25. August hielt Pisternick in einer Notiz für die Stadtplanungskommission fest, daß das Verkehrsministerium in den Altbau in der Wilhelmstraße ziehen werde, die Randbebauung des Platzes sollte festgelegt und die Raumbildung der Wilhelmstraße durchdacht werden. Das wurde am 6. September wiederholt und der Vorschlag unterbreitet, der Straße die Breite von 35 Metern zwischen den Baufluchtlinien zu geben, der Fahrdamm sollte 24 Meter breit werden.[49] Am 13. September wurde die Neupflasterung des Thälmannplatzes beschlossen, die nicht ausgeführt wurde. Nun kam die Ernüchterung nach dem ersten Planungsrausch: »Prüfung der vorhandenen Unterlagen auf ihre Verwendbarkeit und Berücksichtigung der Materialien aus dem Thälmann-Wettbewerb.«[50] Letztendlich bedeutete das das Ende der ersten Planungsphase.

Die Stadtplanungskommission nahm am 29. November zum Thälmannplatz Stellung. Das Protokoll hielt fest: »Thälmannplatz – Vorbereitung eines Wettbewerbs (Ausfertigung der Unterlagen). Darunter besonders Festlegung der Traufhöhen und der Akzente des Platzes. Ausarbeitung von 2–3 Varianten für den Platz. Klärung der Grundstücksnutzung südlich des Platzes. a) Feststellung des Raumbedarfs des Außenministeriums und Fixierung der im Außenministerium bereits bestehenden Vorstellungen über die zu projektierenden Gebäude. Termin: 4. Dezember 1950 – Dr. Liebknecht. b) Zusammenstellung der vorhandenen und Anfertigung der noch fehlenden Unterlagen des gesamten Komplexes Thälmannplatz, Wilhelmstraße von der Leipziger Straße bis Unter den Linden und westliche Grundstücke bis an die Sektorengrenze. Termin: 20. November – Prof. Paulick.«[51]

Das gesamte Vorhaben kulminierte in der Sitzung der Stadtplanungskommission am 12. Dezember 1950. In dieser Sitzung wurde der territoriale Umfang des Regierungsviertels festgelegt: Es sollte im Raum zwischen der Straße Unter den Linden im Norden, der Prinz-Albrecht-Straße im Süden, der Friedrichstraße im Osten und der Stresemannstraße im Westen liegen. Anschließen sollte sich das Botschafterviertel zwischen Tiergarten und südlicher – neu anzulegender – Umgehungsstraße des Zentrums. Ferner waren ein Teil der Straße Unter den Linden (Sowjetische Botschaft) sowie die benachbarten und gegenüberliegenden Grundstücke für diese Zwecke vorgesehen.[52] Am 18. April 1951 erfolgte die endgültige Festlegung, daß das Finanzministerium in der Oberwallstraße – ehemals Reichsbank und später Gebäude des ZK – seinen Sitz bekommt; es wurde zur Fassadengestaltung Stellung genommen. Und in den kommenden Monaten folgten Teilbereichsplanungen, das heißt die Festlegung, welches Grundstück für welche Nutzung freizuhalten sei. Hier zeigte sich bei Realisierung der Festlegung eine hohe Stabilität durch die Jahre der Existenz der DDR. Im Sommer 1950 lag ein erster Entwurf des Plans über die Raumverteilung am Pariser Platz vor, der einzige, der bisher im Detail ermittelt werden konnte. Er war von der Abteilung Städtebau des Instituts für Städtebau und Architektur ausgearbeitet worden, Kurt Liebknecht ist als Verfasser anzunehmen. Am 6. April 1951 wurde er als Grundstückseinteilungsplan noch einmal

---

47 *SAPMO*, IV L 2/6, Nr. 267. Karl Brockenschmidt war leitender Magistratsdirektor bei der Abteilung Aufbau, Edmund Collein Leiter des Hauptamts Stadtplanung in dieser Abteilung und Helmut Henning war Referent für öffentliche Bautenplanung bei der Abteilung. Bruno Baum soll nach diesem Dokument Vertreter der Abteilung Wirtschaft gewesen sein.
48 *MfA* ... (wie Anm. 20), Nr. 38927.
49 *DBA* ... (wie Anm. 19), A/21.
50 *Ebda*.
51 *MfA* ... (wie Anm. 20), Nr. 38927.
52 *DBA* ... (wie Anm. 19), A/21 [ohne Blattzählung].

Seitenflügel des wieder in Betrieb genommenen Hotel
Adlon
Aufnahme: etwa 1950

beraten und verabschiedet. Im einzelnen gab es folgende Zuordnung von Grundstücken an spätere, mögliche Nutzer:

Pariser Platz 2	Botschaft
Pariser Platz 3	Deutsche Akademie der Künste
Pariser Platz 4	Hotel Adlon
Pariser Platz 5	Botschaft
Pariser Platz 6	Botschaft
Unter den Linden 1	ZK der SED

Das war eine wichtige Festlegung, der geplante Neubau für das Zentralkomitee der SED sollte in die Nähe der alten Standorte der Macht, aber an die Straße Unter den Linden. Offensichtlich war ein eindeutiger Mittelpunkt noch offen, beziehungsweise schwankten die Planer noch. An der Ecke Neue Wilhelmstraße/Unter den Linden sollten zwei weitere Botschaften ihren Platz erhalten. Daneben dann auf der Nordseite der Straße Unter den Linden Ministerien sowie »Verwaltungen der Vereinigung der Volkseigenen Betriebe« (VVB). Auf der Südseite der Linden dann an der Ecke der Wilhelmstraße war der Sitz des Ministeriums für Volksbildung festgelegt, daneben war dann der Platz für die Sowjetische Botschaft und Verwaltungen für weitere VVB festgelegt. Wer dann das Baugeschehen in den sechziger Jahren in Ost-Berlin nachvollzieht, wird feststellen, daß mit Ausnahme der westlichen Plätze am Brandenburger Tor nach diesen Beschlüssen gebaut wurde. Das traf im übrigen auch für andere Stadtbereiche zu. So wurde im Sommer 1950 festgelegt, daß das Verlags- und Druckereigebäude des »Neuen Deutschland« an den Küstriner Platz – heute Franz-Mehring-Platz – auf das Gelände eines ehemaligen Bahnhofs verlegt werden soll.[53] Der Bau ist dann an diesem Ort erst in den Jahren 1969 bis 1974 realisiert worden.[54]

Der Neuaufbau des Hotel Adlon bekam im Jahre 1951 einige Bedeutung. Offensichtlich war vorgesehen – auch hier unter Weiternutzung eines international eingeführten Namens – diesem Hotel eine besondere Repräsentationsfunktion für die Regierung zuzuweisen. Am 16. Mai 1951 schlug die Stadtplanungskommission den »Neubau Hotel Adlon für 17 Mio« vor.[55] Zur Begründung wird am 26. Mai darauf verwiesen, daß es in Ost-Berlin 2 200 Hotelbetten gäbe, davon ca. 1 700 in Privat-, ca. 180 in städtischen Hotels, 120 in Gästehäusern und 200 in einem Intourismus-Hotel. Nur 50 – so die Ausführung – »genügen den Anforderungen«.[56] Am 25. September folgt der Beschluß: »... mit dem Aufbau des Hotel Adlon wird 1951 begonnen.«[57]

Sehr wenig geben die bisher eingesehenen Unterlagen zur Zeit über den Bau des geplanten Ministeriums für Auswärtige Angelegenheiten am nunmehrigen Thälmannplatz her. Am 29. November 1950 legte die Stadtplanungskommission fest, daß ein Wettbewerb für dieses Bauvorhaben auszuschreiben sei. Im Protokoll heißt es: »a) Festlegung des Raumbedarfs des Außenministeriums und Fixierung der im Außenministerium bereits vorhandenen Vorstellungen über das zu projektie-

---

53 *MfA* ... (wie Anm. 19), Nr. 38881.
54 Siehe Joachim Schulz/Werner Gräbner, *Berliner Architektur von Pankow bis Köpenick,* Berlin 1987, S. 107
55 *DBA* ... (wie Anm. 19), A/21 [ohne Blattzählung].
56 *MfA* ... (wie Anm. 20), Nr. 38927.
57 *MfA* ... (wie Anm. 20), Nr. 39026.

rende Gebäude.«⁵⁸ Am 21. Mai 1952 heißt es dann: »Anfrage wegen Botschaften, dem MfAA [Ministerium für Auswärtige Angelegenheiten der DDR, d. Verf.] muß geantwortet werden, daß die Voraussetzungen der früheren Standortbestimmungen nicht mehr vorhanden sind«⁵⁹, das heißt, das Tiergartenviertel, in dem diese Bauten nach der Planung errichtet werden sollten, stand nicht mehr zu Verfügung, da es zu West-Berlin gehörte. Im November wird der mangelnde Stand der Planung moniert, er war – nach Meinung der Stadtplanungskommission – durch die Grenzbildung erschwert, und das Innenministerium hat die notwendigen Vorgaben nicht erbracht.⁶⁰ Die Raumnot der zentralen Verwaltungsorgane war groß, und man dachte daran, Baracken in der Wilhelmstraße aufzustellen, um dem abzuhelfen. Am 16. Juli 1952 legte die Kommission deshalb fest: »6. Baracken für Verwaltungszwecke der Regierung. Der Aufstellung im Zentrum kann unter keinen Umständen zugestimmt werden. Die bisher gemachten Erfahrungen sprechen gegen eine Verwendbarkeit überhaupt.«⁶¹ Die Abrißkolonnen verließen nach August 1950 die Wilhelmstraße. Sie hatten die Voraussetzung einer zukünftigen Gestaltung geschaffen. Die Ruinenteile der noch nicht beseitigten Reichskanzlei blieben liegen. Das Schloß verschwand, und am 1. Mai 1951 zogen die Demonstranten über den neuen Aufmarschplatz, der danach allerdings in einen »Schlaf« versank, denn es wurde auch in der DDR nicht täglich demonstriert – eigentlich nur einmal im Jahr. Inzwischen wurde der neu entstehende Staat mit anderen Problemen konfrontiert. Zum einen war das ökonomische Ergebnis des ersten, des Zweijahresplans der DDR nicht so ausgefallen, wie man gedacht hatte, und zum anderen begann eine Aufrüstungspolitik. Die DDR schuf sich eine Armee, die viel Geld kostete. Gleichzeitig wurde aber der Bau von Wohnungen ein immer dringender werdendes Erfordernis. Die Bevölkerung fragte zu Recht, wann sie aus den Ruinen herauskommen werde und wann die Wohnungsversprechungen eingehalten würden. Das alles hinderte, Prachtbauphantasien zu verwirklichen. Um die geplanten Bauvorhaben in der Wilhelmstraße wurde es ruhig.

Im März 1951 gab es einen erneuten Vorstoß, der Gedanke des Wettbewerbs zur Gestaltung des Thälmannplatzes mündete in einen Wettbewerb zur »Neugestaltung der Straße Unter den Linden und des Marx-Engels-Platzes«. In einem vorbereitenden Entwurf vom 13. März 1951 wird festgehalten: »3. Verbreiterung der Wilhelmstraße auf 35 und der Einmündung der Neuen Wilhelmstraße in die Straße Unter den Linden auf die gleiche Breite. 4. die Verlängerung der Französischen Straße als Entlastungsstraße Unter den Linden bis zum Anschluß an die Tiergartenstraße.«⁶² Für den Pariser Platz waren der Wiederaufbau der Akademie der Künste und moderne Botschaftsgebäude geplant. Der Neuaufbau und die Erweiterung des Hotels Adlon sollten geplant werden. Im Ergebnis des Wettbewerbs äußerte sich Kurt Liebknecht, nun Präsident der Deutschen Bauakademie, zum Ergebnis des Wettbewerbs in der Zeitschrift »Planen und Bauen« – hier sollen seine Ausführungen zum Bereich Wilhelmstraße angeführt werden: »Die Aufstellung des Thälmann-Denkmal auf der Seite des Tiergartens macht es notwendig, den Platz südlich im Zuge der Mohrenstraße durch eine neue Bebauung zu schließen. Die Front des Nationalrates, das Gästehaus und die zu schließende Baulücke, muß neue gestaltet werden. Die Wilhelmstraße, die als Repräsentationsstraße gedacht ist (Botschafts- und Regierungsgebäude), soll verbreitet werden, ebenso ihre Fortsetzung über die Straße Unter den Linden hinaus. Die Neue Wilhelmstraße und die Luisenstraße sind ebenfalls bis zur Überführung der S-Bahn zu verbreitern.«⁶³

Erst Ende des Jahres wurden die inzwischen weitergeführten Planungen zum Wiederaufbau der Stadt erneut beraten und am 25. November beschlossen. Im Mittelpunkt stand jetzt der Wohnungsbau. Auf ihn wurde auch die Berichterstattung abgestellt, die Wilhelmstraße war nach wie

---

58 *MfA* ... (wie Anm. 20), Nr. 38927.
59 *DBA* ... (wie Anm. 19), A/21 [ohne Blattzählung].
60 *Ebda.*
61 *Ebda.*
62 *DBA* ... (wie Anm. 19), A/107 [ohne Blattzählung].
63 *DBA* ... (wie Anm. 19), A/16 [ohne Blattzählung].

vor im Gespräch, als Mittelpunkt der neu zu errichtenden Regierungsbauten. Eine deutliche Zuordnung möglicher Nutzer zu einzelnen Geländestücken und die damit im Zusammenhang stehende Planung von Neubauten ist in den bisher zugänglichen Quellen schwer faßbar.

Das weitere Schicksal des Schwerinschen Palais kam auf Intention von Dr. Strauss, im Ministerium für Aufbau verantwortlich für Denkmalpflege, am 29. Februar 1952 auf die Tagesordnung der Sitzung der Stadtplanungskommission. Das Protokoll hielt fest: »Die jetzt ermittelte Führung der Verlegung der Französischen Straße erlaubt die Erhaltung der Ruine des Schwerinschen Palais. Die Verbreiterung der Wilhelmstraße nötigt jedoch zu einer Reduktion der Flügel. Prof. Dr. Liebknecht hält eine solche Verkürzung der Flügel für eine mögliche Lösung. Prof. Collein erklärte, daß die ungestalte blanke Front des Palais nach Süden städtebaulich nicht vertretbar ist und daß das Palais kaum als Eckbau an der Kreuzung Französische Straße – Wilhelmstraße hingenommen werden kann, das es nur in der Straßenzeile mit dem Ehrenhof zur Geltung kommt. Prof. Collein schlug vor: exaktes Aufmaß einschließlich Fotodokumentation zwecks späterer Erwägung des Wiederaufbaus an anderer Stelle. Der Unterzeichende [Dr. Strauss, d. Verf.] vertrat den gleichen Standpunkt. Die Kommission hatte Bedenken gegen systematische Abtragungs-Arbeiten, da der Zerstörungsgrad schon sehr weit fortgeschritten ist.«[64] Man ist geneigt, an das Wort von Nietzsche zu erinnern: Wer etwas Neues schaffen will, muß den Mut zur Zerstörung haben!

Hinter diesem Planungsrausch, dem Drängen, eine neue Welt zu schaffen, für die man die Ruinen der alten, verbrauchten opfern wollte, lag der Wunsch, eine Welt der Brüderlichkeit zu schaffen, einer Welt ohne Krieg, Blut und Tränen zum Durchbruch zu verhelfen. Ein faszinierender Gedanke für die Mehrzahl der Beteiligten, die politischen Sünden der Vergangenheit und die Bausünden der Stadt ein für allemal beseitigen zu wollen und nun auch zu können. Fast ist man an barocke Stadtplanung vom Ende des 17. Jahrhunderts erinnert. Zu diesem Zeitpunkt ordnete der Geheime Kriegsrat – ohne Rücksicht auf Vorhandenes – die Stadt neu. Geblieben ist im 20. Jahrhundert eine Stadtwüste, die Kraft reichte zum Zerstören, ein Neubau am historischen Ort war eine zu große Aufgabe für das kriegszerstörte Land. Das, was einst Generationen geschaffen hatten, hinter denen die materielle Kraft Preußens und dann des Deutschen Reiches standen, konnte in dieser Zeit und von dieser Gesellschaft nicht geleistet werden. Es blieb alles im Überlegungsstadium stecken.

Interessanterweise war es die Post, die auf die Lösung der Neubaufrage drängte. Sie hatte die technischen Voraussetzungen der Kommunikation zu schaffen und war wenig in die politischen Vorgänge des Tages involviert. Überliefert ist die dritte Fassung der Fassade für ein neues Fernsprechamt Berlin auf dem Grundstück Wilhelmstraße 66. Sie lag der Stadtplanungskommission am 7. Juni 1952 zur Beratung vor. Die Fassade zeigte eine insgesamt gleichförmige Gliederung. Der Bau sollte über ein Erdgeschoß und vier Fassaden verfügen. Er war dreigeteilt: Elf Fensterachsen links und rechts und in der Mitte zwanzig. Über dem Hauptbau war ein Dachaufbau von insgesamt 22 Achsen vorgesehen. Die einzige Arabeske war ein Erker an der rechten Seitenwand des Gebäudes, der dann der Ablehnung verfiel.[65] Ausweislich der Protokolle der Stadtplanungskommission ist das der einzige Bau in Berlin, zu dem die Kommission Stellung nahm; ausgeführt wurde er nicht.

Allerdings wurde auf dem Grundstück enttrümmert und in noch vorhandenen Bauteilen ein Schnellamt der Regierung unterhalten. Gleichzeitig wurde an einem Neubau auf diesem Grundstück gearbeitet. Dazu gehörte der Plan, an dieser Stelle einen »Turm für Fernsehsendungen« zu errichten. Im Dezember 1951 nahm die Stadtplanungskommission von Berlin dazu Stellung, verwarf den Standort für den Fernsehturm und kritisierte den Fassadenentwurf für einen Neubau.

---

64 *DBA* ... (wie Anm. 19), A/25 [ohne Blattzählung].
65 *MfA* ... (wie Anm. 20), Nr. 39026. Der Plan ist so in die Akten gelegt und eingebunden, daß die Herstellung einer Reproduktion nicht möglich war.

Dennoch wurde 1952 mit dem Aufbau begonnen und ein Kellergeschoß errichtet, das etwa bis 50 Zentimeter über dem Straßenniveau stand. Aus diesem Kellergeschoß ragten Eisenarmierungen bis zur Höhe von zwei Metern hinaus, die ein charakteristisches Bild der Straße bis in die achtziger Jahre boten.

Die Bauten wurden nicht ausgeführt, aber die Beteiligten ergriff eine Planungseuphorie und damit verbunden eine Abrißwut. Jeder neue Planungsschritt erbrachte Festlegungen über den Abriß von Gebäuden. Die materielle Kraft für die Ausführung von Neubauten war nicht vorhanden. Am 18. April 1951 erfolgte eine Ausschreibung für die Errichtung des Marx-Engels-Denkmals in Berlin. In dem Text hieß es: »Das Marx-Engels-Denkmal soll in der Mitte der Tribüne am Westufer der Spree errichtet werden. Vor dem Denkmal wird die zentrale Tribüne für die führenden Persönlichkeiten der Deutschen Demokratischen Republik angeordnet. Links und rechts von dem Denkmal werden die Tribünen für Gäste und Delegationen angelegt. Das Denkmal mit der vorgelegten Tribüne soll sich im Blickpunkt der aus der Hauptfeststraße Unter den Linden kommenden Demonstranten befinden. Hinter dem Denkmal auf der anderen Seite der Spree wird ein Hochhauskomplex entstehen, der nicht nur der architektonische Höhepunkt des Marx-Engels-Platzes, sondern auch die Dominante des Berliner Stadtbildes werden soll.«[66] Damit deutet sich eine Verlagerung des Sitzes der zentralen Behörden der DDR an einen anderen Ort an, der auch die städtebauliche Dominante in sich aufnehmen sollte. Hier war der Endpunkt aller Planungen für die Wilhelmstraße. Die Macht der DDR bzw. ihr Ausdruck in der Wahl des Ortes und in der Architektur zog an den Punkt, an dem sich dem 15. Jahrhundert Macht und Repräsentation in Berlin gezeigt hatten. Es war dies eine Niederlage, kommentiert von dem Berliner Mundwerk mit den Worten »Der Spitzbart legt sich einen Zopf an!« Anders formuliert, das historische Berliner Bewußtsein nahm zur Kenntnis, daß Handlungsorte wieder belebt werden sollten, die weder sozialistisch noch demokratisch, sondern theokratisch waren.

Eindeutig festgestellt werden konnten folgende Regierungsbauten in der Wilhelmstraße und Umgebung:
a) Ministerium für Auswärtige Angelegenheiten der DDR mit dem Standort am Thälmannplatz und ohne genaue Zuordnung auf den Grundstücken,
b) Zentrales Archiv der Regierung der DDR auf dem Grundstück Wilhelmstraße 72,
c) Ministerium für Verkehrswesen, Neubau auf dem alten Grundstück Wilhelmstraße 79 und 80,
d) Amt für Information und Nationalrat im ehemaligen Propagandaministerium und
e) Haus der Ministerien im ehemaligen Reichsluftfahrtministerium.

Genutzt wurden das Preußische Abgeordnetenhaus als Sitz der Regierungskanzlei. Es war daran gedacht, in diesem Bau die Volkskammer der DDR unterzubringen.[67] Und es war vorgesehen, daß Legislative – wie soll man die Volkskammer sonst nennen – und Exekutive in einem Haus vereint werden sollten. Am Ausbau wurde vor allem ab dem Herbst 1949 mit Hochdruck gearbeitet. Ebenso traf dies für das ehemalige Herrenhaus in der Leipziger Straße zu, es sollte »Haus der Regierungsführung« werden. Die Regierungskanzlei der DDR firmierte zunächst unter der Adresse Prinz-Albrecht-Straße 3/4.

Neue Entwicklungen, die für die Wilhelmstraße von Bedeutung wurden, setzten am Jahresende 1951 ein. Die Stadtplanungskommission von Berlin legte am 18. Oktober ein umfangreiches Dokument für die weiteren Aufbaumaßnahmen vor. Schwerpunkt war weiterhin der Wohnungsbau im Bereich der Stalinallee, eingebunden in ein »Nationales Aufbauprogramm« – später »Nationales Aufbauwerk« genannt. Es konzentrierte sich angesichts der Wohnungsnot auf den Bau von Wohnungen, die Verkehrsentwicklung sowie die Standorte der Industrie-Entwicklung. Zwei Fest-

---
66 *DBA* ... (wie Anm. 19), A/107 [ohne Blattzählung].
67 Siehe dazu den gründlichen Artikel von Jan Thomas Köhler, *Auferstanden aus Ruinen,* in: *Der Preußische Landtag. Baugeschichte,* hrsg. von der Präsidentin des Abgeordnetenhauses, Berlin 1993, S. 215–284.

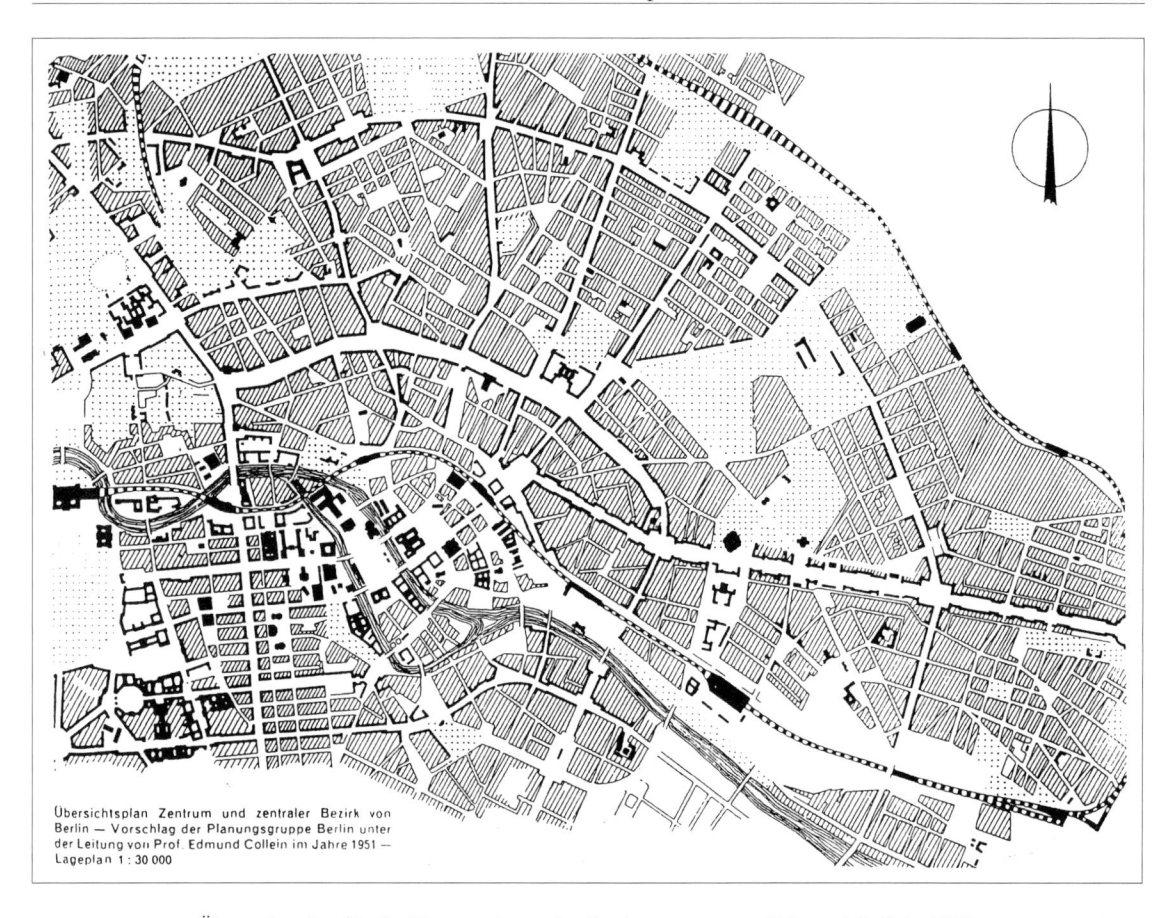

Übersichtsplan Zentrum und zentraler Bezirk von Berlin — Vorschlag der Planungsgruppe Berlin unter der Leitung von Prof. Edmund Collein im Jahre 1951 — Lageplan 1 : 30 000

Übersichtsplan für die Neugestaltung des Stadtzentrums von Edmund Collein 1951

legungen wurden für den Bereich Wilhelmstraße von Bedeutung: »d) Die frühere geplante Einteilung in Regierungsviertel, Zeitungsviertel, Magistratsviertel usw. wird verlassen ...« und »m) Der Thälmannplatz wird, im Zusammenhang mit dem Durchbruch Leipziger Straße – Voßstraße und der Aufstellung des Thälmann-Denkmals, auf die westliche Seite der Wilhelmstraße gelegt.«[68] Die Aussagen bezogen sich auf die 16 Grundsätze des Städtebaus und die ersten Festlegungen für das Zentrum Berlins. In der Endkonsequenz bedeuteten sie die Aufgabe der ersten Planung, das Regierungsviertel der DDR in die Wilhelmstraße zu legen.

Die Zeitschrift »Deutsche Architektur« veröffentlichte 1952 einen veränderten Plan des »Zentralen Bereichs« von Berlin, der den Schwerpunkt eindeutig auf der Spreeinsel und in der Stalinallee, die zu bauende Wohnstraße, legte. Auch dieser Plan trug noch Gesamt-Berliner Züge, noch dachte man zumindest planerisch an eine Neuordnung auch des West-Berliner Raumes, wenigstens im Bereich des Zentrums. Nach den Ausführungen des Vizepräsidenten der Bauakademie, Edmund Collein, stand dieser neue Plan unter der

---

68 *SAPMO*, IV L/2/6, Nr. 263, o. Bl.

Ostseite des Thälmannplatzes: das ehem. Propagandaministerium, die Ruine der ehem. Botschaft der USA und die Kurmärkische Ritterschaftsbank nach ihrem Wiederaufbau als Gästehaus der Regierung der DDR

Maxime: »Die deutsche Hauptstadt, unser Berlin, bisher gespalten und angeblich ohnmächtig, wird in ganzer Größe hervortreten und eine aktive Rolle bei der Herstellung der Einheit und des dauerhaften Friedens übernehmen.«[69] In den Veröffentlichungen stand jetzt kein Wort mehr über mögliche Bauten in der Wilhelmstraße. Bauvorhaben, die sich auf diesen Bereich bezogen, sind gegenwärtig nur mühsam aus den Akten zu rekonstruieren, denn die Vorstellungen blieben allgemein, keiner der geplanten Entwürfe wurde bis zum Ende durchgezeichnet. Soviel läßt sich festhalten: Der bereits in den Planungen des Jahres 1950 vorgesehene Entwurf einer Durchbruchsstraße blieb erhalten. Auf der Westseite der Wilhelmstraße und südlich des Pariser Platzes war ein geschlossener Komplex von Bauten vorgesehen, die im Geviert bis an den Durchbruch reichten. Die Nutzung dieser Bauten konnte nicht ermittelt werden, sie waren aber offensichtlich für die Akademie der Künste vorgesehen. Bereits im November 1949 war festgelegt worden, den zerstörten Bau der Preußischen Akademie der Künste am Pariser Platz zu enttrümmern und 1951/52 neu aufzubauen.[70]
Erweiterungen der noch vorhandenen und erhaltenen baulichen Anlagen sind nachweisbar. Südlich der Durchbruchsstraße sollten ebenfalls Neubauten entstehen. Im Zusammenhang mit dieser Planung seien für die einzelnen Grundstücke und ihren damaligen Zustand einige Daten genannt. Im Sommer 1951 begann eine erneute Abräumungsaktion, nachdem die Kapazitäten nach dem Abriß des Berliner Schlosses wenigstens teilweise wieder verfügbar waren. So auf den Grundstücken Wilhelmstraße 63, 65, 66, 70, 71 und 74–76. Viele der noch vorhandenen Bausubstanzen, die unter den Ruinen lagen, wurden bei dieser Gelegenheit gänzlich zerstört und abgeräumt. Andere, heute nicht mehr vorhandene Bauten, wie das Gebäude des Reichsfinanzministeriums, Wilhelmstraße 60/61, galten dagegen als wiederaufbaufähig. Sie genossen Denkmalschutz und waren noch 1957 in einem Wiederherstellungsprogramm aufgeführt. Im März 1956 war das Gebäude des ehemaligen Reichsverkehrsministeriums zum Teil in Nutzung und an der Ruine des Reichsfinanzministeriums an der Ecke des Platzes zur Wilhelmstraße waren Fassadenteile durch Balken abgestützt.
Die Abrißarbeiten an der Hitlerschen Reichskanz-

---

69 Edmund Collein, *Das Nationale Aufbauprogramm – Sache aller Deutschen,* in: *Deutsche Architektur* (1952), H. 1, S. 19.
70 Siehe *Die Regierung ruft die Künstler. Dokumente zur Gründung der »Deutschen Akademie der Künste« (DDR) 1945–1953,* Berlin 1993, S. 100.

Herbst 1950, die Alte Reichskanzlei und der Erweiterungsbau von Siedler sind gesprengt und abgeräumt. Es steht noch die Front des Speer-Baus in der Voßstraße

lei waren im Sommer 1950 eingestellt worden, um Kapazitäten für den Abriß des Schlosses zu erhalten. Bereits zuvor war das Gebäude nach noch erhaltenem Baumaterial durchsucht worden. So waren Marmor und Kalkstein bei der Errichtung des Ehrenmals in Treptow und der Neugestaltung des U-Bahnhofes »Kaiserhof« verbaut worden, der nun »Thälmannplatz« hieß und heute den neutralen Namen »Mohrenstraße« trägt. Weiteres Material wurde für den Wiederaufbau der Volksbühne verwandt, Teile des Parketts kamen in den Kulturbundklub in der Jägerstraße. Granitblöcke wurden als Gesimsplatten bei Bauarbeiten an der Weidendammer Brücke eingesetzt, auch die Baustelle Biesdorf-Süd erhielt fünf Blöcke Kalkstein. Ebenso sind an vielen anderen Stellen der Stadt noch heute Teile des Baumaterials der Reichskanzlei nachweisbar. Im September 1951 wurden die Spreng- und Abrißarbeiten an der Reichskanzlei wieder aufgenommen, aber bereits zum Winter wieder eingestellt. Abrißtechnik, Transportmittel sowie Arbeitskräfte wurden benötigt, um Baufreiheit für den Wohnungsbau im Raum der Stalinallee zu erhalten. Dort wurden auch freiwillige Helfer aufgeboten, die im Rahmen des »Nationalen Aufbauwerks« nach Feierabend Millionen von Arbeitsstunden aufbrachten, um den Wohnungsbau voranzubringen. Die materiellen und finanziellen Möglichkeiten der DDR waren zu gering. Auch befürchteten die Verkehrsbetriebe, daß die hastigen Sprengarbeiten die unterirdischen Tunnelbauten der U-Bahn beschädigen könnten, und so blieben die zusammengesprengten Reste der Reichskanzlei in der Voßstraße bis 1956 liegen.

Mit dem Projekt des Thälmann-Denkmals und der Gestaltung des Thälmannplatzes befaßte sich am 21. Oktober 1952 das Politbüro der SED in einer

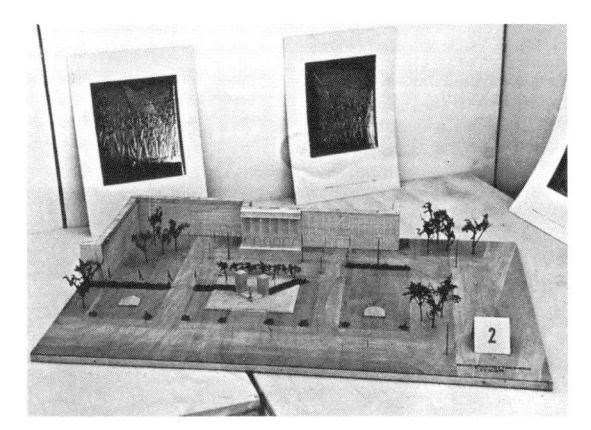

Ausstellung in der Akademie der Künste: Modelle der Entwürfe für das Thälmann-Denkmal

Sitzung. Es wurde die Weiterführung der Arbeiten an dem Denkmal beschlossen. In dem Beschluß gab es die Festlegung: »3. Der Genosse Dr. Kurt Liebknecht wird beauftragt, den Genossen Ruthild Hahne und Hans Kies sofort genaue Aufklärung über die architektonische Gestaltung des Thälmann-Platzes zu geben. Dabei sollen die endgültigen bestätigten Unterlagen zugrunde gelegt werden.«[71] Aus der gewählten Formulierung ergibt sich, daß der geplante Wettbewerb Thälmannplatz tatsächlich nicht ausgeschrieben war und daß es keine weiteren Planungsarbeiten seit 1950/51 zu diesem Stadtraum gegeben hatte. An dem Denkmal wurde festgehalten, aber es war unklar, wie die Umgebung des Denkmals tatsächlich aussehen sollte – für die Künstler, die an diesem Denkmal arbeiteten, ein unhaltbarer Zustand. Weiterhin hielt der Beschluß fest: »Die Genossen Hahne und Kies werden beauftragt, auf der Grundlage des architektonischen Gestaltungsplanes und des jetzigen Modells ein neues Gipsmodell in der Größe ca. 1:200 herzustellen ... Auf dieser Grundlage sollen die Genossen ... Kulissenbau im Format 1:1 auf dem Thälmann-Platz anfertigen.«[72] Schon 1951 wurde klar, die Planungen waren überzogen. In der Stadtplanungskommission wurde im Mai 1951 auf die »angespannte Finanzlage« verwiesen, und am 6. Mai teilte Pisternick mit, daß in diesem Raum in den »nächsten Jahren mit Bauvorhaben« nicht zu rechnen sei.[73] Unterschwellig wird in den Akten aber etwas anderes deutlich. Die Lage der Straße im »Balkon« zu West-Berlin zum »Feind und Klassengegner« ließ Unwohlsein aufkommen. Man begann deshalb langsam den Ort aufzugeben. Proteste gegen nicht genehmigte Bauvorhaben des Ministeriums für Staatssicherheit in der Normannenstraße sind dokumentiert, aber das stupide Denken in Sicherheitskategorien erhielt zunehmend auch gedanklichen Raum.

Den entscheidenden Schnitt, das Ende weiterer Planungen in der Wilhelmstraße, brachten die Proteststreiks des 16. und 17. Juni 1953. Über die Ursachen dieses Aufstandes ist viel publiziert worden, über die räumlichen Komponenten weniger. Das »regierte« Volk zog zu »seiner« Regierung vor das Haus der Ministerien in der Wilhelm- Ecke Leipziger Straße. Zwar war dort ein großes Aufgebot von Polizeikräften zusammengezogen, doch die Regierung und ihre Beschäftigten waren eingekeilt: vorne das demonstrierende Volk und hinten der »Klassengegner«, die Westsektoren der Stadt, in die man nicht »flüchten« konnte. Das ganze Problem der allzu westlichen Lage der

71 *SAPMO*, DY/30/IV 2/2/240.
72 Zitiert nach Jörg Fidorra/Katrin Bettina Müller, *Ruthild Hahne. Geschichte einer Bildhauerin*, Schadow-Gesellschaft, 1995, S. 65.
73 *MfA* ... (wie Anm. 20), Nr. 38927.

Foto des Modells des Thälmann-Denkmals auf dem Gelände der ehem. Reichskanzlei

Wilhelmstraße und damit auch der dortigen Planung offenbarte sich: dieser Raum war nicht mehr sicher. Die bekannten Bilder aus diesen Tagen zeigen sowjetische Panzer, die von Westen, vom Potsdamer Platz kommend, die Demonstranten mit Waffengewalt schließlich von den so exponierten Regierungsgebäuden wegdrängten. Zu Bedenken ist die Wirkung des »Abdrängens«, um nicht vom gewaltsamen Verschleppen des Stellvertretenden Vorsitzenden des Ministerrates der DDR, Otto Nuschke (CDU), zu sprechen, der an der Oberbaumbrücke in die damaligen Westsektoren Berlins verbracht wurde. Das gesamte Problem des historischen Raumes in seiner aktuellen politischen Lage wurde deutlich. Die Antwort darauf war nicht intellektuell, sondern zielte auf eine Verstärkung aller Momente zur Sicherung der Macht des Staates, und das hatte Konsequenzen für diesen Ort.

Der Aufstand war »erfolgreich« niedergeschlagen worden, doch die Wilhelmstraße hatte sich als Ort der Regierung überlebt. Die entscheidenden Ministerien der DDR fanden einen neuen Platz im Zentrum Berlins. Die Regierungskanzlei, nun Ministerrat, zog in das alte Stadthaus in der Mitte Berlins, in der Nähe der Klosterstraße. Dafür ging das Ministerium des Innern in das wiederhergestellte Gebäude der Deutschen Bank in der Mauerstraße. Die Mehrzahl der Fachministerien blieb im Gebäude der Deutschen Wirtschafts-Kommission, ehemals Reichsluftfahrtministerium.

Das Studentenheim in der Wilhelmstraße 64 zog nach Biesdorf. Schutz für alle bot die Nähe der Sowjetischen Botschaft Unter den Linden. Das ehemalige Reichsluftfahrtministerium blieb als Haus der Ministerien über die gesamte Zeit der Existenz der DDR Sitz zentraler Dienststellen und Ministerien: Die Wilhelmstraße blieb historischer Entscheidungsraum, wenn sich auch die obersten Gremien von diesem Ort endgültig zurückgezogen hatten. Ein langsamer Auszug der Macht aus der Wilhelmstraße begann, er war aber 1989 noch nicht beendet.

Das Gebiet um die Wilhelmstraße blieb also auch weiterhin im Interesse der Stadtplanung. Für die Gestaltung des Zentrums wurde ein Wettbewerb vorgeschlagen sowie die Propagierung des Aufbauprogramms Berlins gefordert. Das Thälmann-Denkmal blieb als Auftrag erhalten, an dem René Graetz und Ruthild Hahne gemeinsam arbeiteten. Nach Zeitungsberichten sollte die Figur Thälmanns einer Gruppe voranschreiten, die wie ein »germanischer Keil« in die Platzlandschaft vorstieß. Die Seitenflügel sollten etwa 60 Meter lang werden und die Hauptfigur 29 Meter hoch. Eine quellenmäßige Bestätigung für diese Berichte konnte nicht gefunden werden. Der Streit um das Denkmal war vorprogrammiert, da auch die Auftraggeber nicht sagen konnten, was genau sie sich vorstellten. Die Bildhauer standen vor der Schwierigkeit, ein Denkmal von diesen enormen Abmessungen zu schaffen, ohne Kenntnis davon

Ansicht des Thälmannplatzes im Modell, um 1951

zu haben, wie die konkrete Situation beschaffen sein würde, in der es einmal stehen sollte. René Graetz schied in der Entwurfsphase aus dem Projekt aus. An seine Stelle traten Paul Gruson und später Hans Kies. Man holte sich Rat aus der Sowjetunion, »vom großen Bruder«. Am 4. November 1954 kam es im Atelier Bürgerpark zu einer Vorstellung der Entwürfe, die sich der sowjetische Bildhauer Fjodorow-Dawydow ansah. Zum ersten Mal tauchte in dem die Veranstaltung begleitenden Papier der spätere Schöpfer des Berliner Thälmann-Denkmals auf: »Hierzu ist zu bemerken, dass der mehrfache Stalinpreisträger Genosse Tomski bei seinem Hiersein im Herbst vorigen Jahres in Anwesenheit einiger Genossen des Ministeriums für Kultur ... erklärte, dass die künstlerische Qualifikation der Genossen Hahne und Kies für dieses riesige Projekt nicht ausreicht. Im übrigen vertritt Genosse Tomski ... die Auffassung ... dass eine kleine Gruppe das Wesentliche der Idee stärker zum Ausdruck bringt als die hier vorgesehene Lösung.«[74]

Noch aber war es nicht soweit, den Auftrag an den sowjetischen Bildhauer Lev Kerbel zu vergeben, der das Denkmal im Prenzlauer Berg – eingeweiht am 15. April 1986 – dann schuf. Am 10. Februar 1956 kam es zu einer weiteren Besprechung in dem Bildhaueratelier. Nun waren erschienen: Walter Ulbricht, Hermann Matern, Karl Schirdewan, Friedrich Ebert und Paul Wandel aus der Parteispitze. Weiterhin ein Reihe von Architekten, Vertreter des Ministeriums für Kultur und die Bildhauer. Unter Punkt zwei des über diesen Besuch angefertigten Aktenvermerks heißt es jetzt: »Umgehend soll auf dem Gelände des Thälmannplatzes ein Kulissenbau in Originalgröße hergestellt werden, wofür Chefarchitekt Prof. Henselmann zuständig ist, für die figürlichen Dinge tragen die Bildhauer die Verantwortung.«[75] Zu dieser Improvisation kam es zwar nicht, aber

---
74 *SAPMO*, ZPA, IV 2/906, Nr. 169, Bl. 104.
75 *Ebda.*

Detail des geplanten, aber nicht ausgeführten Thälmann-Denkmals

das Modell in der Größe 1:10 hat sich über die Jahre erhalten und ist erst Mitte der achtziger Jahre zum größten Teil beseitigt worden.
Geplant und entschieden wurde auch, welche Neubauten für welchen Zweck in der Wilhelmstraße entstehen sollten; allerdings muß die Detailforschung hier noch die notwendigen Arbeiten leisten, da die zentralen Akten zu wenig Einzelheiten überliefern. Noch standen große Teile der alten Bauten, beherrschten die Trümmer die Szene. Voll in Betrieb war nur das ehemalige Reichsluftfahrtministerium, nun Haus der Ministerien, und das ehemalige Propagandaministerium, nun Amt für Information und Sitz des Nationalrats der Nationalen Front, der politischen Organisation, die die »Blockpolitik« der Parteien in der DDR zu organisieren hatte. Teile des Unterrichtsministeriums wurden ebenfalls einer neuen Nutzung zugeführt. Das Reichsverkehrsministerium, zwar Teilruine, war für die Deutsche Reichsbahn in Funktion, und es gab Pläne, es wieder aufzubauen oder zu verändern, auf jeden Fall für das Verkehrswesen zu nutzen. Die zusammengesprengten Reste der Reichskanzlei lagen als riesiger Trümmerberg in der Voßstraße, die anderen Bauten bzw. ihre Trümmer waren beseitigt.
Angesichts der realen Existenzbedingungen der DDR gab es keinen unmittelbaren, direkten Handlungsbedarf für diesen Raum, so daß er über die Jahre mehr oder weniger unbeachtet »liegen« blieb. Im Hinblick auf die Wilhelmstraße blieb die Differenz, daß die Sowjetunion beziehungsweise die Soldaten der Sowjetarmee diesen Ort in Berlin, in der Hauptstadt der DDR, als den Ort sehen wollten, wo die Schrecken des Krieges und die Verbrechen an ihrem Volk in den Jahren 1941 bis 1945 ihr geographisches Ende gefunden hatten. Ein Wunsch, der in der DDR auf keine Erwiderung stieß.
Für Intellektuelle, falls sie – anders als beim

Schloß – Stellung bezogen, war in Sachen »Wilhelmstraße« eine andere Sichtweise entscheidend. Alle drei Bauteile der Alten und Neuen Reichskanzlei lagen in Ruinen. Im damaligen Verständnis der Kunstwissenschaften und Denkmalpflege kämpfte kaum jemand um Ruinen. Sie galten als für immer verloren; allenfalls ihre Sicherung als Ruinen war denkbar, alles andere eine Fälschung. Möglicherweise haben erst der Verlust so vieler historischer Bauwerke im Zweiten Weltkrieg, die spätere Vernichtung des Schlosses und der gleichzeitige Wunsch nach einem harmonischen und intakten Stadtbild den Gedanken aufgebracht, daß man zerstörte Gebäude vollständig rekonstruieren könnte. Tröstlich blieb 1950, die Ruine des Palais Schwerin stand noch ebenso wie die des Reichsverkehrsministeriums. Also blieb zunächst etwas sehr Wertvolles.

Um diese Gebäude, die in weiten Teilen noch erhalten waren, bemühte sich die Denkmalpflege ebenso wie um das Reichsernährungsministerium – Wilhelmstraße 72 –, nun Palais der Prinzen Alexander und Georg genannt. Zumal sich damals hartnäckig im Osten wie im Westen das durch nichts zu beweisende Gerücht hielt, das Schwerinsche Palais würde als Amtssitz des Präsidenten der DDR, Wilhelm Pieck, wieder aufgebaut. Tatsächlich wurde erst im November 1960, nach dem Tode Piecks im August, die Ruine des Palais gesprengt. Allgemein angenommen wird, daß diese Sprengung im Zusammenhang mit dem geplanten Mauerbau stand, das aber entspricht nicht dem Gang der Ereignisse.

Für die Demonstration zu den Weltfestspielen 1951, für die die Wilhelmstraße eine Aufmarschstraße war, wurden Gefahrenstellen beseitigt, so am Haus Wilhelmstraße 72 das Geländer an der Auffahrt und die Kandelaber, die dem Märkischen Museum übergeben wurden. Aber die Gebäude standen. Immer wieder – so im Januar 1953 – wurden Gefahrenstellen beseitigt. Ende 1950 oder Anfang 1951 wandte sich das Ministerium für Aufbau an den »Beauftragen Denkmalpfleger des Ministeriums für Aufbau am Schloß in Berlin«, dessen Abriß gerade im vollen Gange war. Man wollte wissen, wie der Zustand des Schwerinschen Palais einzuschätzen sei. Am 19. Januar

Modell des Stadtzentrums, 1951: das Brandenburger Tor ist freigestellt, die Baumassen am Pariser Platz, der Wilhelmstraße und der Französischen Straße sind bestimmt

1951 fand ein Lokaltermin statt, an dem das Referat Denkmalpflege, ein Vertreter der Nationalgalerie, das Wissenschaftliche Aktiv (eine Gruppe von Wissenschaftlern und Denkmalpflegern, die beim Schloßabriß Kunstgut zu sichern hatte) und Vertreter der FDJ teilnahmen, Studenten der Kunstgeschichte an der Humboldt-Universität, die die kritische »Öffentlichkeit« vertreten sollten. Die Gruppe kam zu dem Ergebnis: »Der Bau zeichnete sich aus durch seine guten Proportionen, die bescheiden einen intimen Charakter erreichen, und durch sparsame Schmuckelemente, die bei guter Qualität z. T. auf Schlüter'sche Vorbilder zurückgreifen ... Der allg[emeine] Zerstörungsgrad dürfte etwas über dem im Protokoll des Hauptamtes Stadtplanung vom 27. 11. 50 angegebenen von durchschnittlich 48 [Prozent] liegen. Unmittelbare Kriegszerstörungen sind dabei die beiden strassenseitigen Bombentreffer in den Seitenflügeln usw. Ein beträchtlicher Teil der Verwüstungen geht jedoch auf Ausplünderungen seit 1945 zurück [das Haus wurde von jedermann als Steinbruch usw. benutzt] und auf den 1949 durch das Amt für Abräumung des Magistrats vorgenommenen Ausbau von Eisenteilen. Hierbei sind die Figuren des Hauptrisalits, der Balkons usw. rücksichtslos abgestürzt worden usw. [Der Ausbau wurde dann gestoppt, die Eisenteile lie-

Wilhelmstraße/Ecke Voßstraße
nach dem Abriß der Reichskanzlei
Aufnahme: etwa 1958

gen heute noch auf dem Hof.] Die vorhandenen Zerstörungen insgesamt bedingen u. E. jedoch keinen Verzicht auf die Substanz, da das Mauerwerk nicht durch Brand zerrüttet ist und zum grössten Teil nur der äusseren Wiederherstellung bedarf. Als wirklich verloren hat nur die Innenausstattung zu gelten.«[76]

Eine Galgenfrist schien dem Palais gegeben, aber bereits am 25. August 1951 ging vom Amt für Abräumung ein Vorstoß für den Abriß aus, der am 10. September losgehen sollte. Dagegen sperrte sich die Denkmalpflege mit der Wiederholung der Argumente vom Januar. Ein weiterer Vorstoß zur Beseitigung der Ruine erfolgte am 3. März 1955, es wurde vom Chefarchitekten von Berlin (Ost) darauf gedrängt, die Schuttmassen zu beseitigen und die Ruine abzuräumen. Das hatte zur Folge, daß die Denkmalpflege nochmals über die Ruine und das benachbarte Palais der Prinzen Alexander und Georg Auskünfte gab und Vorschläge für die Form des Wiederaufbaus einreichte.[77]

Im Dezember 1958 sah es dann für die Vertreter der Denkmalpflege sehr erfreulich aus, das Reichspräsidentenpalais sollte in seinem ruinösen Zustand gesichert werden und in nicht ferner Zeit als Gästehaus des Magistrats wiederaufgebaut werden: »Nach einer schon länger zurückliegenden Rücksprache mit dem Stadtbaudirektor Koll. Gißke«, so schreibt die damalige Denkmalpflegerin Waltraud Volk an das Bauamt Mitte, »wurde beschlossen, daß das Reichspräsidentenpalais stehen bleiben, aber in seiner heutigen Form von neuen Anbauten und Einbauten bereinigt werden soll. Wir haben einen entsprechenden Plan für dieses ausgearbeitet und legen ihn mit bei. Die Fensteröffnungen und Türen müssen vermauert werden, damit das Gebäude nicht weiterhin ein Schlupfwinkel für Schieber und dergleichen bleibt. Dabei wurde weiterhin abgesprochen, daß das anstoßende Palais, das ehemalige Landwirtschafts-Ministerium, abgerissen werden kann, da es durch seine zahlreichen Umbauten ohne künstlerischen Wert ist. Wir machen darauf aufmerksam, daß in einem Seitengebäude das Bilderhauerkollektiv Kranolda seine Werkstätten hat, das dann rechtzeitig gekündigt werden muss. Die Grünplanung Koll. Hinkefuß ist davon unterrichtet, so daß die Gestaltung um das Reichspräsidenten-Palais in den Begrünungsplan 1959 mit aufgenommen ist.«[78]

Doch 1959 kam gleich für drei historische Bauten in Berlin der endgültige Garaus. Ein Beschlußentwurf vom 14. Dezember 1959 begründete für eine Magistratsvorlage den Abriß des Reichspräsidentenpalais, des Landwirtschaftsministeriums und des Schlosses Monbijou. Als Begründung wurden der schlechte Bauzustand, die Veränderungen durch die Umbauten nach 1933 sowie die Neuplanung von Straßen angeführt. Am 15. Juni 1960 mußte dann die Denkmalpflege veranlassen, daß eine Notiz über diesen Abriß in die Presse gegeben wurde. Kein Protest half. »Der Kulturbund und namhafte Wissenschaftler hatten mehrfach auf den hohen künstlerischen Wert dieses Gebäudes hingewiesen, und auf den Einspruch des Kulturbundes war es wohl zurückzuführen, daß die Sprengung bis heute verhindert wurde. Eine Sprengung dieses letzten Barockpalais in der Wilhelmstr. wäre vor der Nachwelt nicht zu verantworten. Es muß die vornehmste Pflicht der Berliner Denkmalpflege sein, die letzten noch

---

76 Landesdenkmalamt Berlin, *Bestand Wilhelmstraße*.
77 *Ebda*.
78 *Ebda*.

erhaltenen Bauten des alten Berlins zu retten«[79], heißt es in einem Protest. Die unzerstörten Plastiken wurden in den Tierpark gebracht, das Gitter vom Balkon in einem Haus in der Bahnhofstraße in Köpenick eingebaut. Zum Herbst 1960 waren die beiden Bauten in der Wilhelmstraße abgetragen; die Ruine des Schloß Monbijou stand noch bis Anfang der sechziger Jahre. Hintergrund für den Abriß der Bauten in der Wilhelmstraße war eine geplante, aber nie ausgeführte Verbreiterung der Straße. Damit fielen die letzten historischen Bauten für immer.

1957 wurde Baufreiheit auf dem Gelände der ehemaligen Reichskanzlei erteilt, aber gebaut wurde nicht, nur eine Öde scheinbarer Abwesenheit von Geschichte war geschaffen worden und breitete sich aus. Ab Mitte 1958 gab es erneute Überlegungen zur Umgestaltung des Berliner Zentrums. Der Stadtbaudirektor Giske legte am 17. Juni 1958 den Entwurf einer Direktive für den Aufbau des Zentrums Berlins vor. In dem Perspektivplan-Vorschlag bis zum Jahre 1965 blieb die Wilhelmstraße weitgehend unberücksichtigt. Aufgenommen war die Freistellung des Brandenburger Tores und die Festlegung der Baufluchtlinie am Pariser Platz und an der Einmündung der Wilhelmstraße in die Straße Unter den Linden. Das führte zur weiteren Vernichtung von noch vorhandener Bausubstanz. Gleichfalls erhalten blieb die Festlegung der Verbreiterung der Wilhelmstraße.

Dies stand im Widerspruch zu einem bereits im Jahre 1957 gefaßten Beschluß, der in einer geheimen Verschlußsache niedergelegt war. Er faßte in Ausführung der Beschlüsse des V. Parteitages der SED das Material zum Aufbau des Zentrums zusammen und betraf – wie fast immer, wenn es sich um den Aufbau des Zentrums handelte – den Abriß der Ruinen der Französischen Botschaft, des Bankgebäudes, der Akademie der Künste, des Hotel Adlons, des Schwerinschen Palais und des Landwirtschaftsministeriums, der bis auf die Abräumung des Hotel Adlon und des Schwerinschen Palais ausgeführt wurde.[80] Daß das Abrißprogramm möglicherweise noch weiter gefaßt werden sollte, läßt eine Bemerkung Liebknechts aus dem Jahre 1958 vermuten: »Die faschistisch verseuchte Kultur mit ihrer antihumanistischen Ideologie hatte auch die Architektur zersetzt und menschenunwürdige Bauwerke geschaffen. Die ehemaligen Reichsministerien für Luftfahrt und Propaganda sind Beispiele dieser brutalen, harten und kalten Architektur Hitlerdeutschlands.«[81] War hier ein Umdenken über die Verwendung der wiederhergestellten und genutzten Gebäude zu verzeichnen? Die Akten vermelden keine Aktivitäten.

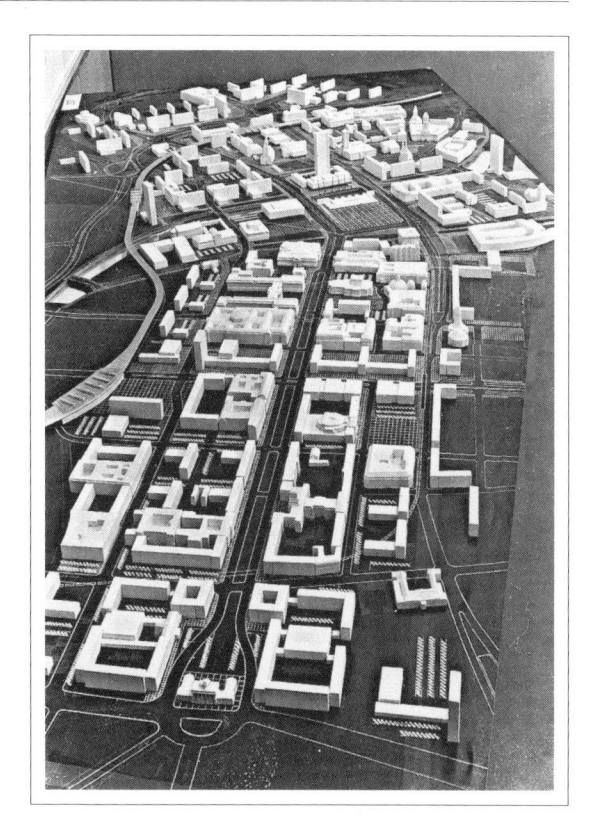

Modell der Zentrumsplanung 1959,
2. Preis für das Kollektiv des Entwurfsbüros
für Gebiets-, Stadt- und Dorfplanung Halle

---

79 Ebda.
80 Landesarchiv Berlin, Rep. 101, Nr. 729.
81 Kurt Liebknecht, Leitartikel in: *Stadt und Gemeinde* 11/12 (1958), S. 2.

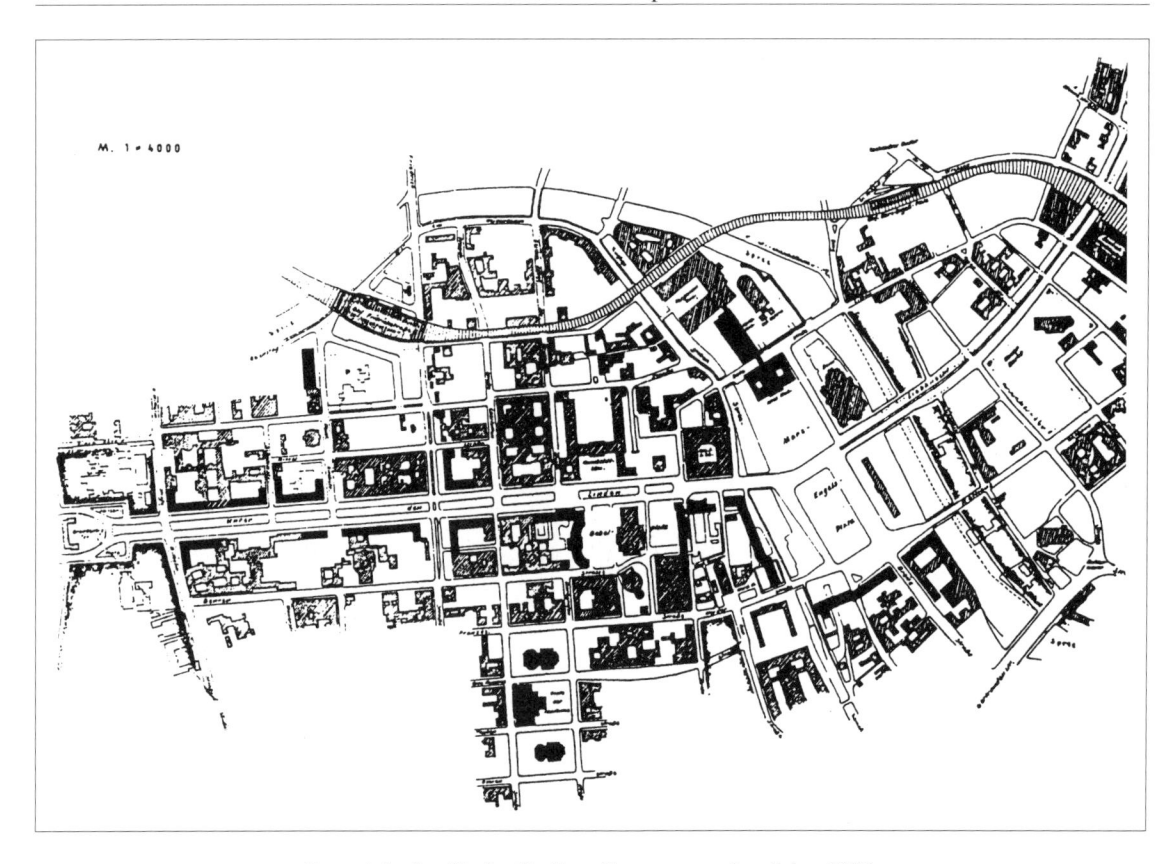

Perspektivplan für das Berliner Zentrum aus dem Jahre 1956

Der Beschluß des Magistrats über den Aufbau des Zentrums berührte auch die Wilhelmstraße noch einmal. Die Aktivitäten sollten sich auf die Eckgrundstücke zur Straße Unter den Linden konzentrieren. Hier sollten Bürogebäude entstehen. Das waren zwischen der Wilhelmstraße 68 und der Sowjetischen Botschaft der Erweiterungsbau des Ministeriums für Volksbildung[82] und auf dem Grundstück Wilhelmstraße 69a ein reines Bürogebäude ohne jeden repräsentativen Anspruch. Letzteres entfiel nach Errichtung der Sperranlagen um das Brandenburger Tor. 1965 war der Neubau Wilhelmstraße 68/69 fertiggestellt. Kürzlich ist er umgebaut worden.
In den nächsten Jahren blieb das Territorium der Wilhelmstraße in den Aufbauplänen unerwähnt, die Westseite der Straße war Hinterland der Mauer geworden. 1964 erfolgte die Umbenennung der Wilhelmstraße in Otto-Grotewohl-Straße, nach dem Ministerpräsidenten der DDR der Jahre 1949 bis 1964, und 1969 begann eine Tiefenenttrümmerung auf dem Gelände der Reichskanzlei und die Anlage eines großen Parkplatzes. Ursache waren vermutlich unterirdische Erneuerungsarbeiten, denn die Versorgungsleitungen waren Jahrzehnte nicht gepflegt worden. Bei diesen Arbeiten konnte auch in die Keller der

---

82 Siehe *Deutsche Architektur* (1960), H. 10, S. 1ff.

Blick von Westen über den Leipziger Platz, etwa 1966

Reichskanzlei und in die Bunker vorgedrungen werden, wo unter anderem neun große Aluminiumkisten mit Fragmenten der Tagebücher Goebbels auftauchten, die »sich in einem deplorablen Zustand« befanden.[83]

Ruthild Hahne beschwerte sich am 19. August 1964 bei Walter Ulbricht, daß in dem Bauplan für Berlin bis 1970 der Thälmannplatz überhaupt nicht mehr enthalten sei. Dazu nahm die Abteilung Kultur des ZK der SED am 24. August Stellung: »... Der ursprüngliche Aufstellungsort für das Denkmal war der Thälmannplatz. Genossin Hahne konzipierte den Entwurf nach einem Bebauungsplan des Thälmannplatzes, der heute nicht mehr gültig ist. Nach Rücksprache mit dem Architekten Schweizer vom Stadtbauamt Berlin am 15. 1. 1963 ist der zur Verfügung stehende Raum auf dem Thälmannplatz zu klein. Ein Denkmal von der Größe dieses Projektes erforderte eine umfassende städtebauliche Planung der weiteren Umgebung des Thälmannplatzes. Eine endgültige Stadtplanung für diesen Bereich kann gegenwärtig wegen der unmittelbaren Nähe zur Staatsgrenze vom Stadtbauamt nicht erarbeitet werden.«[84] Das war zwar nur die halbe Wahrheit, aber die Gründe, die für die Nicht-Ausführung des Thälmann-Denkmals galten, waren auch für die Planungen der Bauten in dieser Straße verbindlich.

Trotz der Sprengung der Ruinen und der Umbe-

---

83 Siehe dazu Elke Fröhlich, *Joseph Goebbels und sein Tagebuch*, in: *Vierteljahrhefte für Zeitgeschichte* 35 (1987), S. 505.

84 Zitiert nach J. Fidorra/K. B. Müller, *Ruthild Hahne ...* (wie Anm. 72), S. 66.

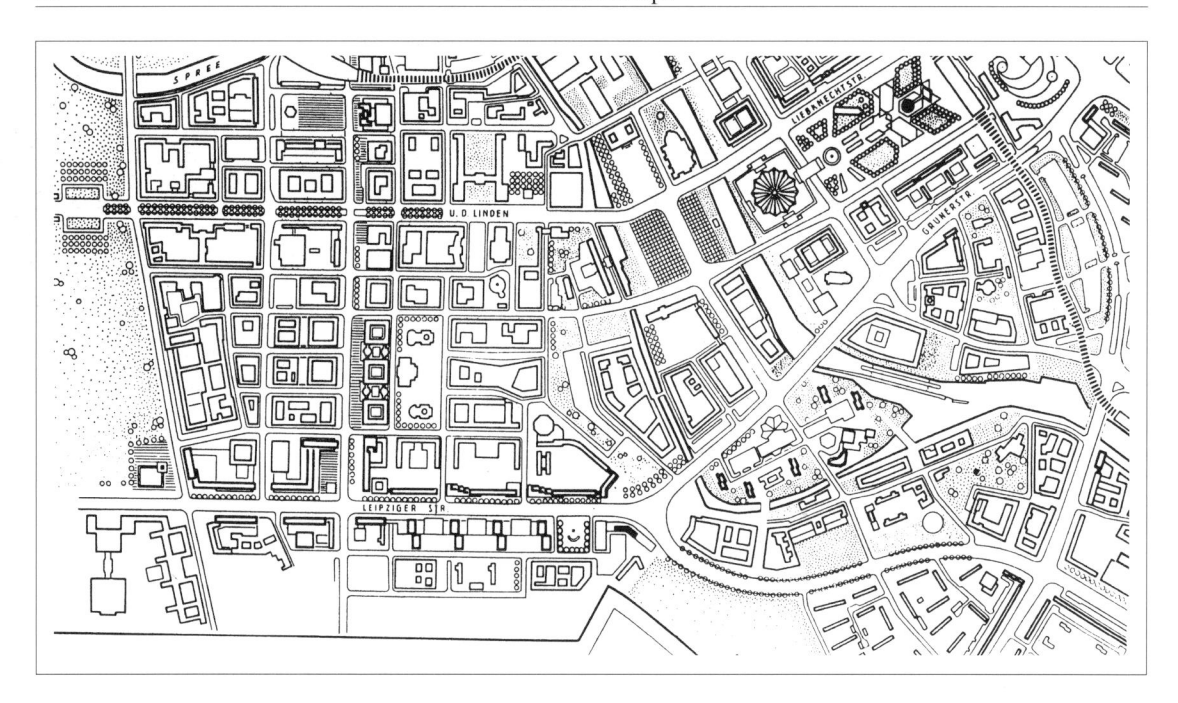

Planung für den Aufbau der Leipziger Straße

nennung dieser alten historischen Straße scheint es fast so, als ob die Geschichte diesen Ort immer wieder einholen sollte: Das letzte Mal, daß die Wilhelmstraße in die Schlagzeilen der Weltpresse geriet, war im August 1961. Jene immer wieder angeführte Pressekonferenz vom 11. Juni 1961, in der Walter Ulbricht davon sprach, daß niemand die Absicht habe, eine Mauer zu bauen, fand im Haus des Nationalrates statt. Dies stand am Thälmannplatz – dem alten Wilhelmplatz – und befand sich im Erweiterungsbau des Reichsministeriums für Volksaufklärung und Propaganda.

Doch auch diese Lüge eines Politikers der DDR im alten Regierungsviertel beendete nicht die Rolle dieses Raumes in der deutschen Geschichte; er wurde nicht aus der Geschichte entlassen. Es folgten 28 Jahre, während derer an anderen Orten des Landes Geschichte geschrieben wurde. Der nördliche Abschnitt der Wilhelmstraße war Teil der gefährlichsten Grenze der Welt geworden. Sensibel wie an anderen Orten in Europa, nicht weniger gefährlich, trennte sie die Welt in zwei hochgerüstete, feindliche Lager. Die Wilhelmstraße war Hinterland der Mauer geworden, die in den alten Ministergärten stand. Was an Resten der Baulichkeiten noch vorhanden war, mußte jetzt verschwinden. Eine scheinbare Ruhe lag auf diesem Geländestück: Vom Potsdamer Platz schaute man auf eine weite, abgeräumte Fläche, die die Übersichtlichkeit der Grenzanlage garantierte. Aber auf der anderen Seite lag wertvolles Bauland ungenutzt – und wer von der westlichen Seite, vom Potsdamer Platz, in Berlins alte Mitte schaute, sah auf eine Öde, eine Stadtbrache.

Erst 1970 rückte dieser Randstreifen der geteilten Stadt für kurze Zeit noch einmal in das Gespräch über eine mögliche zukünftige Nutzung. Angesichts der internationalen Anerkennung der DDR war geplant, die Ostseite der Straße für den Bau von Ausländischen Vertretungen zu reservieren. Die notwendigen Beschlüsse faßten der Ministerrat der DDR am 2. April 1970 und der Magi-

Modell des Wohngebietes Otto-Grotewohl-Straße

strat von Berlin am 17. Februar 1971. Es war geplant: »... die Bebauung der Ostseite der Otto-Grotewohl-Straße zwischen Behren- und Mohrenstraße« voranzutreiben. »In diesem Bereich werden ab 1973 repräsentative Gebäude für ausländische Vertretungen errichtet.«[85] Ein Gesamtprojekt wurde aufgestellt und Fassadenentwürfe für den Abschnitt von der Straße Unter den Linden bis zur Kronenstraße skizziert. Ihre Planung stand im Zusammenhang mit der Neubebauung der Leipziger Straße als Wohnviertel und ist in Konturen in der Zeitschrift Deutsche Architektur angeführt.[86] Für drei Jahre galt das Vorhaben als äußert wichtig, im Januar 1973 erfolgte die Einstellung »auf Grund eines zentralen Beschlusses«, ohne daß gegenwärtig die Gründe zu ermitteln wären.[87] Unbeachtet, nicht bedacht bei allem Pragmatismus, es sollten Botschaften des – wie es in der DDR hieß – »Kapitalistischen Auslands« (KA) an diesen Ort ziehen. Offensichtlich wollte man von dieser Seite nicht an diesen Ort, denn die Wilhelmstraße war keine »Berliner Adresse« mehr und das war das eigentliche Ende dieser Straße.

Am 17. Januar 1984 befaßte sich das Politbüro des Zentralkomitees der SED erneut mit diesem Ort und – entsprechend den Spielregeln – der Ministerrat der DDR einige Tage später, am 26. Januar, und dann auch noch der Magistrat von Berlin. Der Beschluß sah vor, die Gestaltung der Innenstadt von Berlin »mit der ganzen Kraft der Republik und mit höherem Tempo fortzusetzen.«[88] Der gesamte Raum zwischen Leipziger und Oranienburger Straße sowie westlich der Friedrichstraße sollte bebaut werden, um »die Gestaltung der Innenstadt im wesentlichen bis 1988/1989« abzuschließen. In einem Teil des Beschlusses heißt es: »Der 1. Sekretär der Bezirksleitung der SED Berlin, Genosse Naumann, hat – in Zusammenarbeit mit dem Minister für Bauwesen, Genosse Junker – zu gewährleisten, daß die zur Verbesserung des Stadtbildes im grenznahen Raum durchzuführenden Maßnahmen, insbesondere die Ausbesserung bzw. der Abriß von Häuserfronten entlang der Reichsbahnanlage vom Bahnhof Friedrichstraße nach West-Berlin sowie die Fassadengestaltung im Bereich des Potsdamer Platzes in Blickrichtung Staatsgrenze, mit dem Minister für Nationale Verteidigung, Genossen Armeegeneral Hoffmann, koordiniert werden.«

---

85 Landesdenkmalamt Berlin, *Bestand Wilhelmstraße*.
86 Peter Schweizer, *Der Aufbau der Leipziger Straße in Berlin. Eine neue Etappe der sozialistischen Umgestaltung des Zentrums der Hauptstadt der DDR*, in: Deutsche Architektur (1969), H. 10.
87 Landesdenkmalamt Berlin, *Bestand Wilhelmstraße*.
88 Mauer-Archiv, Hagen Koch.

Computer-Entwurf der Fassaden für das Wohngebiet Otto-Grotewohl-Straße

Die Trostlosigkeit dieses Ortes sollte beseitigt werden, denn der Blick von Westen zeigte eine Stadtbrache und wenig Zukunft des Lebens. Infolge des Beschlusses verschwand nach 1984 der letzte Teil des Hotels Adlon und der Standort der Grenzanlagen wurde verändert, um Platz für den geplanten Wohnungsneubau zu erhalten. 1988 erfolgte eine Tiefenenttrümmerung des Führerbunkers und es entstanden moderne Plattenbauten, die heute das Bild des alten Regierungsviertels prägen. Unter allen Möglichkeiten, mit diesem historischen Raum umzugehen, war diese Lösung vielleicht ein freundliches Angebot. Die Planung für dieses neue Wohnviertel begann 1987, der Baubeginn erfolgte im Jahre 1988. Eigenartigerweise gibt es dazu kaum Dokumentation in der Bauzeitschrift der DDR. Lediglich ein Artikel berichtete über neue Methoden der Entwurfstätigkeit bei den Fassaden.[89]

Die Umwälzungen des Jahres 1989 in der DDR, die Implosion dieses Staates, veränderte über Nacht auch das Bauprogramm in der Wilhelmstraße. Eine Initiative des 9. Dezembers – engagierte Architekten und Stadtplaner – verhinderte den Weiterbau des Wohnkomplexes in Richtung Leipziger Platz und rettete zumindest diesen Platz.

Die zukünftige Entwicklung an diesem Ort stellt neue Aufgaben. Aus ihrer Randlage ist die Wilhelmstraße wieder in den Mittelpunkt der zukünftigen Stadt gerückt. Von der alten Wilhelmstraße können nur Fragmente bleiben, da mehr von ihr nicht übrig ist! Bleiben kann die Erinnerung, deren Aufarbeitung begonnen hat. Weitere Detailforschungen könnten sich anschließen. Ansätze dazu gab und gibt es, die sich jedoch dann als wenig hilfreich erweisen, wenn sie zu nostalgisch ausgerichtet sind. Jeder Architekt, der sich mit diesem Raum beschäftigt, sollte sich der Geschichte verpflichtet fühlen, behutsam vorgehen, möglicherweise mit der Absicht, diesen Ort zu »reparieren«.

Die letzten Monate haben in diesem Verständnis zahlreiche Aktivitäten und Bekundungen hervorgebracht. Eine nicht sehr würdige öffentliche Diskussion gab es zunächst um die Namensgebung. Bestrebungen, der Straße ihren alten, historischen Namen wiederzugeben, stießen auf Ablehnung. Dahinter stand die Befürchtung, mit dieser Rückbenennung konservativen Tendenzen entgegenzukommen. Der dann vorgeschlagene Name »Toleranzstraße« erwies sich als ein unglücklicher Kompromiß – als ein erneuter Versuch, der Geschichte auszuweichen. Einem konstruktiven Umgang mit der Geschichte der Straße, mit all den positiven wie negativen Facetten preußisch-deut-

---

89 *Projektierung mit CAD für das Wohngebiet Otto-Grotewohl-Straße*, in: *Architektur der DDR* (1988), H. 4, S. 9ff.

Grenzanlagen auf dem Gebiet der Ministergärten, aufgenommen von der Höhe der ehem. Reichskanzlei

scher ebenso wie Berliner Vergangenheit, konnte mit diesem Namen nicht der Weg gewiesen werden.
Die Initiative, in der Wilhelmstraße eine Geschichtsmeile anzulegen, die an alle Seiten der Geschichte erinnert und im Zusammenhang mit der Stiftung »Topographie des Terrors« auf dem ehemaligen Gestapo-Gelände in der Prinz-Albrecht-Straße steht, könnte allerdings helfen, den Umgang mit dem historischen Raum zu sensibilisieren. Die Pläne, das große brachliegende Gelände der ehemaligen Ministergärten zu bebauen, befinden sich in öffentlicher Diskussion. Dazu gehört der Wettbewerb zur Schaffung eines Denkmals, eines Erinnerungszeichens an den Holocaust und an den Völkermord, der von dieser Straße ausging. Befürchtungen, daß mit der Rückbenennung politische Rechtslastigkeit verbunden ist, wird so der Grund entzogen. In dieses Konzept gehört auch die Dokumentation der noch vorhandenen Reste von Baulichkeiten und des Bunkers unter dem Gelände.
Ausländische Botschaften und Regierungsdienststellen werden in diesen Raum zurückkehren und ein weiteres Kapitel der Historie dieser Straße schreiben. Behutsam kann man versuchen, die Stadt zu reparieren, wiederherstellen kann man die alten Gebäude nicht.

Ludwig Biewer

Die Wilhelmstraße in der Sicht des Auswärtigen Amts

»Die Wilhelmstraße«, das war in Deutschland und im (europäischen) Ausland von 1870 bis 1945 das Synonym für die deutsche Außenpolitik und die Behörde, die diese maßgeblich mitbestimmte und ausführte: Das Auswärtige Amt des Norddeutschen Bundes seit 1871 des Deutschen Reiches. Der Begriff »Die Wilhelmstraße« hatte etwa dieselbe Bedeutung wie der »Quai d'Orsay«, die »Downing Street« oder der »Ballhausplatz« für die Außenministerien Frankreichs, Großbritanniens und Österreich-Ungarns. Werfen wir zunächst einen Blick auf die Geschichte des Auswärtigen Amts.[1] Mit Wirkung vom 1. Januar 1870 wurde das Ministerium der auswärtigen Angelegenheiten des Königreichs Preußen in das Auswärtige Amt des Norddeutschen Bundes umgewandelt. Sein Etat ging zu diesem Datum vom Königreich Preußen auf den des Norddeutschen Bundes über. Der Kanzler des Norddeutschen Bundes, Graf Otto von Bismarck[2], gab durch seinen Erlaß vom 8. Januar 1870, der am 10. Januar 1870 in Kraft trat, dieser neuen Behörde den Namen »Auswärtiges Amt des Norddeutschen Bundes«. Dieser Name, vermutlich analog zu dem des »Foreign Office« in London gewählt, sollte deutlich machen, daß es sich um eine dem Kanzler nachgeordnete Behörde handelte.[3] Das Preußische Ministerium der auswärtigen Angelegenheiten war im Zuge der großen preußischen Reformen 1808 gebildet worden und hatte in dem preußischen Kabinettsministerium von 1728 seinen Vorgänger.[4]

Nach dem preußisch-österreichischen Krieg von 1866 wurde aus den deutschen Staaten nördlich der Mainlinie unter der Führung Preußens der Norddeutsche Bund gegründet, der nach dem

---

1 Heinz Günther Sasse, *Zur Geschichte des Auswärtigen Amts*, in: *Nachrichtenblatt der Vereinigung Deutscher Auslandsbeamter e. V.* 22 (1959), S. 171–191; siehe auch die Beiträge von Sasse in: *100 Jahre Auswärtiges Amt 1870–1970*, Bonn 1970, S. 9–55; Ludwig Biewer, *125 Jahre Auswärtiges Amt. Ein Überblick*, in: *125 Jahre Auswärtiges Amt. Festschrift*, Bonn 1995, S. 87–106. Zur Geschichte des Auswärtigen Amts vor 1914 siehe Karl-Alexander Hampe, *Das Auswärtige Amt in der Ära Bismarck*, Bonn 1995. Zur Geschichte des Auswärtigen Dienstes siehe: Klaus Schwabe (Hrsg.), *Das Diplomatische Korps 1871–1945. Büdinger Forschungen zur Sozialgeschichte 1982* (= Deutsche Führungsschichten in der Neuzeit, Bd. 16), Boppard am Rhein 1985; Lamar Cecil, *The German Diplomatic Service 1817–1914*, Princeton 1976; ders., *Der diplomatische Dienst im kaiserlichen Deutschland*, in: K. Schwabe, *Das Diplomatische Korps*, S. 15–39; Hans Philippi, *Das deutsche diplomatische Korps 1871–1914*, in: K. Schwabe, *Das Diplomatische Korps*, S. 41–80. Bei meinen folgenden Ausführungen zur Geschichte des Auswärtigen Amts stütze ich mich auf die eben genannten Arbeiten, wenn ich mich nicht auf spezielle Untersuchungen berufe. Ferner wurde von mir immer wieder der Nachlaß [künftig zitiert: NL] *Sasse im Politischen Archiv des Auswärtigen Amts* [künftig zitiert: PA AA] herangezogen, der noch nicht verzeichnet und für Dritte nicht benutzbar ist. Deshalb mußte ich darauf verzichten, auf einzelne Faszikel desselben zu verweisen.

2 Ernst Engelberg, *Bismarck*, Bd. 1: *Urpreuße und Reichsgründer*, Bd. 2: *Das Reich in der Mitte Europas,*

deutsch-französischen Krieg von 1870/71 durch Beitritt der süddeutschen Länder zum Deutschen Reich erweitert wurde. Präsident des Bundes war der König von Preußen, der seit 1871 den Titel Deutscher Kaiser führte. Einziger Minister dieses Bundesstaates war der Bundes- bzw. ab 1871 der Reichskanzler, der zumeist auch preußischer Ministerpräsident und Außenminister war, von 1862 bis 1890 Otto (später Graf, dann Fürst) von Bismarck. Der Kanzler war auch Vorsitzender des Bundesrates (Artikel 15 der Reichsverfassung), dem Organ der zum Norddeutschen Bund bzw. dem Deutschen Reich zusammengeschlossenen Fürsten mit ihren Territorien (Königreiche Preußen, Bayern, Sachsen und Württemberg, Großherzogtümer Baden, Hessen-Darmstadt, Oldenburg, Mecklenburg-Schwerin, Mecklenburg-Strelitz und Sachsen-Weimar-Eisenach, die Herzogtümer Braunschweig, Sachsen-Coburg-Gotha, Sachsen-Meiningen-Hildburghausen, Sachsen-Altenburg und Anhalt, die Fürstentümer Lippe, Schaumburg-Lippe, Schwarzburg-Rudolstadt, Schwarzburg-Sondershausen, Waldeck-Pyrmont, Reuß ältere Linie und Reuß jüngere Linie) sowie der drei Freien Städte (Lübeck, Hamburg und Bremen). Je nach Größe der Länder führten sie im Bundesrat eine entsprechende Zahl von Stimmen, mindestens eine, maximal 17 für die Präsidialmacht Preußen. Dem Bundesrat stand als Volksvertretung der aus allgemeinen, freien, gleichen und geheimen Wahlen (aller Männer über 25 Jahren; das Frauenwahlrecht kam erst mit den Wahlen zur Weimarer Nationalversammlung nach dem Ende der Monarchie) hervorgegangene Bundes- bzw. Reichstag gegenüber. Die Exekutive dieses deutschen Bundesstaates, der Bundesrat und sein »Geschäftsführer«, der Kanzler, bediente sich für die gesamte innere Verwaltung, die freilich meist Sache der Gliedstaaten, der Länder war, des Bundes- oder Reichskanzleramts, aus dem allmählich nach 1878 die von Staatssekretären geleiteten Reichsämter erwuchsen[5], Vorläufer der Reichsministerien (ab 1919) und Bundesministerien (ab 1949), zum Beispiel Reichsamt des Innern, Reichsmarineamt, Reichsjustizamt, Reichsschatzamt, Reichskolonialamt, Reichseisenbahnamt, Reichspostamt. Zur Ausführung der auswärtigen Politik, die ausschließlich Sache des Bundes beziehungsweise Reiches war, wurde aus dem Preußischen Ministerium der auswärtigen Angelegenheiten auf dem eingangs beschriebenen Wege das Auswärtige Amt geschaffen.

Bis zum Ende des Ersten Weltkriegs blieben – von kurzen Unterbrechungen und einigen Ausnahmen abgesehen – Struktur und Organisation des Amts so erhalten, wie sie in Preußen zu Beginn des 19. Jahrhunderts entstanden waren. Es gab zwei Abteilungen: die erste war die Politische Abteilung und die zweite die für alle nicht-politischen Angelegenheiten, zum Beispiel Außenhandel, Rechts- und Konsularwesen, zuständige. Die erste Abteilung wurde bis 1870 vom Minister, dann vom Staatssekretär, dem Vertreter des Amtschefs, das heißt des Bundes- oder des Reichskanzlers, unmittelbar geleitet. Vertreter des Staatssekretärs in der Amtsleitung war der Unterstaatssekretär, eine Funktion, die schon 1848 geschaffen worden war. Der Einteilung des Amts in zwei Abteilungen entsprachen zwei streng voneinander getrennte Laufbahnen, die diplomatische, die eine Domäne des Adels war, und die konsularische. Einschränkend ist freilich zu bemerken, daß in der Politischen Abteilung der Zentrale, aus der alle Diplomaten ihre Weisungen erhielten, lange Jahre die bürgerlichen Räte vorherrschten, die auch nicht der Rotation unterlagen. Bei der Dominanz des Adels in der diplo-

---

Berlin 1985 und 1990; Lothar Gall, *Bismarck. Der weiße Revolutionär*, Frankfurt am Main–Berlin–Wien 1980.

3 Heinz Günther Sasse, *Die Entstehung der Bezeichnung »Auswärtiges Amt«*, in: *Nachrichtenblatt der Vereinigung Deutscher Auslandsbeamter e. V.* 19 (1956), S. 85–89.

4 Peter Baumgart, *Zur Gründungsgeschichte des Auswärtigen Amtes in Preußen (1713–1728)*, in: *Jahrbuch für die Geschichte Mittel- und Ostdeutschlands* 7 (1958), S. 229–248.

5 *Deutsche Verwaltungsgeschichte*, hrsg. v. Kurt G. A. Jeserich, Hans Pohl und Georg Christoph v. Unrech, Bd. 3: *Das Deutsche Reich bis zum Ende der Monarchie*, Stuttgart 1984.

matischen Laufbahn ist zudem zu bedenken, daß es diese damals in allen europäischen Staaten gab und der Gesandte oder gar Botschafter in der Regel der persönliche Vertreter etwa des deutschen beziehungsweise preußischen Monarchen bei dem Monarchen des Gastlandes war und sich auch so fühlte und verstand. Neben den beiden genannten Laufbahnen gab es noch die der Dragomane, die rechtsgelehrte Dolmetscher für orientalische Sprachen waren und in ihren Gastländern für Rechtsgeschäfte mit denselben benötigt wurden. 1879 wurde die Politische Abteilung aufgespalten, indem eine »Abteilung I B« für Personal- und Kassensachen (Zentralabteilung) geschaffen wurde, während die politisch-diplomatischen Angelegenheiten der »Abteilung I A« verblieben. 1885 wurden aus der »Abteilung II« die Rechtsangelegenheiten herausgelöst und einer neuen »Abteilung III«, der Rechtsabteilung, zugewiesen; eine solche hatte es bereits von 1854 bis zum 31. Dezember 1863 in preußischer Zeit gegeben. 1890 wurde noch eine zusätzliche Kolonialabteilung geschaffen, die sich 1907 als »Reichskolonialamt« verselbständigte. Im Kriegsjahr 1915 wurde eine neue »Abteilung IV« ins Leben gerufen, die Nachrichtenabteilung, die aus dem »Literarischen Büro« der Bismarckzeit,[6] dem späteren Pressereferat, hervorging. Nach 1870 wurde es allmählich üblich, daß innerhalb der Abteilungen die vortragenden Räte (Referenten) für bestimmte Regionen oder Sachgebiete feste Zuständigkeiten erhielten; es bildeten sich Arbeitseinheiten (Referate). Für das gesamte Amt gab es für sämtliche Schreibarbeiten ein einziges Zentralbüro, das zugleich Posteingangs- und Ausgangsstelle sowie Registratur und Archiv war und erst 1920 aufgelöst wurde. Aus ihm gingen die Registraturen und Kanzleien für die neuen Abteilungen und Sonderreferate sowie das Politische Archiv hervor.

Seit der Jahrhundertwende erhob sich Kritik am Auswärtigen Amt und seiner Struktur. Vertreter der Wirtschaft warfen den Diplomaten mangelnde Kenntnis und Vernachlässigung der internationalen Wirtschaft, des Welthandels und ihrer Bedingungen vor, und diese Stimmen nahmen während des Ersten Weltkriegs zu. Die deutsche Niederlage 1918 verstärkte die Position derer im Auswärtigen Amt, die dieser Kritik Rechnung tragen wollten. Wortführer der Reformer wurde Geheimrat Edmund Schüler, der 1918 Dirigent und 1919 Ministerialdirektor der Zentralabteilung wurde und die nach ihm benannte umfassende »Schülersche Reform« des gesamten Auswärtigen Dienstes durchführte.[7] Im Dezember 1918 wurde die Trennung zwischen den Laufbahnen aufgehoben und aus dem diplomatischen und konsularischen Dienst bei Wegfall der Dragomane der einheitliche auswärtige Dienst geschaffen. Die bisherigen Sachabteilungen I A und II wurden im Frühjahr 1920 aufgehoben. An ihre Stelle traten neben der fortbestehenden Zentralabteilung und einer verkleinerten Rechtsabteilung zunächst sechs Länderabteilungen, die aber schon mit Beginn des Jahres 1922 auf drei reduziert wurden. Neu errichtet wurden die Kulturabteilung vornehmlich für die Betreuung der Deutschen im Ausland[8] und eine »Gruppe W«, die für die Wirtschaftsfragen zuständig war, die in den Länderabteilungen nicht untergebracht werden konnten. Die Außenhandelsstelle, »Abteilung X«, sollte der allgemeinen praktischen Handelsförderung dienen und ein außenwirtschaftliches Informationssystem aufbauen, was sich aber als unzweckmäßig erwies, so daß »Abteilung X« Ende 1921 zeitgleich mit der Reduzierung der Zahl der Länderabteilungen auf-

---

6 Eberhard Naujoks, *Bismarcks auswärtige Pressepolitik und die Reichsgründung (1865–1871),* Wiesbaden 1968.

7 Kurt Doß, *Das Auswärtige Amt im Übergang vom Kaiserreich zur Weimarer Republik,* Düsseldorf 1977; ders., *Vom Kaiserreich zur Weimarer Republik: Das deutsche diplomatische Korps in einer Epoche des Umbruchs,* in: K. Schwabe, *Das Diplomatische Korps ...* (wie Anm. 1), S. 81–100; Peter Grupp/Pierre Jardin, *Das Auswärtige Amt und die Entstehung der Weimarer Verfassung,* in: Francia 9 (1982), S. 473–493.

8 Kurt Düwell, *Deutsche auswärtige Kulturpolitik 1918–1932. Grundlinien und Dokumente,* Köln–Wien 1976; Fritz von Twardowski, *Die Anfänge der amtlichen deutschen Kulturpolitik zum Ausland. Werden und Arbeiten der Kulturabteilung des Auswärtigen Amtes von 1920–1945,* [1966], PA AA, NL von Twardowski, Bd. 3 (2 Exemplare).

gelöst wurde. Die Zeremonial-, Rang- und Etikettefragen waren bis 1918 vom Königlich-Preußischen Oberhofmarschallamt betreut worden. Nach dessen Wegfall wurden sie dem neugebildeten »Sonderreferat E« zugewiesen, das seit 1923 aus der Zentralabteilung herausgenommen, dem Staatssekretär direkt unterstellt wurde und schließlich 1938 zur Protokollabteilung unter einem »Chef des Protokolls« (kurz: »Chef Prot.«) erweitert wurde, eine Bezeichnung, die es schon seit den zwanziger Jahren gab.[9] Nach dem Ersten Weltkrieg trat mit der zunächst sehr kräftigen Welle der Demokratisierung in Europa auch das Französische als Diplomatensprache hinter dem Englischen und den Nationalsprachen zurück. Deshalb wurden bei internationalen Begegnungen Dolmetscher notwendig, und das Auswärtige Amt richtete ab 1921 einen eigenen »Sprachendienst« mit einem festen Stamm an Dolmetschern und Übersetzern ein. Mit dem Übergang zur Republik mußte sich auch das Auswärtige Amt verstärkt mit innenpolitischen Entwicklungen auseinandersetzen, was Aufgabe des »Sonderreferats D«, des »Deutschlandreferats«, wurde. Ein weiteres Sonderreferat war für den Völkerbund zuständig. Die Schülersche Reform schuf gegenüber dem Amt zur Kaiserzeit eine Vielzahl von Abteilungen und Sonderarbeitseinheiten. Deshalb bedurfte es neuer Möglichkeiten zur Koordinierung der Arbeit des Amts und der Amtsleitung. So wurden das »Büro Reichsminister« als zentrale politische Leitstelle und das »Büro Staatssekretär« eingerichtet. Zudem wurde noch die tägliche Direktorenbesprechung ins Leben gerufen, in der seither der Staatssekretär mit den Abteilungsleitern alle wichtigen politischen und organisatorischen Fragen bespricht und Weisungen festlegt. Für diese Einrichtung, die bis heute besteht, bürgerte sich alsbald die etwas respektlose Bezeichnung »Morgenandacht« ein, während die allmorgendliche Presseschau für alle Beamten des höheren Dienstes als »Kleinkinder-Gottesdienst« charakterisiert wurde. Auch wenn die Schülersche Reform manche Mängel aufwies und korrigiert werden mußte, schuf sie doch grundlegende Strukturen, die zum Teil bis heute bestehen und sich bewährt haben.

Im Zuge der Parlamentarisierung des Reiches wurde das Auswärtige Amt im Februar 1919 ein Reichsministerium, der bisherige Staatssekretär wurde Reichsminister und der Unterstaatssekretär Staatssekretär. Die Schülersche Reform brachte einen ganz einschneidenden Wandel in der Organisation des Auswärtigen Amts und des Auswärtigen Dienstes. Davon wenig berührt wurde das Selbstverständnis der deutschen Diplomaten, und die personelle Kontinuität blieb gewahrt, auch wenn in der Zeit des Übergangs von der Monarchie zur Republik eine Reihe von Diplomaten zur Disposition gestellt wurden und einige andere ihren Abschied nahmen. Aber auch die ganz konservativen und monarchistisch gesinnten Diplomaten hielten loyal zur Weimarer Verfassung vom 11. August 1919. Das stellten sie 1920 beim Kapp-Putsch unter Beweis, dem sie sich nicht anschlossen, nach dem der sozialdemokratische Außenminister Hermann Müller das Verhalten seiner Mitarbeiter ausdrücklich als »vorbildlich auch für andere Behörden« belobigte.[10]

Die Weltwirtschaftskrise mit ihren Folgen für das Deutsche Reich zwang das Auswärtige Amt zu einer Konzentration seiner Kräfte und einer Straffung seiner Organisation. Dies führte zu einer neuerlichen Reform, die auf Bernhard Wilhelm von Bülow zurückgeht, der von 1930 bis zu seinem frühen Tod im Jahre 1936 Staatssekretär des Auswärtigen Amts war[11], also das Auswärtige Amt auf dem Weg in das »Dritte Reich«[12] gelei-

---

9 Zur Geschichte des Protokolls in der Zeit der Weimarer Republik siehe Edgar von Schmidt-Pauli, *Diplomaten in Berlin,* Berlin 1930, S. 40f.

10 Heinz Günther Sasse, *Die Entwicklung des gehobenen Auswärtigen Dienstes,* in: *Vereinigung Deutscher Auslandsbeamter e. V.* 22 (1959), S. 198–204, hier S. 202; *100 Jahre Auswärtiges Amt 1870–1970 ...* (wie Anm. 1), S. 33.

11 *Gedenkfeier des Auswärtigen Amts zum 100. Geburtstag von Staatssekretär Dr. Bernhard Wilhelm von Bülow (19. Juni 1885–21. Juni 1936),* Bonn 18. Juni 1985, Bonn 1985.

12 Hans-Jürgen Döscher, *Das Auswärtige Amt im Dritten Reich. Diplomatie im Schatten der »Endlösung«,* Berlin 1986; 2., ungek. Aufl. als: *SS und Auswärtiges Amt*

tete. Durch Organisationserlaß vom 15. Mai 1936 wurden fünf Abteilungen geschaffen: 1. Personal- und Verwaltungsabteilung (Pers), 2. Politische Abteilung (Pol), 3. Handelspolitische Abteilung (W, ab 1941: Ha Pol), 4. Rechtsabteilung (R), 5. Kulturpolitische Abteilung (Kult); daneben gab es nach wie vor das Protokoll und das Referat Deutschland.

1938 wurde Joachim von Ribbentrop Reichsminister des Auswärtigen, oder, wie er sich selbst gerne bezeichnete, Reichsaußenminister, »RAM«.[13] Organisationsgeschichtlich ist aus seiner Amtszeit zu bemerken, daß für den Kriegseinsatz 1939 eine Informations- und eine Presseabteilung[14] gegründet beziehungsweise wiedergegründet wurden. Aus der Kulturpolitischen Abteilung wurde aus denselben Gründen eine Rundfunkabteilung ausgegliedert. In der Zeit des Nationalsozialismus nahm die SS sehr geschickt Einfluß auf den auswärtigen Dienst und konnte über das Reichssicherheitshauptamt eigene Leute als Polizeiattachés an Botschaften entsenden. In derselben Zeit erwuchs den altgedienten Karrierediplomaten in der »Auslandsorganisation der NSDAP«[15] eine unliebsame Konkurrenz. Ihr Chef, Gauleiter Ernst Wilhelm Bohle, wurde 1937 »Chef der Auslandsorganisation im Auswärtigen Amt« und als weiterer Staatssekretär im Auswärtigen Amt dort eingebaut. Er war für den Ausbau der dortigen Organisation der NSDAP zuständig. Das Deutschlandreferat, dem im »Dritten Reich« die Kontaktpflege mit der NSDAP und ihren Gliederungen, mit SS, SD und Reichssicherheitshauptamt, oblag, wurde 1940 zu einer ganzen Abteilung »Deutschland« aufgebläht, die sich 1943 Ribbentrop direkt unterstellte und in die Gruppen »Inland I« und »Inland II« aufteilte. In dieser Abteilung wurden auch die »jüdischen Angelegenheiten« bearbeitet, und damit war das Auswärtige Amt in die sogenannte »Endlösung der Judenfrage« verstrickt. Die ganze Tragik des Amts in jenen Jahren zeigen die Akten der Abteilung Inland im Politischen Archiv des Auswärtigen Amts: dort ist das einzige erhaltene Protokoll der Wannsee-Konferenz vom 20. Januar 1942 überliefert, auf der der systematische Massenmord an Millionen Menschen beschlossen wurde.[16] In demselben Aktenbestand finden sich aber auch Belege dafür, daß beherzte, mutige Diplomaten Menschen in Not zu helfen wagten und dabei auch Erfolg hatten.[17]

im Dritten Reich. Diplomatie im Schatten der Endlösung, Frankfurt am Main–Berlin 1991, siehe dazu unbedingt Theodor Eschenburg, *Diplomaten unter Hitler*, in: *Die Zeit*, Nr. 24 vom 5. 6. 1987, S. 35f., sowie Karl-Alexander Hampe/Horst Röding, *Das Auswärtige Amt im Dritten Reich*, in: *Auswärtiger Dienst. Vierteljahrsschrift der Vereinigung deutscher Auslandsbeamter e. V.* 50 (1987), S. 83–90. Sehr informativ und gut ist Peter Krüger, *»Man läßt sein Land nicht im Stich, weil es eine schlechte Regierung hat.« Die Diplomaten und die Eskalation der Gewalt*, in: Martin Broszat/Klaus Schwabe (Hrsg.), *Die deutschen Eliten und der Weg in den Zweiten Weltkrieg*, München 1989, S. 180–225 und S. 413–416.

13 Wolfgang Michalka, *Ribbentrop und die deutsche Weltpolitik 1933–1940. Außenpolitische Konzeption und Entscheidungsprozesse im Dritten Reich* (= Veröffentlichungen des Historischen Instituts der Universität Mannheim, Bd. 5), München 1980; John Weitz, *Hitler's Diplomat. The life und the times of Joachim von Ribbentrop*, New York 1992.

14 Peter Longerich, *Propagandisten im Krieg. Die Presseabteilung des Auswärtigen Amtes unter Ribbentrop. Grundlinien und Dokumente*, Köln–Wien 1976.

15 Donald M. McKale, *The Swastika outside Germany*, Kent 1977, bes. S. 43–119.

16 PA AA, Bd. R 100 857; Johannes Tuchel, *Am Großen Wannsee 56–58. Von der Villa Minoux zum Haus der Wannsee-Konferenz* (= Publikationen der Gedenkstätte Haus der Wannsee-Konferenz, Bd. 1), Berlin 1992; Peter Klein, *Die Wannsee-Konferenz vom 20. Januar 1942*, [Berlin 1995].

17 So verdankte der aus einer jüdischen Familie stammende bedeutende Völkerrechtler und Rechtsgelehrte Erich Kaufmann (1880–1972), Völkerrechtsberater des Auswärtigen Amts bzw. der Bundesregierung 1920–1933 und 1950–1958, einer beherzten Denkschrift von Botschafter Hans Adolf v. Moltke (1884–1943, vertrat u. a. von 1931 bis 1939 das Deutsche Reich als Gesandter bzw. seit 1934 als Botschafter in Warschau) vom Januar 1942 (in PA AA, Bd. R 99 386), daß er nicht in ein Vernichtungslager deportiert wurde, sondern den Krieg und das Dritte Reich in Den Haag überleben konnte; Ludwig Biewer, *Erich Kaufmann – Jurist aus Pommern im Dienste von Demokratie und Menschenrechten*, in: *Baltische Studien* N. F. 75 (1989), S. 115–124.

Einige Diplomaten waren aktive Widerstandskämpfer gegen das NS-Regime und mußten dafür mit ihrem Leben bezahlen. Besonders bekannt geworden sind: Albrecht Graf von Bernstorff[18], Eduard Brücklmeier[19], Hans-Bernd von Haeften, Ulrich von Hassell[20], Otto Kiep, Herbert Mumm von Schwarzenstein[21], Friedrich-Werner Graf von der Schulenburg[22] und Adam von Trott zu Solz.[23] Die geringe Zahl der aktiven Widerstandskämpfer aus dem Auswärtigen Dienst zeigt, daß das Auswärtige Amt zwischen 1933 und 1945 keineswegs ein Hort des Widerstandes gegen die braune Tyrannei war, aber es war genauso wenig eine von der SS beherrschte nationalsozialistische Behörde. Die Wahrheit liegt irgendwo in der Mitte: es gab einige wenige überzeugte Gegner des Nationalsozialismus[24] und einige fanatische Anhänger dieser Ideologie unter den deutschen Diplomaten, daneben aber eine erhebliche Zahl von Mitläufern und Gleichgültigen, auch Menschen, die sich irgendwie arrangieren wollten und mußten. Die Angehörigen des Auswärtigen Dienstes war in dieser Hinsicht nicht besser, aber auch nicht schlechter als die übrigen Deutschen. An die deutschen Diplomaten, die nach dem damaligen Kenntnisstand eindeutig Widerstandskämpfer waren und für ihre Überzeugung von den Nationalsozialisten ermordet wurden, erinnert im Auswärtigen Amt in Bonn seit 1961 eine Gedenktafel aus Bronze, die von dem Bundesminister des Auswärtigen, Heinrich von Brentano[25], am 20. Juli 1961 in einer schlichten Gedenkfeier enthüllt wurde.[26] Wenden wir uns in diesem Zusammenhang jetzt noch kurz den Zahlen der im Auswärtigen Dienst beschäftigten Menschen zu. Im Jahre 1818 arbeiteten im preußischen Außenministerium insgesamt nicht einmal 60 Personen. 1874 gab es 345 Angehörige des gesamten Auswärtigen Dienstes, von denen 142 dem höheren Dienst angehörten. In der Zentrale taten 99 Dienst und 246 an den 59 Auslandsvertretungen. Vor dem Kriegsausbruch 1914 zählte man 1875 Angehörige des Auswärtigen Dienstes (höherer Dienst: 351), von denen 588 in der Zentrale (höherer Dienst: 73) und 1287 (höherer Dienst: 278) an den 173 Auslandsvertretungen arbeiteten. In der Zentrale des Auswärtigen Amts, immerhin dem Außenministerium einer Großmacht, gab es in demselben Jahr 1914: einen Staatssekretär, einen Unterstaatssekretär, vier Ministerialdirektoren, drei Ministerialdirigenten, 21

18 Knut Hansen, *Albrecht Graf von Bernstorff. Diplomat und Bankier zwischen Kaiserreich und Nationalsozialismus* (= Europäische Hochschulschriften III, Bd. 684), Frankfurt am Main–Berlin–Bern–New York–Paris–Wien 1995; German Embassy/German Historical Institute London, *In Memory of Count Albrecht von Bernstorff. Memorial Lecture held at the German Historical Institute London*, Thursday, 3 December 1992, Bonn 1992; Kurt von Stutterheim, *Die Majestät des Gewissens. In memoriam Albrecht Bernstorff*. Mit einem Vorwort von Theodor Heuss, Hamburg 1962; siehe auch die folgende Anmerkung.
19 Herbert Mumm von Schwarzenstein/Eduard Brücklmeier, *In memoriam Albrecht Graf von Bernstorff*, London 1961.
20 Friedrich Frhr. Hiller von Gaertringen (Hrsg.), *Die Hassell-Tagebücher 1938–1944*. Nach der Handschrift revidierte und erweiterte Ausgabe, Berlin 1988; Gregor Schöllgen, *Ulrich von Hassell 1884–1944. Ein Konservativer in der Opposition*, München 1990; ders., *Ulrich von Hassell*, in: *Widerstand im Auswärtigen Dienst. Gedenkfeier für die Opfer des Widerstandes im Auswärtigen Dienst am 9. September 1994 im Auswärtigen Amt in Bonn*, Bonn 1994, S. 9–27.
21 H. Mumm von Schwarzenstein/E. Brücklmeier, *In memoriam ...* (wie Anm. 19).
22 *Gedenkfeier des Auswärtigen Amts zum 100. Geburtstag von Botschafter Friedrich-Werner Graf von der Schulenburg (10. November 1875 bis 10. November 1944)*, Bonn 10. Dezember 1975, Bonn 1975.
23 Henry O. Malone, *Adam von Trott zu Solz. Werdegang eines Verschwörers 1909–1939*, Berlin 1986.
24 Die Geschichte des Widerstandes gegen den Nationalsozialismus im Auswärtigen Dienst muß noch geschrieben werden. Einige interessante Überlegungen bietet Ulrich Sahm, *Gedanken zum 20. Juli 1992. Hitler-Gegner im Auswärtigen Amt*, in: *Deutsches Adelsblatt* 31 (1992), S. 152–155. Zu den erklärten Gegnern des Nationalsozialismus im Auswärtigen Amt gehörte z. B. auch Dr. phil. Johannes Ullrich, 1938–1945 und 1956–1965 Leiter des Politischen Archivs des Auswärtigen Amts; Niels Hansen, *Ein wahrer Held jener Zeit. Zum dreißigsten Todestag von Johannes Ullrich*, in: *Historische Mitteilungen* 9 (1996), S. 95–109.
25 Weert Börner, *Heinrich von Brentano*, in: *Christliche*

bis 28 Vortragende Räte, 23 »ständige Hilfsarbeiter« (Referenten) und 18 Assessoren ohne Planstellen. Von 1871 bis 1914 umfaßte der gesamte deutsche diplomatische Dienst (ohne Konsuln und Dragomane) nur 350 höhere Beamte. 1874 gab es lediglich vier Botschaften (London[27], Paris[28], St. Petersburg[29], Wien), 14 Gesandtschaften (Athen, Bern, Brüssel, Haag, Konstantinopel, Kopenhagen, Lissabon, Madrid, Rom, Stockholm, Peking[30], Rio de Janeiro, Washington[31], Vatikan[32]), acht Ministerresidenturen, acht preußische innerdeutsche Gesandtschaften (Darmstadt, Hamburg, Karlsruhe, München, Oldenburg, Stuttgart, Weimar), sieben Generalkonsulate mit diplomatischem Status (Alexandria, Belgrad, Bukarest, London, New York, Budapest, Warschau), 33 Berufs- und vier Berufsvizekonsulate. Bis 1914 wurden auch die Gesandtschaften in Rom (Quirinal), Konstantinopel, Madrid, Washington und Tokio zu Botschaften erhoben, so daß es 1914 neun Botschaften, 23 Gesandtschaften, sieben Ministerresidenturen, 33 Generalkonsulate und etwas mehr als 100 Berufskonsulate gab. Die älteste Botschaft ist die in London, die noch in preußischer Zeit 1862 eingerichtet worden war. Das höchste Gehalt erhielt der Botschafter in St. Petersburg, nämlich 150000 Goldmark im Jahr, die in London, Paris und Wien bezogen jährlich 120000 Mark, der Staatssekretär des Auswärtigen Amts hingegen lediglich 50000 Mark.[33] Diese Gehälter lagen weit, zum Teil um die Hälfte unter denen der britischen oder französischen Spitzendiplomaten. 1923, als Gustav Stresemann[34] Außenminister wurde, gab es 2031 Angehörige des Auswärtigen Dienstes, davon 1330 in der Zentrale und 701 an den insgesamt 112 Auslandsvertretungen. In der Amtszeit von Reichsaußenminister v. Ribbentrop (1938 bis 1945) kam es zu einer Personalvermehrung um 143 Prozent von 2665 Angehörigen des auswärtigen Dienstes im Jahre 1938 auf 6458 im Jahre 1943, obwohl ab 1939 kriegsbedingt eine erhebliche Verminderung der Auslandsvertretungen eingetreten war. Der Berliner hätte dazu nur lakonisch und trocken bemerken können: »Ik weeß nich – det Deutsche Reich wird immer kleener und det Auswärtige Amt wird immer jrößer!« – ein Bonmot, das der alte Amtsdiener Berger zur Zeit der Schülerschen Reform geprägt haben soll.[35] In diesem Zusammenhang muß erwähnt werden, daß in den ersten Jahren der nationalsozialistischen

Demokraten der ersten Stunde, hrsg. von der Konrad-Adenauer-Stiftung, Bonn 1966, S. 51–83; *Gedenkfeier des Auswärtigen Amts zum 65. Geburtstag von Heinrich von Brentano,* Bonn 20. Juni 1969, Bonn 1969; Klaus Gotto, *Heinrich von Brentano (1904–1964),* in: Jürgen Aretz/Rudolf Morsey/Anton Rauscher (Hrsg.), *Zeitgeschichte in Lebensbildern,* Bd. 4, Mainz 1980, S. 225–239; Daniel Kosthorst, *Heinrich von Brentano (1904–1964). Eine biographische Skizze,* in: Konrad Feilchenfeldt/Luciano Zayari (Hrsg.), *Die Brentano. Eine europäische Familie,* Tübingen 1992, S. 82–91.

26 Aus diesem Anlaß erschien eine entsprechende Gedenkbroschüre des Auswärtigen Amts, leider ohne Titel. Eine weitere Feier dieser Art fand am 9. 9. 1994 statt, siehe Anm. 19; bei ihr stand Ulrich v. Hassell im Mittelpunkt, dessen Todestag sich am 8. 9. 1994 zum 50. Male gejährt hatte.

27 Heinz Günther Sasse, *100 Jahre Botschaft London. Aus der Geschichte einer Deutschen Botschaft,* Bonn 1963.

28 Claus von Kameke, *Palais Beauharnais. Die Residenz des deutschen Botschafters in Paris,* Stuttgart 1968.

29 Tilmann Buddensieg, *Eine Architektur der Erinnerung: Die Petersburger Botschaft von Peter Behrens,* in: *Neue Heimat* 26 (1979), H. 12, S. 4–11; Jörg Kastl, *Am straffen Zügel. Bismarcks Botschafter in Rußland 1871–1892,* München 1994.

30 Bernd Ruland, *Deutsche Botschaft Peking,* Bayreuth 1973.

31 Frank Lambach, *Der Draht nach Washington. Von den ersten preußischen Ministerresidenten zu den Botschaftern der Bundesrepublik Deutschland,* Köln 1976.

32 *Deutsche diplomatische Vertretungen beim Heiligen Stuhl,* Rom [1984].

33 H. Philippi, *Das deutsche diplomatische Korps ...* (wie Anm. 1), S. 60.

34 Christian Baechler, *Gustave Stresemann (1878–1929). De l'impérialisme à la Sécurité collective,* Straßburg 1996; es ist zu hoffen, daß dieses Buch, die erste Stresemann-Biographie, die wissenschaftlichen Ansprüchen genügt, bald eine deutsche Übersetzung findet. Bis dahin müssen z. B. genügen Manfred Berg, *Gustav Stresemann. Eine politische Karriere zwischen Reich und Republik* (= Persönlichkeit und Geschichte, Bd. 36/36a), Göttingen–Zürich 1992; Felix Hirsch, *Stresemann. Ein Lebensbild,* Göttingen–Frankfurt am

Herrschaft aufgrund des »Gesetzes zur Wiederherstellung des Berufsbeamtentums«, wie es zynisch genannt wurde, von 1933 und des Staatsbürgergesetzes von 1935 über 120 Beamte des höheren auswärtigen Dienstes vorzeitig in den Ruhestand versetzt wurden, ohne daß dagegen ein Protest ihrer Kollegen laut, zumindest nicht aktenkundig wurde.

Die Angehörigen des Auswärtigen Dienstes Preußens und des Deutschen Reiches identifizierten sich mit dem Dienstsitz, mit »ihrer« Zentrale, »ihrer« Wilhelmstraße. Das gilt auch für das beziehungsweise die Gebäude, in denen sie tätig waren. Kern der Amtsgebäude war das schlichte und bescheidene Palais Wilhelmstraße 76, in das 1819 das Preußische Ministerium der auswärtigen Angelegenheiten einzog.[36] Es bot freilich nur der Politischen Abteilung Platz, während die Zweite Abteilung für viele Jahre bis 1882 in der Wilhelmstraße 61 ihr »Dienstlokal« hatte. Das Haus Nr. 76 war auf Veranlassung von König Friedrich Wilhelm I. in Preußen 1736 erbaut worden. In ihm wohnte 1752 vorübergehend die Primaballerina Barberina Campanini. Von 1804 bis 1819 residierte dort der russische Gesandte Maximilian von Alopeus; er gab dem Haus das charakteristische Aussehen, das es bis zum Ende des Zweiten Weltkriegs wahren konnte. Er erbaute unter anderem das imposante Treppenhaus mit der Glaskuppel und ließ den Treppenaufgang von zwei Sphinxen bewachen, die dort bis zum bitteren Ende ausharrten. Zur Zeit von Alopeus galt sein Haus sogar als eines der schönsten Häuser in Berlin. Obwohl in dem Haus Wilhelmstraße 76 viele Jahrzehnte nur die Politische Abteilung saß, herrschte in ihm seit der Mitte des 19. Jahrhunderts drangvolle Enge, da hier bis zum Umzug des Fürsten Bismarck in die Reichskanzlei, dem Palais Radziwill, Wilhelmstraße 77, auch der jeweilige Minister beziehungsweise Bundes- resp. Reichskanzler mit seiner Familie wohnte. Deshalb wurden bis 1945 die Räume, in denen nach 1819 die Töchter des damaligen preußischen Außenministers Christian Günther Graf von Bernstorff gewohnt hatten, mehr oder weniger liebevoll »Komtessenzwinger« genannt.[37] Bis zum Auszug Bismarcks aus der Wilhelmstraße 76 war es übrigens bei Ordnungsstrafe von einem Taler verboten, sich bei ihm zwischen 3 und 5 Uhr nachmittags zum Vortrag zu melden; der entsprechende Erlaß vom November 1871 mußte Ende 1873 wiederholt werden. In der Bismarckzeit mußten sich die vier bis sechs Räte der Politischen Abteilung und eine etwa gleiche Anzahl von »Hilfsarbeitern« (Referenten) mit zwei Zimmern und zwei Kammern begnügen, von denen auch noch eine fast dunkel war. Besprechungszimmer für sie und ihre Besucher gab es nicht, und die dunklen, unübersichtlichen Flure boten nur einen höchst unzulänglichen Ersatz. Die sechs Beamten im Zentralbüro, das auch noch als Archiv diente, mußten sich in einen kleinen Raum teilen, und für die vierzehn Beamten des Chiffrier- und Depeschenbüros standen zu derselben Zeit nur zwei kleine Zimmer zur Verfügung; der Telegraph stand in einem Verschlag, in dem kaum eine Person Platz fand. Insgesamt hatte das Amt nur 63 Zimmer zur Verfügung, zwölf in der Wilhelmstraße 76 und 51 in der Wilhelmstraße 61. Der Platzmangel war der

---

Main–Zürich 1978; Wolfgang Stresemann, *Mein Vater Gustav Stresemann,* München–Berlin 1979.

35 H. G. Sasse, Zur Geschichte des Auswärtigen Amts ... (wie Anm. 1), S. 185.

36 Zur folgenden Geschichte der Dienstgebäude des Auswärtigen Amts in der Wilhelmstraße siehe Heinz Günther Sasse, *Die Wilhelmstraße 74–76. 1870–1945. Zur Baugeschichte des Auswärtigen Amts in Berlin,* in: Oswald Hauser (Hrsg.), *Preußen, Europa und das Reich* (= Neue Forschungen zur Brandenburg-Preußischen Geschichte, Bd. 7), Köln–Wien 1987, S. 357 bis 376. Im *PA AA*, Bestand »Sächliche Geldangelegenheiten« [der Personal- und Verwaltungsabteilung] gibt es unter dem Aktenzeichen 130–70 vier Bände betr. die Gebäude Wilhelmstraße 74–76 in den Jahren 1933–1944, von denen der erste aber auch Pläne und Zeichnungen aus älterer Zeit enthält: PA AA, R 128 191–R 128 194. Diese Bände wurden mit großem Gewinn herangezogen; siehe auch die Grundrisse, Fotos und erklärenden Texte in: *Akten zur Deutschen Auswärtigen Politik 1918–1945. Ergänzungsband zu den Serien A–E. Gesamtpersonenverzeichnis. Portraitphotos und Daten zur Dienstverwendung. Anhänge,* Göttingen 1995, S. 539–544.

37 H. G. Sasse, *Die Wilhelmstraße 74–76* ... (wie Anm. 36), S. 362.

Grund dafür, daß viele höhere Beamte ihre Akten zu Hause bearbeiteten, und nur so ist der Erlaß vom 12. März 1885 zu verstehen, daß sich »die Herren Räthe und Hülfsarbeiter des Auswärtigen Amts ... mindestens von 12 Uhr Mittags ab in ihren Arbeitsräumen« aufzuhalten hätten.[38] Ansonsten war an sich seit 1848 für alle Bediensteten eine tägliche Mindestdienstzeit von 10 Uhr morgens bis 4 Uhr nachmittags festgesetzt, natürlich außer den Sonntagen.

Die Raumfrage wurde durch den Auszug Bismarcks 1876 etwas erträglicher, aber nicht behoben. 1877 konnte nach der Zustimmung des Reichstags das Grundstück Wilhelmstraße 75 vom Reich erworben werden, auf dem das sogenannte »von Deckersche Haus« stand. Nachdem der Standort für das neue Reichstagsgebäude geklärt war, wurde es dem Auswärtigen Amt zugewiesen, und ab Dezember 1882 konnte es bezogen werden. Hier hielt jetzt die »Abteilung II« für Handel, Recht, Konsulate usw. Einzug und kam damit endlich in die unmittelbare Nachbarschaft zu den »Abteilungen I A« und »I B«. Die beiden Häuser wurden mit Durchbrüchen für Türen verbunden und bildeten jetzt bis 1945 in ihrem Innern eine Einheit, die freilich recht unübersichtlich war, die durch die folgenden ständigen Umbauten im Laufe der Zeit noch vergrößert wurde. Auch das v. Deckersche Haus ging auf die Zeit König Friedrich Wilhelms I. zurück. In ihm wohnte von 1763 bis 1792 der Lieblingsneffe Friedrichs des Großen, Herzog Friedrich August zu Braunschweig-Lüneburg. Nach einem Zwischenspiel unter dem Herzog von Oels erwarb es Anfang 1795 der Geheime Oberhofbuchdrucker Georg Jacob Decker, dessen Enkel Rudolf Ludwig Decker 1863 geadelt wurde. Die Gebäude, die einst dem Druckereibetrieb gedient hatten, regelrechte Fabrikgebäude mit einem entsprechenden Schornstein, waren 1882 in einem sehr schlechten Zustand und wurden allmählich abgerissen und durch Neubauten ersetzt, die einem einigermaßen geregelten Bürobetrieb eher gerecht wurden. In den Jahren 1902 bis 1904 wurde der alte linke Seitenflügel des Hauses durch einen vierstöckigen Neubau ersetzt, und auch der nördliche Flügel, in dem unter anderem

Wilhelmstraße 75, Auswärtiges Amt

die 1690 gegründete Legationskasse untergebracht war, erhielt ein viertes Stockwerk; Kassenflügel und Neubau bekamen einen auf Säulen ruhenden Übergang, der Durchblick in den Garten gewährte. Zudem grub man zwei Fußgängertunnel. Das zur Wilhelmstraße gelegene Vorderhaus Wilhelmstraße 75 diente zeitweise wiederholt ausländischen Gesandten als Wohnsitz und wurde auch an preußische Behörden vermietet.

Zu dem Deckerschen Haus gehörte die an der zum Tiergarten führenden Budapester Straße (ab 1925 Friedrich-Ebert-Straße und ab 1934 Hermann-Göring-Straße) gelegene sogenannte »Villa«, die von Rudolf Ludwig von Decker errichtet worden war. Nach einer entsprechenden Herrichtung diente sie von 1882 bis 1938 dem jeweiligen Staatssekretär des Auswärtigen Amts beziehungsweise ab 1919 Reichsminister des Auswärtigen als dienstlicher Wohnsitz. Die Villa fiel dem Neubau der Hitlerschen Neuen Reichskanzlei zum Opfer und wurde am 19. September 1938 niedergerissen.

In den neunziger Jahren und im Ersten Weltkrieg wurden auch die rückwärtigen Gebäude und Gebäudeteile des Hauses Wilhelmstraße 76 umgebaut und der Seitenflügel, der völlig baufällige »Komtessenzwinger«, durch einen Neubau er-

---

38 *100 Jahre Auswärtiges Amt 1870–1979* ... (wie Anm. 1), S. 103.

Wilhelmstraße 75, Auswärtiges Amt:
Sphinxen in der Eingangshalle

setzt. Ein langer, schmaler Raum wurde durch Pappwände in kleine Büros aufgeteilt, in denen der diplomatische Nachwuchs, die Attachés, untergebracht wurden, die sogenannte »Kegelbahn«.[39] Im Ersten Weltkrieg wurde auch das Dachgeschoß der Wilhelmstraße 76 für weitere Dienstzimmer mit Mansarden versehen, die das äußere Erscheinungsbild des Gebäudes nicht beeinträchtigten. Trotzdem waren viele Zimmer mit drei und auch vier Bediensteten belegt. Alle Um- und Neubauten aber waren nur Improvisationen und Notbehelfe und brachten keine wirkliche Besserung, geschweige denn ein Ende der Raumnot. Der Dienstsitz Wilhelmstraße 75–76 glich eher einem Labyrinth als einem zweckmäßigen Bürogebäude und war vielleicht deshalb so liebenswert. 1919 verfügte das Amt insgesamt über 332 Räume mit 1080 Quadratmetern Nutzfläche, benötigte aber 383 Arbeitsräume auf 14000 Quadratmeter.[40] Eine weitere Abhilfe wurde 1919 dadurch geschaffen, daß die Reichsregierung am 20. August 1919 beschloß, dem Auswärtigen Amt zum 1. Januar 1920 das Gebäude Wilhelmstraße 74 zu überlassen, das gegen Ende des 19. Jahrhunderts im neuklassizistischen Stil erbaut worden war und schon Übergangstüren zum Amte besaß. Es konnte jedoch nur ein Teil dieses Gebäudes genutzt werden, da dort bis 1945 Arbeitseinheiten des Reichsministeriums des Innern verblieben. Die Zeit der Weimarer Republik war durch weitere Um- und Ausbaumaßnahmen an allen drei Gebäuden gekennzeichnet, für die erstmals im Januar 1921 Mittel bewilligt wurden und die sich bis 1926 hinzogen. Zeitweise mußten ganze Gebäudeteile geräumt werden, was den Dienstbetrieb erheblich beeinträchtigte. 1926 konnten alle Arbeitseinheiten in der Wilhelmstraße 74–76 untergebracht werden, unter der Anschrift also, bei der es bis zum Ende des Zweiten Weltkriegs blieb.

Im Jahre 1934 aber mußten erste Arbeitseinheiten des Amts außerhalb der drei Stammhäuser untergebracht werden, was angesichts der Stellenvermehrung jener Jahre nicht verwundern. Es folgten weitere Außenstellen, so daß das Amt im Jahre 1942 auf nicht weniger als 30 Liegenschaften im Berliner Stadtgebiet aufgeteilt war.[41] Ribbentrop selbst zog 1939 in das ehemalige Reichspräsidentenpalais, Wilhelmstraße 73, ein, das er zusammen mit dem ersten Stock von Wilhelmstraße 74 für nicht weniger als 17 Millionen Reichsmark umbauen ließ.

»Die Wilhelmstraße« war bis zum Ende der mon-

---

39 H. G. Sasse, *Die Wilhelmstraße 74–76* ... (wie Anm. 36), S. 370.
40 H. G. Sasse, *Die Wilhelmstraße 74–76* ... (wie Anm. 36), S. 371. Sasse gab einen Raumbedarf von 1400 qm an, hat sich dabei aber um eine 0 vertan.
41 *PA AA*, Bd. R 128 194: Wilhelmstraße 74–76, Wilhelmstraße 63, Wilhelmstraße 73, Jägerstraße 12, Kronenstraße 8–10, Behrenstraße 14–16, Potsdamer Straße 24, Saarlandstraße 60, Lindenstraße 35/36, Am Karlsbad 4–8, Tiergartenstraße 10, Kurfürstenstraße 135–137 und 139, Hermann-Göring-Straße 6, Rauchstraße 11 und 27, Fürst-Bismarck-Straße 2, Charlottenstraße 71, Harwikstraße 3, Buchenstraße 2, Unter den Linden 42/43, Hildebrandstraße 5, Im Dol 2–6, Podbielskiallee 78, Arnimallee 23, Von-der-Heydt-Straße 5/6, Kaulbachstraße 1–7, Lichtensteinallee 2, Potsdamer Straße 186, Mauerstraße 16–21.

archischen Zeit mit einem Sammelsurium an Möbeln aller Stilepochen seit dem 18. Jahrhundert spartanisch-preußisch eingerichtet; manches Möbelstück ging wohl noch auf Alopeus zurück. In dem Raum, in dem zum Beispiel die Angehörigen fremder Missionen auf eine Aussprache mit dem Reichskanzler oder dem Staatssekretär zu warten pflegten, gab es an den Wänden Sitzgelegenheiten höchst unterschiedlichen Alters und einen Tisch, dessen mit einem Steinmosaik ausgelegte Platte ein großer, nicht zu entfernender Fettfleck »zierte«: das war der Raum mit dem »historischen Fleck«.[42] Nur da, wo die Amtsleitung saß, war der Flur mit roten Läufern ausgelegt, weshalb diese Räumlichkeiten scherzhaft »die Weinabteilung« genannt wurden. Die übrigen Teile des Hauses, wo man mit den nackten gewachsten, gebohnerten oder eingeölten Holzdielen vorlieb nehmen mußte, waren folgerichtig »die Bierabteilungen«. Dort, wo der Personalchef mit seinen Mitarbeitern seine Dienstzimmer hatte, stand die »Klagemauer«. Erst die Zeit der Weimarer Republik brachte eine gewisse Verbesserung. Aus dem ehemaligen Königlich-Preußischen Schloß konnten schöne und geschmackvolle Möbel übernommen werden. Der schon erwähnte Reformer des Auswärtigen Dienstes und Leiter der Personal- und Verwaltungsabteilung 1919/1920, Edmund Schüler, besaß ein Gespür für Tradition und Geschichte und war ein sehr kunstsinniger Mann, der für eine angemessene Einrichtung zumindest des Hauses Wilhelmstraße 76 sorgte. So entdeckte er eines Tages in einer Abstellkammer alte Öllampen aus Messing mit grünen Glasschirmen, die zu Bismarcks Zeiten die Schreibtische erhellt hatten. Die Öllampen ließ er für elektrisches Licht umrüsten und in den Arbeitszimmern der höheren Beamten aufstellen, die er mit den erwähnten Möbeln aus dem Schloß, aber auch mit solchen, die er in Nebenräumen des Amts fand oder bei Trödlern in Potsdam erwerben konnte, ausstatten ließ. Schüler ist es zu verdanken, daß in der Weimarer Zeit und in den ersten Jahren des »Dritten Reiches« das Haus Wilhelmstraße 76 eine gewisse schlichte Vornehmheit ausstrahlte. Dazu trugen auch gute Bilder in den Arbeitszimmern des Ministers und des Staatssekretärs sowie im Diplomatenwartezimmer bei.

Wilhelmstraße 75, Auswärtiges Amt: Eingang

Während seiner kurzen Amtszeit als Reichsminister des Auswärtigen in der ersten Hälfte des Jahres 1922 sorgte Walther Rathenau[43] für eine würdige Ausgestaltung des Treppenhauses mit der Kuppel im Haus Wilhelmstraße 76 und ließ dort

---

42 H. G. Sasse, *Zur Geschichte des Auswärtigen Amts ...* (wie Anm. 1), S. 179.
43 Peter Berglar, *Walther Rathenau. Ein Leben zwischen Philosophie und Politik,* Graz–Wien–Köln 1987; Ernst Schulin, *Walther Rathenau. Repräsentant, Kritiker und Opfer seiner Zeit,* 2. Aufl., Göttingen 1993; Hans Wilderotter (Hrsg.), *Die Extreme berühren sich. Walther Rathenau 1867–1922,* Berlin 1993; Theodor Schieder, *Walther Rathenau und die Probleme der deutschen Außenpolitik,* in: *Gedenkfeier des Auswärtigen Amtes zum 100. Geburtstag des Reichsaußenministers Dr. Walther Rathenau,* Bonn 28. September 1967, Bonn 1967, S. 9–32.

Wilhelmstraße 75, Auswärtiges Amt: Hof

eine Bismarck-Büste aufstellen.[44] Aus Spenden der Amtsangehörigen wurde nach dem Ersten Weltkrieg eine schlichte Tafel zum Gedächtnis der im Felde gefallenen Beamten angefertigt, die im Treppenhaus von Wilhelmstraße 75 ihren Platz fand und mit einer kurzen Ansprache des Reichsministers des Auswärtigen Frederic von Rosenberg[45] am 20. Juli 1923 feierlich enthüllt wurde.[46] Zum Charme des Auswärtigen Amts in der Wilhelmstraße trug nicht unerheblich der parkartige Garten hinter den Gebäuden bei, den fast alle Hausherren sorgsam pflegen und hegen ließen und dem wunderschöne alte Bäume einen unverwechselbaren Charakter gaben.

Es mag die merkwürdige Mischung aus gewollter und ungewollter schlichter Vornehmheit, Zurückhaltung, Bescheidenheit und der grotesken Raumnot gewesen sein, die dem Auswärtigen Amt in der Wilhelmstraße das unverwechselbare Flair gaben, das die Amtsangehörigen so stark an ihre Zentrale band und sich mit ihr identifizieren ließen, auch wenn sie bestimmt alle zu ihrer aktiven Dienstzeit teils laut, teils leise auf das »Zentralrindvieh« schimpften, wo die Arbeitsbedingungen zeitweise fast gesundheitsschädlich waren. Hehrer Corpsgeist und profanes Improvisieren im Dienstalltag schweißten und schweißt zusammen, was nicht zuletzt die Geschichte des Auswärtigen Amts in der Wilhelmstraße beweist.

Ein Luftangriff traf am 23. November 1943 das Auswärtige Amt schwer, nicht jedoch das Kerngebäude Wilhelmstraße 76. Dieses wurde am 30. April 1945 von einer Granate getroffen und brannte aus. Nach dem Ende des Zweiten Weltkriegs wurden die Trümmer beseitigt. Seither ist »Die Wilhelmstraße« nicht mehr ...

Die 1949 gegründete Bundesrepublik Deutschland war zunächst nicht souverän. Die drei westlichen Siegermächte des Zweiten Weltkriegs hatten sich im Besatzungsstatut von 1949 die Zuständigkeit für auswärtige Angelegenheiten vorbehalten; im Bundeskanzleramt wurde lediglich eine Verbindungsstelle zu der obersten Vertretung der drei Mächte eingerichtet, der Alliierten Hohen Kommission (AHK). Doch schon das Petersberger Abkommen vom 22. November 1949 räumte der Bundesregierung unter Bundeskanzler Konrad Adenauer[47] das Recht ein, konsularische und Handelsbeziehungen mit den Ländern aufzunehmen, bei denen ein solcher Schritt sinnvoll erschien. Ende 1949 wurde im Bundeskanzleramt ein »Organisationsbüro für die konsularisch-wirtschaftlichen Vertretungen im Ausland« eingerichtet, und am 16. Juni, 28. Juni und 7. Juli 1950

---

44 H. G. Sasse, *Die Wilhelmstraße 74–76* ... (wie Anm. 36), S. 372f., sehr viel ausführlicher seine Quelle: Johannes Sievers, *Aus meinem Leben,* Berlin 1966, maschinenschriftliche Aufzeichnung im *PA AA,* S. 351f. und nichtpaginierte Ergänzungsblätter. Der Kunsthistoriker und Schinkelforscher Professor J. Sievers (geb. 1880) wurde 1918 in das Auswärtige Amt einberufen und im Kunstreferat eingesetzt. 1919 wurde er Legationsrat, 1920 Legationsrat I. Klasse, 1925 Vortragender Legationsrat, 1933 in den einstweiligen und 1937 in den dauernden Ruhestand versetzt; *PA AA,* Personalakte Sievers.

45 Frederic Hans von Rosenberg (1874–1937), 1920–1922 Gesandter in Wien, 1922 Gesandter in Kopenhagen, 22. 11. 1922–12. 8. 1923 Reichsminister des Auswärtigen, 1924–1933 Gesandter in Stockholm, 1933–1935 Botschafter in Ankara; *Akten zur Deutschen Auswärtigen Politik* ... (wie Anm. 36), S. 496.

46 *PA AA,* Personalia Generalia, Nr. 99 Gedenktafeln, 2 Bde.; R 139 916 und R 139 917.

47 Hans-Peter Schwarz, *Adenauer,* Bd. 1: *Der Aufstieg: 1876–1952,* Bd. 2: *Der Staatsmann: 1952–1967,* Stuttgart 1986 und 1991; Henning Köhler, *Adenauer. Eine politische Biographie,* Frankfurt am Main–Berlin 1994.

wurden die Generalkonsulate in London, New York sowie Paris eröffnet, deren Leiter 1951 zu Geschäftsträgern ernannt wurden und 1953 den persönlichen Titel Botschafter erhielten. Noch 1950 erfolgte die Errichtung der Generalkonsulate in Istanbul, Amsterdam, Brüssel, Rom und Athen. Die Verbindungsstelle zur AHK und das Organisationsbüro wurden am 1. April 1950 zur »Dienststelle für Auswärtige Angelegenheiten« im Bundeskanzleramt zusammengefaßt und zusätzlich um ein Kultur- und ein Protokollreferat sowie eine Einrichtung zur Ausbildung des diplomatischen Nachwuchses erweitert.

Die erste Revision des Besatzungsstatuts am 6. März 1951 brachte für die Bundesregierung den entscheidenden Durchbruch auf dem Wege zur Erlangung außenpolitischer Handlungsfreiheit. Am 15. März 1951 wurde das Auswärtige Amt als Bundesministerium wiedererrichtet und die im Bundeskanzleramt bestehende Dienststelle für Auswärtige Angelegenheiten in die neue Behörde überführt. Erster Bundesminister des Auswärtigen (bis 1955) wurde Bundeskanzler Adenauer. Zum Staatssekretär des Auswärtigen Amts ernannte er den angesehenen Juristen Walter Hallstein[48], einen vom Nationalsozialismus nicht belasteten Außenseiter oder Seiteneinsteiger, der dieses Amt bis 1958 innehatte und mit dem Kanzler den Wiederaufbau des Auswärtigen Dienstes maßgeblich bestimmte. Die Neugründung wurde von allen wichtigen politischen Kräften begrüßt. Die Annahme der alten Bezeichnung »Auswärtiges Amt« beruhte auf der stillschweigenden einmütigen Zustimmung des Bundestages. Die Behörde selbst und die maßgeblichen politischen Kräfte stellten sich damals ganz bewußt in die Tradition der »Wilhelmstraße«. Seinen Dienstsitz in Bonn erhielt das Auswärtige Amt in einem Neubau am Rhein an der damaligen Koblenzer Straße, der heutigen Adenauerallee, der 1954/55 bezogen wurde. Auf den Bau hatte Adenauer selbst insofern starken Einfluß genommen, als er dafür sorgte, daß er nicht zu hoch geriet und die Silhouette von Bonn nicht störte und auf dem Baugelände kein Baum gefällt werden durfte.[49] Es ist also dem ersten Bundeskanzler und Bundesminister des Auswärtigen zu danken, daß das Auswärtige Amt in Bonn ebenso wie einst in der Wilhelmstraße über einen sehr schönen und gepflegten Garten beziehungsweise Park mit einem bemerkenswerten alten Baumbestand verfügt.

Das Auswärtige Amt der Bundesrepublik Deutschland begann mit 330 Planstellen in der Zentrale (davon 129 des höheren Dienstes) und 433 (davon 147 des höheren Dienstes) Planstellen für die zunächst nur 24 Auslandsvertretungen.[50] Nach dem Inkrafttreten des Deutschlandvertrages 1955, der der Bundesrepublik im Rahmen des damals Möglichen die Souveränität gab, wurden die drei Geschäftsträger in den USA, Großbritannien und Frankreich zu wirklichen Botschaftern erhoben und Heinrich von Brentano zum Bundesminister des Auswärtigen ernannt.

Die oben genannten relativ wenigen Angehörigen des Auswärtigen Dienstes hatten in dem Zweckbau an der Bonner Koblenzer Straße ohne Schwierigkeiten Platz. Aber die Zahl stieg rasch auf 1022 im Jahre 1953 und 1606 im Jahre 1961 an, um nur diese Zahlen zu nennen.[51] Damit hatte die Amtsgeschichte den Gegenstand ihrer Betrachtung eingeholt, und die Raumnot ist seither wieder ein stetiger Begleiter des Auswärtigen

---

48 Hans-Peter Schwarz, *Staatssekretär Professor Dr. Walter Hallstein*, in: *Gedenkfeier des Auswärtigen Amts zum 90. Geburtstag von Staatssekretär Professor Dr. Walter Hallstein (17. November 1901–29. März 1982),* Bonn 25. November 1991, Bonn 1991, S. 9–36.

49 Zu dem Neubau des Auswärtigen Amts gibt es drei Aktenbände im Bestand Ministerialbürodirektor bzw. Referat Innerer Dienst: *PA AA,* B 111, Bde. 4 bis 6, bes. B 111, Bd. 4, passim.

50 Neben den genannten Vertretungen bei den drei Westmächten waren dies die Ständige Vertretung bei der OECD in Paris, die Botschaften in Belgien, Brasilien, Dänemark, Griechenland, Italien, Kanada, den Niederlanden, die Gesandtschaften in Irland, Luxemburg, Norwegen, Schweden und die konsularischen Vertretungen in Atlanta, Basel, Bombay, Mailand, Marseille, Pretoria, San Francisco und Zürich.

51 Beschäftigte im Auswärtigen Dienst 1874–1988, Zentrale und Auslandsvertretungen; höherer Dienst gesondert, in: *40 Jahre Außenpolitik der Bundesrepublik Deutschland. Eine Dokumentation,* hrsg. vom Auswärtigen Amt, Bonn 1989, S. 711.

Amts, eine sehr stabile und lästige Konstante seiner über 125jährigen Geschichte.⁵² Heute, 1996, zählt die Zentrale des deutschen Auswärtigen Dienstes in Bonn etwa 2 700 Angehörige und ist auf 31 Liegenschaften verteilt, deren Zustand zum Teil schon fast schäbig zu nennen ist.

Nach der Wiedererrichtung des Auswärtigen Amts fanden Diplomaten aus der Wilhelmstraße Wiederverwendung.⁵³ Sie brachten ihre Arbeitsweise und ihre Gewohnheiten von der Spree mit an den Rhein. Da gab es beispielsweise die lange Mittagspause von 13 bis 16 Uhr, die sie ihr Büro dann erst in den späten Abend- oder gar Nachtstunden verlassen ließ. Nach ihrem Ausscheiden aus dem Dienst nahm die Erinnerung an die Wilhelmstraße ab und es entwickelte sich ein eigenes, »Bonner« oder »bundesrepublikanisches« Amtsverständnis, das durch und durch demokratisch und republikanisch ist. Trotzdem ist sich das Auswärtige Amt seiner ganzen Geschichte durchaus bewußt, und dieses Bewußtsein wird in bescheidenem Umfang aufrechterhalten. Im Januar 1995 wurde der 125. Geburtstag mit einem »Tag der offenen Tür« am Sonnabend, 14. Januar, und einem Festakt am 16. Januar im »Haus der Geschichte der Bundesrepublik Deutschland« gefeiert, bei dem der Bundespräsident⁵⁴ und der Bundesminister des Auswärtigen⁵⁵ Ansprachen hielten. Die Festrede des Bonner Politologen Hans-Peter Schwarz, »Wandel und Kontinuität der Deutschen Außenpolitik«, berücksichtigte zwar die gesamte 125jährige Geschichte, hatte ihren Schwerpunkt aber bezeichnenderweise in der Zeit seit 1949.⁵⁶ Zu den beiden Jubiläumsveranstaltungen zeigte das Politische Archiv und Historische Referat des Auswärtigen Amts eine kleine Ausstellung zur Amtsgeschichte. Die Amtsleitung legte großen Wert darauf, daß dort an hervorgehobener Stelle ein Bild der Gebäude Wilhelmstraße 74–76 zu sehen war. Auch in der gleichzeitigen Ausstellung »125 Jahre Auswärtiges Amt. Deutsche Außenpolitik im Spiegel der internationalen Karikatur!« des Referats Öffentlichkeitsarbeit wurden die Epochen vor 1945 berücksichtigt, auch wenn sie nicht dominierten.⁵⁷

Im Bonner Auswärtigen Amt, für das sich übrigens nie die Formeln »Die Koblenzer Straße« oder »Die Adenauerallee« eingebürgert haben, erinnert manches täglich an die Vergangenheit, nicht nur die bereits erwähnte Ehrentafel für die

---

52 Dies wurde humorvoll auch vom Bundespräsidenten in seiner Ansprache auf dem Festakt zum 125jährigen Bestehen des Auswärtigen Amts im Haus der Geschichte der Bundesrepublik Deutschland in Bonn am 16. Januar 1995 festgestellt; vgl. *125 Jahre Auswärtiges Amt ...* (wie Anm. 1), S. 5f.

53 Hans-Jürgen Döscher, *Verschworene Gesellschaft. Das Auswärtige Amt unter Adenauer zwischen Neubeginn und Kontinuität,* Düsseldorf 1977; Wilhelm Haas, *Beitrag zur Geschichte der Entstehung des Auswärtigen Dienstes der Bundesrepublik Deutschland,* Bremen 1969; Claus M. Müller, *Relaunching German Diplomacy. The Auswärtiges Amt in the 1950s,* Münster–Hamburg–London 1996; Horst Röding, *Werben um Vertrauen. Die Entstehungsgeschichte des Auswärtigen Amtes,* in: *Informationen für die Truppe* 4 (1990), S. 49–63. Döschers Buch fußt auf einer Verschwörungstheorie, wonach alte Nazis den neuen Auswärtigen Dienst systematisch unterwandert und bestimmt hätten, was nicht zu belegen ist. Wie wenig Döscher wirklich mit den Quellen und Fakten vertraut ist, beweist allein schon der Umstand, daß er in dem Bildteil seines Buches statt des ersten Leiters der Zentralabteilung Wilhelm Haas dessen gleichnamigen Sohn abbildete, der heute die Bundesrepublik Deutschland als Botschafter in Den Haag vertritt (S. 396). Dem ersten Personalchef des Auswärtigen Amts nach 1949, der zum 13. 5. 1937 aufgrund von § 6 des Gesetzes zur Wiederherstellung des Berufsbeamtentums zur Disposition gestellt worden war, eine Begünstigung oder gar Förderung nationalsozialistisch gefärbter restaurativer Tendenzen zu unterstellen, ist absurd. Dies belegen schon die Ergebnisse des Untersuchungsausschusses Nr. 47 des Deutschen Bundestages, die Wilhelm Haas in seinem o. g. Buch abdruckte. Das, was zu Döschers Buch zu sagen ist, hat ganz trefflich Daniel Körfer in seiner Rezension ausgesprochen, *Schmutziges Wasser,* in: *Die Zeit,* Nr. 23 vom 2. 6. 1995, S. 19. Körfers Wertung bedarf keiner Ergänzung.

54 *125 Jahre Auswärtiges Amt ...* (wie Anm. 1), S. 5–9.

55 *125 Jahre Auswärtiges Amt ...* (wie Anm. 1), S. 10–17.

56 *125 Jahre Auswärtiges Amt ...* (wie Anm. 1), S. 17–32.

57 *125 Jahre Auswärtiges Amt ...* (wie Anm. 1), S. 107ff.

ermordeten Widerstandskämpfer gegen den Nationalsozialismus. Bis heute halten Dienstbezeichnungen wie Konsulatssekretär, Legationssekretär, Legationsrat und Vortragender Legationsrat bis zur Besoldungsstufe B 3 einschließlich frühere Zeiten wenigstens in diesem Punkt lebendig. Wenn der Bundesminister des Auswärtigen in seinem Büro von seinem Schreibtisch aufblickt, sieht er ein Bismarckporträt von Franz von Lenbach, und über der Sitzecke in demselben Zimmer ist ein Porträt von Gustav Stresemann aufgehängt. An ihn erinnert auch eine Bronzeplakette an der Wand im Foyer des Haupthauses, ein Geschenk der Europa-Union Deutschland. Die regelmäßige Besprechung der Staatssekretäre mit dem Leitungsstab und den Abteilungsleitern des Hauses, die gute, alte »Morgenandacht« der Wilhelmstraße, wird heute als »Direktorenrunde« oder als »D-Runde« bezeichnet. Sie tagt von montags bis freitags morgens im »Bismarckzimmer«. Der schmale Raum wird von einem weiteren Lenbach-Porträt des Fürsten Bismarck beherrscht, das an der dem Rhein abgewandten Längsseite des Zimmers seinen Platz gefunden hat. An den beiden Stirnseiten des »Bismarckzimmers« sind Vitrinen eingelassen, in denen das Politische Archiv und Historische Referat besonders wichtige und schöne Dokumente zur deutschen Auswärtigen Politik seit der Zeit des Norddeutschen Bundes ausstellt. Die Objekte wechseln von Zeit zu Zeit, erfreuen sich aber stets großer Wertschätzung und Beachtung seitens der Damen und Herren, die sie sehen dürfen (oder müssen?).

Seit 1958 führt das Auswärtige Amt unter Federführung seines Politischen Archivs und Historischen Referats in loser Reihenfolge Gedenkveranstaltungen durch, die Amtsangehörigen und Diplomaten gewidmet sind, die Hervorragendes geleistet haben. Dabei überwiegen die, die vor 1945 tätig waren.[58] Diese Gedenkstunden waren bisher stets sehr gut besucht und werden seit 1984 in der Regel von dem jeweiligen Bundesminister des Auswärtigen eröffnet. Solche Veranstaltungen der Traditionspflege, die an die Zeit der Wilhelmstraße erinnerten, galten Gustav Stresemann (1958 und 1968), Walther Rathenau (1962 und 1967)[59], Wilhelm Solf (1962), Fürst Bismarck (1965)[60], Leopold von Hoesch (1966)[61], Graf Brockdorff-Rantzau (1968)[62], Rudolf Nadolny (1973)[63], Friedrich-Werner Graf von der Schulenburg (1975)[64], Bernhard Wilhelm von Bülow (1985)[65], Ago Freiherr von Maltzan, Carl von Schubert (1987)[66] und Ulrich von Hassell (1994).[67] Schließlich sei noch erwähnt, daß das Auswärtige Amt ein eigenes Archiv und Historisches Referat unterhält.[68]

Bilder, Tafeln, Vorträge, Ausstellungen usw. halten im Auswärtigen Amt die Erinnerung an die Wilhelmstraße wach. Sie ändern aber nichts daran, daß diese Zeit Geschichte ist, die heiter

---

58 Eine Aufstellung aller dieser Veranstaltungen findet sich in: *40 Jahre Außenpolitik ...* (wie Anm. 518), S. 776f.

59 Vgl. Anm. 43.

60 *Gedenkfeier des Auswärtigen Amts zum 150. Geburtstag des Reichskanzlers Fürst Otto von Bismarck,* Bonn 1. April 1965, Bonn 1965.

61 *Gedenkfeier des Auswärtigen Amts zum 30. Jahrestag des Todes von Botschafter Leopold von Hoesch (10. April 1936),* Bonn 14. April 1966, Bonn 1966.

62 *Gedenkfeier des Auswärtigen Amts zum 40. Jahrestag des Todes von Reichsminister und Botschafter Ulrich Graf von Brockdorff-Rantzau,* Bonn 6. September 1968, Bonn 1968.

63 *Gedenkfeier des Auswärtigen Amts für Botschafter Rudolf Nadolny (12. Juli 1873–18. Mai 1953),* Bonn 28. Mai 1973, Bonn 1973.

64 Vgl. Anm. 22.

65 Vgl. Anm. 11.

66 *Gedenkfeier des Auswärtigen Amts zum 60. Todestag von Staatssekretär Ago Freiherr v. Maltzan (31. Juli 1877–23. September 1927) und zum 40. Todestag von Staatssekretär Dr. Carl v. Schubert (15. Oktober 1882–1. Juni 1947),* Bonn 18. September 1987, Bonn 1987.

67 Vgl. Anm. 20.

68 Hans Philippi, *Das Politische Archiv des Auswärtigen Amts. Rückführung und Übersicht über seine Bestände,* in: *Der Archivar* 13 (1960), Sp. 199–218; Hans-Jochen Pretsch, *Das Politische Archiv des Auswärtigen Amts,* in: *Der Archivar* 32 (1979), Sp. 299–302; ders., *Die Rechtsstellung des Politischen Archivs,* in: *Der Archivar* 43 (1990), Sp. 597–599; Heinz Günther Sasse, *Das Politische Archiv des Auswärtigen Amts,* in: *Almanach 1968,* Köln–Berlin–Bonn–München 1968, S. 125–137.

und liebenswert, aber auch sehr quälend sein kann. Als nach der Wende von 1989/90 im Amt über seinen künftigen Dienstsitz in Berlin beraten und verhandelt wurde, dachte kein Verantwortlicher auch nur eine Minute daran, eine Rückkehr in die Wilhelmstraße zu fordern. Sie ist Vergangenheit.

Hans Wilderotter

»Germania mit dem Reichswappen«
Der Ausbau der Behördenstandorte des Norddeutschen Bundes und des Deutschen Reiches in der Wilhelmstraße bis 1880

Am 14. September 1869 teilte der preußische Finanzminister seinen Kollegen mit, »daß ein anderes Lokal für das Staatsministerium beschafft werden müsse, weil das Haus Wilhelmstraße 74 am 1. Januar kommenden Jahres in den Besitz des Bundes übergehe«.[1] Diese Nachricht kann die preußischen Minister keineswegs überrascht haben; hatte doch Ministerpräsident Otto von Bismarck bereits im Januar des gleichen Jahres im Kreise der Kollegen geklagt, »wie unerträglich seine jetzige Situation sei, bei welcher seine Büros«, über die er, so wird man hier ergänzen müssen, in seiner Eigenschaft als preußischer Ministerpräsident, als preußischer Außenminister und als Kanzler des Norddeutschen Bundes jeweils verfügte, »in 4 Häusern liegen. Der Übelstand werde sich noch steigern, wenn das Haus Wilhelmstraße 74 an das Bundeskanzleramt übergehe und das Bureau des Staatsministeriums in ein 5tes Gebäude wandern müsse«.[2] Es scheint keinem der Beteiligten klar gewesen zu sein, daß das Staatsministerium mit diesem Umzug nicht nur sein bisheriges Domizil, sondern die Wilhelmstraße überhaupt verlassen würde, um erst zu Anfang des 20. Jahrhunderts in einen Neubau in der Nummer 63 zurückzukehren.

Zeitgleich mit der Übernahme des Hauses Wilhelmstraße 74 durch das Bundeskanzleramt war das bisherige »Preußische Ministerium für die auswärtigen Angelegenheiten« in der Wilhelmstraße 76 zum 1. Januar 1870 in das »Auswärtige Amt des Norddeutschen Bundes« umgewandelt worden, so daß die beiden obersten Behörden des Bundes, nur durch die Deckersche Oberhofbuchdruckerei in der Nummer 75 voneinander getrennt, in der Wilhelmstraße ihren Sitz hatten. Aber während das Auswärtige Amt erst zu diesem Zeitpunkt das Licht der Welt erblickte, da die auswärtigen Angelegenheiten des Norddeutschen Bundes bisher durch das Preußische Außenministerium wahrgenommen wurden[3], konnte das Bundeskanzleramt bereits auf eine Geschichte zurückblicken, die mit seiner Gründung am 12. August 1867 begonnen hatte.

Schon wenige Wochen danach war das neue Amt in das Gebäude des Preußischen Staatsministeriums als Untermieter eingezogen, wo die Räume der Dienstwohnung des Preußischen Ministerpräsidenten zur Verfügung standen. Als Otto von Bismarck im Herbst 1862 sowohl das Amt des preußischen Ministerpräsidenten als auch das Amt des Außenministers übernahm, hatte er die Wahl

---

1 Geheimes Staatsarchiv Preußischer Kulturbesitz [künftig zitiert: GStPK], Rep. 90 Staatsministerium, Nr. 1723: *Protokoll der Sitzung des Preußischen Staatsministeriums vom 14. September 1869.*
2 GStPK, Rep. 2.4.1, Ministerium der auswärtigen Angelegenheiten, ZB Nr. 236, fol. 86: *Protokoll der Sitzung des Preußischen Staatsministeriums vom 4. Januar 1869.*
3 Zur Gründungsgeschichte des Auswärtigen Amtes vgl. *Hundert Jahre Auswärtiges Amt,* Bonn 1971, S. 9–22; Rudolf Morsey, Die oberste Reichsverwaltung unter Bismarck 1867–1890 (= Neue Münstersche Beiträge zur Geschichtsforschung, Bd.3), Münster 1957, S. 104–108.

zwischen zwei Dienstwohnungen. Daß er sich für die Wohnung des Außenministers entschied, wo die Familie Bismarck bis zu ihrem Umzug in die Reichskanzlei in der Wilhelmstraße 77 im Jahre 1878 wohnte, hat wohl auch mit der Tatsache zu tun, daß er das Schwergewicht seiner Tätigkeit auf die Außenpolitik legen wollte.

Die Räume der Dienstwohnung in der Wilhelmstraße 74 scheinen vom Staatsministerium nicht genutzt worden zu sein; der Einzug des Bundeskanzleramts lag nahe, da die räumliche Nähe der Büros des Staatsministeriums und des Bundeskanzleramts erheblich zur zügigen Abwicklung des Geschäftsbetriebs beitrug, und dies umsomehr, als die Ämter der Leiter der beiden Behörden – des Preußischen Ministerpräsidenten und des Bundeskanzlers – in Personalunion miteinander verbunden waren. Im nachhinein erscheint diese Entwicklung so folgerichtig und plausibel, daß es schwer fällt, sich vorzustellen, daß sie nicht das Ergebnis einer umfassenden Planung gewesen sein könnte. Tatsächlich jedoch waren erst in der letzten Phase der Beratungen und Verhandlungen über die Verfassung des Norddeutschen Bundes, die sich vom Herbst 1866 bis zum April 1867 hinzogen, Vorschläge gemacht und Entscheidungen getroffen worden, die die Personalunion zwischen den Ämtern des preußischen Außenministers, des Ministerpräsidenten und des Bundeskanzlers erzwangen und gleichzeitig die Errichtung eines Bundeskanzleramts als Zentralbehörde notwendig machten.

Im Zentrum des Verfassungsentwurfs, der Mitte Dezember 1866 den Regierungen der Einzelstaaten vorlag, stand der Bundesrat als Gremium aus Vertretern der Einzelregierungen, dem, zusammen mit dem Reichstag, die Gesetzgebung zukam, wobei die Gesetzesinitiative beim Bundesrat lag. Dieser Gesandtenkongreß war ganz am Vorbild des Deutschen Bundes orientiert, der nach dem Krieg zwischen Preußen und Österreich aufgelöst worden war und dessen Nachfolge der Norddeutsche Bund angetreten hatte. Die Orientierung an diesem Vorbild ging bis ins Detail der Stimmenverteilung und der Stimmenabgabe. Die insgesamt 43 Stimmen waren nach dem gleichen Schlüssel verteilt wie bei der Zentralbehörde des Deutschen Bundes, dem Frankfurter Bundestag, und jeder Staat mußte alle ihm zustehenden Stimmen einheitlich abgeben, wobei der jeweils stimmführende Bevollmächtigte zum Bundesrat in seinen Entscheidungen an die Weisungen seiner Regierung gebunden war.[4]

Diese enge Anlehnung an den Deutschen Bund verdankt sich nicht nur der Tatsache, daß der Norddeutsche Bund in dessen Nachfolge stand, sondern auch dem Wunsch der Regierung der Führungsmacht Preußen, diese Kontinuität besonders stark herauszustreichen, um den Regierungen der Einzelstaaten den Verlust eines Teiles ihrer Souveränität erträglicher zu machen. Anders nämlich als im Deutschen Bund erhielt das Bundespräsidium, das dem preußischen König zustand, eine Reihe von Rechten für den ganzen Bund, wozu die völkerrechtliche Vertretung des Bundes ebenso gehörte wie die Befugnis, Bündnisse und Verträge mit fremden Staaten zu schließen, den Krieg beziehungsweise den Frieden zu erklären, im Kriegsfall den Oberbefehl über Heer und Marine zu führen, den Bundesrat beziehungsweise den Reichstag einzuberufen oder zu schließen und schließlich, neben der Ausfertigung und Verkündigung der Bundesgesetze, die Überwachung der Ausfertigung dieser Gesetze.

Den Vorsitz im Bundesrat sollte, wie beim Bundestag des Deutschen Bundes, der Gesandte der Präsidialmacht innehaben, der stimmführende Bundesratsbevollmächtigte Preußens, der auch die Geschäfte des Bundesrats führte, zu denen neben legislativen auch exekutive Funktionen gehörten, da die vom Bundespräsidium im Namen des Bundes verkündeten Gesetze der Ausführungsverordnungen bedurften, die in den Ausschüssen des Bundesrats, gestützt auf die mit ihnen personell verbundenen preußischen Fachministerien, ausgearbeitet werden sollten. Dieser Vorsitzende und Geschäftsführer des Bundesrats sollte den Titel eines Bundeskanzlers führen, der, als Bundesratsbevollmächtigter, an die Instruktionen des preu-

---

4 Die ausführlichste Darstellung der Entstehung der Verfassung des Norddeutschen Bundes findet sich bei Otto Becker, *Bismarcks Ringen um Deutschlands Gestaltung*, Heidelberg 1958.

ßischen Außenministers gebunden war. Bismarck hat Jahre später einmal diesen Bundeskanzler als »Unterstaatssekretär für deutsche Angelegenheiten im auswärtigen preußischen Ministerium« bezeichnet.[5]

Für dieses Amt hatte man Karl Friedrich von Savigny in Aussicht genommen, der als letzter preußischer Gesandter zum Frankfurter Bundestag nicht nur die Kontinuität vom Deutschem Bund zum Norddeutschem Bund verkörpert hätte, sondern der aus dieser Tätigkeit auch mit den Wünschen und Interessen der jetzt verbündeten Staaten vertraut war und deshalb in den Bündnisverhandlungen und den daran anschließenden Vorarbeiten und Beratungen zur Verfassung eine zentrale Rolle spielte. Als nach Abschluß dieser Beratungen und der Verabschiedung des Verfassungsentwurfs durch die verbündeten Regierungen am 7. Februar 1867 die Vorbereitungsarbeiten für die Sitzungen des Verfassunggebenden Norddeutschen Reichstags, die am 24. Februar beginnen und mit der Verabschiedung des Verfassung am 17. April enden sollten, im Gange waren, bat Savigny, der mit der Leitung dieser Vorbereitung beauftragt war, Bismarck um genauere Informationen über seine zukünftige Stellung und vor allem um Antwort auf die Frage nach einer dieser noch nicht näher definierten Stellung angemessenen Dienstwohnung. Es sieht so aus, als habe Bismarck seinen Jugendfreund zunächst mit nichtssagenden Erklärungen hingehalten; als aber dessen Irritation über die Unklarheit seiner persönlichen Verhältnisse wuchs, kam Anfang März die Zusage, daß ihm »provisorisch als Dienstwohnung das Staatsministerialgebäude Wilhelmstraße 74 vom April des Jahres ab eingeräumt werde«.[6]

Diese Zusage galt natürlich nicht für das ganze Gebäude, sondern nur für die Räume im Obergeschoß, während im Erdgeschoß wie bisher die Büroräume des Staatsministeriums blieben, und sie galt, wie durch das Beiwort provisorisch angedeutet, nur für ein Jahr, da »voraussichtlich am 1. April 1868 eine andere Verwendung dieses Gebäudes eintreten wird«, wie Bismarck am 7. März Savigny brieflich mitteilte, ohne zu erklären, um welche neue Verwendung es sich handle.[7] Diesem Brief lag die Kopie eines Schreibens vom gleichen Tag an den preußischen Finanzminister von der Heydt bei, in dem Bismarck seinen Kollegen von diesem Plan in Kenntnis setzte, Vorschläge zur finanziellen Abwicklung machte und ausdrücklich darauf hinwies, daß es sich nur um eine provisorische Lösung handle, da der Wirkliche Geheime Rat von Savigny zwar »Allerhöchsten Ortes für den Posten eines Vorsitzenden des Bundesrats [Bundeskanzlers] designiert« sei, diese Ernennung jedoch »nicht vor dem gesetzlichen Inslebentreten der Bundesverfassung« würde erfolgen können, und daß nach dieser Ernennung erst die »Beschaffung und Einrichtung einer für eine große Familie passenden und zugleich für die Repräsentationspflichten des Bundeskanzlers und die Aufnahme seines Bureaus geeigneten Wohnung«, ja, die »Vollendung eines besonderen Bundesgebäudes« in Angriff genommen werden könne.[8]

Von dem Gebäude Wilhelmstraße 74, das Familie von Savigny Anfang April 1867 bezog, gibt es, soweit ich sehe, nur eine kurze Beschreibung aus dem Jahre 1837, also noch vor dem in »Berlin und seine Bauten« erwähnten, aber nicht näher erläuterten Ausbau, der 1859 durchgeführt worden

---

5 Zitiert nach Heinrich Otto Meisner, *Bundesrat, Bundeskanzler und Bundeskanzleramt (1867–1871)*, in: *Forschungen zur Brandenburgischen und Preußischen Geschichte* 54 (1953), S. 342–373, hier S. 346.

6 Willy Real, *Karl Friedrich von Savigny 1814–1875. Ein preußisches Diplomatenleben im Jahrhundert der Reichsgründung*, Berlin 1990, bes. S. 222–248. Vgl. den Briefwechsel zwischen Savigny, Keudell und Bismarck Mitte Februar 1867, in: Willy Real (Hrsg.), *Karl Friedrich von Savigny 1814–1875. Briefe, Akten, Aufzeichnungen aus dem Nachlaß eines preußischen Diplomaten der Reichsgründungszeit* (= Deutsche Geschichtsquellen des 19. und 20. Jahrhunderts, Bd. 53/II), Boppard am Rhein 1981, Nr. 846-848. Zitat aus Fußnote 1 zu Nr. 852, undatierter Briefentwurf Savignys von Anfang März 1867.

7 Brief Bismarcks an Savigny vom 7. 3. 1867, in: W. Real, *Karl Friedrich von Savigny …* (wie Anm. 6), Nr. 854.

8 Brief Bismarcks an von der Heydt vom 7. 3. 1867, in: W. Real, *Karl Friedrich von Savigny …* (wie Anm. 6), Nr. 855.

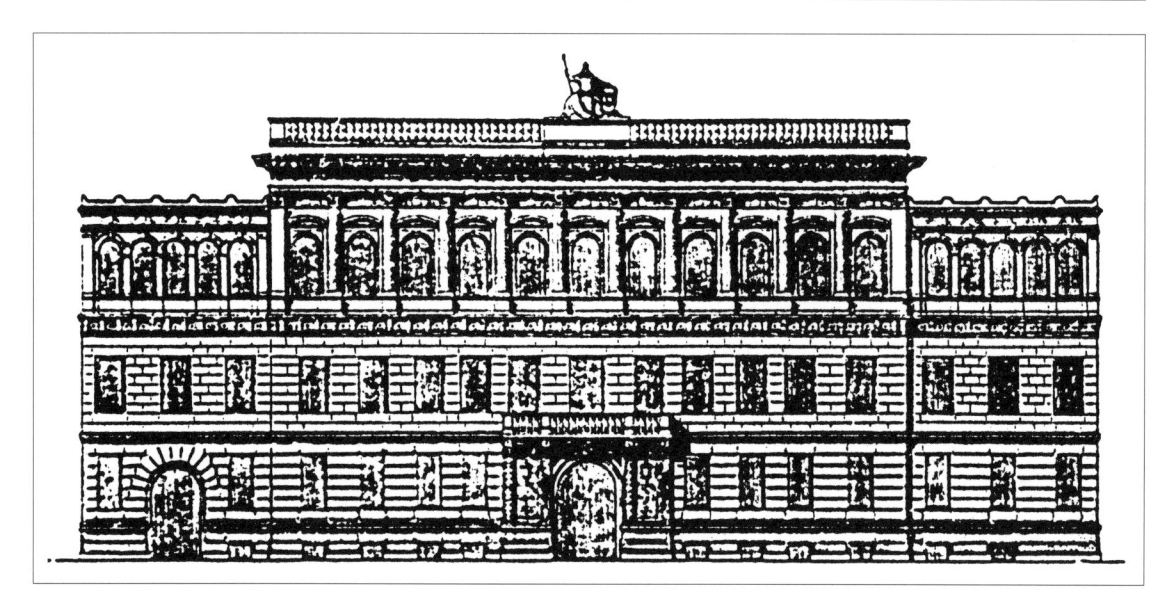

Kanzleramt des Deutschen Reiches (Hauptfassade)

sein soll und sich auf die Seitengebäude beschränkt haben dürfte.[9] In der »General-Nachweisung der in Berlin und in dessen nächster Umgebung gelegenen von den Königlichen Ministerien und Central-Behörden ressortierenden Dienstgebäude« heißt es: »Das Vordergebäude ist 2 Stock hoch und daran schließen sich Seitengebäude, Holzställe, Wagenremisen, Pferdestall und Garten an. In der unteren Etage befinden sich 20 Zimmer, in der oberen gleichfalls 20 Zimmer, 1 Hängeboden und auf dem Boden 5 Kammern. Die untere Etage wird zu Geschäftslokalien benutzt, die obere ist dem Justiz-Minister v. Kamptz als Dienstwohnung zugeteilt.«[10] Das Haus war seit dem Einzug des Großkanzlers Julius von Goldbeck im Jahre 1799 und bis zur Übergabe an den preußischen Ministerpräsidenten im Herbst 1848 Sitz des Justizministeriums, in dessen Leitung Albert von Kamptz im Sommer 1842 von Friedrich Carl von Savigny abgelöst wurde, dem Vater des designierten Bundeskanzlers, der bis zu seinem Rücktritt 1848 die Dienstwohnung innehatte, die jetzt, 25 Jahre danach, sein Sohn bezog.[11]

Zum Zeitpunkt dieses Einzugs war bereits eine Entscheidung gefallen, nach der die Ernennung Savignys zum Bundeskanzler faktisch ausgeschlossen war. Am 27. März hatte der Verfassunggebende Reichstag einen Antrag des nationalliberalen Abgeordneten Rudolf von Bennigsen angenommen, in dem die Stellung des Bundes-

---

9 *Berlin und seine Bauten,* bearb. und hrsg. vom Architekten-Verein zu Berlin, Berlin, 1877, S. 257.
10 GStPK, Rep. 2.4.1, ZB, Nr. 232, fol. 19.
11 Genau gesagt handelte es sich zwischen 1817 und 1820 und dann wieder von 1832 bis 1848 um das Ministerium für Gesetzrevision, das während dieser beiden Zeiträume neben dem Ministerium für die Rechtsverwaltung bestand. Der Justizverwaltungsminister hatte zwar auch einige Büroräume in der Wilhelmstraße 74, aber keine Dienstwohnung. Erst 1846 erhielt Karl Alexander von Uhden, der Justizverwaltungsminister war, während Savigny Minister für Gesetzrevision war, eine Dienstwohnung in der Wilhelmstraße 65. Dieses Haus wurde nach der Auflösung des Revisionsministeriums im Jahre 1848 der Sitz des Preußischen Justizministeriums. Vgl. GStPK, Rep. 2.5.1, Justizministerium, Nr. 34.

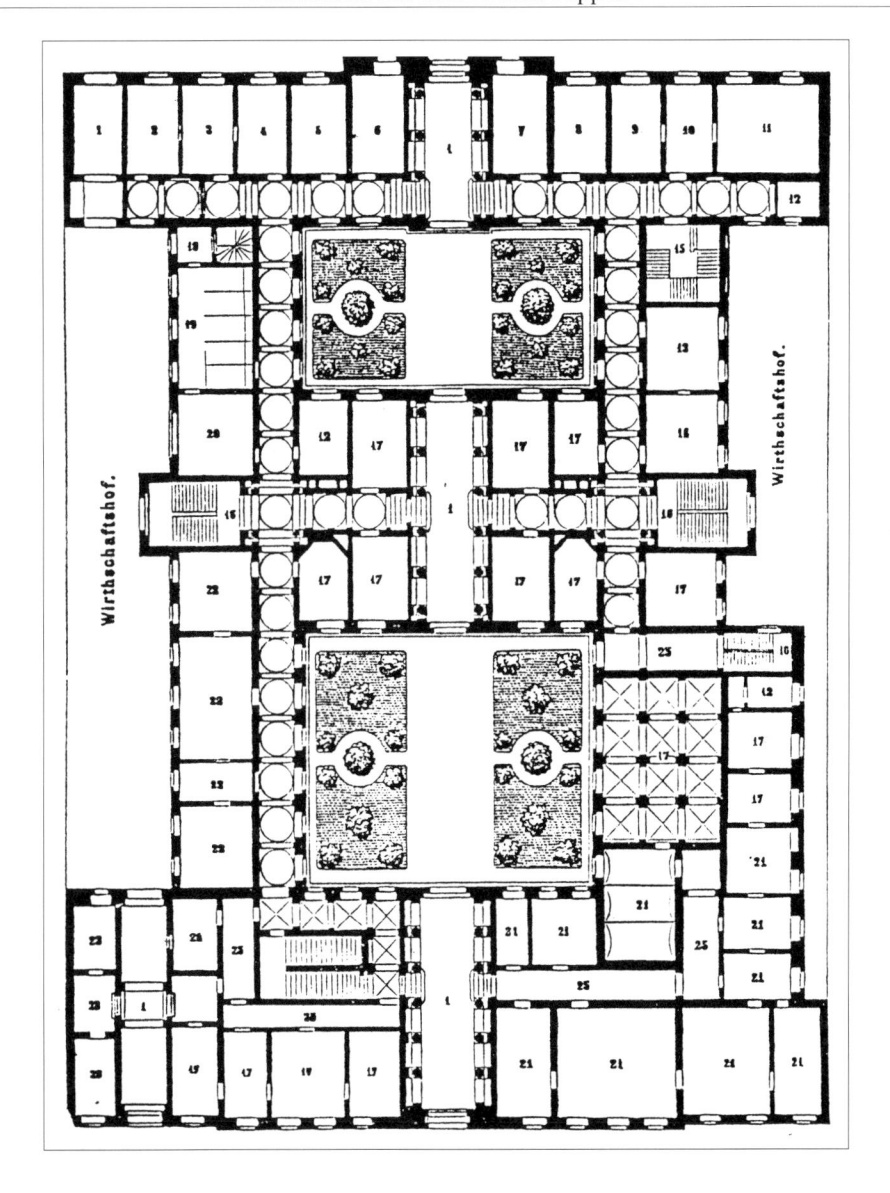

Kanzleramt des Deutschen Reiches (Erdgeschoß)

Legende:
1 Durchfahrt   2–10 Abteilung für Elsaß-Lothringen   11 Abteilungsdirektor   13–14 Registratur   15, 18 Treppen zur Ministerwohnung   16 Diensttreppen für die Beamten   17 Büros   19 Stall   20 Remise   21 Verwaltung des Invalidenfonds   22 Amt für das Heimatwesen   23 Hausdienerwohnung   24 Magazin   25 Korridore

kanzlers gegenüber dem Verfassungsentwurf entscheidend verändert wurde. Paragraph 17 der Verfassung, in dem die Rolle des Bundeskanzlers in der Bundesexekutive definiert wurde, lautete jetzt: »Die Anordnungen und Verfügungen des Bundespräsidiums werden im Namen des Bundes erlassen und bedürfen zu ihrer Gültigkeit der Gegenzeichnung des Bundeskanzlers, welcher damit die Verantwortung übernimmt.« Durch die verantwortliche Gegenzeichnung, die im Entwurf nicht vorgesehen war, wurde der Bundeskanzler zum selbständigen Bundesminister. Als solcher hatte er unter anderem die dem Bundespräsidium übertragene Außenpolitik des Bundes zu leiten, wodurch er dem preußischen Außenminister übergeordnet wurde; zugleich aber blieb er, als stimmführender preußischer Bevollmächtigter zum Bundesrat, vom preußischen Außenminister weisungsabhängig. Das hier zutage tretende staatsrechtliche Dilemma ließ nur eine Lösung zu, nämlich die Ernennung des preußischen Außenministers zum Bundeskanzler; am 29. Mai nahm das preußische Staatsministerium die Tatsache zustimmend zur Kenntnis, daß nach der Verfassung nur der preußische Außenminister das Amt des Bundeskanzlers übernehmen könne. Da dieser Kanzler auch der verantwortliche Leiter aller weiteren, dem Bundespräsidium übertragenen Angelegenheiten wurde, war er in diesen Angelegenheiten den jeweiligen preußischen Fachministern übergeordnet. Hier bot sich zusätzlich die Personalunion mit dem Amt des Ministerpräsidenten an, die zwar keine staatsrechtliche Notwendigkeit besaß und noch nicht einmal über eine juristische Grundlage verfügte, da der preußische Ministerpräsident seinen Ministerkollegen keineswegs vorgesetzt war, aber aus politischen Gründen unvermeidlich schien, da anders die einheitliche Führung der Politik des Preußischen Staatsministeriums und des Bundes kaum gewährleistet war.[12]

Der Kanzler, so Bismarck am 9. Juli in einem Brief an Savigny, sei nach den älteren Planungen »als ein Beamter des auswärtigen Ministeriums gedacht« gewesen, »der von dem Chef des letzteren seine Instruktionen zu empfangen hatte«; nach der Veränderung vom 27. März sei er jedoch »bis zu einem gewissen Grade, wenn nicht rechtlich, doch faktisch, der Vorgesetzte des Preußischen Staatsministeriums geworden« und müsse daher »zugleich Präsident des Preußischen Staatsministeriums sein«. Bismarck bot Savigny noch einmal, wie bereits sechs Tage zuvor durch Hermann von Thile, den Unterstaatssekretär im Außenministerium, den Posten eines Vizekanzlers an, der in der Verfassung gar nicht vorgesehen war und der selbstverständlich »keine politische Selbständigkeit und damit verbundene Verantwortung« haben könne.[13]

In seinem Antwortschreiben vom 19. Juli, in dem er das Angebot zur Übernahme des Vizekanzlerpostens mit der Begründung ablehnte, daß er auch nach der Verfassungsänderung durchaus die Möglichkeit sehe, einen anderen als den preußischen Außenminister zum Bundeskanzler zu ernennen, beklagte sich Savigny bitter darüber, erst jetzt, nachdem bereits mehr als drei Monate seit der Verfassungsrevision vergangen seien, eine Mitteilung von Bismarck erhalten zu haben, daß nicht mehr er, sondern Bismarck selbst Bundeskanzler werden würde.[14] Dieses Versäumnis muß in der Tat überraschen, wenn man nicht bedenkt, daß diese drei Monate als letzte Etappe eines Wegs interpretiert werden können, der bereits im Herbst des Vorjahres beschritten worden war.[15] Es sprechen viele Indizien dafür, daß Bismarck eine Stellung, wie sie das Amt des Bundeskanzlers jetzt bot, langfristig angestrebt hatte, sie aber wegen einer ganzen Reihe taktischer Rücksichten nicht in den Verfassungsentwurf aufnehmen konnte und darauf warten mußte, daß entsprechende Vorschläge zu gegebener Zeit von anderer Seite ge-

---

12 O. Becker, *Bismarcks Ringen* ... (wie Anm. 4), S. 371ff.
13 Brief Bismarcks an Savigny vom 9. Juli 1867, in: W. Real, *Karl Friedrich von Savigny* ... (wie Anm. 6), Nr. 865.
14 Brief Savignys an Bismarck vom 19. Juli 1867, in: W. Real, *Karl Friedrich von Savigny* ... (wie Anm. 6), Nr. 866.
15 Ich folge bei der Darstellung des taktischen Kalküls Bismarcks der Argumentation von O. Becker, *Bismarcks Ringen* ... (wie Anm. 4).

macht würden. Es mußte ihm dies umso leichter fallen, als mit Sicherheit damit gerechnet werden konnte, daß von den liberalen Abgeordneten des Reichstags Initiativen in diese Richtung ergriffen werden würden, wenn auch mit dem Ziel der Einführung einer ganzen Reihe von Fachministern mit Verantwortlichkeit gegenüber dem Parlament. Der am 27. März angenommene Antrag des Abgeordneten Bennigsen war dann auch nicht nur der letzte in einer Reihe vergeblicher Versuche, sondern selbst schon Ergebnis eines Vorgangs, in dem Bennigsen seinen zunächst viel weiter gehenden Antrag nach einer Rede Bismarcks, der im Falle der Annahme mit der Reichstagsauflösung drohte, modifiziert und einem Antrag des freikonservativen Abgeordneten Carl von Saenger vom 26. März angepaßt hatte. Da Bennigsen seinen Antrag einen Tag vor Saenger gestellt hatte, wurde zunächst über Bennigsens Antrag abgestimmt, womit die Abstimmung über den Antrag Saengers sich erledigte.[16]

Im Zentrum der taktischen Überlegungen Bismarcks stand das preußische Staatsministerium, das dem Verfassungsentwurf zustimmen mußte, damit er den verbündeten Regierungen und, nach deren Zustimmung, dem verfassunggebenden Reichstag vorgelegt werden konnte. Die Mitglieder des Staatsministeriums aber waren keineswegs an einer eigenen, von ihrer Machtstellung unabhängigen zentralen Leitung des Bundes interessiert, sondern vor allem auf die ungeschmälerte Erhaltung der preußischen Interessen bedacht, die durch die Konstruktion der Verfassung mit ihrem System der Personalunionen gesichert waren. Zwar wurde durch die Ernennung des preußischen Außenministers zum Leiter der Bundesverwaltung die preußische Hegemonie noch gesteigert; diese Steigerung jedoch war an die Person des Außenministers gebunden, der sich, auf der Grundlage einer selbständigen Bundesexekutive, zugleich ein Stück weit von seinen Ministerkollegen entfernte und deren Einfluß auf die Bundespolitik verringerte.

Darüber hinaus galt es Rücksicht zu nehmen auf den König, der wie seine Minister einen Machtverlust Preußens befürchtet haben dürfte und dem Savigny seit Jahren freundschaftlich verbunden war. Es lag deshalb nahe, noch über den 27. März hinaus zu warten, da zunächst alle Beteiligten mit der Verfassungsänderung und den sich daraus ergebenden Konsequenzen einverstanden sein mußten. Daß Bismarck sich offenbar gezwungen sah, Savigny noch bis in den Sommer des Jahres 1867 hinein in dem Glauben zu lassen, Bundeskanzler werden zu können, hatte zur Folge, daß dieser die Dienstwohnung in der Wilhelmstraße 74 bezog; da er schon länger geplant hatte, den Bundeskanzler zum verantwortlichen Leiter der Bundespolitik zu machen, mußte eine diesem Minister zur Verfügung stehende Behörde gegründet werden, das Bundeskanzleramt, das im Herbst 1867 die Räume in der Wilhelmstraße 74 bezog, die Savigny inzwischen geräumt hatte.

Am 13. August 1867 formulierte Robert von Keudell in einem Brief an Savigny, der aus Berlin abgereist war, die Bitte, so bald wie möglich einige Zimmer der Wohnung in der Wilhelmstraße 74 zu räumen, da der »zum ›Präsidenten des Bundeskanzleramtes‹ ernannte Herr Delbrück ... ein Arbeitslokal im Staatsministerium erhalten« solle und drei Räume verlange: »... ein Zimmer für sich, eines für Expedienten und eines zum Empfang von Besuchen«. Familie Savigny scheint, in der richtigen Erwartung, daß es nicht bei diesen Räumen bleiben würde, die ganze Wohnung unverzüglich geräumt zu haben.[17]

---

16 Ein Indiz für den Einfluß, den Bismarck persönlich auf den dann unter dem Namen Bennigsen angenommenen Antrag des Abgeordneten Saenger genommen haben könnte, findet sich in der Tatsache, daß Saenger der einzige Politiker war, den Bismarck während seines Aufenthalts in Putbus im Oktober und November 1866 während der Vorarbeiten an der Verfassung empfing. O. Becker, *Bismarcks Ringen* ... (wie Anm. 4), S. 391. Siehe auch Lother Gall, *Bismarck. Der weiße Revolutionär*, Frankfurt am Main–Berlin–Wien 1980, wo es auf S. 387 heißt, daß alles dafür spricht, »daß der Saengersche Antrag unter seinem unmittelbaren Einfluß formuliert wurde«.

17 Brief Keudells an Savigny vom 13. August 1867, in: W. Real, *Karl Friedrich von Savigny* ... (wie Anm. 6), Nr. 874. In einem Gespräch mit Moritz Busch erzählte Bismarck am 14. 4. 1871, die Tatsache, nicht zum Bundeskanzler ernannt worden zu sein, sei »eine

Auswärtiges Amt des Deutschen Reiches (Fassade am Wilhelmplatz)

Die Gründung eines Bundeskanzleramtes war nach der Verfassungsänderung vom 27. März notwendig geworden, da ein verantwortlich zeichnender Bundeskanzler seine ministeriellen Aufgaben nicht durch die Ministerien eines der Bundesstaaten, sondern nur durch eine eigene Ministerialverwaltung wahrnehmen konnte. Die Ernennung Rudolf Delbrücks war bereits im Juni erörtert worden, und zwar unabhängig von der Frage, ob Savigny den Posten des Vizekanzlers annehmen werde, der nach der auf Bismarcks Seite wohl nicht ohne eine gewisse Erleichterung zur Kenntnis genommenen Absage Savignys gar nicht eingerichtet worden war. Die Wahl war auf Delbrück gefallen, da neben den mehr technischen Angelegenheiten des Post- und des Telegraphenwesens im Zentrum der Bundesaufgaben die Wirtschafts- und Handelspolitik stand. Delbrück, der zuletzt als Ministerialdirektor im Preußischen Handelsministerium tätig war, konnte als Spezialist für die damit verbundenen Fragen gelten. Er wurde am 12. August 1867 ernannt; vom gleichen Tag datiert die Errichtung des Bundeskanzleramts, »in welchem die verschiedenen Verwaltungszweige zusammenlaufen und ihren Mittelpunkt finden«, wie Bismarck in seinem Antrag formuliert hatte.[18]

Natürlich konnte Delbrück diese Aufgaben nicht allein wahrnehmen. Der Etat für das Jahr 1868 sah deshalb neben dem Präsidenten zwei Vortragende Räte, mehrere Hilfsarbeiter und neun Bürobeamte vor, fünfzehn bis zwanzig Personen also,

---

starke Enttäuschung für Savigny« gewesen, »und mit dieser Enttäuschung hingen für ihn noch äußere Unbequemlichkeiten zusammen, namentlich die Notwendigkeit, die von ihm bereits bezogne und von ihm recht behaglich eingerichtete Wohnung im Bundeskanzleramte wieder zu räumen.« Moritz Busch, *Tagebuchblätter,* Bd. 2, Leipzig 1899, S. 222. Natürlich hatte Savigny keine Wohnung im Bundeskanzleramt bezogen, sondern im Preußischen Staatsministerium.

18 Zur Person Delbrücks und zur Errichtung des Bundeskanzleramts vgl. Eberhard Vietsch, *Die politische Bedeutung des Reichskanzleramts für den inneren Ausbau des Reiches von 1867 bis 1880,* Leipzig 1936, bes. S. 6–43; H. O. Meisner, Bundesrat ... (wie Anm. 5); R. Morsey, *Die oberste Reichsverwaltung ...* (wie Anm. 3), S. 28–62.

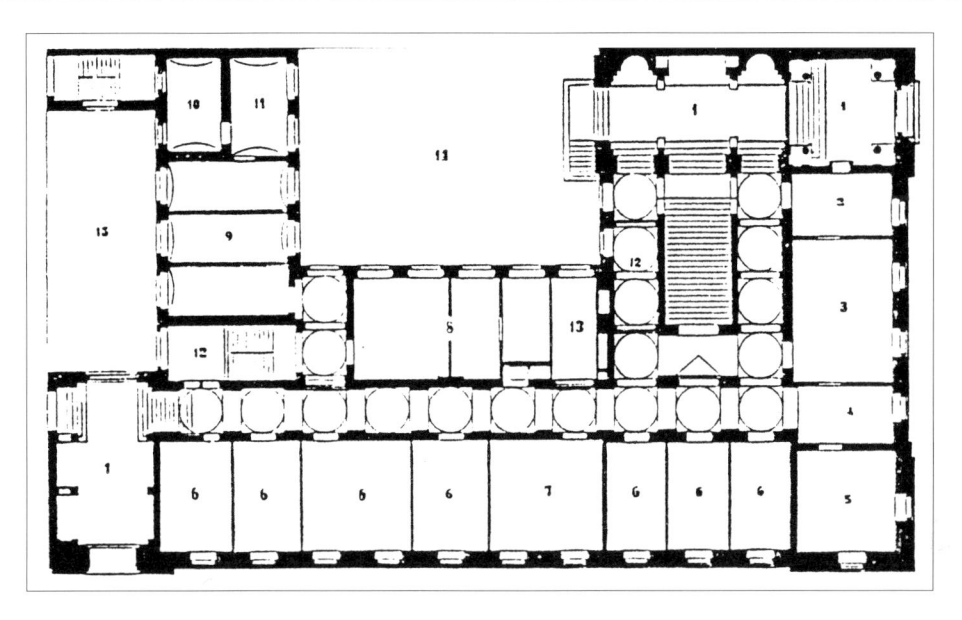

Auswärtiges Amt des Deutschen Reiches (Grundriß vom Erdgeschoß)

Legende:
1 Vestibüle 2, 6 Arbeitszimmer der Räte 3–5 Empfangs-, Vor- und Arbeitszimmer des Ministers 7 Sprechzimmer der Räte
8 Zentralbüro 9 Legationskasse 10 Tresor 11 Vorsteher 12 Kanzleidiener 13 Lichtflur 14 Garten 15 Hof

die vielleicht in den Räumen des ersten Stocks in der Wilhelmstraße 74 hätten Platz finden können, wäre nicht auch noch der Bundesrat eingezogen, der bereits am 10. September 1867 seine erste Sitzung im Hause hatte.[19] Der Einzug lag nahe, da Bundeskanzleramt und Bundesrat auf doppelte Weise miteinander verbunden waren: Zum einen oblag dem Amt die Geschäftsführung des Bundesrats, was auch die Vorbereitung der Gesetzgebung einschloß, zum anderen war es als Exekutivbehörde mit der Ausführung oder Überwachung der Ausführung aller Gesetze und Anordnungen betraut, die der Bundesrat erließ und das Bundespräsidium vollzog. Da der Bundesrat neben einem Saal für Plenarsitzungen auch Platz für seine Ausschüsse brauchte, mußten bereits im Januar 1868 Räume im Nachbargebäude, der Oberhofbuchdruckerei Decker in der Wilhelmstraße 75, in Anspruch genommen werden.

Dies war möglich, da Bismarck bereits zum 1. Oktober 1866 den ersten Stock dieses Hauses hatte anmieten lassen. Zunächst war die Erweiterung seiner Dienstwohnung in der Wilhelmstraße 76 geplant, aber es scheint, als habe er auf diese Erweiterung verzichtet und als seien diese Räume statt dessen für Büros des Außenministeriums genutzt worden. Daß ab Januar 1868 der Großteil dieser Räume dem Bundeskanzleramt zur Verfügung stand wird deutlich an der Tatsache, daß die bisher vom preußischen Fiskus gezahlte Miete von der Kasse des Norddeutschen Bundes übernommen wurde.[20] Diese Räume wurden auch nach dem Auszug des Staatsministeriums aus der Wilhelmstraße 74 im Januar 1870 nicht geräumt, und schließlich nahm das Amt, das nach der

---

19 R. Morsey, *Die oberste Reichsverwaltung* ... (wie Anm. 3), S. 38.
20 GStPK, Rep. 2.4.1, ZB, Nr. 226, fol. 123/124, Nr. 227, fol. 86–88.

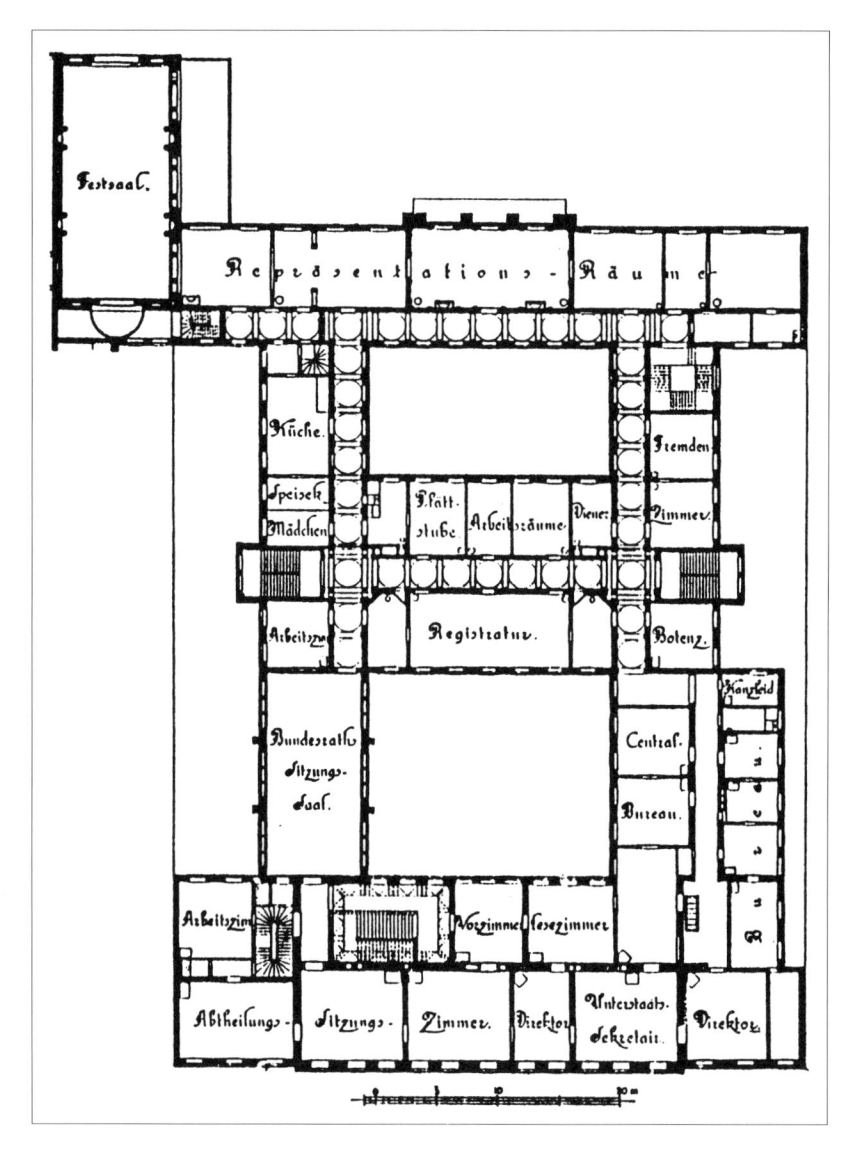

Reichsamt des Innern (Grundriß des 1. Stockwerks)

Reichsgründung seit 1871 als Reichskanzleramt firmierte, auch das Erdgeschoß des Hauses Wilhelmstraße 75 in Anspruch.

Der Besitzer dieses Hauses, Rudolf Ludwig [von] Decker, fragte am 26. Juli 1872 an, ob eine Verlängerung des auslaufenden Mietvertrags gewünscht werde; er kündigte, wohl die günstige Konjunktur nach der Reichsgründung nutzend, an, daß er die Jahresmiete von bisher 4500 Talern auf 7600 Taler erhöhen müsse und verband diese Ankündigung mit dem Angebot, für 10000 Taler das ganze Gebäude vermieten zu wollen.[21] Dieses Angebot wurde angenommen, da das Gebäude Wilhelmstraße 74 einem gründlichen Um- und Ausbau unterzogen werden sollte, der noch im gleichen Jahr begann und für den ein Teil der Beamten vorübergehend umgesiedelt werden mußte. Dieser Umbau erbrachte vor allem im ersten Stock des Gebäudes eine Dienstwohnung für den Präsidenten des Reichskanzleramts und im Erdgeschoß Büroräume für die Verwaltung von Elsaß-Lothringen, das nach seiner Annexion im Frankfurter Frieden vom 10. Mai 1871 als »Reichsland« dem Kaiser direkt unterstellt wurde. Neben der Dienstwohnung wurden im ersten Stock repräsentative Arbeitsräume für den Präsidenten und den Bundesrat eingerichtet.[22]

Nach Abschluß der Umbauarbeiten konnten die Mitarbeiter des Kanzleramts in die Wilhelmstraße 74 zurückkehren, um Beamten der II. Abteilung des Auswärtigen Amtes Platz zu machen, die Ausweichquartiere benötigten, da für diese Abteilung ein Neubau in der Wilhelmstraße 61 an der südlichen Ecke des Wilhelmplatzes mit der Wilhelmstraße errichtet wurde.[23] Hier hatte die II., die Handelspolitische Abteilung des preußischen Außenministeriums seit 1826 ihren Sitz; das Gebäude, nicht für die Nutzung durch eine Behörde geplant, war inzwischen baufällig geworden. In einem Bericht an den Bundesrat vom 29. April 1871 wird der Vergleich mit den desolaten Zuständen im Stammhaus des Auswärtigen Amtes in der Wilhelmstraße 76 gezogen: »Noch empfindlicher«, heißt es da, »sind die Mißstände in dem alten und baufälligen Dienstgebäude der zweiten Abteilung, Wilhelmstraße 61. In diesem sind die Räumlichkeiten zwar nicht in dem Grade beschränkt, wie diejenigen der politischen Abteilung, dagegen sind sie, namentlich im Erdgeschoß, feucht und kalt – so daß in mehreren Zimmern in jedem Jahr zehn Monate lang geheizt werden muß – auch zum Theil dunkel. Es bedarf keines weiteren Hinweises darauf, daß die betheiligten Beamten durch steten Aufenthalt in solchen Räumen sich in Ausübung ihrer Dienstpflichten an ihrer Gesundheit gefährdet sehen und daß eine schleunige Abhilfe dieser Mißstände ein unabweisbares Bedürfnis ist«.[24]

Im Herbst 1877 konnten die Beamten der II. Abteilung des Auswärtigen Amtes den Neubau am Wilhelmplatz beziehen. Die in der Wilhelmstraße 75 frei werdenden Räume wurden jetzt erneut vom Reichskanzleramt übernommen, und zwar von der Anfang 1877 neu gegründeten Finanzabteilung, die im Juli 1879 als selbständiges Reichsschatzamt aus dem Verbund mit dem Kanzleramt gelöst und einem Staatssekretär unterstellt wurde. Dieses neue Amt tauschte seine Diensträume 1882 mit der II. Abteilung des Auswärtigen Amtes, die das fünf Jahre zuvor fertiggestellte Gebäude Wilhelmstraße 61 aufgab und in die Wilhelmstraße 75 zog, wo sie zwischen 1874 und 1877 bereits provisorisch Unterkunft gefunden hatte. Das Gebäude, das vom Reich 1877 gekauft worden war, mußte jetzt nicht mehr mit dem Reichskanzleramt geteilt, sondern konnte vom

---

21 GStPK, Rep. 2.4.1, ZB, Nr. 227, fol. 162–174.

22 Vgl. *Berlin und seine Bauten* .... (wie Anm. 9), S. 257–260, sowie *Berlin und seine Bauten*, bearb. und hrsg. vom Architekten-Verein zu Berlin, 2. Aufl., Berlin 1896, S. 74f.

23 Nur ein Teil der Beamten konnte in der Wilhelmstraße 75 untergebracht werden. Für die anderen hatte das Haus Wilhelmstraße 70a angemietet werden müssen. Vgl. *Stenographische Berichte über die Verhandlungen des Deutschen Reichstags, 1. Legislaturperiode. IV. Session 1872/73*, Bd. 28/2, S. 1039f., Sitzung vom 10. Juni 1873.

24 Heinz Günther Sasse, *Die Wilhelmstraße 74–76. Zur Baugeschichte des Auswärtigen Amtes in Berlin*, in: Oswald Hauser (Hrsg.), *Preußen, Europa und das Reich* (= Neue Forschungen zur Brandenburg-Preußischen Geschichte, Bd.7), Köln–Wien 1987, S. 357 bis 376.

Auswärtigen Amt allein, zusätzlich zum benachbarten Stammhaus Wilhelmstraße 76, genutzt werden.[25]

Zwar war das Reichskanzleramt immer weiter gewachsen; dieser Wachstumsprozeß zog jedoch, wie schon beim Reichsschatzamt sichtbar wurde, keine räumliche Erweiterung nach sich, sondern eine institutionelle Verselbständigung einzelner Abteilungen, für die eigene Gebäude gesucht oder gebaut wurden. So erhielt die zum 1. Januar 1875 gegründete neue Justizabteilung bereits ein Jahr später den Status eines selbständigen Reichsjustizamtes und in der Voßstraße 4–5 einen Neubau, der 1880 bezugsfertig war. Im Juni 1876 wurde die Abteilung für Elsaß-Lothringen zu einem selbständigen Reichsamt direkt unter dem Kanzler umgewandelt, das bereits drei Jahre später aufgelöst wurde; an seine Stelle trat ein Ministerium für Elsaß-Lothringen in Straßburg.[26]

Da dem Kanzleramt auf diese Weise immer weitere Geschäftsbereiche entzogen wurden, verlor es zunehmend seine ursprüngliche Funktion als Amt, »in welchem die verschiedenen Verwaltungszweige zusammenlaufen«; diesem Tatbestand entsprach die Umbenennung in Reichsamt des Innern, die Ende 1879 vollzogen wurde und die dieses Amt, dem nicht länger ein Präsident, sondern ein Staatssekretär vorstand, in eine Reihe mit den anderen Reichsämtern stellte. Das Reichsamt des Innern übernahm neben den Verwaltungsaufgaben, die nicht mit einem der neuen Reichsämter ausgelagert wurden, die Geschäftsführung im Bundesrat, der ebenfalls in der Wilhelmstraße 74 verblieb, und zwar bis zum Ende des Kaiserreichs.[27]

Trotz der wachsenden Zahl der Reichsämter, der erheblichen Zunahme des Umfangs der Geschäfte und der damit verbundenen Verlängerung und Komplizierung der bürokratischen Wege blieb der Kanzler der einzige verantwortliche Minister. Wollte er weiterhin an der ihm in der Verfassung zugesprochenen Machtfülle festhalten, war zur Bewältigung des rasch anwachsenden Geschäftsverkehrs zwischen ihm und den Staatssekretären die Einschaltung eines Büros notwendig, das keinerlei exekutive oder politisch beratende, sondern nur eine verwaltungstechnisch entlastende Funktion haben sollte. Der Kanzler habe bisher, heißt es in den Erläuterungen des »Entwurf zum Etat für den Reichskanzler und sein Zentralbüro« für das Haushaltsjahr 1878, »bei dem Mangel jedes zu seiner unmittelbaren Verfügung stehenden Beamten« auch den »förmlichen Schriftverkehr« mit den Chefs der einzelnen Ressorts nur mit Unterstützung von Beamten des Auswärtigen Amtes und, zusätzlich, des preußischen Staatsministeriums abwickeln können, Aufgaben, die nicht zu den dienstlichen Obliegenheiten der Beamten dieser beiden Ressorts gehörten. Er beantragte deshalb ein »Centralbureau ... zur unmittelbaren Verfügung des Reichskanzlers behufs seines Geschäftsverkehrs mit den Reichsbehörden und Ministerien«, das durch »Allerhöchste Kabinettsordre« am 18. Mai 1878 gegründet und auf Bismarcks Vorschlag hin als »Reichskanzlei« bezeichnet wurde, da diese Bezeichnung »am genauesten der Stellung und den Aufgaben« der neuen Behörde »entsprechen dürfte«, wie der Reichskanzler in seinem Immediatbericht vom 16. Mai 1878 an Wilhelm I. ausgeführt hatte.[28]

---

25 H. G. Sasse, *Die Wilhelmstraße 74–76* ... (wie Anm. 24), S. 365–369. Anders als zur Zeit der provisorischen Belegung 1874 bis 1877, während der die Beamten der II. Abteilung auch in dem eigens angemieteten Gebäude Wilhelmstraße 70a untergebracht werden mußten, war jetzt durch den Rückzug des Reichsamts des Innern aus der Nummer 75 und den Auszug der Familie Bismarck aus Nummer 76 im Jahre 1878 genügend Platz für alle Büros des Auswärtigen Amts.

26 Zum Reichsjustizamt und der »Verwaltung des Reichslands« vgl. R. Morsey, *Die oberste Reichsverwaltung* ... (wie Anm. 3), S. 160–197; zum Neubau des Reichsjustizamtes vgl. *Berlin und seine Bauten* ... (wie Anm. 22), S. 79.

27 R. Morsey, *Die oberste Reichsverwaltung* ... (wie Anm. 3), S. 210–218. Das Reichsinnenministerium, die Nachfolgebehörde des Reichsamts des Innern, zog 1919 in das Gebäude des ehemaligen Generalstabs am Königsplatz. Die Wilhelmstraße 74 wurde im Januar 1920 vom Auswärtigen Amt übernommen.

28 Zitiert nach: *Zur Geschichte des Reichskanzlerpalais und der Reichskanzlei,* hrsg. vom Staatssekretär in der Reichskanzlei [= Hermann Pünder], Berlin 1928, S. 34–36.

Die neue Behörde konnte sofort Räume in dem Gebäude Wilhelmstraße 77 beziehen, das 1875 vom Reich angekauft worden war, um dem Reichskanzler eine seiner Stellung angemessene Dienstwohnung zu bieten. Die Familie Bismarck bewohnte, auch nach der Gründung des Norddeutschen Bundes und des Deutschen Reiches und der damit verbundenen Ernennung Bismarcks zum Bundes- beziehungsweise Reichskanzler, immer noch die Dienstwohnung des preußischen Außenministers in der Wilhelmstraße 76. Zwar waren seit 1866, seit dem nicht verwirklichten Plan, den ersten Stock des Nachbargebäudes Wilhelmstraße 75 zur Erweiterung der Wohnung anzumieten, eine ganze Reihe von Projekten entwickelt worden, die in die gleiche Richtung gingen; alle diese Projekte wurden jedoch verworfen, und erst mit dem Ankauf des Hotel de Radziwill in der Wilhelmstraße 77 im Januar 1875 war das Ziel erreicht.[29]

Diesem Kauf war ein umfangreicher Schriftwechsel vorhergegangen.[30] Nach dem Tod der Fürsten Wilhelm und Boguslaw Radziwill in den Jahren 1870 und 1873 sollte das Palais verkauft werden, um zu einer gerechten Verteilung zwischen den zahlreichen Erbberechtigten der beiden fürstlichen Linien kommen zu können. Bereits im Februar und nochmals im Mai 1874 hatte sich Fürst Anton Radziwill, der Sohn des Fürsten Wilhelm, unter Hinweis auf einen Brief und eine Unterredung vom Juni 1873 an den Reichskanzler gewandt. Der Fürst hatte seinerzeit mitgeteilt, daß seine Familie das Grundstück verkaufen wolle, bisher aber vor allem aus Gründen der Pietät die Angebote von Privatleuten abgelehnt habe, da, so muß man wohl hier ergänzen, ein solcher Verkauf mit dem Abriß des Gebäudes verbunden wäre; einem Angebot von staatlicher Seite, das eine gewisse Garantie für die Erhaltung des Gebäudes böte, sähe man jedoch mit Interesse entgegen. In einem Schreiben vom 12. Mai 1874 ließ Bismarck dem Fürsten sagen, daß er wegen der Höhe der Kaufsumme (2 600 000 Taler) Bedenken trage und auf jeden Fall nicht entscheiden könne, ohne vorher den zur Zeit nicht versammelten Reichstag gefragt zu haben; im übrigen bäte er den Fürsten, ihn von etwaigen Angeboten von Privatleuten sofort in Kenntnis zu setzen. Am gleichen Tag ging ein Immediatbericht des Kanzlers an den Kaiser ab, in dem Bismarck vor der Gefahr der Parzellierung des Grundstücks warnt, die weiter zur Verunstaltung der Gegend beitrage. Darüber hinaus sei angesichts des ständig wachsenden Bedarfs an Gebäuden für die Behörden des Reiches das Angebot eines Hauses in unmittelbarer Nachbarschaft zum Auswärtigen Amt nicht auf die leichte Schulter zu nehmen. Bismarck, der überzeugt war, daß der geforderte Preis von 2 600 000 Talern sich leicht auf 2 000 000 Taler herunterhandeln lasse, schlug vor, der Kaiser möge das Haus für die Krone erwerben; sollte sich dann tatsächlich keine sinnvolle Verwendung finden, könne ja das Grundstück immer noch parzelliert werden. Im übrigen beauftragte Bismarck, der den Sommer in Varzin verbrachte, den Staatssekretär im Auswärtigen Amt, Ernst Bernhard von Bülow, die Sache in seinem Interesse weiter zu verfolgen.

Am 17. Mai kam als Antwort auf den Immediatbericht Bismarcks aus Wiesbaden der Bescheid, die Sache würde Seine Majestät lebhaft beschäftigen, es seien aber so viele Unklarheiten, daß der Kaiser im Augenblick keine Entscheidung treffen könne; im übrigen sei aus finanziellen Gründen die Krone nicht in der Lage, das Haus zu erwerben. In der Zwischenzeit erhielt Bülow nicht nur Kenntnis von einem Angebot über 2 300 000 Taler, das ein Agent Moritz Saul aus Breslau der Familie Radziwill im Namen eines Konsortiums gemacht hatte, sondern auch den Besuch des Fürsten Ferdinand Radziwill, dem Sohn des Fürsten Boguslaw, der noch einmal betonte, daß die Familie lieber mit dem Staat als mit einem Konsortium abschließe, aber mindestens 2 000 000 Taler fordern müsse; enttäuscht mußte der Fürst zur Kenntnis nehmen, daß zur Zeit keine Aussicht auf die Verwirklichung dieses Plans bestünde.

In dieser Situation brachte ein Brief Gerson

---

29 GStPK, Rep. 2.4.1, ZB, Nr. 227 und 236.
30 Der Schriftwechsel befindet sich im Bundesarchiv Koblenz [künftig zitiert: BA Koblenz], R 43 I, Alte Reichskanzlei, Nr. 1534. Ich verzichte auf Einzelnachweise. Das Palais war seit 1796 im Besitz der polnischen Fürsten Radziwill.

Bleichröders an Bismarck die Wendung. Bleichröder berichtete, Fürst Anton habe ihn in geschäftlichen Angelegenheiten aufgesucht und dabei auch von dem Angebot des Konsortiums gesprochen. Bleichröder hatte dem Fürsten Radziwill angedeutet, was er dem Reichskanzler in aller Offenheit sagte, nämlich daß es sich bei diesem Konsortium um ein »Schwindelunternehmen« handle. Der Agent Moritz Saul sei »ein bekannter fripon« und die treibende Kraft hinter dem ganzen Konsortium sei der Schwager des Fürsten beziehungsweise dessen Vater, der vermögenslose Fürst Ryszezewski, der auf diese Weise zusammen mit einigen anderen Teilhabern zu Geld kommen wolle. Bleichröder war sicher, daß die Konsorten nicht in der Lage seien, das Geld aufzubringen, sofort nach Auflassung des Grundstücks jedoch eine Straße über das Grundstück legen und den Rest mit hohem Gewinn parzellenweise verkaufen würden.

Bleichröders Vermutungen wurden bestätigt durch den Entwurf eines Vertrags zwischen der Familie Radziwill und dem Konsortium. Die darin vorgeschlagenen komplizierten und sehr langfristigen Zahlungsmodalitäten gaben zu Mißtrauen berechtigten Anlaß. Der ganze Vertrag aber stand und fiel mit dem im Paragraphen 6 vorgesehenen Plan der Anlage einer Straße auf dem südlichen Teil des Grundstücks und der Parzellierung des verbleibenden größeren Teil des Gartens auf der Nordseite der neuen Straße nach dem Muster der Anlage der Voßstraße und der Parzellierung des Voßschen Grundstücks wenige Jahre zuvor. Gegen die in diesem Paragraphen von dem Konsortium gestellte Kaufbedingung, daß die Genehmigung zu der Straßenanlage bis zum 1. September zu erfolgen habe, machte der Kaiser, dem der Vertrag zur Genehmigung vorgelegt worden war, geltend, daß diese Entscheidung ja nicht allein von ihm abhänge und jedenfalls Verhandlungen mit den städtischen Behörden geführt werden müßten, da der Stadt ja durch solche Anlagen Pflichten erwüchsen.[31] Im übrigen sei noch die Frage, ob die Anlage einer Straße überhaupt statthaft sei; es sei jetzt schon zu sehen, daß die Zeit zur sorgfältigen Prüfung dieser Angelegenheiten mit der in dem Vertragsentwurf vorgesehenen Frist in keiner Weise in Übereinstimmung zu bringen sei. Der Kaiser, in dieser Ansicht noch durch einen Bericht des zuständigen Handelsministers Achenbach bestärkt, den dieser auf Initiative Bülows und des Hausministers hin abgab, versagte seine Genehmigung zum Verkauf an das Konsortium.

Nach weiteren Verhandlungen kam es am 9. Dezember 1874 zu der Vereinbarung, nach der das Grundstück vom Deutschen Reich zum Preis von 2 000 000 Talern gekauft werden sollte. Am 14. Januar 1875 lag die Sache zur Bewilligung dem Reichstag vor, wobei in der Begründung zum Gesetzesantrag erklärt wurde, daß der Kaufpreis aus »der von Frankreich gezahlten Kriegskosten-Entschädigung und den davon aufgekommenen Zinsen zu entnehmen« sei. In der dem Antrag beigefügten »Motivation« heißt es, daß »die fortschreitende Entwickelung der Einrichtung des Reichs und der wachsende Umfang der Aufgaben, welche seiner Verwaltung gestellt sind ... mit Notwendigkeit von Zeit zu Zeit eine Erweiterung der Zentralbehörden und die Beschaffung neuer Geschäftsräume für dieselben« bedinge. Man mache aus noch weiter ausgeführten Gründen den Vorschlag, das Gebäude in der Wilhelmstraße 77 »für das Reich zu erwerben, auch wenn augenblicklich sein Verwendungszweck sich noch nicht bestimmen läßt.«[32] Diese Behauptung war insofern richtig, als zu dem genannten Zeitpunkt zwar klar war, daß für den Reichskanzler und seine Familie eine Dienstwohnung benötigt würde; es blieb jedoch offen, ob diese Wohnung in dem zu

---

31 Der Vertrag war dem Kaiser, der als Testamentsvollstrecker der Fürsten Wilhelm und Boguslaw Radziwill fungierte, zur Entscheidung vorgelegt worden.

32 *Stenographische Berichte über die Verhandlungen des Deutschen Reichstages, 2. Legislaturperiode. II. Session 1874/75*, Bd. 35/2, Drucksache Nr. 161. In der Reichstagsdebatte wurde die Behauptung, daß sich die Verwendung des zu erwerbenden Gebäudes zur Zeit nicht angeben lasse, mit Verwunderung zur Kenntnis genommen. Mehrere Redner wiesen darauf hin, daß doch schon seit längerer Zeit eine Dienstwohnung für den Reichskanzler gesucht werde und daß der Reichstag doch gar keine Einwände dagegen erhebe. Vgl. bes. S. 980–984.

erwerbenden Palais liegen oder ob dieses Palais mit dem Hausministerium in der Wilhelmstraße 73 getauscht werden sollte.[33]

Nach umfangreichen Aus- und Umbauten bezog im Frühjahr 1878 schließlich nicht nur Familie Bismarck, sondern auch die neugegründete Reichskanzlei das Palais in der Wilhelmstraße 77. Die Einteilung war klar und einfach: Im Erdgeschoß befanden sich die Dienst- und Arbeitsräume, das Obergeschoß stand dem Reichskanzler und seiner Familie zur Verfügung. Beide Geschosse waren jeweils noch einmal zweigeteilt: Im Erdgeschoß waren in den beiden Seitenflügeln die Räume für Haushaltsarbeiten untergebracht, wobei einige Hausangestellte hier auch ihre Wohnungen hatten, im »Corps de Logis« waren die Büros und Empfangsräume der Reichskanzlei und das Arbeitszimmer des Kanzlers untergebracht. Im Obergeschoß lagen in der rechten Hälfte die Privaträume der Familie Bismarck, in der linken Hälfte die Repräsentationsräume; getrennt wurden beide Bereiche durch den großen Festsaal im Zentrum des Hauses, der mit einer Fläche von 275 Quadratmetern natürlich ebenfalls zu den Repräsentationsräumen gerechnet werden muß und der vom 13. Juni bis 13. Juli 1878, noch während die Familie sich im Einzug befand, wichtigster Tagungsort für den Berliner Kongreß war.

Am Ende des ersten Jahrzehnts nach der Gründung des Norddeutschen Bundes und des Deutschen Reiches war die Ausbildung einer obersten Bundes- beziehungsweise Reichsverwaltung weitgehend abgeschlossen, und die meisten Behörden hatten sich in der Wilhelmstraße etabliert. Diese Etablierung war teilweise auf Kosten der preußischen Behörden gegangen. Einerseits jedoch unterschied sich das Schicksal des preußischen Außenministeriums, das auf ein »Ministerium für die innerdeutschen Angelegenheiten« reduziert wurde, dessen Aufgaben vom Auswärtigen Amt des Norddeutschen Bundes beziehungsweise des Deutschen Reiches erledigt wurden, nicht grundsätzlich von dem Schicksal der Außenministerien der anderen Bundesstaaten; andererseits war die Transformation dieses Ministeriums in das Auswärtige Amt des Bundes beziehungsweise des Reichs aber auch mit einer Machtsteigerung verbunden.

Wie wenig mit der Frage getan ist, ob Preußen das Reich majorisiert habe oder umgekehrt vom Reich verdrängt worden sei, wird deutlich am Schicksal des Gebäudes Wilhelmstraße 74. Zwar ist es sicher richtig, zu sagen, daß »die preußische Wurzel der Bundeszentralbehörde ... auch darin sichtbar [wurde], daß sie ihre Tätigkeit in den Räumen des preußischen Staatsministeriums in Berlin aufnahm«.[34] Daß andererseits diese Bundeszentralbehörde schließlich zwei Jahre später das Staatsministerium aus seinen Räumen verdrängen konnte, bietet ein anschauliches Bild für die Tatsache, daß zwar die Macht Preußens durch die Personalunion des preußischen Außenministers mit dem Amt des Bundeskanzlers und damit auch die persönliche Macht Bismarcks gewachsen war, die des Kollegiums der preußischen Minister jedoch, wie von Bismarck geplant, Einbußen erlitten hatte.

Erstaunlich lange scheint man an dem Gedanken festgehalten zu haben, daß es so etwas wie ein »besonderes Bundesgebäude« geben würde, wie Bismarck in seinem Brief vom 7. März 1867 an den preußischen Finanzminister formuliert hatte, ein Zentrum, in dem die ganze Bundes- beziehungsweise Reichsverwaltung untergebracht werden könnte. Als in den Jahren 1872 bis 1874 das Haus in der Wilhelmstraße 74 einem gründlichen Umbau unterzogen wurde, bei dem auch die Fassade völlig neu gestaltet werden konnte, war als Symbol der Zentralfunktion des Gebäudes im Deutschen Reich »in der Mittelachse ... über dem

---

33 Die Tauschpläne mit dem Gebäude Wilhelmstraße 73 in BA Koblenz, R 43 I, Nr. 1534. Es gab bereits zuvor Pläne, dieses Palais, das sich seit 1858 im Besitz der Krone befand und seit 1862 Sitz des Hausministeriums war, gegen das Haus in der Wilhelmstraße 76 zu tauschen. Vgl. GStPK, Rep. 2.4.1, ZB, Nr. 236.

34 Rudolf Morsey, *Die Erfüllung von Aufgaben des Norddeutschen Bundes und des Reiches durch Behörden des Bundes und des Reiches*, in: Kurt G. A. Jeserich/Hans Pohl/Georg Christoph von Unruh (Hrsg.), *Das Deutsche Reich bis zum Ende der Monarchie* (= Deutsche Verwaltungsgeschichte, Bd. 3), Stuttgart 1984, S. 138ff., hier S. 142.

Hauptgesims« eine »Germania mit dem Reichswappen« als krönender Abschluß geplant.[35] Daß dieser Plan dann doch nicht verwirklicht wurde, verdankt sich sicher nicht der Einsicht der Architekten in den unaufhaltsamen Wachstumsprozeß der Reichsbürokratie, der die Begrenzung auf ein »Bundespalais«, von dem Savigny im Zusammenhang mit den Diskussionen über seine Ernennung zum Bundeskanzler einmal sprach, schnell sprengte; aber es entsprach genau den Tatsachen.

Andreas Nachama

Wilhelmstraße – Umschlagplatz von Politik[1]
Diplomatische Vertretungen, politische und wirtschaftliche Interessenverbände im Umkreis der Wilhelmstraße

Biegt man heute vom Pariser Platz kommend in die Wilhelmstraße, so steht man gleich an der Ecke Unter den Linden vor einem der ersten für den zukünftigen Regierungssitz hergestellten Gebäude: es ist ein Bürohaus für die Abgeordneten des Deutschen Bundestages. Geht man die Straße weiter entlang, so sieht man jene in der Spätphase der DDR zur 750-Jahr-Feier Berlins erbauten Plattenwohngebäude: Hier ist kein Raum für Lobbyisten oder Büros der Zentralverbände, hier ist unter freiem Himmel der Mief von Jahrzehnten spießbürgerlichen Regiments: Die Wilhelmstraße hat ganz programmatisch den Charme einer Vorstadtsiedlung erhalten. Man soll sich von dieser Kulisse nicht täuschen lassen: Die Wilhelmstraße war auch in der DDR eine Regierungsmeile, denn Margot Honeckers Volksbildungsministerium hatte hier seinen Sitz, wenige Meter weiter der Neubau der Botschaft der Tschechischen Republik – schärfer kann der Kontrast zu den Wohnneubauten kaum sein. Geht man eine Ecke weiter, stößt man auf das ehemalige Reichsluftfahrtministerium, das als Haus der Ministerien ein wichtiges Zentrum bürokratischer Regierungstätigkeit der DDR war und schließlich 1953 nicht zufällig Demonstrationspunkt für den Beginn des Aufstands am 17. Juni war. Zukünftig wird hier mit dem Finanzministerium eines der wichtigsten Querschnittsministerien der Bundeshauptstadt seinen Sitz erhalten.

Wieder eine Ecke weiter stand von 1961 bis 1990 die Berliner Mauer, die heute nördliche Umfassungsmauer der Gedenkstätte Topographie des Terrors ist, die an jenen dunkelsten Abschnitt deutscher Geschichte erinnert, die von hier ihren Ausgangspunkt genommen hatte und deren zentrale Terrorapparate europaweit von diesem Ort aus koordiniert wurden.

Die Büros der Abgeordneten, ein Botschaftsgebäude, ein wichtiges Ministerium, die Gedenkstätte am Ort der Täter der nationalsozialistischen Terrorapparate: Die Wilhelmstraße im Jahr 2000 wieder ein Umschlagplatz für Politik? Die Frage kann getrost verneint werden, wenn damit Wilhelmstraße als Synonym für an den politischen Entscheidungsinstanzen vorbei lancierter Einflußnahme und Machtausübung gemeint ist, wie dies in der Bezeichnung »Wilhelmstraßenprozeß« zum Ausdruck kommt: Hier wurden im Rahmen der juristischen Aufarbeitung der verbrecherischen Politik der Machthaber des »Dritten Reiches« zahlreiche Beamte und Entscheidungsträger vor Gericht gestellt, deren Dienststellen nicht in der Wilhelmstraße lagen, die aber ihrer Entscheidungskompetenz wegen gedanklich in der Wilhelmstraße angesiedelt wurden. Die Wilhelmstraße war allgemeines Synonym für deutsche Politik, so wie heute die »Hardthöhe« für das Verteidigungsministerium oder »Bonn« für die Politik der Bundesregierung.

Die besondere politische und gesellschaftliche Bedeutung der Wilhelmstraße als »Umschlagplatz

---

[1] Besonderer Dank gilt Frank Dingel, Axel Springer und Peter Eckel für Kooperation und Rat bei der Herstellung dieses Manuskriptes.

von Politik« umfaßt rund 150 Jahre: vom Beginn des 19. Jahrhunderts bis zum Ende des Zweiten Weltkrieges. Dabei sei hervorgehoben, daß selbst in so herausragenden Institutionen wie der Reichskanzlei auch in den späten zwanziger und frühen zwanziger Jahren Telephonapparate nicht zur Grundausstattung der Büros gehörten, Kommunikation zwischen Behörden, Bürgern, Verbänden und Wirtschaftsunternehmen entweder schriftlich oder persönlich abgewickelt wurden. Dies galt auch im Verkehr mit auswärtigen Staaten, obwohl hier die Telegraphie als wichtiges Medium einbezogen werden sollte. Trotzdem war die Wilhelmstraße zu keiner Zeit ein Politikghetto, wie die verbotene Stadt in Peking oder Wandlitz bei Berlin. Zu allen Zeiten war die Wilhelmstraße auch ein Wohnquartier, wenngleich die zunehmende Zahl an Gebäuden, die für höchste Regierungsbehörden und Ministerien genutzt wurden, wie die Konzentration von wichtigen Behörden zunächst Preußens, dann des Kaiserreichs, der Weimarer Republik und des »Dritten Reichs« es für diejenigen, die im öffentlichen Bewußtsein etwas galten oder gelten wollten zu einer der ersten Adressen Berlins machten. Was für »shoping« die Friedrichstraße, für Flaneure der Kurfüstendamm oder Unter den Linden, das war für die politische Lobbyistenarbeit die Wilhelmstraße und ihre unmittelbare Umgebung. So ist auch die Ansiedlung des zentralen Terrorapparates ab 1933 in diesem Zusammenhang zu sehen: die neuen Behörden fanden zwar keine geeigneten Räumlichkeiten in der Wilhelmstraße, aber eben in unmittelbarer Nähe: in der Kunstgewerbeschule in der Prinz-Albrecht-Straße 8. Mit dieser erstklassigen Adresse wurde gleich zu Beginn die Bedeutung dieses neuen Machtinstrumentes ganz wesentlich erhöht.

Anfang und Ende der Wilhelmstraße als Umschlagplatz der Politik sollen zwei Zitate illustrieren. Johann Daniel Friedrich Rumpf beschrieb die Wilhelmstraße in seinem 1826 erschienenen »Fremdenführer« folgendermaßen: »Wir kehren um, über die Linden in die mit großen Palästen besetzte Wilhelmstraße. Rechts das Hotel des Herzogs von Cumberland 70, das Palais des Prinzen Friedrich, Neffen des Königs, 72, das ehemals Fürst Sakkensche Palais, jetzt dem Buchhändler Reimer gehörig, das Königl. Diensthaus des Justiz-Ministers 74, der Palast des Prinzen August von Preußen 65, der Palast des Grafen von Dönhof 63, des Kabinetts-Ministers Grafen von Bernsstorf 76, das Fürst Radziwillsche Palais 77, das von Vossische Palais 78. Alle diese Paläste haben große, bis an die Stadtmauer reichende Gärten. Wir sind auf dem Wilhelmplatz, wo das 1736 erbaute Johanniter-Ordenspalais 9 steht. In demselben befinden sich jetzt die Königliche Plankammer, das lithographische Institut, Bureau des Ministeriums der auswärtigen Angelegenheiten. Auf den vier Ecken des Platzes stehen die marmornen Bildsäulen der Generale aus dem Siebenjährigen Kriege, von Schwerin, von Winterfeld, von Keith, von Seidlitz. Der vorzüglichste Schmuck des Platzes ist die Bildsäule des Generals von Ziethen, mitten am Platze nach der Mohrenstraße hin, zwischen Seidlitz und Keith, 1797 von Schadow. In der Wilhelmstraße, jenseits der Leipziger, ist nur noch zu bemerken das ehemals Anspachsche Palais 102, worin jetzt die Luisenstiftung ist«.[2]

Das zuletzt erwähnte ehemalige Ansbachsche Palais, ursprünglich erbaut als Sommerresidenz des Barons Vernezobre de Laurieux, wird 1830 dem Prinzen Albrecht von Preußen übereignet und ist seitdem als »Prinz-Albrecht-Palais« bekannt. Gut hundert Jahre später sieht das Palais als letzte Hausherren Reinhard Heydrich und, ab 1943, Ernst Kaltenbrunner, Chefs des Reichssicherheitshauptamtes und oberste Koordinatoren des inzwischen fast den gesamten europäischen Kontinent umfassenden nationalsozialistischen Terrors.

Im Mai 1961 begibt sich Harry Mulisch, niederländischer Beobachter des Prozesses gegen Adolf Eichmann in Jerusalem, auf die Suche nach den Orten, an denen Eichmann tätig war. Sein Weg führt ihn auch in die Wilhelmstraße. Dort hatte Eichmann im »Prinz-Albrecht-Palais« für den

---

2 Vgl. Johann Daniel Friedrich Rumpf, *Der Fremdenführer oder wie kann der Fremde in der kürzesten Zeit, alle Merkwürdigkeiten in Berlin, Potsdam, Charlottenburg und deren Umgebungen, sehen und kennenlernen*, Berlin 1826, S. 46f.

Sicherheitsdienst der SS Karteien bearbeitet. Mulisch geht denselben Weg, den schon Rumpf zurückgelegt hat:
»Unkontrolliert von der Volkspolizei gehe ich durch das Brandenburger Tor. Leer dehnt sich ›Unter den Linden‹ vor mir aus. Beim Prunkpalast der sowjetischen Gesandtschaft biege ich rechts in die verlassene Wilhelmstraße ein. Der Unterschied seit fünf Jahren, als ich ebenfalls hier war, besteht in größerer Sauberkeit und größerer Stille. Von dieser Straße aus wurde einst die Vernichtung der Welt geregelt, aufgeregte Menschenmengen wogten durch den Abend und warteten auf eine Siegesnachricht, Generale krochen aus Autos und verschwanden in den kolossalen Gebäuden. Jetzt ist nirgends jemand zu erblicken. Am hellen Himmel über dem reingefegten Raum setzt plötzlich die Dämmerung ein, die alle Farben intensiviert. Die Stelle, an der einst die Reichskanzlei stand, hat sich von einem Stoppelfeld in einen geschnittenen hellgrünen Rasen verwandelt. Das umgefallene Riesenbetonei, den Luftschacht von Hitlers Bunker, hat man offensichtlich nicht kaputtkriegen können – ein genauso riesiges Grasgeschwür deutet nun den Ort an, wo der Kakerlak vertilgt wurde; die Überreste des Palastes daneben – Ribbentrops Auswärtiges Amt – sind offenbar gerade erst geschleift worden: ein barocker Trümmerhaufen, aus dem verbogene Eisenbalken wie Beine eines fürchterlichen Insektes hervorragen. Ich bleibe stehen, um der Stille zu lauschen. In der Ferne übt jemand Tuba. An der anderen Seite, hinter dem großen Rasen, steht das verschont gebliebene Propagandaministerium Goebbels, jetzt das ostdeutsche Kultusministerium. Ein alter Mann fegt die Freitreppe. Sonst nirgends eine Menschenseele. Es ist die Stille der Vergangenheit. Hier ist etwas geschehen, etwas entschieden worden, und nichts ist davon übriggeblieben. Nicht einmal alte Nazis betrachten wehmütig das Grasgeschwür – ich bin allein ... Etwas später überschreite ich wieder die Grenze, diesmal wohlkontrolliert. Mit angewidertem Gesicht überprüft der Vopo meinen Paß und salutiert zufrieden, als er sieht, daß ich Holländer bin. Fünfzig Meter weiter stehe ich, nachdem ich ein Kopfnicken mit den Westberliner Polizisten gewechselt habe, vor

Wilhelmstraße 104, Palais des Prinzen Albrecht, erbaut 1739, umgebaut 1830 von Karl Friedrich Schinkel

einem ausgedehnten Unkraut- und Schuttfeld. Mit Hilfe von Griebens Reiseführer aus dem Jahre 1927 ... lokalisiere ich die Stelle der Wilhelmstraße 102, des ehemaligen Palastes von Prinz Albrecht, später dem von Reinhard Heydrich: der Kochstraße gegenüber. Disteln. Hier hat Eichmann 1934 als Kartothekbeamter bei der Zentralstelle des SD seine Laufbahn begonnen«.[3]
Diese beiden Zitate beschreiben nicht nur Anfang und Ende der Wilhelmstraße als »Umschlagplatz von Politik«, denn ist die Wilhelmstraße mehr als nur eine Regierungsmeile oder ein Synonym für

---

3 Harry Mulisch, *Strafsache 40/61. Eine Reportage über den Eichmann-Prozeß*, Berlin 1987, S. 79f. [Zuerst auf Deutsch erschienen Köln 1964].

deutsche Außenpolitik?[4] Sie wandelt sich mit den Systemen, denen sie nacheinander zu dienen hat: Preußen, Kaiserreich, Weimarer Republik und »Drittem Reich«:

- Die preußische Wilhelmstraße ist, wie uns schon eingangs deutlich wurde, eine Straße mit wichtigen Regierungsstellen, aber keineswegs das Zentrum der Macht: diese verbleibt beim König.
- Mit der Ausrufung des preußischen Königs zum deutschen Kaiser erfährt auch die Wilhelmstraße einen Bedeutungszuwachs. Spätestens seit dem Regierungsantritt Wilhelms II. macht man »Weltpolitik«, das Reich wandelt sich von einem eher rückwärtigen Agrarstaat in eine moderne Industriegesellschaft: entsprechend verändern sich die Kommunikationsnotwendigkeiten, die politischen Entscheidungen vorausgehen. Die Mitgliedschaft in den traditionellen Eliten, das aus dem Mittelalter tradierte Zunftwesen und die Entscheidungen von Gottesgnadentum weichen den Anfängen moderner Interessenverbände.
- In der Weimarer Republik hatten hier nicht nur Reichskanzler und Reichspräsident neben zahllosen Ministerien ihre Dienstsitze, sondern auch eine ständig steigende Zahl von Verbänden und Lobbyisten.
- Ab 1933 verlagerte sich die gesamte deutsche Politik hierher, denn nachdem der Reichstag als Forum der politischen Willensbildung ausgeschaltet war, wurden alle Entscheidungen von den Spitzen der Ministerien hier getroffen. Die Wilhelmstraße war nun nicht mehr nur wegen des hier angesiedelten Außenministeriums ein Synonym für deutsche Außenpolitik, sondern Anlaufpunkt für alle, die Einfluß auf den »Führerstaat« nehmen wollten. So nimmt es denn nicht Wunder, daß die I.G. Farben ihre Direktionsabteilungen Nachrichtendienst und wirtschaftspolitische Abteilung Unter den Linden 78 Ecke Wilhelmstraße angesiedelt hatte.

Schon eingangs war festgestellt worden, daß »Wilhelmstraße« zum allgemeinen Synonym deutscher Politik geworden war. Im Ausland hatte für viele Jahrzehnte das Außenamt den Begriff Wilhelmstraße geprägt, denn von hier wurde »Weltpolitik made in Germany« exportiert. »Weltpolitik« heißt im Wilhelminismus, daß das Deutsche Reich sich am Wettlauf um Kolonien beteiligt, nicht daß außereuropäische Mächte als gleichberechtigte Partner angesehen würden, mit Ausnahme der Vereinigten Staaten von Amerika, die aber eher als Ausdehnung Europas über den Atlantik begriffen wurden. Dieses eurozentrische Weltbild läßt sich gut an den Gesandtschaften in Berlin ablesen. Im Jahre 1900 gibt es 37 Gesandtschaften in Berlin (die konsularischen Vertretungen sind hier nicht berücksichtigt). Dabei unterhalten Costa Rica, Guatemala, Honduras, Nicaragua und El Salvador nur eine Gesandtschaft unter der Bezeichnung »Central-Amerika«, der Botschafter Boliviens hat seinen Wohnsitz in Paris, der Posten des »außerordentlichen Gesandten und bevollmächtigten Minister« Ecuadors ist nicht besetzt. Wirklich wichtig sind offenbar nach wie vor die klassischen europäischen Mächte und die aufstrebende Großmacht USA, und diese finden sich in der Wilhelmstraße oder in deren Nähe:

Wilhelmstraße 66:	Gesandtschaft Italiens
Wilhelmstraße 70:	Gesandtschaft Großbritanniens
Unter den Linden 7:	Gesandtschaft Rußlands
Unter den Linden 68:	Gesandtschaft der USA
Pariser Platz 5:	Gesandtschaft Frankreichs
Voßstraße 16:	Gesandtschaft der Niederlande

Die zuletzt erwähnte Voßstraße zeigt zugleich die föderale Struktur des Deutschen Kaiserreiches: hier finden sich die Gesandtschaften der Königreiche Sachsens, Württembergs und Bayerns.[5]

---

4 So findet man in den Erinnerungen des französischen Botschafters François-Poncet im Zusammenhang mit Abrüstungsverhandlungen die Formulierung, daß der – immerhin in der Wilhelmstraße 77/78 residierende – Reichskanzler Papen an diesen Verhandlungen nicht so sehr beteiligt gewesen sei, sondern daß es vielmehr »Sache der Wilhelmstraße und der Reichswehr« gewesen sei; vgl. André François-Poncet, *Botschafter in Berlin 1931–1938*, 3. Aufl., Berlin–Frankfurt am Main 1962 [1. Aufl. 1947], S. 60.

5 *Adreßbuch von Berlin 1900; Pharus-Plan von Berlin 1902.*

Ein weiter Schwerpunkt von Botschaftsadressen befindet sich in der Nähe des Reichstages: »In den Zelten« residieren die umfangreiche Chinesische Gesandtschaft (Nr. 14) und die Siamesische, das heißt die Thailändische, Botschaft (Nr. 23)[6], in der Alsenstraße befinden sich die Dänische und die Türkische (»Hohe Pforte«) Botschaft, in der Moltkestraße 1 die Persische Gesandtschaft und schließlich in der Roonstraße 9 Serbien. Man sieht: in der Nähe des Parlamentes findet man überwiegend – für die damalige Zeit – exotische Botschaften, während die Gesandten der Staaten von politisch großem Gewicht in der Wilhelmstraße oder deren unmittelbarer Nähe angesiedelt sind.

Interessenvertretungen und »pressure groups« gibt es im Umkreis der Wilhelmstraße um 1900 noch spärlich, aber es gibt sie. Ein Beispiel ist die Behrenstraße 7a: Dort befinden sich folgende Firmen und Gesellschaften:
– die Bank für Bergbau und Industrie
– die Deutsche Ostafrikagesellschaft
– die Deutsche Palästinabank
– die Deutsche Palästina und Orient Gesellschaft mbH
– die Gesellschaft Nordwest Kamerun
– die Kaliwerke Friedrichshall
– Kilimanjaro Handels und Landwirtschaftsgesellschaft mbH
– Norddeutsche Grundkreditbank.[7]

Unter dieser Adresse findet sich offenbar eine Konzentration von Einrichtungen, die mit Kolonialpolitik zu tun haben. Sie sind stadträumlich ideal plaziert. Man braucht nur wenige Schritte um die Ecke in die Wilhelmstraße einzubiegen, um zur Hausnummer 62 zu gelangen, in der sich ab 1895 die Kolonialverwaltung des Auswärtigen Amtes befand[8], die nach 1906 zu einer selbständigen Behörde, dem Kolonialamt mutierte.[9] Einflußnahme auf das Auswärtige Amt war vom Standpunkt der Verfechter einer aktiven Kolonialpolitik schon nötig. Bismarck stand dem Erwerb von Kolonien skeptisch gegenüber und erst der Regierungsantritt Wilhelms II. 1888 brachte hier einen grundsätzlichen Wandel im Rahmen der oben schon erwähnten »Weltpolitik«.[10]

Die Aktivitäten von Einrichtungen wie dem Kolonialverein oder auch dem Flottenverein sind deswegen interessant, weil sie weniger von wirtschaftlichem als von ideologischem Interesse sind. Als ökonomische Bilanz des kurzlebigen deutschen Kolonialreichs kann man nur einen Fehlschlag konstatieren[11], ideologisch war die Agitation für deutsche Kolonien eine Katastrophe: sie beförderte den deutschen Anspruch auf »Weltgeltung« und begleitete atmosphärisch den deutschen »Griff zur Weltmacht«, der im Desaster des Ersten Weltkrieges endete und eine der Vorbedingungen für den Griff nach Weltherrschaft der Nationalsozialisten bildete.

Mit der »Weltpolitik« war es also nach 1918 vorbei, aber die Kolonialpolitik war nur eine unter vielen Funktionen der Wilhelmstraße. In der Weimarer Republik erlebte sie ihre Blütezeit als

Wilhelmstraße 70, Englische Botschaft, erbaut 1867/1868 als Palais Strousberg

---

6 *Adreßbuch* ... (wie Anm. 5).
7 *Ebda.*
8 Vgl. Laurenz Demps, *Berlin-Wilhelmstraße. Eine Topographie preußisch-deutscher Macht,* Berlin 1994, S. 153; David Kenneth Fieldhouse, *Die Kolonialreiche seit dem 18. Jahrhundert* (= Fischer Weltgeschichte, Bd. 29), Frankfurt am Main 1965, S. 325.
9 L. Demps, *Berlin-Wilhelmstraße* ... (wie Anm. 8), S. 153.
10 Bernd Martin, *Weltmacht oder Niedergang? Deutsche Großmachtpolitik im 20. Jahrhundert,* Darmstadt 1989.
11 D. K. Fieldhouse, *Die Kolonialreiche* ... (wie Anm. 8), S. 328f.

Wilhelmstraße 62, seit 1895 Dienstsitz des Reichskolonialamtes

»Umschlagplatz von Politik«. Das 1918/1919 geschaffene demokratische Deutschland war die bislang freiheitlichste Gesellschaftsordnung in der deutschen Geschichte, und dies war die Voraussetzung dafür, daß sich das Verbands- und Interessengruppenwesen voll entfalten konnte. Im Vergleich zum Kaiserreich ist ein explosionsartiges Anwachsen der Verbandsadressen in der Wilhelmstraße und in ihrer Umgebung zu beobachten. Auch hier muß ein Beispiel genügen. In der Zimmerstraße, Hausnummer 3 bis 4 befinden sich:
– der Verband der deutschen Diamantwerkzeugfabrikanten und -händler
– der Verband der Spezialfabriken elektrischer Schwachstromlampen e.V.
– der Elektrogroßhandel- und Exportverein Deutschlands

– der Schutzverband Deutscher Fahrradteile-Großhändler
– der Großhandelsverband für Kfz-Bedarf
– der Verband deutscher Taschenlampenfabrikanten
– der Verband der Fabrikanten von Taschenlampenhülsen
– der Verband der Kragen- und Manschettenknopffabrikanten
– der Verband der Fabrikanten von Kunsthorn- und Perlmuttknöpfen Deutschlands
– der Zentralverband der deutschen Knopffabrikanten
– der Zentralverband der Kofferfabrikanten Deutschlands
– der Verband der deutschen Celluloid-Industrie
– der Verband der Pfeifenfabrikanten Deutschlands
– die Arbeitsgemeinschaft der deutschen Tuchgroßhändler
– der Arbeitgeberverein der Batterie- und Elektroindustrie
– und schließlich der Arbeitgeberverein der Kamm- und Haarschmuckindustrie [12]

Wer war der Adressat der Lobbyisten? War es das Parlament bzw. seine im Vergleich zum heutigen Bundestag wenigen Ausschüsse? Waren es einzelne Abgeordnete? Der Reichstag entmachtete sich bekanntlich durch häufige Neuwahlen, instabile Verhältnisse und instabile Mehrheiten weitgehend selbst. Auch darf bezweifelt werden, ob die Verbandsvorsitzenden und Entscheidungsträger in der »pressure group« tatsächlich das Wechselspiel der Demokratie bereits so in sich aufgenommen hatten, daß das Parlament und seine Mitglieder Ziel der Lobbyarbeit gewesen wäre. Anzunehmen ist vielmehr, daß nun da die Hofkamarilla und das politische Entscheidungszentrum Kaiserhaus nicht mehr existierten, die den Systemwechsel überdauernden leitenden Beamten Ziel der Lobbyistenarbeit gewesen sind. Die Lobbyisten fanden daher immer häufiger den direkten Weg zur Ministerialbürokratie, mit der man sich als Sachwalter von »Sachinteressen« zu ver-

---

12 *Adreßbuch von Berlin 1926.*

Hotel Kaiserhof, Hauptquartier der NSDAP im Regierungsviertel der Reichshauptstadt bereits vor 1933

ständigen suchte.[13] Die antiparlamentarische Spitze dieser Haltung ist unübersehbar. Möglich ist aber auch, daß den zahlenden Mitgliedern dieser Interessenverbände in der Republik oder – wie es damals wohl hieß – in der Provinz durch die Anschrift Wilhelmstraße (und nähere Umgebung) der Eindruck der Machtnähe beziehungsweise Regierungsnähe des Berliner Büros vermittelt werden sollte.

In der Endphase der Weimarer Republik wurde die Rettung der Demokratie das eigentliche »issue«. Zwei Anschriften seien einander gegenübergestellt: »Angriffhaus« und »Büro Wilhelmstraße« des »Central-Vereins deutscher Staatsbürger jüdischen Glaubens« (CV).

Im Oktober 1932 zog die Redaktion der nationalsozialistischen Tageszeitung »Der Angriff« aus der nur wenige hundert Meter entfernten Hedemannstraße 10, wo sie seit 1930 zusammen mit der »Gaugeschäftsstelle« der Berliner NSDAP ihren Sitz hatte, in das Haus Wilhelmstraße 106. Gegründet wurde »Der Angriff«, der erst seit 1930 täglich erschien, im Sommer 1927 von Jo-

---

13 Hans-Peter Ullmann, *Interessenverbände in Deutschland,* Frankfurt am Main 1988, S. 138 und S. 179.

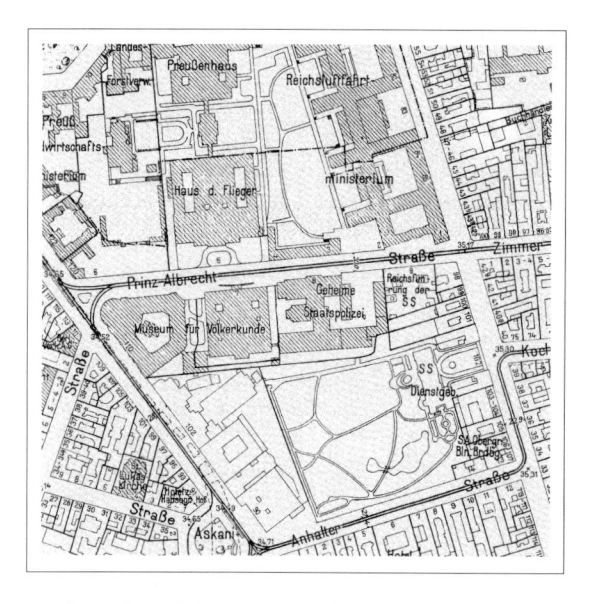

Lageplan mit den neuen Funktionen der Gebäude zwischen Leipziger Straße und Anhalter Straße, um 1935

seph Goebbels, der seit 1926 »Gauleiter« der Berliner NSDAP war und bis 1933 Herausgeber des »Angriff« blieb. Chefredakteur war im gleichen Zeitraum Julius Lippert, der 1933 zunächst »Stadtkommissar für die Stadt Berlin«, das heißt, nationalsozialistischer Kontrolleur der Stadtverwaltung wurde und seit 1937 Oberbürgermeister und Stadtpräsident von Berlin war. Im Frühjahr 1934 zog die Redaktion des »Angriff« in die Zimmerstraße um. Später hatte der berüchtigte »Stürmer« in der Wilhelmstraße 38 das Büro seiner Berliner Schriftleitung.

Im Sommer 1934 war, nach der Ermordung der bisherigen Führung der SA, die Adjutantur des neuernannten SA-Stabschefs Viktor Lutze kurze Zeit in der Wilhelmstraße 106 untergebracht. Von Herbst 1934 bis Januar 1937 diente das Haus als Sitz der SA-Gruppenführung von Berlin-Brandenburg. Seither wurde es vom Sicherheitsdienst (SD) der SS genutzt, der bereits 1934 wenige Meter entfernt im ehemaligen Prinz-Albrecht-Palais in der Wilhelmstraße 102 sein Hauptquartier hatte.

Der »CV« richtete im Spätsommer 1929 am Südende der Wilhelmstraße ein Büro ein, das sogenannte »Büro Wilhelmstraße«, um die Aktivitäten der Nazis zu beobachten und zu dokumentieren.[14] Der Centralverein versuchte schon frühzeitig direkt Einfluß auf die Regierung zu nehmen, wie aus einem Schreiben vom 29.12.1931 an den Staatssekretär Pünder hervorgeht, in dem es heißt, daß der Central-Verein darum bitte, seinem »Vorstand möglichst bald Gelegenheit [zu geben], dem Herrn Reichskanzler Beschwerden und Wünsche, die sich aus der gegenwärtigen politischen Lage ergeben, vorzutragen.«[15] Die Anstrengungen waren vergeblich. Nicht nur die »deutschen Staatsbürger jüdischen Glaubens« wurden nach dem 30. Januar 1933 Opfer staatlich gelenkter Willkür und Verfolgung, sondern auch ihre demokratischen Gesprächspartner. Staatssekretär Hermann Pünder wurde nach dem gescheiterten Umsturzversuch vom 20. Juli 1944 Häftling in den Konzentrationslagern Buchenwald und Dachau. Sein Bruder Werner war schon zuvor als Rechtsanwalt der Familie Klausener ins Visier der Gestapo geraten und 1935 für längere Zeit im Hausgefängnis des Geheimen Staatspolizeiamtes in der Prinz-Albrecht-Straße 8 inhaftiert worden.[16]

Die Prinz-Albrecht-Straße 8 wurde nach 1933 für das Schicksal der Wilhelmstraße zur wichtigsten Adresse. Nicht, weil dort die Zentrale der Geheimen Staatspolizei war, sondern weil hier Heinrich

---

14 Vgl. Arnold Paucker, *Der jüdische Abwehrkampf gegen Antisemitismus und Nationalsozialismus in den letzten Jahren der Weimarer Republik,* Hamburg 1968, S. 114ff.; Leonidas E. Hill, *Walter Gyssling, the Centralverein and the Büro Wilhelmstraße, 1929–1933,* in: Leo Baeck Institute Year Book 1993, S. 193–208.

15 A. Paucker, *Der jüdische Abwehrkampf ...* (wie Anm. 14), S. 226.

16 Zu den Pünders vgl. Wilhelm Kosch, *Biographisches Staatshandbuch. Lexikon der Politik, Presse und Publizistik,* 2. Bd., Bern–München 1963, S. 1002; Reinhard Rürup (Hrsg.), *Topographie des Terrors. Gestapo, SS und Reichssicherheitshauptamt auf dem »Prinz-Albrecht-Gelände«. Eine Dokumentation,* 10. Aufl., Berlin 1995, S. 92; Archiv »Hausgefängnis« der Stiftung »Topographie des Terrors«.

Himmler seinen Dienstsitz in seiner Eigenschaft als Reichsführer-SS hatte. Himmler hatte es sich zum Ziel gesetzt, das Deutsche Reich mit seiner SS-Ideologie zu überformen. Der Beamte »neuen Typs«, wie ihn sich der Herr der SS vorstellte, verhielt sich zum bisherigen Bild des »Staatsdieners« etwa so wie die neuen Bauten in der Wilhelmstraße, Reichsluftfahrtministerium und Neue Reichskanzlei, zur tradierten preußischen Architektur. Die SS war sicherlich die berüchtigste, zugleich stärkste und erfolgreichste »pressure group«, die die Wilhelmstraße gekannt hat. Wie sich die SS den Beamten der Zukunft vorstellte, hatte Heydrich 1936, damals Leiter des Geheimen Staatspolizeiamtes und Chef des Sicherheitsdienstes der SS, in einem Aufsatz skizziert: »Das Menschenmaterial für diese kämpfende Staatspolizei muß besonderer Art sein. Die sehr notwendige verwaltungsmäßige und kriminalistische Ausbildung an sich genügt nicht ... Zur Bekämpfung der Staatsfeinde gehört ... das bedingungslose Erfassen der nationalsozialistischen Idee ... Die Männer der Staatspolizei müssen daher absolut gleichgerichtet in ihrer geistigen Haltung sein. Sie müssen sich als ein kämpferisches Korps fühlen.«[17] Dies sei auch der Grund, so beendet Heydrich diesen Gedanken, »warum sehr viele Beamte der Staatspolizei gleichzeitig SS-Führer oder -Männer sind.«

Das, was Himmler und Heydrich in der ihnen unmittelbar unterstehenden Polizei anstrebten, die Verschmelzung von Staats- und SS-Apparat, versuchten sie auch in anderen Bereichen zu realisieren. Der Mann der Waffen-SS hatte als »politischer Soldat« denselben Kriterien zu genügen wie der Gestapo-Beamte: nicht nur fachlich qualifiziert, also ein guter Soldat zu sein, sondern auch als fanatischer Träger nationalsozialistischer Weltanschauung gegenüber dem Wehrmachtssoldaten die Zukunft zu repräsentieren. Und ebenso der Diplomat, der in erster Linie Kämpfer zu sein hatte, was er mit dem Eintritt in die SS, den er durchaus freiwillig vollzog, unterstrich. Wenn Zwänge im Spiel waren, dann selbstauferlegte Karrierezwänge.

Mit der Übernahme des von der SS geforderten »Kämpfertums« akzeptierten die AA-Diplomaten auch Hitlers Maxime des »Alles oder Nichts«, wodurch sich Außenpolitik selbst »ad absurdum führte«.[18] Am Ende blieb das Nichts. 1945 bedeutete zwar nicht »finis Germaniae«, aber es war das Ende der Wilhelmstraße als »Umschlagplatz von Politik«.

Die Wilhelmstraße 1996 hat im amtlichen Fernsprechbuch 2071 Einträge von Abbas, Ibrahim bis Zwitke, Rolf. Hier haben neben den beiden großen Botschaftsgebäuden Polens und Rußlands Unter den Linden, die Botschaft der Niederlande, Wilhelmstraße 64, Portugals, Wilhelmstraße 65, der Tschechischen Republik, Wilhelmstraße 44 und Venezuelas, Wilhelmstraße 64 ihre Berliner Außenstellen, die Afghanische Republik und Pakistan unterhalten in der Wilhelmstraße 65 Konsulate. England und die USA planen jeweils auf dem Grundstück ihrer ehemaligen Botschaften in der Wilhelmstraße und am Pariser Platz Neubauten.

Die Bundeshauptstadt kann heute nicht umstandslos dort wieder anknüpfen, wo die Geschichte der Wilhelmstraße 1945 endete. Die Abrisse in den fünfziger Jahren waren nur noch Aufräumarbeiten eines zu Ende gekommenen historischen Prozesses. Die Bundesrepublik kann auch deshalb nicht unmittelbar anknüpfen, weil vierzig Jahre Geschichte zweier deutscher Staaten dazwischen stehen, die beide als Antworten auf das Dritte Reich zu begreifen sind und die beide eine bewußte Abkehr von den Traditionen der Wilhelmstraße vollzogen haben – die Bundesrepublik mehr, die DDR weniger.

---

17 Reinhard Heydrich, *Die Bekämpfung der Staatsfeinde*, in: *Deutsches Recht* 6 (1936), H. 7/8, S. 122f.
18 Vgl. Bernd-Jürgen Wendt, *Außenpolitik*, in: Christian Zentner/Friedemann Bedürftig (Hrsg.), *Das große Lexikon des Dritten Reiches*, München 1985, S. 53; ferner Hans-Jürgen Döscher, *SS und Auswärtiges Amt im Dritten Reich. Diplomatie im Schatten der »Endlösung«*, Frankfurt am Main–Berlin 1991 [1. Aufl. 1987].

Wahrnehmungs- und Bedeutungsgeschichte
in vergleichender Sicht

Rosemarie Baudisch

Kultur, Gesellschaft und Politik in der Wilhelmstraße
Wahrnehmungs- und Bedeutungsgeschichte

Ein politisches Zentrum ist die Wilhelmstraße in den Jahrzehnten des ausgehenden 19. Jahrhunderts und in der ersten Hälfte des 20. Jahrhunderts durchaus gewesen, gesellschaftlich war sie nicht von gleicher Bedeutung und kulturell spielte sie kaum eine Rolle. Diese plakative Behauptung gilt allerdings nicht für alle Abschnitte ihrer Geschichte in dem genannten Zeitraum in gleicher Intensität.

Das Schloß als Mittelpunkt der Hofgesellschaft

Mit dem Auszug der obersten preußischen Verwaltungsinstanzen aus dem Berliner Stadtschloß behielt dieses zumindest seine gesellschaftspolitische Bedeutung, denn die Hofgesellschaft des Kaiserreiches sah im Schloß ihren Mittelpunkt, nicht in der Wilhelmstraße. Die großen, offiziellen Festlichkeiten am Berliner Hof waren allerdings zeitlich begrenzt. Sie begannen am Neujahrstag mit einem Empfang des Kaiserpaares. Es folgten dann in kurzen Abständen das Ordensfest, das Fest des Schwarzen Adlerordens, verschiedene Hofbälle mit den Defiliercouren und der Opernball. Mit den Feierlichkeiten zum Kaisergeburtstag am 22. März war – während der Regierungszeit Kaiser Wilhelms I. – bereits das Ende der Saison erreicht.

Das Kaiserpaar kehrte erst nach einer Sommerpause, Ende November, in seine Hauptstadt zurück und mit ihm die Fürsten der Länder des Reiches und adlige Grundbesitzer, die Zugang zum kaiserlichen Hof hatten. Sie kamen nur zur Saison nach Berlin, doch eigene Palais in der Stadt hatten die wenigsten. Das unterschied u. a. Berlin von Wien, dessen Adelspalais neben der Hofburg und Schönbrunn gesellschaftliche und auch politische Nebenzentren darstellten. In Berlin wohnte die Hofgesellschaft im Hotel oder in gemieteten Häusern. Der Aufenthalt war teuer. Bekannte und Verwandte mußten besucht werden, Einladungen zu Bällen, Soireen und Diners waren zu befolgen und zu erwidern, die Berliner Regimenter luden altgediente Militärangehörige zum Festessen. Parallel zur Hofsaison lief die Sitzungsperiode der Parlamente. Hier hatten die Abgeordneten ihren politischen Verpflichtungen im Plenum und in den Kommissionen nachzukommen.

Zum Neujahrsempfang waren regelmäßig etwa 300 Personen ins Schloß geladen. Es folgte das Krönungs- und Ordensfest, das ein ausländischer Beobachter als eine »demokratische Versammlung« bezeichnet hatte, weil es während der gesamten Saison die einzige Veranstaltung war, »an der sich in gewisser Weise auch das Volk beteiligen konnte«.[1]

Das nächste große Ereignis in der Reihe der großen Hoffestlichkeiten waren die beiden Defiliercouren; wegen der Kleider mit langen Schlep-

---

1 Fedor von Zobelitz, *Chronik der Gesellschaft unter dem letzten Kaiserreich,* Bd. 1, Hamburg 1922, S. 177.

Kaiserliches Festbankett im Weißen Saal des Berliner Schlosses am 17. Juni 1871 anläßlich des Triumphfestes

pen, welche die Damen zu tragen hatten, auch »Schleppencouren« genannt.² Die erste Cour war den Diplomaten und den Zivilbeamten vorbehalten, die zweite galt ausschließlich den Offizieren und ihren Damen. Im Gegensatz zum Ordensfest waren hier nun die obersten Gesellschaftsschichten unter sich. Um zu diesen Festen Einlaß zu finden, mußte man bei Hofe vorgestellt sein. Nur Adlige, Botschafter, Minister und hohe Beamte sowie Gardeoffiziere, jeweils mit Ehefrauen und Töchtern, waren bei Hofe zugelassen.

In den Palais der Wilhelmstraße fanden lediglich Privatbälle statt. Dabei war während der Sommermonate das Berliner Gesellschaftsleben, abgesehen von den angeführten größeren Veranstaltungen, eher dürftig.³ Ein Grund dafür war die ausgedehnte Reisetätigkeit des Kaiserpaares und der übrigen höheren Gesellschaft. Wer die Möglichkeit dazu hatte, hielt sich weitgehend außerhalb der Stadt auf. Selbst Reichskanzler Bismarck bewohnte sein Palais fast ausschließlich während der Parlamentsperiode im Winter. Die übrige Zeit hielt er sich häufig auf seinem Gut in Varzin auf.

Berliner Salons in der Wilhelmstraße

Abseits »offizieller Veranstaltungen« – wie Hoffeste und Bälle – gab es in Berlin auch alltägliche Geselligkeit. In diesem Zusammenhang galt »die Kunst, ein Haus zu machen«, als »im höchsten Maße der Pflege wert«. Den höchsten Gipfel dieser Kunst hatte erklommen, wer sein Haus einen

---

2 Ottmar von Mohl, *Fünfzig Jahre Reichsdienst*, Leipzig 1920–1922, S. 101.
3 James W. Gerard, *Meine vier Jahre in Deutschland*, Lausanne 1919, S. 28.

Fackeltanz im Berliner Schloß anläßlich der Doppelvermählung in der preußischen Königsfamilie
am 18. Februar 1878

Salon nennen konnte.[4] Der Salon, diese aus Frankreich kommende Institution, war in Berlin Mitte des 19. Jahrhunderts zur vollen Blüte gereift. Salonnièren wie Bettina von Arnim, Rahel Varnhagen und Henriette Herz zeugen davon. Schon diese kurze Aufzählung deutet an, was das wichtigste Merkmal eines Salons war: Er kristallisierte sich um eine Frau, er war die »Hofhaltung« der Dame, und weiter galt:

– Der Salon war eine gesellschaftliche Institution mit festgesetzten Empfangstagen, den »jour fixes«. Zu den Empfangstagen wurden keine speziellen Einladungen ausgesprochen. Wer einmal zu Gast war, galt auf Dauer eingeladen, regelmäßige Gäste konnten auch Bekannte mitbringen. Daneben gab es noch fluktuierende Gäste, etwa durchreisende Künstler und Gelehrte.
– Die Salongäste entstammten im Idealfall verschiedenen Gesellschafts-, Lebens- und Berufskreisen.
– Der Salon war Schauplatz zwangloser Geselligkeit, jedoch innerhalb gewisser Grenzen. Die »Bohème« fand hier keinen Platz.
– Im Salon dominierte die Konversation über Kunst, Literatur, Philosophie, Musik oder Politik. Daneben gab es auch Dichterlesungen, kleine Konzerte und Theateraufführungen.

---

4 Helene von Düring-Oetken, *Zu Hause in der Gesellschaft und bei Hofe,* Berlin 1896, S. 125.

Hofball im Berliner Stadtschloß. Kronprinz Friedrich Wilhelm im Gespräch mit Honoratioren der Stadt, ganz rechts im Bild Adolph von Menzel, Gemälde von Anton von Werner, 1895

Das gesellschaftliche Rahmenprogramm für den Berliner Konreß hatte in der Wilhelmstraße keinen Platz. Man vergnügte sich im Neuen Westen, bei einem Abendfest im Zoologischen Garten, und das Abschiedsdiner gab der Kronprinz im Weißen Saal des Berliner Stadtschlosses am 13. Juni 1878, zeitgenössische Zeichnung

- Je nach seiner Bedeutung (insbesondere auch der Gastgeberin und ihrer Gäste) hatte ein Salon großen gesellschaftlichen Einfluß, kulturelle Anziehungskraft oder Ausstrahlung.
- Der Salon stellte einen Freiraum dar. Die Geselligkeit des Salons war frei von Statuten, Satzungen und ideologischen Dogmen, sie war tolerant.[5]

Materielle Geschäftsinteressen spielten keine Rolle, auch politische Salons wurden nicht zu reinen Parteizentralen. Es handelte sich bei den Salons um eine Gesellschaft um ihrer selbst willen. Diese zweckfreie Gesellschaft hatte einen idealen, geistigen Beweggrund und ein formales geselliges Ziel, das zwanglos und freiwillig verfolgt wurde: sich gegenseitig zu respektieren, zu fördern und zu bilden. Ein ästhetisches Element konnte, mußte aber nicht unbedingt für diese Form der Geselligkeit von Bedeutung sein, so etwa in den politischen Salons. Die Gesellschaft, das anregende Beieinandersein, war Selbstzweck und schuf Freiheit.

Wer in der Berliner Gesellschaft Rang und Namen hatte, war auch Salongast. Nicht nur der »Freizeitwert« an sich wurde geschätzt, diese Möglichkeit, sich zwanglos mit Gleichgestellten und Gleichgesinnten zu unterhalten, sondern auch die vielfältigen Gelegenheiten, interessante Menschen oder gar »Berühmtheiten« kennenzulernen. Neben den Stammgästen, den »Habitués«, die sich gut kannten, waren dies meist die fluktuierenden Elemente des Gästekreises: Durchreisende Diplomaten, Schriftsteller oder Verwandte, die sich vorübergehend in Berlin aufhielten. Zuweilen war der Salon die einzige Möglichkeit, einen »begehrten« Menschen zu treffen, der sich sonst in der Gesellschaft nicht zeigte.

Ein Beispiel hierfür ist der Salon der Helene von Lebbin. Sie lebte und wirkte allerdings nur bis

5 Petra Wilhelmy, *Der Berliner Salon im 19. Jahrhundert (1870–1914)* (= Veröffentlichungen der Historischen Kommission zu Berlin, Bd. 73), Berlin–New York 1989, S. 25f.

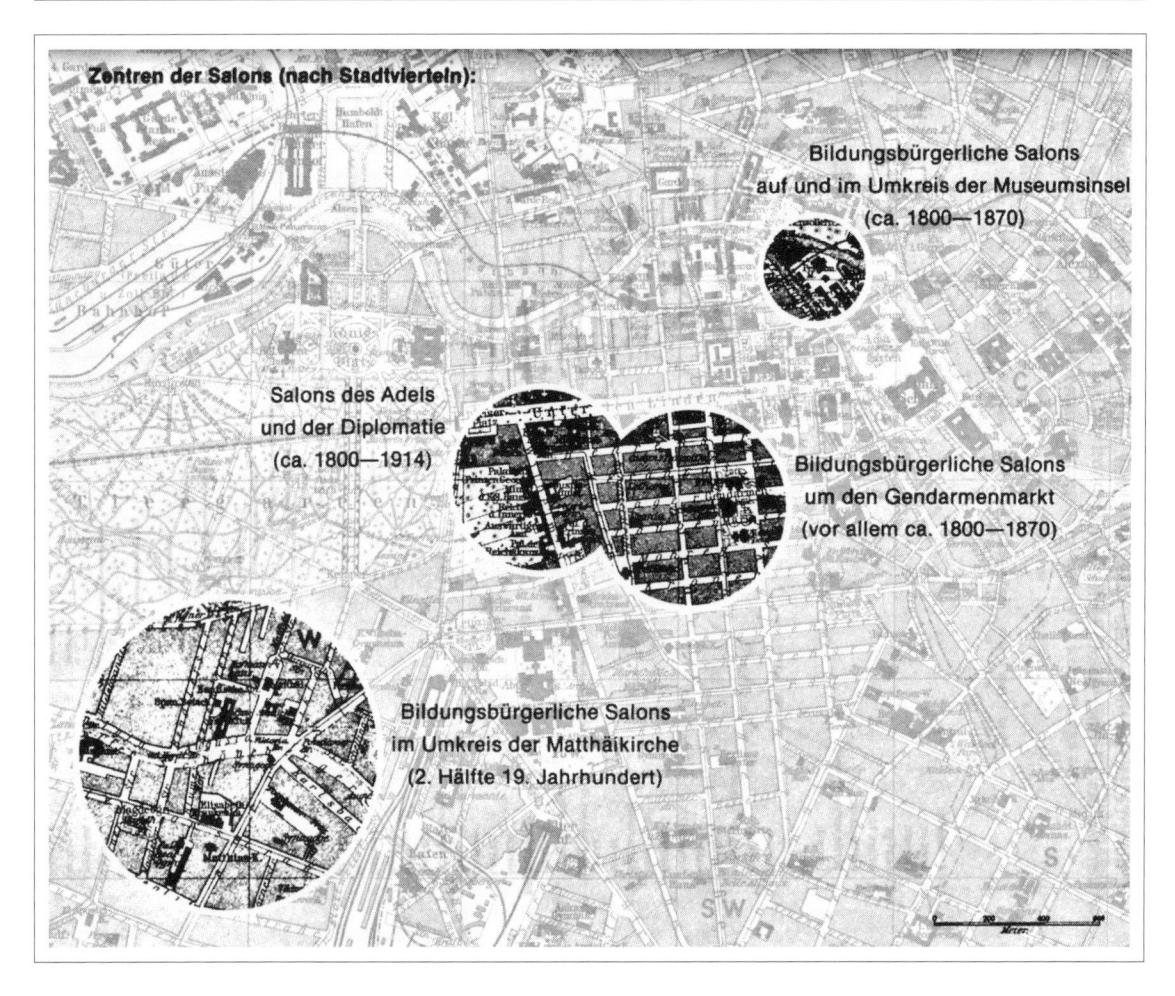

Zentren der Salons (nach Stadtvierteln):

Bildungsbürgerliche Salons auf und im Umkreis der Museumsinsel (ca. 1800—1870)

Salons des Adels und der Diplomatie (ca. 1800—1914)

Bildungsbürgerliche Salons um den Gendarmenmarkt (vor allem ca. 1800—1870)

Bildungsbürgerliche Salons im Umkreis der Matthäikirche (2. Hälfte 19. Jahrhundert)

Zentren der Salons in Berlin: Der Adel und die Diplomatie versammelten sich in der Wilhelmstraße rund um den Gendarmenmarkt, die bildungsbürgerlichen Salons konzentrierten sich im 19. Jahrhundert im Umkreis der Museumsinsel, während des Kaiserreiches um die Matthäikirche im Tiergarten

1896 in der Wilhelmstraße.[6] Der wichtigste »Habitué« in ihrem Salon in der Wilhelmstraße 86 war die »graue Eminenz« im Auswärtigen Amt, der Geheimrat Friedrich von Holstein. Der menschenscheue Holstein, der gleichwohl in der deutschen Außenpolitik eine gewichtige Rolle spielte, war für Außenstehende kaum zu sprechen. Einzig bei Helene von Lebbin gab er sich offener, »bei dieser klugen und verständigen Frau fand der alternde Junggeselle häusliche Behaglichkeit, eine frauliche, anheimelnde Luft …«[7] Hier, bei seiner

---

6 Später hatte sie ihren Salon an wechselnden Orten im neuen Westen der Stadt.

7 Marie von Bunsen, *Zeitgenossen, die ich erlebte*, Leipzig 1932, S. 89.

Der bedeutendste politische Gast im Salon der Helene von Lebbin war die »Graue Eminenz« im Auswärtigen Amt, der Geheimrat Friedrich von Holstein

»machte ihr die ganze Wilhelmstraße den Hof. Sehnlichst wünschte jeder strebsame Diplomat ihre Bekanntschaft zu machen.« Doch es war weder einfach, in ihren Kreis Einlaß zu finden noch dort auch tatsächlich den begehrten Geheimrat zu treffen. Wenn Holstein den Wunsch äußerte, zu Frau Lebbin zu kommen, fand keine große Geselligkeit statt. Die Zahl der Besucher wurde mit Rücksicht auf ihn stark eingegrenzt. Oft waren nur drei oder vier von ihm gewünschte Gäste anwesend. In diesem intimen Zirkel wurden wichtige politische und wirtschaftliche Fragen besprochen. Der politische Einfluß von Holstein war groß und auch seine Gastgeberin von nicht wenigen gefürchtet. Sie soll von ihrem Salongast jeden Tag Rohrpostbriefe mit den neuesten Nachrichten aus dem Auswärtigen Amt empfangen, aber diese Kenntnisse nie mißbraucht haben. Die Baronin von Spitzemberg notierte nach ihrem ersten Besuch bei Helene von Lebbin, nunmehr bereits am Karlsbad ansässig, daß dort »mehr große Politik getrieben wird als in manchen Ministerien, wo man aber gerade deshalb wenig erfährt.«[8] Später revidierte sie ihre Meinung und glaubte nun, daß sie die politische Fähigkeiten und den Einfluß der Frau von Lebbin überschätzt habe.

Der Salon der Helene von Lebbin war, bedingt durch ihren wichtigen Gast, eine der Stätten, die besonders in der Bismarckzeit zu einer großen Bedeutung gelangten: Die politischen Salons. Da Bismarck die herausragendste Person des politischen Lebens war, drehten sich in den Salons zwar nicht alle, aber doch sehr viele Gespräche um ihn, und dies natürlich um so mehr, je politischer ein Salon war, das heißt, je mehr seiner Gäste aus diesem Bereich kamen. In Salons, die dem politischen Leben eng verbunden waren, herrschte eine eher bismarckfeindliche Stimmung vor. Allgemein kann gelten: »Je weiter ein Salon – zum Beispiel ein literarischer Salon – von der aktiven Politik entfernt stand, desto bismarckfreundlicher wurde

intelligenten, verschwiegenen und zuverlässigen Freundin, fand er eine Atmosphäre, bei der er sich nicht nur erholen, sondern auch wichtige Gesprächspartner treffen konnte. Im Salon Lebbin verkehrten die Reichskanzler Caprivi, Hohenlohe und Bülow ebenso wie Diplomaten, Beamte und Bankiers. Wegen ihres einflußreichen Habitués

---

8 Hildegard Baronin von Spitzemberg, *Das Tagebuch der Baronin Spitzemberg, geb. Freiin von Varnbühler. Aufzeichnungen aus der Hofgesellschaft des Hohenzollernreiches*, herausgegeben von Rudolph Vierhaus, Göttingen 1960, S. 454.

er zumeist, weil hier von den Reibereien des politischen Alltags weniger zu spüren war.«[9] Eine Ausnahme bildete der Salon der Baronin von Spitzemberg, die dem Reichskanzler eher zugetan war. Von den 25 Salons und acht salonähnlichen Geselligkeiten der Zeit zwischen 1860 und 1890 waren nur zwei überwiegend politisch orientiert: Die Salons Radziwill und Spitzemberg. Dem Salon Schleinitz kam eine noch näher zu erläuternde Zwischenstellung zu. In den übrigen wurden zwar auch politische Gespräche geführt, ihre eigentliche Intention lag jedoch mehr auf dem Gebiet der Kunst, Musik und Literatur.

Der Salon der Fürstin Marie Radziwill in der Wilhelmstraße 77 (seit 1878 am Pariser Platz 3) war nicht nur einer der wichtigsten politischen Salons in Berlin, sondern wohl auch der exklusivste. Er war fast ausschließlich Treffpunkt der Hof- und Diplomatengesellschaft. Selbst Kaiser Wilhelm I. und Kaiserin Augusta waren dort häufig anzutreffen. Hieraus ergab sich für die übrigen Gäste eine Gelegenheit, das Herrscherpaar zwanglos und inoffiziell zu sprechen. Während des Kulturkampfes war er auch Ort der Begegnung für Katholiken und Politiker der Zentrumspartei, ebenso für viele Polen. Das galt für Bismarck als Beweis, daß die Fürstin gegen ihn intrigiere. Dies traf in dieser Härte wohl nicht zu, sicher ist aber, daß in ihrem Salon fast ausschließlich Gäste verkehrten, die zum Reichskanzler in Opposition standen. Dabei handelte es sich neben den erwähnten Politikern um einen großen Teil des Hofes.

Die Fürstin Radziwill empfing an jedem Abend. Von 21 Uhr an erwartete sie ihre Gäste, »in helle Seide gekleidet, mit ihren großen Perlen geschmückt, handarbeitend, inmitten der französischen Möbel und Bildnisse des 18. Jahrhunderts.«[10] Nach einer halben Stunde wurde von Dienern Tee und Gebäck serviert, nach einer Stunde Orangeade, um 23 Uhr war der Abend zu Ende. Und dennoch: »Zu dieser anspruchslosen Gesellschaft erschienen Damen und Herren in großer Toilette.«[11] Gesprochen wurde in ihrem Salon französisch, denn die aus Frankreich stammende Fürstin war der deutschen Sprache kaum mächtig.

Geradezu als Zentrum der Opposition gegen Bismarck konnte der Salon der Marie von Schleinitz, der Ehefrau des preußischen Hausministers, in der Wilhelmstraße 73 gelten. Es war ein politischer Salon, weil dort viele politische Gespräche geführt wurden und zugleich ein unpolitischer, weil sich die Salonnière mehr für Kunst, Literatur und insbesondere für Musik interessierte.

Das Verhältnis der Familien Schleinitz und Bismarck, die in der Wilhelmstraße in unmittelbarer Nachbarschaft wohnten, war äußerst gespannt. Zwischen beiden Häusern herrschte »latenter Kriegszustand«, der sowohl politische wie auch gesellschaftliche Ursachen hatte. Alexander Graf von Schleinitz war bereits vor Bismarck preußischer Außenminister gewesen, seit dieser Zeit mit dem Kanzler »innig verfeindet«.[12] Dem stets mißtrauischen Bismarck war vor allem ein Dorn im Auge, daß Schleinitz als Minister des Königlichen Hauses unmittelbaren Zugang zum Kaiserpaar hatte. Bismarck war stets genau informiert, wer wie oft bei Schleinitz verkehrte und ärgerte sich besonders dann, wenn der Kaiser vorfuhr.

Aber der Gegensatz Bismarck–Schleinitz war nicht nur auf politischer Ebene zu finden. Ihre beiden Salons bildeten zwar die »Pole des gesellschaftlichen Lebens in Berlin«, doch hätten die beiden Häuser nicht unterschiedlicher sein können. Johanna von Bismarck war keine Salonnière im üblichen Sinne. Ihr Ziel war es lediglich, den Gästen ihres Gatten ein angenehmes Umfeld zu schaffen. Hinter diesem Anliegen trat sie vollkommen zurück. Gespräche über andere als politische Themen gab es in ihrem Hause nicht, Künstler und Gelehrte waren fast nie eingeladen. Anders dagegen die Gräfin Schleinitz. Sie stellte Johanna von Bismarck auf gesellschaftlicher Ebene vollkommen in den Schatten, weil sie es verstand, in Berlin das »beste Haus« zu machen. Nicht die politische Komponente in ihrem Salon war hierfür der Grund, sondern die künstlerische.

---

9 P. Wilhelmy, *Der Berliner Salon ...* (wie Anm. 6), S. 258.
10 M. v. Bunsen, *Zeitgenossen ...* (wie Anm. 8), S. 103.
11 *Ebda.*
12 Bogdan Graf von Hutten-Czapski, *60 Jahre Politik und Gesellschaft*, Bd. 1, Berlin 1936, S. 42.

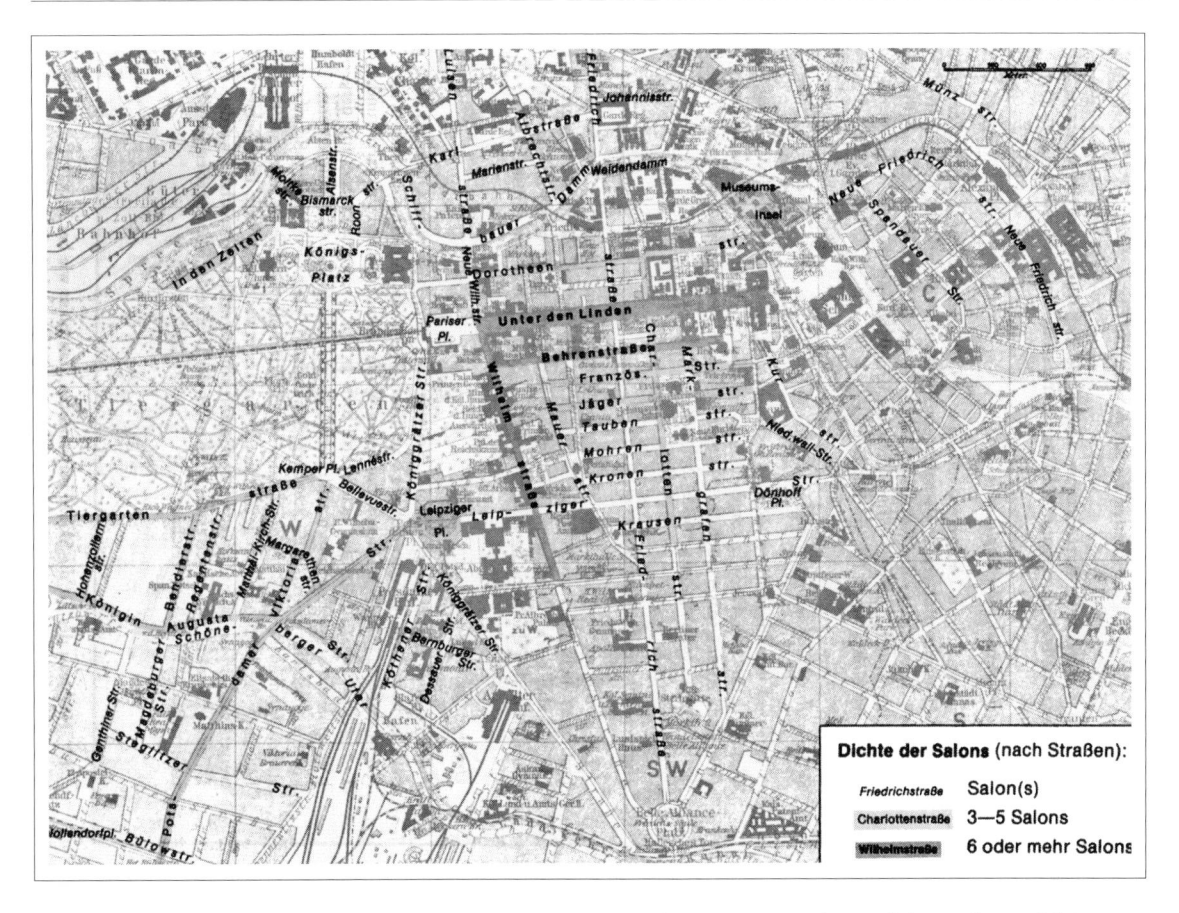

Die Dichte der Salons im Zentrum Berlins. Kursiv gesetzte Straßennamen verweisen auf einen oder zwei Salons, petit gesetzte Straßennamen auf drei bis fünf Salons und fett gesetzte Straßennamen auf sechs oder mehr Salons, wie z. B. in der Wilhelmstraße. Dabei gilt es zu beachten, daß die Anzahl der Salons in einer Straße auch von deren Länge abhängig sein konnte

In ihrem Haus empfing sie Maler, Musiker, Schauspieler, Journalisten und Politiker, ihre große Liebe allerdings galt der Musik; Die »gebildetste und klügste Frau in Berlin« war eine glühende Wagner-Verehrerin. Der Komponist war einige Male Gast in ihrem Haus und die Wilhelmstraße 73 wurde schnell zum Mittelpunkt der Berliner Wagnergemeinde. Die Salonnière förderte den Künstler und seine Projekte wo immer sie nur konnte, allerdings nicht zur Freude aller Besucher. Im Januar 1873 vermerkte die Baronin von Spitzemberg in ihrem Tagebuch: »Freitag abend sollten wir zu Frau von Schleinitz, wo Richard Wagner den Text zu seinen Nibelungen vorlesen soll. Carl hatte aber wenig Lust dazu, und obendrein fürchten wir, die Sache möchte mit einer Geldsammlung für Bayreuth enden, wozu wir keineswegs geneigt wären.«[13]

Doch nicht nur Wagner war ihr Gast, viele Vertre-

13 H. v. Spitzemberg, *Das Tagebuch* ... (wie Anm. 9), S. 138.

ter aus Kunst, Musik und Wissenschaft fanden ebenfalls den Weg in die Wilhelmstraße, unter anderen Hermann von Helmholtz, Leopold von Ranke, Adolph [von] Menzel, Reinhold Begas, Anton von Werner, Franz Liszt sowie die Pianisten Anton Rubinstein und Karl Tausig.[14] Durch solche Gäste versuchte Marie von Schleinitz »eine Bresche in die Exklusivität der Berliner Hofgesellschaft zu schlagen«[15] und die Aristokratie mit Gelehrten und Künstlern in Kontakt zu bringen. Aber gerade der gesellschaftliche Glanz trug seinen Teil dazu bei, den Konflikt Bismarck-Schleinitz zu verstärken. Diese Geselligkeiten im Hausministerium wurden von Bismarck »argwöhnisch und mit bissigen Kommentaren verfolgt«. Johanna von Bismarck war daran wohl nicht ganz unschuldig. Wenngleich sie auch kein Interesse daran hatte, selbst einen Salon zu führen, so blickte sie doch mit einiger Mißgunst auf ihre Nachbarin. Die beiden Familien schenkten sich dabei nichts. Während im Kanzleramt die Gräfin von Schleinitz wegen ihres nicht eben kleinen Mundes als »der Haifisch« bezeichnet wurde[16], kam der Kanzler in ihren Hause auch nicht besser weg. Cosima Wagner äußerte sich einmal erstaunt darüber, in welchem Ton man bei Schleinitz über Bismarck sprach: Dieser habe keinen Charakter und im übrigen mehr Glück als Verstand.

Nur einer der rein politischen Salons konnte als bismarckfreundlich bezeichnet werden: der Salon der Baronin von Spitzemberg, der allerdings abseits der Wilhelmstraße lag, in der Potsdamer Straße, später in der Magdeburger Straße 3. Dies gilt auch für einen großen Teil der Salons, die sich in den späten Bismarck-Jahren durchsetzten, mit ihrer großbürgerlichen Geselligkeit, repräsentiert durch Finanzsalons und solche, die überwiegend vom Bildungsbürgertum besucht wurden. Während die Salons zunächst von Frauen adliger Herkunft geleitet worden waren, gab es nun auch Salonièren, die aus dem Bürgertum kamen und deren Ehepartner später geadelt wurden, so etwa Anna von Helmholtz, deren Salon als »aufgeklärt und liberal« gelten darf.[17]

Einen großen Salon am Wilhelmplatz 7 führte seit den siebziger Jahren die Bankiersfrau Leonie Schwabach. Ihr Ehemann Julius Schwabach war zunächst Mitinhaber des Bankhauses Bleichröder, später dessen Chef. Anders als Bleichröder wurde die Familie Schwabach aber von der Berliner Gesellschaft sehr geschätzt. In ihrem Salon hatten sie interessante Persönlichkeiten aus Politik, Finanzwelt, Literatur und Kunst zu Gast. Die Salonnière verstand es, sich in der »Hofgesellschaft mit Sicherheit und Eleganz zu bewegen« und blieb dabei, ganz im Gegensatz zu vielen anderen »Neureichen« der Gründerzeit, zurückhaltend und vornehm.[18]

Kultur, Gesellschaft und Politik im Kanzlerpalais

Wenn dem Salon der Johanna von Bismarck eine Sonderrolle zukam, so lag dies auch in ihrer Persönlichkeit. Die eher »hausbackene« Johanna war keine typische Salonnière wie etwa ihre »Konkurrentin« aus der Wilhelmstraße 73, die Gräfin Schleinitz. Diese – gut aussehend, gebildet, musikalisch, im gesellschaftlichen Mittelpunkt stehend – war eine selbständige Frau, die einen künstlerisch, vor allem aber musikalisch höchst anspruchsvollen Salon führte.

Diesem Vergleich konnte und wollte Johanna von Bismarck nicht standhalten. Zwar empfing auch sie Gäste, meist handelte es sich jedoch um die Ehefrauen von Politikern und um Diplomaten, die mit ihrem Mann dienstlich verkehrten. Künstler waren nur selten im Kanzlerpalais anzutreffen. Dies wurde der Fürstin auch zum Vorwurf gemacht: Sie solle, so forderte man von ihr, ihren Salon »zu dem die Höchsten und Besten sich drängten, besser und reicher mit hervorragenden

---

14 P. Wilhelmy, *Der Berliner Salon* ... (wie Anm. 6), S. 276.
15 *Ebda.*
16 M. v. Bunsen, *Zeitgenossen* ... (wie Anm. 8), S. 64.
17 P. Wilhelmy, *Der Berliner Salon* ... (wie Anm. 6), S. 283.
18 P. Wilhelmy, *Der Berliner Salon* ... (wie Anm. 6), S. 290.

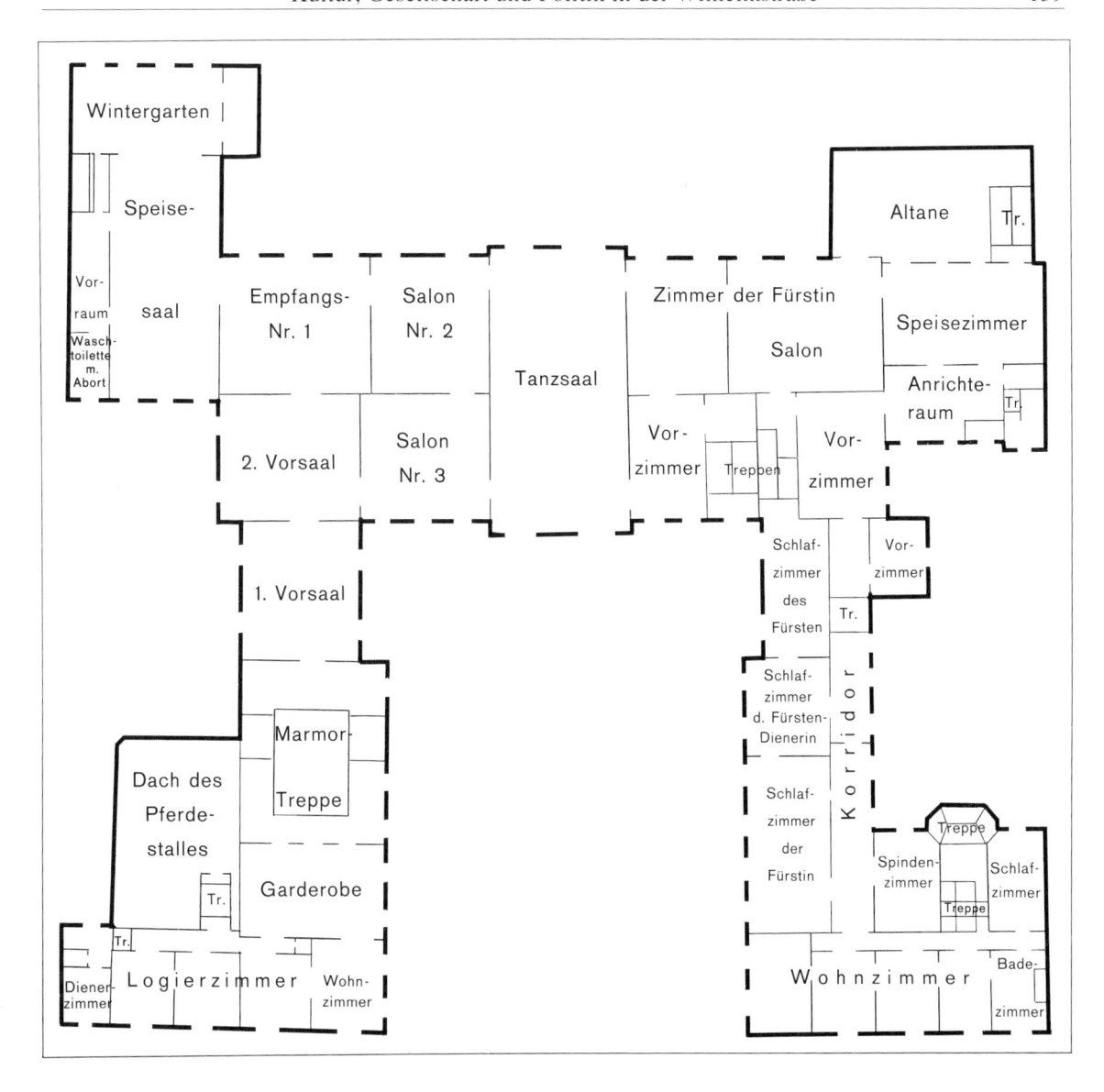

Kultur, Gesellschaft und Politik in der Wilhelmstraße

Repräsentationsräume und Dienstwohnung des Reichskanzlers im ersten Stock des Dienstgebäudes Wilhelmstraße 77 während Bismarcks Amtszeit

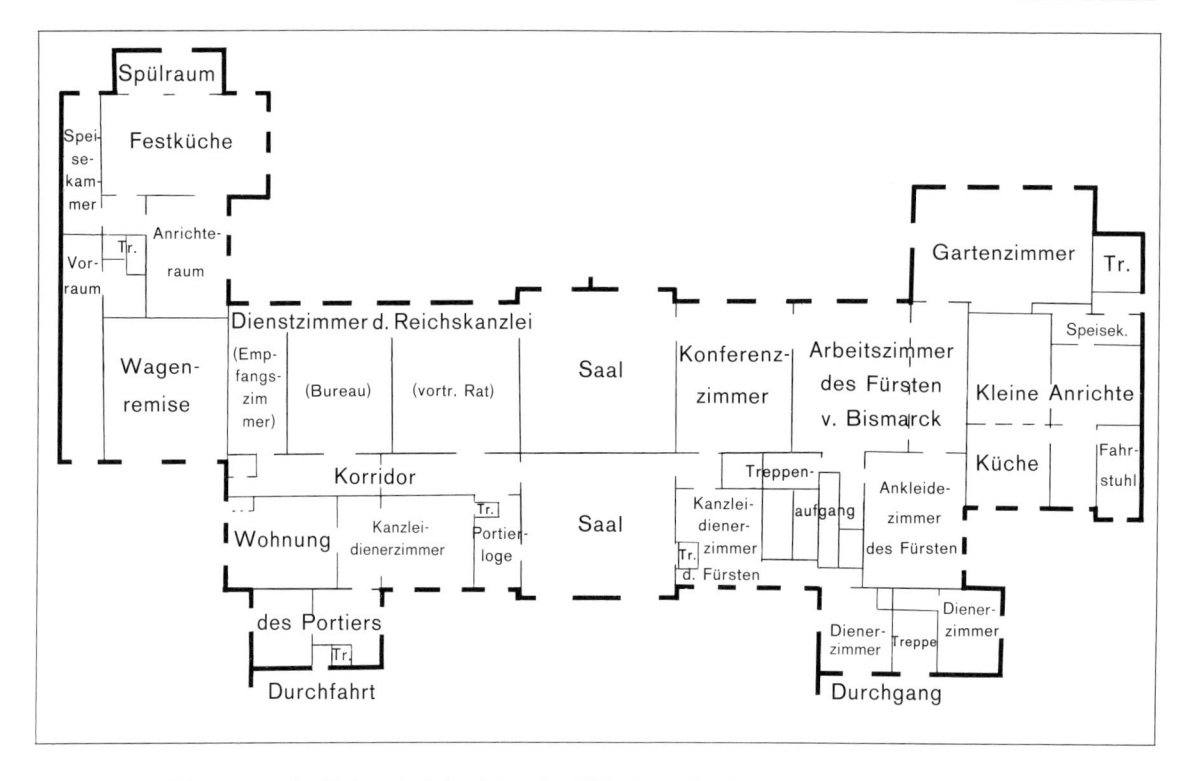

Diensträume im Erdgeschoß des Gebäudes Wilhelmstraße 77 während Bismarcks Amtszeit

Menschen ausstatten«.[19] Doch Bismarck hatte kein Interesse an einer Unterhaltung mit Menschen, deren Fachgebiet ein anderes als die Politik war.

Wenn er abends müde im Salon seiner Frau erschien, wollte er vor allem seine Ruhe haben und nur noch Leute vorfinden, vor denen er sich keine Zwänge politischer oder gesellschaftlicher Art auferlegen mußte. An geistiger Anregung hatte er dann kein Interesse mehr, Gespräche über künstlerische Dinge waren ihm eher langweilig. Dennoch stand das Haus des Kanzlers nie leer. Bismarck hatte täglich Tischgäste, jeden Abend versammelten sich im Salon der Fürstin einige seiner engeren Bekannten.

Man erschien gegen 22 Uhr im Salon der Fürstin. Eine besondere Anmeldung oder Einladung war für die Stammgäste auch hier nicht notwendig. Es war jedoch nicht einfach, Zugang zu Bismarck oder in den Salon seiner Frau zu bekommen. Die Fürstin sah sich die Menschen lange an, bevor sie ihnen die Freundschaft des Hauses gewährte. Hatte man allerdings erst einmal die Aufmerksamkeit der Johanna von Bismarck geweckt und ihr Vertrauen gewonnen, »konnte man fest auf ihre immer gleichbleibende Freundlichkeit und Fürsorge bauen«.[20] Dies galt allerdings nur, solange man dem Fürsten genehm blieb. Dann jedoch wurde man mit häufigen Einladungen bedacht und war immer gern gesehener Gast. Wer dem Kanzler in irgendeiner Weise unangenehm auffiel oder politisch eine andere Meinung vertrat,

---

19 Artur von Brauer, *Im Dienste Bismarcks,* Berlin 1936, S. 136.
20 *Ebda.*

konnte schwerlich damit rechnen, häufiger in der Wilhelmstraße bewirtet zu werden.

Zu Beginn seiner Kanzlerschaft war Bismarck ein intensiver Nachtarbeiter. Selten war er vor 14 Uhr zu sprechen, dann arbeitete er jedoch bis 3 oder 4 Uhr nachts. Dies war selbst für Berlin eine ungewöhnliche Lebens- und Arbeitsweise, so daß sich Baronin von Spitzemberg im Februar 1872 zu folgendem Tagebucheintrag veranlaßt sah: »Später besuchte ich Bismarcks; der Fürst im Schlafrock kam um 14 Uhr eben aus dem Bett und nahm seinen Tee!«[21] Zu Hause war er selten, auch das gesellschaftliche Leben spielte sich außerhalb des Hauses ab. Johanna von Bismarck schrieb im Jahr 1863, dem zweiten Jahr seiner Amtszeit als preußischer Ministerpräsident: »Man sieht ihn nie und nie – morgens beim Frühstück fünf Minuten während des Zeitungsdurchfliegens – also ganz stumme Scene. Drauf verschwindet er in sein Kabinett, nachher zum König, Ministerrat, Kammerscheusal, – bis gegen fünf Uhr, wo er gewöhnlich bei den Diplomaten speist, bis 8 Uhr, wo er nur en passant Guten Abend sagt, sich wieder in seine gräßlichen Schreibereien vertieft, bis er um halb zehn zu einer Soiree gerufen wird, nach welcher er wieder arbeitet bis gegen ein Uhr und dann natürlich schlecht schläft.«[22]

Erst in den achtziger Jahren änderte er auf Anraten seines Arztes diesen Rhythmus und begann ein besser geregeltes Leben zu führen. Nun stand er bereits gegen 8 Uhr morgens auf, arbeitete von 10 bis 17 Uhr, »Mittagessen« war um 18 Uhr, gegen 22 Uhr ging er zu Bett. In diesen Jahren änderte sich auch das gesellschaftliche Leben des Kanzlers, er schränkte seine Besuche und die seiner Gäste drastisch ein. Die Abende für seine regelmäßigen Hausgäste entfielen weitgehend, es sei denn, sie wurden ausdrücklich eingeladen.

Früher aber galt: Die letzten Stunden des Tages verbrachte der Kanzler meist im Salon seiner Gemahlin. Allein war er dabei nie, sowohl beim Essen als auch im Salon waren immer Gäste anwesend. Neben seinen beiden Söhnen und der Tochter waren es meistens noch zwei oder drei nähere Bekannte. Mehr Gesellschaft war dem Kanzler nicht genehm. Rudolf Braune, der Hauslehrer der Kinder Bismarcks, erhielt einmal auf

Im Treppenhaus des Reichskanzlerpalais während des Berliner Kongresses, Pressezeichnung von 1878

die Frage, ob Besuch da sei, von einem Diener die Antwort: »Nein, bloß die gewöhnlichen Herren.«[23] Er gab selten und nur ungern größere Diners, und dies auch nur bei besonderen, repräsentativen Anlässen. Zu den speziellen Gästen der Fürstin gehörten neben der bereits erwähnten Baronin von Spitzemberg die Ehefrau des Hofdomänendirektors von Wallenberg, Adele von Kurowski, die Frau eines Rates im Staatsministerium, der Freiherr Roth von Schreckenstein mit seiner Frau Cäcilie und der Generaladjutant Graf Lehndorff.

Wie ein Abend für die »Intimen« an des Kanzlers Tafel ablief, schildert Bernhard von Bülow: Die Gäste trafen um 22 Uhr in der Wilhelmstraße ein, wo sie schon von der Fürstin Bismarck erwartet wurden. Der Tisch war bereits reichlich gedeckt, es gab jede Art von Wurst, Sardinen, Anchovis, Matjesheringe und Bücklinge, im Winter auch Kaviar aus Petersburg, Lachs, Italienischen Salat, harte Eier, jede Art von Käse, und »un-

---

21 H. v. Spitzemberg, *Das Tagebuch ...* (wie Anm. 9), S. 131.
22 Robert von Keudell, *Fürst und Fürstin Bismarck,* Berlin 1901, S. 116.
23 Rudolf Braune, *Aus Bismarcks Hause,* Bielefeld 1918, S. 74.

Kleiner Empfang für die Teilnehmer des Berliner Kongresses in einer Sitzungspause, Pressezeichnung von 1878

gezählte Flaschen Bier, echte, schwere, bayerische Biere«.²⁴

Das Kanzlerpalais war aber auch Schauplatz großer gesellschaftlicher Ereignisse. Der Berliner Kongreß vom Juni 1878 tagte nicht nur im Reichskanzlerpalais, er dinierte dort auch.²⁵ Und am 1. April 1885 beging der Reichskanzler seinen 70. Geburtstag; Grund genug, den Jubilar mit einem Fest zu ehren. Bereits am Vorabend fand vor Bismarcks Amtssitz ein großer Aufmarsch statt. Kriegervereine, Sängerchöre, Studenten und Innungen zogen auf Triumphwagen, Fahnen schwenkend und Hymnen singend, am Reichskanzler vorbei, der am offenen Fenster stehend die Parade abnahm. Über 10 000 Menschen sollen daran teilgenommen haben.

Der nächste Tag gehörte dann den Gratulanten. Es begann um 10 Uhr mit dem Kaiser und sämtlichen Prinzen des Königlichen Hauses. Es folgten Deputationen des Bundesrates, der Botschafter und der Generalität. In den Räumen des Palais – und vor allem am reichhaltigen Büffet – drängten sich Studenten und Dorfschulzen, Beamte, Reporter, Künstler und Soldaten. »Es war das eigenartigste Bild, das man wohl sehen konnte, dieser Frühschoppen in Permanenz, dieses offene Haus für jedermann, um dem größten Mann unseres Volkes an seinem 70. Geburtstag zu ehren, wie wohl noch kein Privatmann geehrt worden ist«, berichtet eine Zeitzeugin.²⁶

Bismarck hatte trotz aller bekannten Abneigung gegen große gesellschaftliche Ereignisse zumindest an diesem Tag seine Freude. Er »erwiderte alle Ansprachen geistreich, launig, bewegt, lachte öfter herzlich und schien die Sache zu genießen.« Und selbst ein »Resteessen« gab es im Kanzlerpalais. »Sie hatten all' des Geburtstagsbieres nicht Herr werden können und daher heute Kreti und Plethi zusammengebeten, Fürstlichkeiten, Reichstag, das ganze Auswärtige Amt, die rau-

---

24 Bernhard Fürst von Bülow, *Denkwürdigkeiten,* Berlin 1930, S. 297.
25 Vgl. dazu die anschauliche Darstellung von Iselin Gundermann, *Berlin als Kongreßstadt 1878* (= Berlinische Reminiszenzen, Bd. 49), Berlin 1978.
26 H. v. Spitzemberg, *Das Tagebuch …* (wie Anm. 9), S. 217.

chend und Bier trinkend bis 1 Uhr im Kongreßsaale hausten.«[27] Darauf jedoch konnte Bismarck verzichten. An diesem Abend waren die Fürstin und die Söhne Gastgeber, der Herr des Hauses lag schon im Bett.

Doch wurde im Hause des Fürsten nicht nur gefeiert, sondern auch Politik gemacht, wichtigste Entscheidungen getroffen und über die Zukunft des Reiches entschieden. Bekannt ist die Entstehungsgeschichte der »Emser Depesche«, die zum Deutsch-Französischen Krieg und schließlich zur Gründung des Deutschen Kaiserreiches führen sollte. Bismarck beschreibt die Szene in seinen Memoiren. Beim Essen mit Kriegsminister von Roon und Generalstabschef von Moltke machten ihm diese Vorhaltungen wegen der Frankreichpolitik des Königs. Bismarck erwog sogar seinen Rücktritt. Als das berühmte Telegramm eintraf, »las ich dasselbe meinen Gästen vor, deren Niedergeschlagenheit so tief wurde, daß sie Speise und Trank verschmähten«.[28] Nachdem sich Bismarck bei Moltke über den Stand der preußischen Rüstung vergewissert hatte, redigierte er die Depesche in Gegenwart seiner beiden Tischgäste. Es entstand der später veröffentlichte Text der »Emser Depesche«. Dabei waren sich die Anwesenden über die Folgen im klaren, sie wollten Frankreich »zwingen«, Preußen den Krieg zu erklären. »Diese meine Auseinandersetzung erzeugte bei den beiden Generälen einen Umschlag zu freudiger Stimmung, dessen Lebhaftigkeit mich überraschte. Sie hatten plötzlich die Lust zu essen und zu trinken wiedergefunden und sprachen in heiterer Laune.«[29]

Bismarcks »Parlamentarische Abende«

Während sich in Berlin die Gesellschaft vergnügte, tagten gleichzeitig Parlament, Landtag und Herrenhaus; die Sitzungsperiode lief weitgehend parallel zur Hofsaison. Es war die Zeit, zu der sich alle Abgeordneten in der Hauptstadt aufhielten. Dabei trafen sie sich nicht nur auf der politischen Bühne; auch auf dem gesellschaftlichen Parkett waren die Politiker zahlreich vertreten. Neben ihrer Teilnahme an den üblichen Veranstaltungen der Saison gab es auch eine, die nur ihnen vorbehalten war, den Parlamentarischen Abend, eine Erfindung Bismarcks. War er noch zu Beginn seiner Amtszeit als preußischer Ministerpräsident ein »Konfliktminister«, der kaum Kontakt zu Parlamentariern hatte, selten Einladungen annahm und nur geselligen Verkehr mit einigen ihm nahestehenden konservativen Abgeordneten pflegte, sollte sich dies später ändern.[30] Die bismarcktreue nationalliberale Partei wurde gegründet, Bismarcks Verhältnis zu Parlament und Parlamentariern entspannte sich zusehends. Er war nun »nicht mehr der anmaßende und dominierende Herr ... der jederzeit mit der königlichen Peitsche über die Köpfe der Opposition hinwegknallte.«[31] Bestätigt durch die Ereignisse des Krieges wurde der Ministerpräsident und spätere Reichskanzler umgänglicher, behandelte seine politischen Gegner nachsichtiger und mit weniger Anmaßung und Schärfe. Er war, zumindest kurzfristig, weniger rücksichtslos und ungeduldig und um ein besseres Einvernehmen mit der Volksvertretung bemüht.

Dieses Verhalten galt aber nicht nur im Parlament, der Ministerpräsident zeigte sich auch dem gesellschaftlichen Leben immer geneigter. Es kamen die ersten Einladungen zum Diner, dem Vorläufer der Parlamentarischen Soireen. Die Gäste trafen um 18 Uhr in der Wilhelmstraße ein, der »offizielle« Teil des Abends endete etwa zwei Stunden später, doch die Eingeladenen blieben bis 22 Uhr. Die Einladungen wurden häufiger, es kamen immer mehr Gäste, und es waren nicht nur Parlamentarier, sondern auch Diplomaten, Offiziere und hohe Beamte. Doch es war nicht nur der Wunsch nach gesellschaftlichem Umgang, der

---

27 H. v. Spitzemberg, *Das Tagebuch ...* (wie Anm. 9), S. 219.
28 Otto von Bismarck, *Gedanken und Erinnerungen*, Bde. 1–3, Stuttgart–Berlin 1922–1925, bes. Bd. 2, S. 99–115, hier: S. 108–113.
29 Otto v. Bismarck, *Gedanken ...* (wie Anm. 28), S. 113.
30 Heinrich Ritter von Poschinger, *Fürst Bismarck und die Parlamentarier. Tischgespräche*, Bde. 1–3, Breslau 1894–1896, bes. Bd. 1, S. 1.
31 *Ebda.*

Auf einer Soirée im Reichskanzleramt begrüßen Johanna und Otto von Bismarck den Zentrumsführer Ludwig Windthorst, Zeichnung um 1870

Bismarck bewog, sein Haus nach und nach den Parlamentariern zu öffnen. Nachdem sich im Laufe der Zeit – gefördert durch die Parlamentarischen Diners – eine immer bessere Zusammenarbeit zwischen Regierung und Parlament angebahnt hatte, erkannte Bismarck diese Art der Zusammenkunft als ein wichtiges Regierungsmittel. Die Diners wurden ausgeweitet. Es entstanden die wöchentlichen »Parlamentarischen Soireen«, die erste am Sonnabend, dem 24. April 1869. Eingeladen waren alle Abgeordneten aus dem Reichstag sowie aus dem Herrenhaus und dem Abgeordnetenhaus.
Selten traf man Vertreter der Sozialdemokratischen Partei an. Sie waren im Hause Bismarcks ebenso ungern gesehene Gäste wie andere Abgeordnete, die auf der »Schwarzen Liste« standen oder als »Deklaranten« galten. Gänzlich fehlten Vertreter der Presse. Vor dem ersten Parlamentarischen Abend dachte Bismarck zwar daran, auch Journalisten dazu zu bitten, die Idee scheiterte aber an dem Problem, nur die »richtigen Leute« einzuladen und damit Verstimmungen heraufzubeschwören. Auch gab es seitens der Presse – vor allem der oppositionellen Blätter und ihrer Vertreter – Berührungsängste. Wer sich mit dem Kanzler »einließ«, galt unter den Journalisten als kompromittiert.
Die Parlamentarischen Soireen haben im Laufe der Jahre ihren Charakter stark verändert. Waren es zu Beginn noch zwanglose Zusammenkünfte, zu denen man ging, um sich zu amüsieren, sich zu unterhalten und »den ersten Arbeiter im Dienste der Zeitgeschichte sozusagen im Schlafrock und Pantoffeln zu sehen«, verloren die Soireen mit der Zeit diesen »naiven Charakter«. Die Parlamentarier suchten die Räume nicht mehr auf, um einige Stunden angenehm zu verbringen, sondern sie kamen in der Absicht, aus dem Munde des Kanzlers politische Neuigkeiten zu erfahren. Bismarck wurde nach und nach in die Rolle eines Mannes gedrängt, »der die Gesamtkosten der Unterhaltung alleine zu tragen hatte«. Aus den übrigen Beteiligten waren Zuhörende geworden, die keine »Zwiegespräche mehr führten«, sondern nur noch die »Monologe vernahmen, die dem Munde des Kanzlers entströmten«. Aus den harmlosen Tischgesprächen früherer Zeit waren politische Reden geworden, die auch im Parlament hätten gehalten werden können, mit einem Unterschied allerdings: Mit Rücksicht auf den Ort des Geschehens und die Person des Vortragenden verbot sich jede Widerrede.[32]
Zu Beginn der achtziger Jahre ging der Besuch der Parlamentarischen Soireen zurück, immer weniger Abgeordnete fanden den Weg in die Wilhelmstraße. Am 27. Mai 1881 waren nur knapp 80 Gäste bei Bismarck, die Zeit der großen Parlamentarischen Abende ging ihrem Ende entgegen. Die zunehmend schlechtere Gesundheit Bismarcks machte es ihm auch unmöglich, abends längere Gesellschaften »durchzustehen«. Ab Mitte 1884 lud der Kanzler deshalb zu einigen Parlamentarischen Frühschoppen, erstmals am 20. Juni.

---

32 H. v. Poschinger, *Fürst Bismarck und die Parlamentarier* ... (wie Anm. 30), S. 16f.

Neben den Parlamentarischen Abenden gab es auch hin und wieder einen Frühschoppen bei Bismarcks in der Reichskanzlei, nach einem Gemälde von Ernst Henseler, 1896

Mitglieder aller Fraktionen – mit Ausnahme der Sozialdemokraten und der Volkspartei – waren anwesend. Die Sozialdemokraten hatten aus Protest gegen diese Veranstaltung gleichzeitig eine Sitzung des Reichstages anberaumt, was der guten Stimmung beim Frühschoppen keinen Abbruch tat. Die Anwesenden berichteten von einer ungezwungeneren und entspannteren Atmosphäre als bei einer Soiree.

Während der Jahre, in denen die parlamentarischen Soireen abgehalten wurden, ließ es sich Bismarck dennoch nicht nehmen, weiterhin einige Abgeordnete, meist hochrangige Vertreter der verschiedenen Parteien, in das Auswärtige Amt einzuladen. Diese Parlamentarischen Diners, eine Zwischenform von privater Einladung und »offiziellem Geschäftsessen«, waren sehr begehrt, gelang es doch nur den wenigsten Parlamentariern, in engeren Kontakt zum Kanzler zu treten.

Beginn des Diners war meist um 17 Uhr. Geladen waren maximal 38 Gäste, mehr fanden im Speisesaal des alten Auswärtigen Amtes nicht Platz. Das Essen dauerte meist eine Stunde, anschließend gab es eine zwanglose Runde mit Portwein und Schnaps, mit Geschichten und Anekdoten. Auch diese Diners dienten mehr dem zwanglosen Kennenlernen und dem Meinungsaustausch als konkreten politischen Zielen. Nur selten hatte ein Diner direkte politische Auswirkungen. Der Kanzler war immer offen in seinen Äußerungen, sagte aber nichts ungeplant. Er wußte, daß von seinen Mitteilungen Gebrauch gemacht würde, und diese Publizität war gewollt.[33]

Politik und Gesellschaft im Kanzlerpalais unter Bismarcks Nachfolgern

Unter Bismarcks Nachfolgern sollte sich das Leben im Kanzlerpalais ändern. Genauso unterschiedlich wie ihre Art war, Politik zu betreiben, war auch ihr gesellschaftlicher Umgang: die Baronin von Spitzemberg bezeichnete das Wirken Bismarcks im Amt als ein »Sturmesbrausen«, das so gewaltig gewesen sei, daß »der absolute Mangel an Kultur und Schönheit, ja der oft brutale Luxus« nicht weiter aufgefallen sei.[34] Leo Graf von Caprivi, der auch im Amt den »Haushalt eines einfachen preußischen Generals« führte, bezeichnete sie als »spartanisch und preußisch-militärisch geschmacklos«.[35] Seine Lebensgewohnheiten waren von äußerster Einfachheit geprägt, er beschränkte seine Repräsentation auf das unbedingt Notwendige. Hinzu kam noch, daß Caprivi Junggeselle war. Die Stelle der Hausfrau und Gastgeberin übernahm deshalb bei festlichen Anlässen seine Nichte, Martha Gräfin Finckenstein. Große, glanzvolle Feste waren unter diesen Voraussetzungen nicht zu erwarten.

Bismarck konnte nicht nur der Politik seines Nachfolgers keine guten Seiten abgewinnen. Er rügte auch scharf den Umgang Caprivis mit dem ihm anvertrauten Grundstück in der Wilhelmstraße. Der Alt-Kanzler zeigte sich dabei als einer der ersten »Grünen«, aber im Unterschied zu diesen auch als ein nationaler Chauvinist, wenn er in einer Anmerkung zu seinen Memoiren schreibt: »Ich kann nicht leugnen, daß mein Vertrauen in den Charakter meines Nachfolgers einen argen Stoß erlitten hat, seit ich erfahren habe, daß er die uralten Bäume vor der Gartenseite seiner, früher meiner, Wohnung hat abhauen lassen, welche eine erst in Jahrhunderten zu regenierende, also unersetzbare Zierde der amtlichen Reichsgrundstücke in der Residenz bildeten. Kaiser Wilhelm I., der in dem Reichskanzlergarten glückliche Jugendtage verlebt hatte, wird im Grabe keine Ruhe haben, wenn er weiß, daß sein früherer Gardeoffizier alte Lieblingsbäume, die ihresgleichen in Berlin und der Umgebend nicht hatten, hat niederhauen lassen, um un poco più di luce zu gewinnen. Aus dieser Baumvertilgung spricht nicht ein deutscher, sondern ein slavischer Charakterzug. Die Slaven und die Celten, beide ohne Zweifel stammverwandter als jeder von ihnen mit den Germanen, sind keine Baumfreunde, wie jeder weiß, der in Polen und Frankreich gewesen ist; ihre Dörfer und Städte stehen baumlos auf der Ackerfläche, wie ein Nürnberger Spielzeug auf dem Tische. Ich würde Herrn von Caprivi manche politische Meinungsverschiedenheit eher nachsehen als die ruchlose Zerstörung uralter Bäume, denen gegenüber er das Recht des Nießbrauchs eines Staatsgrundstücks durch Deterioration desselben mißbraucht hat.«[36]

Noch schlechter als Caprivi bei Bismarck kommt bei der Baronin von Spitzemberg, die schließlich bei allen Reichskanzlern zu Gast war, Chlodwig Fürst zu Hohenlohe-Schillingsfürst weg. Dieser habe dem Haus einen Stempel aufgedrückt, der gekennzeichnet war durch »Dekadenz infolge geizigen und geschmacklosen Haushaltens.«[37] Andere aber bezeichneten Hohenlohes Haushalt als den eines Fürsten, kein Tag sei ohne Gäste vergangen, denn der Reichskanzler hatte immer gern zum Frühstück oder Diner alte Kollegen oder Verwandte bei sich. Auch seine engeren Mitarbeiter habe er auf diese Weise oft bei sich gesehen, da er sich am liebsten in einem zwanglosen, das heißt privaten Rahmen beim Essen mit ihnen beriet. Doch bei großen, festlichen Empfängen im Kanzlerpalais stand auch er, ähnlich wie sein Vorgänger Caprivi, ohne Ehefrau da, welche die re-

---

33 H. v. Poschinger, *Fürst Bismarck und die Parlamentarier* ... (wie Anm. 30), S. 52.
34 H. v. Spitzemberg, *Das Tagebuch* ... (wie Anm. 9), S. 413.
35 Ebda.
36 O. v. Bismarck, *Gedanken* ... (wie Anm. 28), Bd. 3: *Erinnerung und Gedanke*, S. 129f. (Fußnote).
36 H. v. Spitzemberg, *Tagebücher* ... (wie Anm. 9), S. 413.
37 B. v. Hutten-Czapski, *60 Jahre Pflicht* ... (wie Anm. 13), S. 234.

präsentativen Pflichten einer Gastgeberin übernehmen konnte. Dies machte sich »gesellschaftlich oft störend bemerkbar«.[38] Hohenlohe war zwar verheiratet, doch auf die Unterstützung seiner Gemahlin konnte der Kanzler nicht zählen. Sie war immer dagegen gewesen, daß ihr Mann das Amt übernahm, da sie überzeugt war, daß ihr Gatte bald das Schicksal seiner Vorgänger teilen würde. Deshalb ließ sie auch von ihren Möbeln nur soviel wie nötig in die Wilhelmstraße bringen. Der Rest blieb an anderer Stelle eingelagert. Überdies war ihr Berlin unsympathisch. Sobald die Zeit der großen Empfänge kam, verließ sie »fluchtartig die Stadt« und überließ die Pflichten der Hausfrau ihrer Tochter, der Prinzessin Elisabeth. Fürst Hohenlohe blieb als »müder und einsamer Mann zurück«.[39]

Dennoch erlebte das Kanzlerpalais unter Hohenlohe eine glänzendere Periode als frühere. Der Fürst war trotz seiner unscheinbaren Gestalt ein Grandseigneur, der es verstand, seinem Range gemäß aufzutreten. Doch Gelegenheit dazu gab es selten. Nur einmal fand ein großes Fest in der Wilhelmstraße statt, bei dem auch die Gattin des Reichskanzlers anwesend war: zu ihrer Goldenen Hochzeit. Wenigstens an diesem Tage erstrahlte das Palais im Festtagsschmuck; Verwandte aus zahlreichen Adelshäusern waren erschienen, ein Kardinal vollzog die kirchlichen Zeremonien in der Reichskanzlei. Das Kaiserpaar sowie Minister und Abgeordnete überbrachten persönlich ihre Glückwünsche.[40]

Ganz anders gestaltete sich das Leben im Kanzlerpalais unter Bernhard von Bülow. Er ließ das Haus in der Wilhelmstraße nahezu vollständig umbauen, nur der Kongreßsaal blieb unverändert. Während das Kanzlerpalais unter Bismarck in dem damals üblichen Renaissancestil eingerichtet war, kam unter dem Fürsten Bülow »ein völlig deplazierter italienischer Palazzostil moderner Prägung zur Geltung«.[41] Verantwortlich hierfür war vor allem die kunstsinnige Ehefrau des Kanzlers. Den Umbau leitete der Hofbaurat Ernst von Ihne. Das ehemalige Bismarcksche Arbeitszimmer wurde in ein Bismarckmuseum umgewandelt, alle noch im Palais aufgefundenen Erinnerungsstücke an den ersten Reichskanzler waren hier zu sehen.

Reichskanzler Theobald von Bethmann Hollweg an seinem Arbeitstisch in der Reichskanzlei, Zeichnung von Julius Kraut

Doch mehr als diese Reliquiensammlung erinnerte nicht an Bismarck. Die einfache und zweckbestimmte Inneneinrichtung des Palais unter Bismarck, von der Baronin von Spitzemberg wenig schmeichelhaft als »Wartesaal 1. Klasse«[42] be-

---

38 Adolf von Wilke, *Die Berliner Gesellschaft*, Berlin 1907, S. 63.
39 *Ebda.*
40 Johann Sievers, *Schinkel. Bauten für den Prinzen Karl August von Preußen*, Berlin 1942, S. 230.
41 H. v. Spitzemberg, *Das Tagebuch* ... (wie Anm. 9), S. 407.
42 Edgard Harder, *Versunkenes Deutschland*, Wien 1992, S. 65.

Porträt der Maria Gräfin Dönhoff, nach einem Gemälde von Franz Lenbach
Die Inneneinrichtung des Reichskanzlerpalais hatte sich unter Bismarck und seinem Nachfolger Caprivi nicht durch besondere Eleganz ausgezeichnet. Dies änderte erst die kunstsinnige Gattin des Reichskanzlers Bernhard von Bülow, eine geborene Gräfin Dönhoff. Doch mit ihrem italienischen Palazzostil stieß sie nicht unbedingt auf Gegenliebe bei den Berliner Salonnières

zeichnet, verschwand. Altitalienische Renaissancekamine und schwere Holzkassettendecken traten an ihre Stelle, das monumentale Treppenhaus wurde erneuert und von den Wänden die Stuckdekorationen durch Kalkstein ersetzt. Die Renovierungsarbeiten verschlangen die beträchtliche Summe von 240 000 Mark.

Auch der Lebensstil im Kanzlerpalais änderte sich grundlegend. Eine Art höfischen Zeremoniells bestimmte nun den Ablauf von Empfängen und Gesellschaften. Das Ehepaar Bülow wartete, bis sich die Gäste versammelt hatten, dann erschienen zuerst die Fürstin mit ihrer Mutter. Wie bei einem Empfang am Hofe wurden ihnen die Gäste vorgestellt, dann erst kam der Reichskanzler. Für den ordnungsgemäßen Ablauf sorgte ein eigens dafür eingestellter Zeremonienmeister in Gestalt von Bülows Adjutant und »Hofmarschall«, dem Hauptmann von Schwartzkoppen.[43]

Unter Bülow seien, so die Baronin Spitzemberg, nun »feiner Geschmack und ästhetischer Komfort« in das Kanzlerpalais eingezogen. Damit hätten sich auch die Menschentypen gewandelt, die in der Wilhelmstraße verkehrten. Wenngleich auch der Kanzler wie seine Vorgänger Beamte, Diplomaten und Parlamentarier laden müsse, umgebe sich die Gräfin jedoch »vorzugsweise mit Kunstfexen und Künstlern, letztere oft zweifelhaften Genres«. Darüber hinaus aber sei die Dame des Hauses »banal freundlich« und wisse außer über ihre Musik von sonst nichts. Im übrigen sei sie ein verzogenes Glückskind. Aber sie erfülle ihre Aufgaben vortrefflich und mache ihrem Mann das Leben leicht und angenehm.[44] Dies zeigte sich vor allem bei großen Empfängen. Sie verstand es zu repräsentieren und von ihr ging auch ein eigener Charme, eine Natürlichkeit und Herzlichkeit aus, die jedem Gast zugleich über seine anfängliche Verlegenheit hinweghalf.

Noch lieber als große Empfänge aber waren dem Reichskanzler die Diners im kleinen Kreise. Selten betrug die Zahl der Gäste mehr als fünf Personen. Oft anwesend waren der Chef der Reichskanzlei, von Loebell, vom Auswärtigen Amt die Herren von Below und Dr. Hammann, Bülows Adjutant von Schwartzkoppen und sein Bruder Karl Ulrich von Bülow. In diesem kleinen Kreise konnte der Kanzler, der auch als einer der »gebildetsten und belesensten« Menschen seiner Zeit

---

43 H. v. Spitzemberg, *Das Tagebuch* ... (wie Anm. 9), S. 413.
44 A. v. Wilke, *Die Berliner Gesellschaft* ... (wie Anm. 39), S. 71.

Sitzung der »Reichsstatthalter« unter Vorsitz Hitlers in der Reichskanzlei, 1934

bezeichnet wird, über die Dinge reden, die ihm lieber waren als Politik: Kunst, Literatur und Geschichte. Ähnlich wie sein Vorgänger Bismarck war von Bülow ein guter Erzähler und ebenso neigte er zu einer »drastischen Charakteristik der Menschen und Dinge«. Ein Unterschied war allerdings unübersehbar: Bülow war zwar auch ein »tüchtiger Esser«, jedoch sehr wählerisch hinsichtlich der Art und Zubereitung der kulinarischen Genüsse. Er hatte dafür eigens einen französischen Koch eingestellt, der mit seiner Familie im Kanzlerpalais wohnte und ein stattliches Gehalt bezog.[45] Aber das sollen Landesfürsten ja auch heute noch so halten.

In einem etwas zweifelhaften Licht läßt Marie von Bunsen die Gesellschaften Bülows und die wöchentlichen Empfänge seiner Frau in deren »musikgesegnetem Salon« erscheinen. Was sonst »offiziell motivierte Geselligkeit« heißt, erscheint bei zeitgenössischen Beobachtern eher als ein geplanter Versuch, wichtige Gäste für sich einzunehmen. Marie von Bunsen, die den Reichskanzler als einen zwar weltgewandten, aber auch glatten, verlogenen, unglaubwürdigen und theatralischen Mann schildert, schreibt in ihren Memoiren über sein Verhältnis zur Berliner Gesellschaft: Deutlich habe das Ehepaar Bülow seine Geringschätzung dieser Kreise gezeigt. Sie begnügten sich mit der Erfüllung ihrer notwendigen Pflichten, hätten sich allerdings mit besonderer Liebenswürdigkeit um Literaten und Journalisten bemüht. Für einige Gäste hegten sie wohl echt freundschaftliche Gefühle, die allermeisten aber »hielten sie für nützlich und brauchbar«.[46]

Ein Ausblick

Erhielten Kultur, Gesellschaft und Politik nach dem Ende der Monarchie in der Wilhelmstraße einen anderen Stellenwert, ist die Wilhelmstraße

45 A. v. Wilke, *Die Berliner Gesellschaft* ... (wie Anm. 39), S. 71.
46 M. v. Bunsen, *Zeitgenossen* ... (wie Anm. 8), S. 103.

Hitler empfängt eine japanische Marineabordnung in der Reichskanzlei, 1934

in dieser Hinsicht anders wahrgenommen worden?
Mit dem Ende des Hofes änderte sich das gesellschaftliche Leben von Grund auf. Auch die Institution des Salons war ein auslaufendes Modell. Kunst und Kultur streiften die Fesseln des reglementierenden Wilhelminischen Geschmacks ab. Die neu gewonnene gesellschaftliche Freiheit, die sich in den »Golden Twenties« Berlins bricht, fand aber nicht in der Wilhelmstraße statt, sondern in den Kulturvierteln der Innenstadt, vor allem an der Friedrichstraße und ihrer Umgebung sowie besonders im »Neuen Westen«, also in Charlottenburg und Wilmersdorf. In der Wilhelmstraße gab es nur noch Staatsempfänge und die mit dem politischen Leben im engeren Sinne verbundenen Geselligkeiten offizieller Art. Auch die Trauerzüge beim Tode Eberts und Hindenburgs nahmen hier – vom Reichspräsidentenpalais – ihren Ausgang.

Unter Hitler und Goebbels änderte sich vieles, so auch das gesellschaftliche Leben in der Wilhelmstraße. Mit dem Ende der Freiheit von Kunst und Wissenschaft und der Verordnung eines neuen Geschmacks sind die Protagonisten der neuen Gesellschaft in der Wilhelmstraße präsentiert worden. Ministerpräsident Göring schmückte sich mit den Schauspielern der Preußischen Staatstheater, der Gauleiter von Berlin, Joseph Goebbels, mit den Filmgrößen, während Hitler die Reichskanzlei im wesentlichen zu Staatsakten nutzte und seine Kontakte zur Prominenz aus Kunst und

Wissenschaft, aus Kultur und Sport vorrangig auf dem Obersalzberg pflegte, wo er sich heimischer fühlte als im Berliner Regierungsviertel. Soweit Persönlichkeiten des öffentlichen Lebens dort zu Gast waren und sich dadurch in den Dienst der neuen Machthaber stellten, trugen sie dazu bei, diejenigen vergessen zu lassen, die in der kurzen Phase der Weimarer Republik das Wunder von der kulturellen Blüte in der Reichshauptstadt mit herbeigeführt hatten und die nun vertrieben, geächtet oder ermordet wurden. Im Schatten des Krieges sind auch solche Propagandaveranstaltungen in der Wilhelmstraße seltener geworden, bis man schließlich ganz auf sie verzichtete. Die DDR hat daran nicht wieder angeknüpft, trotz Nutzung einiger Baulichkeiten zur Unterbringung von Regierungsbehörden.

Auf dem Neujahrsempfang 1935 spricht Hitler mit dem Doyen des Diplomatischen Corps

Gesprächspartner Hitlers beim Neujahrsempfang 1935 in der Reichskanzlei ist der französische Botschafter François Poncet

Hitler mit seinem Propaganda- und seinem Pressechef bei der Arbeit in der Reichskanzlei, 1934

Ein gestelltes Photo mit Hitler und seinem Stabchef Lutze in der Reichskanzlei, 1934

Gerhard Botz

Herrschaftstopographie Wiens
Historische Dimensionen und politisch-symbolische
Bedeutungen des österreichischen Regierungszentrums[1]

Als österreichisches Regierungszentrum wird hier zunächst die räumliche Ansammlung von Gebäuden Wiens verstanden, in denen die höchsten Staatsämter – Staatsoberhaupt, Parlament, Regierung und Höchstgerichte – und die Ministerien ihren Sitz haben. Darüber hinaus ist als »Regierungszentrum« das gesamte räumliche und soziale Feld zu verstehen, in dem auch die Gebäude anderer politischer Körperschaften und Verwaltungen, der Akteure der Wirtschaftspolitik wie Nationalbank, Börse und der (in Österreich lange Zeit überwiegend verstaatlichten) Großbanken liegen. Dazu gehören auch die großen (sozialpartnerschaftlichen) Interessenorganisationen – Handelskammer, Arbeiterkammer, Landwirtschaftskammer, Gewerkschaftsbund – und die großen Parteien, vor allem die Sozialdemokratische Partei (SPÖ) und die Österreichische Volkspartei (ÖVP). Wie in vielen anderen europäischen Hauptstädten sind in Wien die politischen Funktionen der Landes- und der Kommunalebene eng mit jenen der staatlichen, manchmal auch der internationalen Ebenen verschränkt. Gesellschaftliche Gestaltungsmacht und die damit verbundene Arbeits- und Lebenswelt der Träger und Teilhaber politischer Macht ziehen in ihrer räumlichen Nähe Einrichtungen der Großwirtschaft (Industriekonzerne, Handelsfirmen usw.) und der Künste an, ebenso Cafés und Hotels, so daß Stadtgeographen zu Recht von einer Wiener »Regierungscity« sprechen.[2]

Doch nicht in einem so umfassenden Sinn sei hier Regierungszentrum definiert, wenngleich es sich in Wien wegen des besonders engen wechselseitigen Nahverhältnisses von Politik und Kunst als unvermeidbar erweist, das Regierungsviertel im Zusammenhang nicht nur mit politisch-symbolisch bedeutungsvollen Gebäuden, Straßen und Plätzen, sondern auch mit den Stätten der Hochkultur zu sehen. Immerhin sind in der Ringstraßenzone, die das österreichische Regierungszentrum halbkreisförmig umfaßt und strukturiert, seit ihrer Entstehung im letzten Drittel des 19. Jahrhunderts mehr als die Hälfte der 16 großen öffentlichen Gebäude den Künsten gewidmet (Sprech- und Musiktheater, Museen, Konzertsäle); dazu kommen die Universität und die

---

[1] Manche der hier dargelegten Überlegungen konnte ich mit Dr. Gerald Sprengnagel (Universität Salzburg) und Dr. Albert Müller (Ludwig-Boltzmann-Institut für Historische Sozialwissenschaft, Salzburg-Wien) diskutieren. Ihnen danke ich hier sehr herzlich; ebenso für mancherlei Unterstützung und Auskünfte: Prof. Manfred Wagner, Dr. Patrick Werkner und der Bibliothek der Hochschule für Angewandte Kunst, Dr. Friedrich Polleross (Institut für Kunstgeschichte der Universität Wien), Dr. Peter Csendes (Archiv der Stadt Wien) und Dr. Renate Banick-Schweitzer sowie Dr. Gerhard Meissl (Ludwig-Boltzmann-Institut für Stadtforschung), ebenso Dr. Franz Krieger (Bundeskanzleramt), Mag. Ulrich J. Dobnik (Bundespressedienst), Dr. Wolfgang Petritsch (Magistrat der Stadt Wien), Dr. Stefan Lütgenau (Kreisky-Archiv-Wien).

[2] Elisabeth Lichtenberger, *Die Wiener Altstadt. Von der mittelalterlichen Bürgerstadt zur City,* Wien 1977, S. 201. Dies., *Stadtgeographischer Führer Wien,* Berlin 1978, S. 89ff.

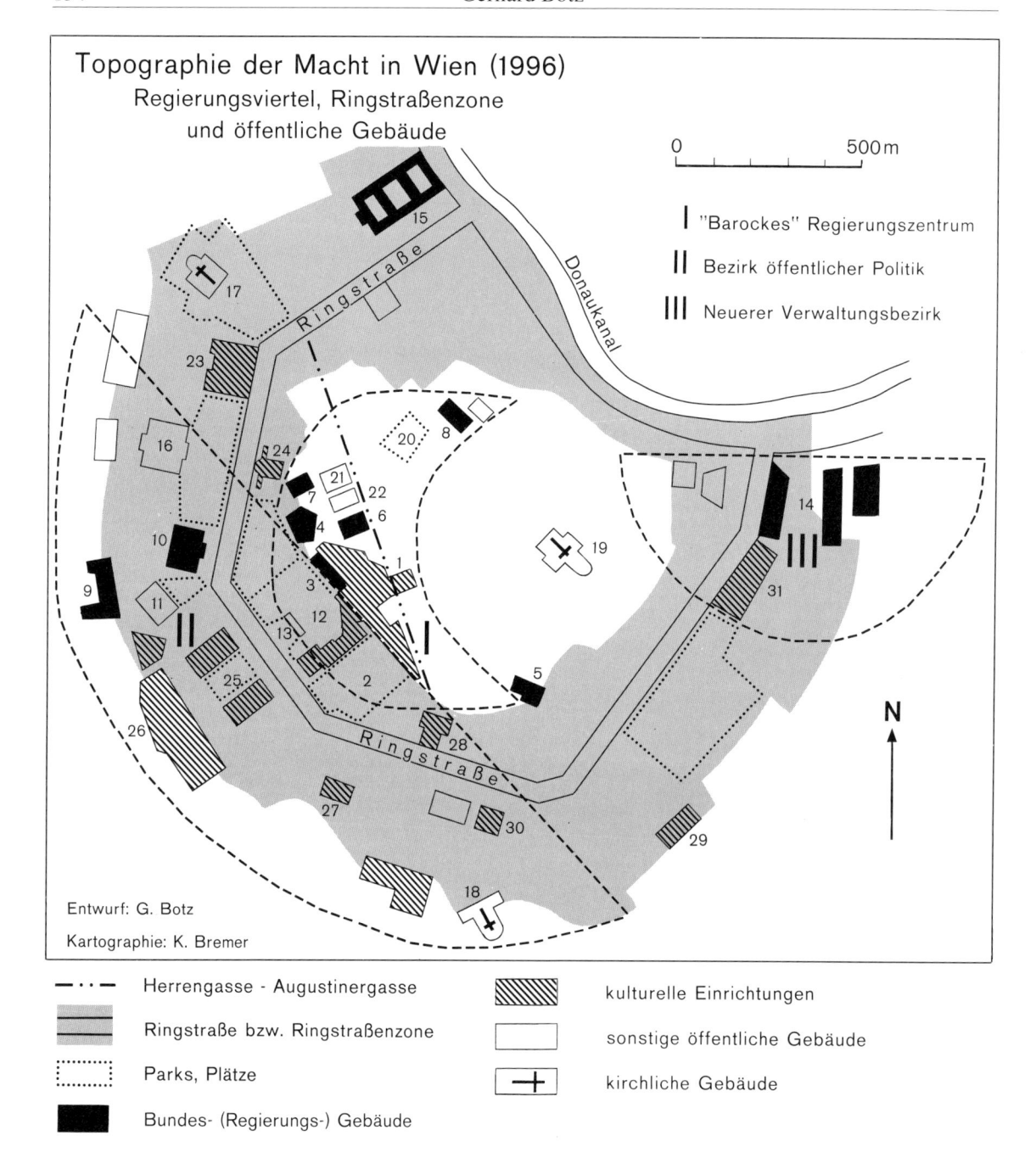

Topographie der Macht in Wien (1996)
Regierungsviertel, Ringstraßenzone und öffentliche Gebäude

I "Barockes" Regierungszentrum
II Bezirk öffentlicher Politik
III Neuerer Verwaltungsbezirk

Entwurf: G. Botz
Kartographie: K. Bremer

— · — Herrengasse – Augustinergasse
▨ Ringstraße bzw. Ringstraßenzone
⋯ Parks, Plätze
■ Bundes- (Regierungs-) Gebäude
▨ kulturelle Einrichtungen
☐ sonstige öffentliche Gebäude
✚ kirchliche Gebäude

beiden Kunstakademien.³ Die Wiener Ringstraße als Ganzes ist aber auch nicht völlig identisch mit dem Regierungszentrum und eher eine kulturelle, zweifelsohne auch politikbezogene Repräsentationszone. Von den an ihr liegenden politischen Gebäuden im engeren Sinn sind vor allem das Parlament und das Rathaus zu nennen, dann auch der Justizpalast und das heute »Regierungsgebäude« genannte ehemalige Kriegsministerium, während der ehemalige stadtplanerische und politische Bezugspunkt, die Hofburg – von einer wichtigen Ausnahme abgesehen – heute fast nur noch historisch-symbolisch zu werten ist.

Die Ringstraße mit ihrer parallelen Außenstraße, der sogenannten »Lastenstraße«, und der ehemals stadtnächste Donauarm, der Donaukanal, bilden einen annähernd sechseckigen Bereich, der den 1. Gemeindebezirk (Innere Stadt) ausmacht. Dessen Mittelpunkt nimmt der Stephansdom ein, und innerhalb eines Radius von nur etwa 800 bis 1 000 Meter vom Dom aus liegen die meisten anderen und die wichtigsten Zentren der österreichischen Politik. Am äußeren Rand dieses Polygons, an der Außenseite des ehemaligen Glacis, sind eher nachrangige Verwaltungsstellen angesiedelt. Weiter entfernt von der Wiener Innenstadt befinden sich kaum mehr Regierungsgebäude, wenn man von der in einem ganz anderen Kontext stehenden »UNO-City« absieht.

In diesem Beitrag soll, überwiegend der Literatur folgend⁴, nachgezeichnet werden, wie sich im heutigen Österreich um öffentliche Gebäude des Regierungszentrums, »lieux de mémoire«⁵, kollektive Erinnerungen an historische Ereignisse und Akte der politischen Repräsentation sozusagen kristallisieren, wie sie dargestellt und durch die Historiographie selbst wieder mitproduziert wurden. So soll auf einige Momente aufmerksam gemacht werden, die im politischen Selbstverständnis der heutigen Österreicher und Österreicherinnen, diesen wohl meist unbewußt, durchaus wirksam sind, sei es, daß sie Adressaten oder Mit-

---

3 Eric J. Hobsbawm, *Die Blütezeit des Kapitals. Eine Kulturgeschichte der Jahre 1848–1875*, Frankfurt am Main 1980, S. 355.

4 Siehe vor allem Carl E. Schorske, *Wien. Geist und Gesellschaft im Fin de siécle*, Frankfurt am Main 1982; Peter Schubert, *Schauplatz Österreich*, Bd. 1: *Wien*, Wien 1976; Renate Banik-Schweitzer (Hrsg.), *Wien wirklich. Der Stadtführer*, Wien 1992. Ungemein reichhaltig und schon damit unentbehrlich: Felix Czeike, *Historisches Lexikon Wien*, Bd. 1–4, Wien 1992ff., sowie andere Arbeiten dieses Autors. Aus einer gegensätzlichen Sicht nützlich auch Reinhold Lorenz, *Die Wiener Ringstraße. Ihre politische Geschichte*, Wien 1943, sowie Adam Wandruszka/Marielle Reininghaus, *Der Ballhausplatz*, Wien 1984; wenig dagegen bei Elisabeth Hirt/Ali Gronner (Hrsg.), *Dieses Wien. Ein Führer durch Klischee und Wirklichkeit*, Wien 1986.

5 Ich halte weder die von Nora vorgenommene Erweiterung des Begriffs für sehr zweckmäßig noch in keiner der bisher vorgeschlagenen Übersetzungen – oder auch unübersetzt – auf den geschichtskulturellen Kontext Österreichs oder Deutschlands als als ohne weiteres transferierbar; vgl. Pierre Nora, *Das Abenteuer der Lieux de mémoire*, in: Etienne François/Hannes Siegrist/Jakob Vogel (Hrsg.), *Nation und Emotion. Deutschland und Frankreich im Vergleich. 19. und 20. Jahrhundert* (= Kritische Studien zur Geschichtswissenschaft, Bd. 110), Göttingen 1995, S. 85; E. François/H. Siegrist/J. Vogel, *Eine Nation. Vorstellungen, Inszenierungen, Emotionen*, in: Dies., *Nation und Emotion*, S. 23, Anm. 52.

---

1 Hofburg   2 Neue Hofburg   3 Leopoldinischer Trakt (Präsidentschaftskanzlei)   4 Bundeskanzleramt (Ballhausplatz)   5 Finanzministerium (Winterpalais des Prinzen Eugen)   6 Innenministerium (Palais Modena)   7 Ministerium für Unterricht etc. und Wissenschaft etc. (Starhemberg-Palais)   8 ehem. Böhmische Hofkanzlei (Höchstgerichte) 9 Justizministerium (Trautson-Palais)   10 Parlament   11 Justizpalast   12 Heldenplatz   13 »Heldentor« (Äußeres Burgtor)   14 Regierungsgebäude (Kriegsministerium)   15 Roßauer Kaserne   16 Rathaus   17 Votivkirche   18 Karlskirche   19 Stephansdom   20 Am Hof   21 Niederösterr. Landhaus   22 ehem. Niederösterr. Landesregierung 23 Universität   24 Burgtheater   25 Natur- und Kunsthistorische Museen   26 ehem. Hofstallungen (ehem. Messepalast)   27 Akademie der bildenden Künste   28 Staatsoper   29 Konzerthaus   30 Musikverein   31 Akademie für angewandte Kunst

spieler von (Selbst-)Inszenierungen österreichischer Politik, etwa auch in massenmedialen und literarischen Verarbeitungen, sind. Da entsprechende empirische Umfragen und Studien zu einer solchen subjektiven politischen Geographie in Österreich immer noch weitgehend fehlen, werde ich mich gelegentlich auch auf mein eigenes Verständnis stützen.

Die langen Traditionen der Repräsentationen politischer Macht

Ein hervorstechendes Merkmal des Wiener Regierungszentrums, auf dessen interne Differenzierung noch näher eingegangen wird, ist seine topologische und historische Konstanz, die schon an den architektonischen Erscheinungsbildern kenntlich ist und unmittelbar oft mehr als 250 Jahre, manchmal ein halbes Jahrtausend oder länger zurückreicht. Flugaufnahmen von der Innenstadt gleichen heute wie in den sechziger Jahren immer noch weitgehend den Vogelschauperspektiven aus dem späten 19. Jahrhundert. Im Straßennetz der Innenstadt sind allerdings auch teilweise noch viel ältere Strukturen, so die Umrisse und Hauptachsen des römischen Lagers Vindobona, erkennbar.

Trotz einschneidender Kontinuitätsbrüche in der österreichischen Geschichte stellt sich das Wiener Regierungszentrum also zu einem großen Teil hinsichtlich seiner baulichen Erscheinung und örtlichen Fixierung in lange historische Traditionen. Zugleich hat die Republik Österreich, weder nach 1918 noch nach 1945, keine eigenen politischen Repräsentationsgebäude, sondern nur eher »unansehnliche« Zweckbauten hervorgebracht. Ein wesentlicher Grund für diese Traditionsgebundenheit mag in den politischen Zäsuren der letzten 100 Jahre liegen. Denn mehrmals erfolgte zu einem Zeitpunkt, als die Vermehrung der Behörden, Ämter und Beamten den alten räumlichen Rahmen zu sprengen begonnen hatte, eine Unterbrechung, ja eine Umkehr der Wachstumstrends. Schon 1867 brachte der »Ausgleich« mit Ungarn zwar auch eine Vermehrung der politischen Gremien in der Residenzstadt der österreichisch-ungarischen Monarchie, doch gab dieser Akt einer teilweisen staatsrechtlichen Scheidung Ungarns von Österreich der schon seit langem bestehenden eigenen ungarischen Verwaltungsorganisation neue Impulse; somit wurde Wien durch Budapest wenigstens teilweise vom weiteren bürokratischen Wachstum, das im Habsburgerstaat ohnehin ausgeprägt genug war, entlastet. Kaum zwei Jahrzehnte danach trat mit der Errichtung der öffentlichen Großbauten der Ringstraßenzone eine neuerliche und im heutigen Erscheinungsbild noch deutlichere Zäsur ein. Daraus erst ergab sich der Ansatz zu der heutigen Differenzierung des Regierungsviertels und dessen Möglichkeit zum Verbleiben in der Innenstadt. Denn indem nicht wenige öffentliche Funktionen, vor allem solche der Kommunalverwaltung und der Rechtsprechung, aus dem alten Kern der Stadt an die Ringstraße abwanderten, entstand Platz für die weitergehende Expansion der innerhalb der Ringstraßenzone verbleibenden Ämter. Als der Wachstums- und Differenzierungsprozeß der Staatsverwaltung neuerlich begonnen hatte, nach 1900 den alten räumlichen Rahmen zu sprengen und einen jüngeren Teil des Regierungsviertels auszubilden, brachte der Zerfall der Habsburgermonarchie einen besonders tiefen Einschnitt; die k.u.k. und Hofämter liquidierten nach 1918 und die Zahl der Beamten begann bis in die Mitte der zwanziger Jahre drastisch zu schrumpfen. Daran schlossen fast nahtlos die Weltwirtschaftskrise und die Auflösung der gesamtstaatlichen Regierungsfunktionen Wiens in der »Anschluß«-Periode an, so daß für die Zweite Republik erst seit den siebziger Jahren des 20. Jahrhunderts der Druck zur Errichtung neuer Bürogebäude für das Regierungsviertel, die zum Teil innerhalb, zum Teil auch außerhalb des alten Kerns liegen, verstärkt wurde. Die heutige Struktur des Wiener Regierungsviertels ist daher in einem hohen Maße auch eine »geronnene Geschichte« Österreichs.

Faßt man Bauwerke als »Verörtlichungen« von historischer Erinnerung und politischen Ritualen[6] auf, dann ist das Erscheinungsbild der Gebäude

---

6 Jan Assmann, *Das kulturelle Gedächtnis. Schrift, Erinnerung und politische Identität in frühen Hochkulturen,* München 1992, S. 57f.

der Regierungsstellen und Ämter ein Schlüssel zum Selbstverständnis gegenwärtiger österreichischer Politik und Identität. Dies gilt auch für die Mentalität des Beamtentums, für das im Positiven wie im Negativen, wie im alten Österreich, die Beobachtung eines K.K. Insiders noch immer zu gelten scheint: »In den Ministerien haftete die Überlieferung gleichsam an den Wänden und ergriff auch Außen- und Fernstehende, sobald sie zur Tätigkeit in diesen Räumen berufen wurden.«[7] Selbst an sozialdemokratischen Spitzenpolitikern der Zweiten Republik läßt sich dies immer wieder beobachten. »Das alte Wien«, schrieb der österreichische Historiker und Publizist Friedrich Heer Anfang der siebziger Jahre, »ist einen langsamen Tod gestorben. Alte Häuser haben ein langes, zähes Leben, wenn nicht Bombe oder Spitzhacke sie jäh überfällt. Paläste, Schlösser, Kirchen haben ein noch zäheres Leben. Ihre hohen Bauten stehen oft noch, wenn Menschen sie längst verlassen haben«. Doch auch in diesen lebt Kontinuität: »Es verbleibt in Wien (wie in Prag und Budapest) eine Ministerialbürokratie, die vom Sektionsrat bis zum Sektionschef ihre Schulung im alten Reich erhalten hat. Diese ›Beamten‹ bilden eine Art eiserne Reserve des Staates. Die Minister kommen und gehen. Sie, die führenden Beamten, bleiben.«[8]

Vom gegenwärtigen Zustand und der über Jahrhunderte hinweg kaum veränderten Raumstruktur ausgehend, werde ich in der weiteren Folge dieses Beitrags an einigen bedeutungsvollen Orten die unterschiedlich weit in die Vergangenheit zurückgreifenden historischen Wurzeln[9] nachzeichnen. Ich unterscheide dabei historisch-topologisch – und je nach Politikstil – drei Teilbereiche beziehungsweise Subtypen des Wiener Regierungs- und Verwaltungszentrums, und zwar:
– ein altes, barock geprägtes Zentrum exekutiver Regierungsmacht innerhalb eines Teils des von der Ringstraße umschlossenen 1. Bezirks (Innenstadt), in dem sich zwei Pole ausgebildet haben;
– einen ebenfalls bipolaren gründerzeitlich inszenierten Bezirk überwiegend öffentlicher Politik entlang der Südwestseite der Ringstraße
– und einen neueren Verwaltungsbezirk, der im Nordosten der Innenstadt und in dem unmittelbar daran anschließenden Gebiet liegt, dort wo ein Ende der Ringstraße an den Donaukanal stößt, sozusagen die »Hinterseite« der Wiener Repräsentationszone.
– Hier wäre noch als eine Art »Regierungsviertel« der internationalen Politikebene die UNO-City jenseits der Donau anzufügen, doch soll im Rahmen dieses Beitrags auf sie ebenso wenig näher eingegangen werden wie auf den neuen Verwaltungsbezirk der österreichischen Politikebene.

Die Wahrzeichen von »Thron und Altar«

Im Stadtbild und architektonisch treten neben den drei Teilbereichen des heutigen Regierungszentrums die beiden alten Brennpunkte österreichischer politischer Kultur deutlich hervor, der Stephansdom und die Hofburg. Als Zentren politischer Macht sind Dom und Residenz seit 1918, spätestens seit 1938 weitgehend bedeutungslos geworden, doch können wir uns in ihnen immer noch die ehemalige Macht von »Thron und Altar« vergegenwärtigen.

Ziemlich genau im räumlichen Zentrum der Innenstadt und der »Regierungscity« liegt der spätmittelalterliche Dom. Seit dem späten 19. Jahrhundert, stärker noch als andere große Kirchen der Wiener Innenstadt, vor allem die barocke Karlskirche und die neogotische Votivkirche, verkörperte er zusammen mit dem nahegelegenen erzbischöflichen Palais die gesellschaftliche Macht des politischen Katholizismus, die, so sehr sich dieser auch in der Defensive zu befinden glaubte, mindestens bis zum Ende des »Christlichen Ständestaats« weiter bestand. Gerade deshalb wurde das Palais auch am 8. Oktober 1938 Ziel eines Überfalls von Nationalsozialisten als

---

7 Rudolf Sieghart, *Die letzten Jahrzehnte einer Großmacht. Menschen, Völker, Probleme des Habsburger-Reichs,* Berlin 1932, S. 266.

8 Friedrich Heer, *Die beiden Republiken,* in: Hilde Spiel, *Wien. Spektrum einer Stadt,* München 1971, S. 343.

9 Vgl. Hilde Spiel, *Die steinerne Vergangenheit,* in: Dies., *Wien ...* (wie Anm. 8), S. 52ff.

Revanche für eine vorausgehende Demonstration von Regime-Opposition junger Katholiken und des damaligen Wiener Erzbischofs, Theodor Innitzer.[10]

Die politisch-symbolische Bedeutung des Doms und des erzbischöflichen Palais ist auch in der Zweiten Republik noch nicht vollkommen vergangen, vor allem nicht innerhalb des katholischen Milieus. So diente der Dom wiederholt zur Aufbahrung verstorbener Staatsmänner überwiegend des konservativen »Lagers«, und er ist alljährlich Ausgangs- und Endpunkt der Fronleichnamsumzüge, der bombastischen Machtdemonstration des Katholizismus »par excellence«. An seiner westlichen Fassade befindet sich – als ein wichtiges Symbol der Wiederentstehung Österreichs im Jahre 1945 – das in die Steinquader eingravierte Kryptogramm der österreichischen Widerstandsbewegung »O5« – für »Ö« beziehungsweise »Oe«.[11] Durch Rundfunk und Fernsehen österreichweit übertragen, wird jedes neue Jahr von der großen Glocke des Domes, der Pummerin, eingeläutet. Der zeitgenössische österreichische Schriftsteller Gerhard Roth charakterisiert den Stephansdom nicht zu Unrecht folgendermaßen: »Die ›Römersteine‹ im Dom sind die ersten menschliche Spuren in dieser Arche aus Stein, und zusammen mit anderen oft schwieriger deutbaren bilden sie ein zersplittertes Gedankengebäude, das den Dom zum Wahrzeichen für das ganze Land werden ließ: Es ist in erster Linie ein habsburgisch-katholisches Monument ... Die Graffiti der Geschichte, aus denen dieses Gedankengebäude besteht, sind auch in den Köpfen, im Bewußtsein der Österreicher eingekratzt, oft ohne daß sie es überhaupt wissen.«[12]

An der Südwestseite der mittelalterlichen Stadt und als Barriere an deren ehemaliger Außenmauer liegt der heterogene und unregelmäßige Komplex der Hofburg. In ihrem ältesten Teil um den sogenannten Schweizer Hof mit der Hofburgkapelle reicht die Hofburg bis in die Regierungszeit König Ottokars II. Premysl ins Jahr 1275 zurück. Stärker ist das Erscheinungsbild des Hofburgkomplexes von Bauformen des 16. und 17. Jahrhunderts geprägt: Stallburg (1559 bis 1569), Amalienburg (1575 bis 1611), Leopoldinischer Trakt (1547 bis 1552 und 1660 bis 1666, nach einem Brand neu gebaut 1668 bis 1681). Wesentlich augenfälliger sind jedoch die architektonischen Merkmale des »Österreichischen Jahrhunderts«, der Epoche Kaiser Karls VI., vor allem an der Reichskanzlei (1726 bis 1730), Hofbibliothek (1723 bis 1726 beziehungsweise 1735) und Winterreitschule (1729 bis 1735). Noch in den historisierenden Bauten der Zeit um 1900 lebt dieser »Kaiserstil« im Michaelertrakt (1889 bis 1893) und in der Neuen Hofburg (1881 bis 1913) weiter.[13] Bezeichnenderweise wurde der Trakt am Michaelerplatz nach Plänen, die Joseph Emanuel Fischer von Erlach d. J. (1693 bis 1742) folgten, erst 150 Jahre später fertig gebaut. An dieser Stelle stand bis 1888 das (alte) Hofburgtheater, bis dieses nach einem Brand an seinen neuen Ort an der Ringstraße verlegt wurde. Im 18. Jahrhundert hatten für die politischen Repräsentationsbedürfnisse Theater und Oper in Wien einen höheren Stellenwert eingenommen, als die einheitliche Gestaltung großzügiger Residenzbauten, wenn man von Schönbrunn absieht; in der Hofoper wie im Burgtheater befand sich für den Fall, daß der Kaiser geruhte, Schauspieler wie Zuschauer am Glanz seines »Gottesgnadentums« partizipieren zu lassen, wie in jedem anderen Schauspielhaus oder Provinztheater bis 1918 eine Hofloge.[14]

Das Konglomerat der verschiedenen Trakte der Hofburg und ihrer unterschiedlichen Baustile mag als Ergebnis einer Strategie der habsburgischen wie der republikanisch-österreichischen Selbst-

---

10 P. Schubert, *Schauplatz* ... (wie Anm. 4), S. 228 und S. 268.
11 Peter Diem, *Die Symbole Österreichs. Zeit und Geschichte in Zeichen*, Wien 1995, S. 289ff.
12 Gerhard Roth, *Eine Reise in das Innere von Wien. Essays*, Frankfurt am Main 1993, S. 132f.
13 Siehe vor allem Felix Czeike, *Wien Innere Stadt. Kunst- und Kulturführer*, Wien 1993, S. 84ff.; Justus Schmidt/Hans Tietze, *Wien* (= Dehio-Handbuch. Die Kunstdenkmäler Österreichs), 5. Aufl., Wien 1954, S. 66ff.
14 Hermann Broch, *Hofmannsthal und seine Zeit*, zitiert nach: Gotthart Wunberg/Johannes J. Braakenburg (Hrsg.), *Die Wiener Moderne. Literatur, Kunst und Musik zwischen 1890 und 1910*, Stuttgart 1984, S. 94.

repräsentation, die alten Traditionen und die langen historischen Linien zu betonen, interpretiert werden.¹⁵ Ja, die gesamte Hofburg könnte man als einen paradigmatischen Ausdruck des österreichischen »Entweder-und-oder« auffassen, ein Begriff, der architekturgeschichtlich für den hier am häufigsten aufscheinenden Baumeister, Johann Bernhard Fischer von Erlach d. Ä. (1656 bis 1723), geprägt wurde, jedoch in den letzten Jahren eine postmoderne Generalisierung auf das Österreichische erfahren hat.¹⁶ Zur Erklärung für das Fehlen einer einheitlich gestalteten Residenz kann allerdings auch der politikgeschichtliche Umstand angeführt werden, daß Wien bis etwa Mitte des 17. Jahrhunderts nicht die einzige Residenzstadt der Habsburger gewesen war, sondern bis zur Überwindung der »Türkengefahr« eine echte Funktion als Festungsstadt zu erfüllen hatte.

In Wien-Büchern wurde die Herrschaftssymbolik der kaiserlichen Hofburg immer wieder in hymnischen Worten berufen: »In keiner anderen Weltstadt Europas hat das Herrschergeschlecht seit so undenklicher Zeit und in solcher Beständigkeit an dem einmal erwählten Wohnsitze festgehalten wie in Wien. An dem Begriffe ›Burg‹ haftet daher auch ausschließlich und unvertilglich, wie an keinem Pariser¹⁷ oder Londoner Königsschlosse, die Vorstellung der landesfürstlichen Residenz und diese selbst stellt ein Werk von sieben Jahrhunderten dar, gewissermaßen das architektonische Abbild des Wachsens der habsburgischen Macht sowohl als des österreichischen Staates.«¹⁸

Die mit dem republikanischen Selbstverständnis doch nicht ganz vereinbare, immer noch weiterwirkende Aura des Kaisertums und ein Zuviel an Habsburgermythos mögen dafür verantwortlich sein, daß heute nur ein einziger Träger politischer Macht in der Hofburg amtiert. Dennoch nimmt die Hofburg in der Herrschaftstopographie Wiens einen bedeutenden Platz ein. Einerseits wird hier in den Prunkräumen und Schaustätten die historische Tiefe des heutigen (jungen) österreichischen Staates für die Innen- wie Außenwirkung (re)produziert, so in der Schatzkammer und in dem als Konferenzzentrum eingerichteten klassizistischen Zeremoniensaal von Kaiser Franz I., der seit den siebziger Jahren mehrfach Schauplatz internationaler Kongresse war. Andererseits ist auch heute wieder die »Hofburg« im politischen Sprachgebrauch der Republik ein Synonym für den Amtssitz des Staatsoberhaupts, ja für den verfassungsmäßigen Faktor »Bundespräsident« überhaupt.

Das »barocke« Zentrum der Macht: ehemalige Adelspaläste

Der institutionen- und kunstgeschichtlich alte Kern des heutigen Regierungszentrums erstreckt sich im zentrumzugewandten Vorfeld der Nordwestseite der Hofburg über ein Gebiet entlang der Achse Herrengasse-Augustinergasse (etwa dem Verlauf der römischen Limes- und der mittelalterlichen Hochstraße folgend¹⁹). Einzelne Inseln wichtiger Ämter befinden sich auch einige hundert Meter östlich und nördlich davon, so daß dieses Gebiet stark schematisiert als Halbmond gezeichnet werden kann. Innerhalb dieses stadtgeographischen Feldes liegt der »historische« Platz »Am Hof«, an dem schon die Babenberger-Residenz des 12. Jahrhunderts gelegen war und auf dem 1848 stürmische Ereignisse (vor allem

---

15 Hellmut Lorenz, *The Imperial Hofburg. The Theory and Practice of Architectural Representation in Baroque Vienna*, in: Charles W. Ingrao (Hrsg.), *State and Society in Early Modern Austria*, West Lafayette-Indiana 1994, S. 102f.

16 Friedrich Polleross, *Johann Bernhard Fischer von Erlach und das österreichische »Entweder-und-oder« in der Architektur*, in: Ders. (Hrsg.), *Fischer von Erlach und die Wiener Barocktradition*, Wien 1995, S. 9ff., mit Bezug auf: Hans Aurenhammer, *Einleitung*, in: *Johann Bernhard Fischer von Erlach*. Ausstellungskatalog, Wien 1956, S. 4, literarisch aufgegriffen von Robert Menasse, *Das Land ohne Eigenschaften. Essay zur österreichischen Identität*, Frankfurt am Main 1995, S. 18.

17 Auch bis zu Mitterrands Louvre-Renovierung galt dies nur bedingt, siehe den Beitrag von Etienne François in diesem Band, S. 187–195.

18 Reinhard E. Petermann, *Wien im Zeitalter Kaiser Franz Josephs I. Schilderungen*, Wien 1908, S. 288.

19 Richard Perger, *Straßen, Türme und Basteien. Das Straßennetz der Wiener City in seiner Entwicklung und seinen Namen*, Wien 1991, S. 61–63.

vor dem bürgerlichen Zeughaus und dem Gebäude des bis 1913 hier befindlichen Kriegsministeriums) stattgefunden hatten. Insgesamt scheint dieser Bezirk exekutiver Staatsmacht, jedenfalls in manchen seiner äußeren Erscheinungsformen, noch den Geist des aufgeklärten Absolutismus zu atmen; verschwunden ist allerdings das »glänzende Elend« des habsburgischen Offizierskorps.[20] Hier war der Ort der »ersten Gesellschaft« der Habsburgermonarchie, der hohen Aristokratie, des Hofes, der Minister, der Statthalter und der Diplomaten. Doch, da im Zuge des Modernisierungsprozesses in der Habsburgermonarchie für die Besetzung der politisch leitenden Positionen die obersten »zweihundert Familien« nicht ausgereicht hatten, waren dieser Bezirk und viele seine Ämter allmählich zu einer kleinadeligen und bürgerlichen Bürokratenwelt geworden, literarisch etwa bei Franz Grillparzer, Robert Musil, Fritz von Herzmanovsky-Orlando oder Alexander Lernet-Holenia verarbeitet.

In diese herrschaftstopographische Zentralzone ist auch die heutige (ungleiche) Bipolarität der republikanischen Regierungsmacht eingeschrieben: Bundeskanzleramt (mit dem Außenministerium) am »Ballhausplatz« einerseits und Präsidentschaftskanzlei des »Ersatzkaisers« in der »Hofburg« andererseits. Innerhalb des topographischen Halbmondes befinden sich auch heute noch drei der fünf prestige- und einflußreichsten »alten« Ministerien, die erstmals 1848 entstanden waren, nämlich die Ministerien für Äußeres, Inneres, und Finanzen; das Kriegsministerium war kurz vor dem Ersten Weltkrieg aus diesem Bezirk ausgezogen, die Agenden des Justizministeriums wurden zum Teil noch in der Ersten Republik von hier aus geleitet. Am nördlichen Ende des halbmondförmigen Bezirks sind in einem verwaltungsgeschichtlich höchst interessanten Gebäude, in der Österreichischen und Böhmischen Hofkanzlei, heute die Höchstgerichte untergebracht, und unweit des Ballhausplatzes amtieren der Chef beziehungsweise die Chefin der Wissenschafts- und Unterrichtsministerien. In Gemengelage mit den Bundesbehörden befinden sich in diesem Distrikt auch Ämter der anderen Ebenen der Politik. Den Häusern der Bundesbehörden sind Amtsgebäude des Landes Niederösterreich, dessen Landeshauptstadt bis 1986 Wien gewesen ist, benachbart. Bis 1918 waren in diesem Bezirk auf einer weiteren politischen Ebene die Stellen des österreichisch-ungarischen Gesamtstaates vertreten.

Am Ausgangspunkt der territorialen Expansion und des bürokratischen Differenzierungsprozesses, der die beginnende Staatsbildung seit dem Beginn der Neuzeit begleitete, steht die Hofburg. Doch schon im 16. Jahrhundert hatten Adlige, »Herren«, begonnen, sich vor allem entlang der Herrengasse niederzulassen und ihre Stadtpalais neu zu bauen oder umzugestalten. Die niederösterreichischen »Stände« errichteten daher hier, in der Herrengasse, 1513 ihr Landhaus, das zunächst politisch wichtiger war als die Hofburg. Vor allem in der ersten Hälfte des 18. Jahrhunderts fanden in diesem Viertel namhafte Barockbaumeister wie Johann Lucas von Hildebrandt und Johann Bernhard Fischer von Erlach und dessen Sohn Joseph Emanuel ein Betätigungsfeld, das die kunsthistorische Gegenwart der Wiener Innenstadt bestimmt.[21]

Ein typisches Beispiel hierfür ist das prunkvolle Gebäude zwischen Wipplingerstraße und Judenplatz, das am Beginn des 18. Jahrhunderts nach Plänen Fischer von Erlachs für die Verwaltung der unterworfenen böhmischen Länder von Wien aus erbaut wurde. Die hier untergebrachte Böhmische Hofkanzlei wurde im Zuge der Maria-Theresianischen Verwaltungsreformen mit der für die österreichischen »Erbländer« zuständigen österreichischen Hofkanzlei zu einer Art Superverwaltungsstelle zusammengelegt und seit 1760 als »Österreichisch-Böhmische Hofkanzlei« weiter-

---

20 Johann Christoph Allmayer-Beck, *Die bewaffnete Macht in Staat und Gesellschaft*, in: Adam Wandruszka/Peter Urbanitsch, *Die Habsburgermonarchie 1848–1918*, Bd. 5, Wien 1987, S. 35ff.; Lothar Höbelt, *Das Problem der konservativen Eliten in Österreich-Ungarn*, in: Jürgen Nautz/Richard Vahrenkamp (Hrsg.), *Die Wiener Jahrhundertwende. Einflüsse – Umwelt – Wirkungen*, Wien 1993, S. 778f.

21 Siehe die entsprechende Einträge bei F. Czeike, *Historisches Lexikon* ... (wie Anm. 4). Ders., *Das Groner Wien Lexikon*, Wien 1974; J. Schmidt/H. Tietze, *Wien* ... (wie Anm. 13).

geführt. Sie wurde zum Knotenpunkt von Entwicklungspfaden, die direkt oder indirekt, oft auch auf verschlungene Weise, auf die 1848 eingerichtete Ministeriums- und Behördenorganisation hinführten, und zu einem Ausgangspunkt der »bürokratischen Penetration« des entstehenden Staates. Die »Vereinigte Hofkanzlei« faßte im wesentlichen schon jene Territorien zusammen, die sich später innerhalb der Habsburgermonarchie zum österreichischen Staat – Cisleithanien – entwickeln sollten.[22] Im alten Gebäude, das allmählich viele seiner Verwaltungsfunktionen abgeben mußte, verblieb noch lange der Kernbereich der ursprünglichen Tätigkeiten, das Innenministerium. Noch die Staatssekretäre für Inneres der ersten republikanischen Regierungen amtierten in diesem Gebäude, bis das Innenministerium 1920 auch die Agenden von Unterricht und Kultus übernahm und (in das Modenapalais in der Herrengasse) auszog. 1936, nach dem Ende der österreichischen Demokratie, wurde das traditionsreiche Palais, einen anderen Zweig der ursprünglich multifunktionalen Behörde wieder aufgreifend, Sitz des »ständestaatlichen« Bundesgerichtshofs. Ab 1941 amtierten hier Senate des Reichsverwaltungsgerichts des »Dritten Reichs«, und seit 1946 tagen und arbeiten hier der Verwaltungs- und der Verfassungsgerichtshof der Republik Österreich.[23] Die »Österreichisch-Böhmische Hofkanzlei« ist im heutigen Österreich nicht als »lieu de mémoire« zu bezeichnen, ihre ehemalige Bedeutung ist in der breiteren Öffentlichkeit weitgehend vergessen. Dies mag mitverantwortlich dafür sein, daß man sich 1995 trotz mancherlei Widerstände darauf einigen konnte, auf dem davor liegenden Judenplatz, der Stelle des mittelalterlichen Judenviertels, einem bisher eher nur »latenten Gedächtnisort« an die wiederholte Vertreibung und Vernichtung der österreichischen Juden, ein Holocaust-Mahnmal zu errichten.[24]

Mit der Ausdifferenzierung des habsburgischen Behördenapparats war neben dem separaten Zweig der Justiz auch dauerhaft eine eigenständige Behörde für die Finanz- (und Wirtschafts-), Verwaltung, die Hofkammer, entstanden, die auch das Bergwesen umfaßte und im 18. Jahrhundert zu einer kompetenzreichen Behörde, entsprechend einem umfassenden Wirtschaftsministerium, wurde. 1848 ging daraus das Finanzministerium hervor. Auch diese Verwaltungsstelle fand Aufnahme in einem seinem tatsächlichen Einfluß entsprechenden, traditionsreichen Palais in der Himmelpfortgasse. Dieses Haus hatten Fischer von Erlach und von Hildebrandt ursprünglich als Winterresidenz für den Prinzen Eugen gebaut. Die Minister für Finanzen der Republik amtieren immer noch hier, und in der repräsentativen Außen- und Innenarchitektur des ministeriellen Hauptgebäudes kommt das politische Gewicht dieses Ressorts würdig zur Geltung. Unter dem Sozialdemokraten Hannes Androsch (1970 bis 1981) entwickelte sich die »Himmelpfortgasse«[25] bis zu seinem Rücktritt als Kreiskys Finanzminister und Vizekanzler sogar zu einem Ort symbolischer Rivalität mit dem »Ballhausplatz«.

Im schon erwähnten Modenapalais in der Herrengasse, um ein drittes dieser traditionsreichen Regierungsgebäude zu nennen, werden seit 1920 die Agenden des Inneren geführt, auch wenn diese in Zeiten finanzieller Restriktion dem Bundeskanzleramt zugeordnet waren. Das Gebäude wurde Anfang des 19. Jahrhunderts an Stelle des alten Palais der Fürsten Dietrichstein im streng klassizistischen Stil neu erbaut und diente in den letzten Jahrzehnten der Doppelmonarchie dem österreichischen Ministerrat und dem Ministerpräsidenten als Tagungsort und Amtssitz.[26]

---

22 Ernst Bruckmüller, *Nation Österreich. Sozialhistorische Aspekte ihrer Entwicklung,* Wien 1984, S. 92; Waltraud Heindl, *Gehorsame Rebellen. Bürokratie und Beamte in Österreich 1780 bis 1848,* Wien 1991, S. 19ff.
23 *Die Gerichtsbarkeit öffentlichen Rechts in Österreich. Das Palais der Österreichischen und Böhmischen Hofkanzlei,* hrsg. vom Verfassungsgerichtshof, Wien 1983, S. 90f.
24 Lucas Gehrmann (Red.), *Wettbewerb Mahnmal und Gedenkstätte auf dem Wiener Judenplatz,* Wien 1996.
25 Beppo Mauhart (Hrsg.), *Das Winterpalais des Prinzen Eugen. Von der Residenz des Feldherrn zum Finanzminsterium der Republik,* Wien 1979.
26 Siehe hierzu Friedrich Walter, *Die österreichische Zentralverwaltung,* III. Abt., 1. Bd., Wien 1964; Walter Goldinger, *Die Zentralverwaltung in Cisleithanien – Die zivile gemeinsame Zentralverwaltung,* in:

Überhaupt ist die Herrengasse, entlang der oder in deren unmittelbarer Nachbarschaft noch eine Reihe anderer Palais des Regierungs- oder regierungsnahen Sektors liegen, ein Raum latenter historischer Erinnerung. Dies gilt vor allem für die Niederösterreichische Statthalterei (Landesregierung) und die ehemalige Österreichisch-Ungarische Bank (Nationalbank) im Ferstelpalais, die ehemalige Ungarische und Siebenbürgische Hofkanzlei (heute Ungarische Botschaft) in der Bankgasse und für das Starhembergpalais (heute Ministerien für Unterricht und Wissenschaft) am Minoritenplatz. In diesem eng begrenzten Teilbereich häufen sich die alten Palais, die oft von diplomatischen Vertretungen, Vereinen und Interessenorganisationen genutzt werden und das gesellschaftliche, wirtschaftliche und intellektuelle Umfeld der politischen Macht darstellen.

Hier versuchen auch seit den achtziger Jahren wiedereröffnete Cafés wie das »Central« und das »Griensteidl« an eine unterbrochene gesellschaftliche Kaffeehaustradition anzuknüpfen. Die nahe gelegene Hofkonditorei »Demel«, bis 1776 zurückgehend und schon in der »Monarchie« einer der »geheimen Regierungssitze« Wiens, war in den siebziger und achtziger Jahren Treffpunkt eines »Club 45«, der auch politische Repräsentanten Österreichs in das Umfeld (wirtschafts-)krimineller Handlungen des damaligen Hausherrn, Udo Proksch, brachte. Im Palast des Grafen Wilczek ist die »Österreichische Gesellschaft für Literatur« untergebracht, nicht weit entfernt in einer Seitengasse, im kleinen Schloß des Grafen Strattmann, »hausen der Presseclub Concordia, der Verband der Auslandpresse und der Österreichische P.E.N.-Club in friedlichem Verein«.[27]

Merkwürdigerweise nimmt die Herrengasse im manifesten kulturellen Gedächtnis der Zweiten Republik keinen besonderen Platz ein. Immerhin liegt hier auch das Niederösterreichische Landhaus, das nicht nur für die »ständische« Opposition zum entstehenden absolutistischen Staat steht[28], sondern auch für das demokratische Österreich einigermaßen symbolgeladen sein könnte. Denn es ist der Ort, an dem am 13. März 1848 die Demonstration stattfand, von der die Revolution in Wien ihren Ausgang nahm. In ihm trat am 21. Oktober 1918 die »Provisorische Nationalversammlung für Deutschösterreich« zusammen und proklamierte, noch bevor das Habsburgerreich vollkommen zerfallen war, die Errichtung eines neuen Staats, aus dem die heutige Republik wurde. Hier tagte am 24./25. September 1945 die Erste Länderkonferenz der Zweiten Republik, bei der eine Erweiterung der im April 1945 gebildeten Regierung Renner beschlossen wurde; und indem in diese einige Vertreter der westlichen Bundesländer eintraten, erlangte die Regierung Renner, die zunächst nur von der Sowjetischen Besatzungsmacht anerkannt war, auch das Vertrauen der Westmächte, was wiederum die Aufrechterhaltung der Einheit des Landes von 1945 an ermöglichte.

Der »Ballhausplatz«

Jener eher unscheinbare, ungefähr dreieckige Platz westlich der Amalienburg und des Leopoldinischen Trakts, der heute an der einen Seite in den Minoritenplatz, an der anderen in den Heldenplatz und in den Volksgarten übergeht, hat erst am Beginn des 20. Jahrhunderts seine bis heute nahezu unveränderte Erscheinungsform erhalten. Bis zur Schleifung der Befestigungsanlagen in den sechziger Jahren des 19. Jahrhunderts war der Ballhausplatz – anfänglich auch Ballplatz genannt – im Süden von einer Basteimauer begrenzt gewesen. Erst in den achtziger Jahren unseres Jahrhunderts wurde der Platz durch die Errichtung eines privaten Bürogebäudes in einer Baulücke, auf der das alte Ballhaus gestanden hatte, neuerlich verändert. Seinen Namen hatte dieser Platz vor über 200 Jahren von dem Kaiserlichen Ballhaus erhal-

---

A. Wandruszka/P. Urbanitsch, *Die Habsburgermonarchie* ... (wie Anm. 20), S. 100–189.
27 H. Spiel, *Die steinerne Vergangenheit* ... (wie Anm. 8), S. 57.
28 Zu den möglichen Ansätzen einer eher föderativen und ständedemokratischen Staatsbildung in Österreich vgl. Hans Sturmberger, *Dualistischer Ständestaat und werdender Absolutismus*, in: *Die Entwicklung der Verfassung Österreichs vom Mittelalter bis zur Gegenwart*, Wien 1963, S. 24–49.

ten. Ein solches hatte ursprünglich schon im 16. Jahrhundert auf diesem Areal bestanden und war 1746 im Hof des heute verschwundenen Kaiserspitals, gegenüber dem heutigen Bundeskanzleramt, neu errichtet worden. Das Ballhaus ähnelte einer nüchternen zweigeschossigen »Sporthalle«, und diente noch bis Mitte des 19. Jahrhunderts höfischen Ballspielen; bis es 1903 demoliert wurde.[29]

Das im Grundriß fünfeckige Gebäude des heutigen Bundeskanzleramtes, Ballhausplatz 2, selbst steht auf einem Grundstück, das um die Mitte des 16. Jahrhunderts von den Franziskanern, die in der Nähe ein Kloster und eine Kirche hatten bzw. haben, dem Kaiser zur Verfügung gestellt worden war. Seine heutige Form erhielt es im wesentlichen schon unter Kaiser Karl VI., der es nach Plänen von Hildebrandts von 1717 bis 1719 für die »Geheime österreichische Hof- und Staatskanzlei« erbauen ließ.

Betrachtet man die verwaltungsgeschichtlichen und herrschaftstopographischen Kontinuitätslinien des gesamten alten Regierungsviertels, so stellt sich der »Ballhausplatz« – trotz seiner Sonderstellung – keineswegs als Ausnahmefall dar. Die (österreichische) Hofkanzlei war bis 1620 Teil der Reichkanzlei in der Hofburg gewesen und hatte nach dem Dreißigjährigen Krieg immer mehr politisches Gewicht erlangt. Während des Spanischen Erbfolgekriegs entstand in ihr eine eigene Abteilung zur Führung der Außenpolitik, die dem dynastischen System entsprechend auch weitgehend eine Politik der Heirats- und Erbschaftspolitik des kaiserlichen Hauses war. Wie wir schon bei der (Österreichisch-) Böhmischen Hofkanzlei gesehen haben und wie es bei den anderen Hofkanzleien der Fall war, weiteten sich die Geschäfte der österreichischen Hofkanzlei für das Gebiet der österreichischen Erblande ständig aus; zu den inneren Angelegenheiten und zur Justiz traten in ihr jedoch immer mehr außenpolitische Kompetenzen. Um den wachsenden Raumbedarf der österreichischen Hofkanzlei und deren Aktenablage (Registratur), des späteren Haus-, Hof- und Staatsarchivs, zu befriedigen, wurde im 18. Jahrhundert eine Auslagerung dieser Behörde in ein neues Gebäude, eben das Hildebrandtsche Palais,

erforderlich. 1742, nicht lange nach ihrem Regierungsantritt, dekretierte Maria Theresia, »die Staats-Cantzley von der österreichischen anzusöndern, und bey der ersteren ein Besonderes Capo unter dem Titul eines Hoff-Cantzlers ... welcher allein die auswärtigen Geschäfte und geheimbe Hauß-Sachen ...« besorgen sollte, einzurichten.[30] Dies war die eigentliche Geburtsstunde des »Ballhausplatzes«. Die (österreichische) Hofkanzlei wurde bald danach, wie schon gesagt, mit der Böhmischen Hofkanzlei vereinigt und in die Wipplingerstraße verlegt. Die außenpolitischen Agenden verblieben unter dem Namen einer Geheimen (Haus-,) Hof- und Staatskanzlei am Ballhausplatz.

So führte also in den ersten Jahrzehnten des 18. Jahrhunderts, wie bei den anderen Mächten des neuen europäischen Staatensystems, auch in der Habsburgermonarchie die zunehmend erforderlich werdende Professionalisierung und Verselbständigung der auswärtigen Politik »de facto« zur Entstehung eines eigenständigen Außenministeriums. Im Gegensatz zu den alten Hofstellen, deren Beratungsfunktion und Kollegialverfassung – mit Hofräten und Hofratspräsidenten – wurde die Außenpolitik schon früh, vollends seit Metternich, von einem »dirigierenden Minister« geleitet, dem »die höchste Stufe der Responsibilität zukam«. Der Monarch übertrug hier die Verantwortung für den wichtigsten Politikbereich einer weitgehend selbständig agierenden Person, ein Prinzip, das erst 1848 auch auf die anderen obersten Behörden übertragen wurde.[31]

Von 1867 bis 1918 bezog sich daher der Begriff »Ballhausplatz« primär auf die auswärtigen Angelegenheiten der österreichisch-ungarischen Monarchie und erst in zweiter Linie – aber immer auch – auf Aspekte der inneren politischen Verfassung des Gesamtstaates. »Das sublimste Ministerium in einem immens komplexen Dop-

---

29 A. Wandruszka/M. Reininghaus, *Der Ballhausplatz* ... (wie Anm. 4), S. 11ff.
30 Zitiert nach: Erwin Matsch, *Der Auswärtige Dienst von Österreich(-Ungarn) 1720–1920*, Wien 1986, S.181.
31 Friedrich Engel-Janosi, *Geschichte auf dem Ballhausplatz. Essays zur österreichischen Außenpolitik 1830–1945*, Graz 1963, S. 14f.

pelstaat«³² führte nicht nur die Ministerratsprotokolle der Sitzungen der gemeinsamen Ministerratssitzungen, sondern erledigte täglich die für den Kaiser direkt einlaufende politische Post. Bei der unglaublichen Arbeitskraft auch im hohen Alter und der bekannten Penibilität Franz Josephs war die räumliche Nähe für den raschen Aktenlauf von großem Vorteil.³³ Das Außenministerium am Ballhausplatz war auch Hofministerium und als solches für die Belange der habsburgischen Familie zuständig. Der »Ballhausplatz« war gleichsam ein Außenposten der »gewöhnlichen Sterblichen« entzogenen Sakralsphäre der Hofburg.

Ihrem Selbstverständnis nach waren viele Minister und Beamte auf dem »Ballhauplatz« bis 1918 vom Glauben an die Notwendigkeit des habsburgischen Kaiserstaates für Europa und seiner Politik im Interesse ganz Europas durchdrungen. Der Ballhausplatz fungierte, wie Helmut Rumpler schreibt, » ... als der wichtigste institutionelle und geistige Sammelpunkt für die politische Führungsschicht der Monarchie, vornehmlich, wenn auch nicht ausschließlich für den Adel und die höhere Beamtenschaft, in Summe für all jene Gruppen, die sich – sei es aus wirtschaftlich-sozialen, sei es aus politischen Gründen – mit der Existenz des mitteleuropäischen Vielvölkerstaates als einer europäischen Großmacht identifizierten. Diese Funktion einer integrativen Institution für die staatstragenden Kräfte war im Außenministerium stärker ausgeprägt als in den vergleichbaren Sozialkörpern der Armee und der Bürokratie anderer Zentralstellen ...«³⁴

Vom »Ballhausplatz« in Analogie zum »Quai d'Orsay«, zur »Downing Street« oder zur ehemaligen »Wilhelmstraße« zu sprechen, hat sich spätestens seit jenem Nachmittag des 12. November 1918 erübrigt, an dem die Republik vor dem Parlamentsgebäude ausgerufen wurde und an dem der »allerletzte«, liquidierende k.u.k. Außenminister, Ludwig Freiherr von Flotow, von seinem Schreibzimmer zum Fenster hinaus blickte; rückblickend schrieb er darüber nieder: »Vor mir lag eines der schönsten Stadtbilder, das ich kenne. Links das düstere Profil der Hofburg, der weite Heldenplatz mit dem äußeren Burgtor, darüber die wohlgeformten Kuppeln der beiden Hofmuseen. Vor mir der Volksgarten, aus dessen Gewirr kahler Bäume der Theseustempel hervorragte, jenseits des Gartens die gräzisierende Silhouette des weitausladenden Parlamentsgebäudes, weiter rechts das Burgtheater und dahinter der mächtige gotische Bau des Rathauses.«³⁵

Wie schon in den Zeiten von Maria Theresias Staatskanzler Wenzel Anton Graf Kaunitz-Rietberg und des Haus-, Hof- und Staatskanzlers Metternich tritt heute die innenpolitische Bedeutung des »Ballhausplatzes« wieder stärker hervor. Denn unter der Adresse Ballhausplatz 2 amtieren zwar das Außenministerium neben dem Bundeskanzleramt, die beiden wichtigsten Regierungsämter der Republik Österreich, dazu auch der Vizekanzler, doch »Ballhausplatz« ist im alltäglichen politischen Sprachgebrauch synonym nur für den österreichischen Regierungssitz, den Bundeskanzler, vielleicht »für österreichische Politik überhaupt«.³⁶ Diese Akzentverschiebung in der politischen Symbolik im Vergleich zur Zeit vor 1918 ist ein Ausdruck der Diskontinuität in den vielen sonstigen Kontinuitäten der österreichischen Geschichte und erklärt sich nicht allein schon aus den unterschiedlichen politischen Gewichten eines »Ministers des Kaiserlichen Hauses

---

32 Georg Schmid, *Der Ballhausplatz. Innere Determinanten der Außenpolitik,* in: Ders., *Die Spur und die Trasse. (Post-)Moderne Wegmarken der Geschichtswissenschaft,* Wien 1988, S. 59.

33 [Alexander] Freiherr von Musulin, *Das Haus am Ballplatz. Erinnerungen eines österreichisch-ungarischen Diplomaten,* München 1924, S. 135f.

34 Helmut Rumpler, *Die rechtlich-organisatorischen und sozialen Rahmenbedingungen für die Außenpolitik der Habsburgermonarchie 1848–1918,* in: A. Wandruszka/P. Urbanitsch, *Die Habsburgermonarchie ...* (wie Anm. 20), Bd. 6, S. 1.

35 *November 1918 auf dem Ballhausplatz. Erinnerungen Ludwigs Freiherrn von Flotow, des letzten Chefs des Österreichisch-Ungarischen Auswärtigen Dienstes 1895 bis 1920,* bearb. von Erwin Matsch, Wien 1982, S. 334.

36 Isabella Ackerl, *Die Baugeschichte,* in: Wien. *Ballhausplatz 2,* hrsg. vom Bundespressedienst, Wien 1995, S. 5.

und des Äußeren« einerseits und eines »Bundesministers für auswärtige Angelegenheiten« andererseits. Auf dem Gebiet der Außenpolitik hat der »Ballhausplatz« zuletzt nur in den frühen neunziger Jahren unter Alois Mock vor allem in Südosteuropa eine gewisse, nicht unumstrittene Symbolkraft erlangt, während österreichische Außenpolitik sonst eher als Anhängsel starker Bundeskanzler erschienen ist. Dies gilt nicht nur für die aktive internationale Politik der Ära Kreisky (1970 bis 1983), sondern auch für die christlichsozialen bzw. ÖVP-Kanzler Ignaz Seipel (1922 bis 1924, 1926 bis 1929), Engelbert Dollfuß (1932 bis 1934) und Julius Raab (1953 bis 1961).

Die österreichischen Bundeskanzler nehmen heute die Ostseite des Gebäudes ein, wo ehemals die privaten Räume Metternichs gelegen waren und die nach einem Bombentreffer im Zweiten Weltkrieg zum Teil rekonstruiert werden mußten. Die Amtsräume des Außenministers blicken gegen Westen, auf den Volksgarten, und befinden sich in den ehemaligen Arbeitsräumen Metternichs. Vor allem Kreisky, dem im Wahlkampf von 1970 von politischen Gegnern – unterschwellig antisemitisch – unterstellt worden war, er sei kein »echter Österreicher«, repräsentierte sich oft im Kontext der habsburgischen Geschichte, und zwar schon als Außenminister (1960 bis 1966) in seinem Arbeitszimmer vor einem Bild Maria Theresias, und nicht erst als Bundeskanzler (1970 bis 1983) vor dem Gemälde des jungen Kaisers Franz Joseph, unter dem im kleinen Ministerratssaal häufig die Ministerratssitzungen der Republik stattfanden.

Allerdings bringt die innere Gliederung des Gebäudes ein im Grunde unlösbares Dilemma für zwei repräsentationsorientierte Regierungsämter mit sich, vor allem wenn es sich in Koalitionsregierungen um Amtsträger, die von verschiedenen Parteien gestellt werden, handelt. Denn von den zwei Stiegen des Hauses ist nur eine, diejenige, die direkt zu den Räumen des Bundeskanzlers führt, wirklich repräsentativ, während der Zugang zum Außenminister nur über Umwege erreichbar ist. Die barocke Machtdarstellung in diesem Gebäude war für einen solchen modernen Dualismus nicht geschaffen, wie die beiden »Biographen« des Hauses am Ballhausplatz ausgeführt haben:

»Vestibül und Treppenhaus bildeten die prächtige Schaubühne, auf der sich das Empfangszeremoniell abspielte: In der Zahl der Stufen, die der Hausherr dem Gast entgegenkam (bis zur Antrittsstufe, zum Treppenabsatz oder gar nicht), brachte es seinen eigenen Rang in ein anschauliches Verhältnis zur gesellschaftlichen Stellung des Gastes. Das Treppenhaus als ›Theatrum Praecedentiae‹ führt in das Hauptgeschoß, in dem sich die für das barocke Empfangs- und Regierungszeremoniell wichtige Raumfolge, das ›Staatsappartement‹ mit dem großen Saal, befand ...«[37]

Der jeweilige Stellenwert des »Ballhausplatzes« in der politischen Symbolik Österreichs läßt sich an nichts besser ablesen als an den Demonstrationen, die auf dem Platz gegen oder für die Politik, für die er jeweils stand, abgehalten wurden. So zogen im Laufe des 13. März 1848, der mit dem Sturz Metternichs endete, Demonstranten, nachdem es an anderen Orten des Regierungsviertels bereits zu ernsthaften Zusammenstößen gekommen war, auch vor die Geheime Staatskanzlei und protestierten gegen Metternich und sein »System«. Grillparzer, der die Szene von seiner Arbeitsstelle aus beobachten konnte, schrieb darüber: »Hier hatte ich mich kaum zur Arbeit gesetzt, als ein paar Beamte kamen mit den Worten: ›Nun sind sie beim Fürsten Metternich!‹ Ich folgte in den Aktensaal und sah in der Mitte des Ballplatzes einen Haufen von 40 bis 50 jungen Leuten, einer von ihnen auf den Schultern der anderen oder auf einem Tische über die anderen hinausragend und im Begriffe, gegen die Staatskanzlei gewendet, eine Rede zu beginnen. Hier endlich waren Grenadiere in dreifacher Reihe, das Gewehr bei Fuße, an der mir gegenüberliegenden Mauer der Bastei aufgestellt. Der junge Mensch begann seine Rede, von der ich mühsam den Eingang verstand: ›Ich heiße N. N. Burian aus ** in Galizien geboren, 19 Jahre alt‹, teils konnte ich den Rest nicht mehr verstehen, teils fürchtete ich jeden Augenblick, die Grenadiere würden mit den Bajonetten auf die jungen Leute losgehen und Verwundungen oder sonstige Mißhandlungen vor-

---

37 A. Wandruszka/M. Reininghaus, *Der Ballhausplatz ...* (wie Anm. 4), S. 38.

fallen ... Die Unbekümmertheit, mit der die jungen Leute wie Opferlämmer sich hinstellten und von den aufgestellten Bajonetten gar keine Notiz nahmen, hatte etwas Großartiges.«[38]

Ganz anders war die Stimmung der Menschenmasse, die nach der Kriegserklärung an Serbien in tosende Hochrufe auf Österreich und auf Deutschland ausbrach; durchaus realistisch läßt Karl Kraus in »Die letzten Tagen der Menschheit« einen Reporter über die kriegsbegeisterte Masse sagen: »Den ganzen Abend is sie, wenn sie nicht gerade vor dem Kriegsministerium zu tun gehabt hat oder auf dem Ballhausplatz, is sie in der Fichtegasse [wo sich das Redaktionsgebäude der ›Neuen Freien Presse‹ befand] Kopf an Kopf gedrängt gestanden und hat sach massiert.«[39]

Gerade weil das Haus am Ballhausplatz bei Sozialdemokraten und Liberalen nach 1918 als »Haus des Unheils« angesehen wurde, dürften die Repräsentanten der Republik gezögert haben, hier das politische Machtzentrum zu etablieren. Am Ballhausplatz war zwar – noch vor der formellen Proklamierung der Republik – der greise Führer der österreichischen Sozialdemokratie, Victor Adler, für ein paar Tage als Staatssekretär für Äußeres eingezogen. Nach dessem Tod folgte ihm am 11. November 1918 sein »Kronprinz«, Otto Bauer, nach; dessen Politik eines Anschlusses an die Deutsche Republik wurde im Frühjahr 1919 Anlaß von großen Zustimmungskundgebungen auf dem Ballhausplatz.[40] Der Staatskanzler, Karl Renner, amtierte damals noch im Modenapalais in der Herrengasse. Anfang der zwanziger Jahre erzwang die knapper werdende Finanzlage des Staates eine Zusammenlegung verschiedener Ministerien, und das Bundeskanzleramt, das sich anfänglich im Modenapalais befunden hatte, zog an den Ballhausplatz, der genügend Raum für den schrumpfenden Verwaltungsapparat des wesentlich kleiner gewordenen Staates bot.

Hier begann auch der blutige nationalsozialistische Putschversuch am 25. Juli 1934. An diesem Tag versuchten österreichische SS-Männer, die Bundesregierung gefangenzunehmen, und sie überrumpelten tatsächlich das kaum bewachte Gebäude am Ballhausplatz. Während die bald von Polizeieinheiten im Bundeskanzleramt eingeschlossenen Putschisten um freien Abzug verhandelten, wurde im sogenannten Grauen Ecksalon der verletzte Engelbert Dollfuß ermordet. In der Folge wurden um die Todesopfer des schließlich niedergeschlagenen Juli-Putsches von den gegnerischen politischen Lagern konträre Heldentraditionen und Märtyrermythen geschaffen. Einerseits stellte man im Bundeskanzleramt die »Mater dolorosa« eines »vaterländischen Bildhauers« auf – heute befindet sich dort eine Gedenktafel – und anstelle eines Otto-Wagner-Denkmals an der volksgartenseitigen Platzecke sollte ein – bis 1938 nie vollendetes – Dollfuß-Denkmal errichtet werden. Steinplastik und Denkmalsplan wurden mit der Machtübernahme der Nationalsozialisten beseitigt. Nunmehr wurde an der Außenseite des Bundeskanzleramtes eine Gedenktafel an die 13 »Märtyrer« – am Überfall beteiligte und hingerichtete Nationalsozialisten – angebracht, und bis in die Kriegsjahre hinein fand jährlich ein Gedenkmarsch auf jenem Weg statt, den die Putschisten zum Ballhausplatz genommen hatten.[41]

In den entscheidenden Stunden vor dem »Anschluß« 1938 war der »Ballhausplatz« neuerlich Ort dramatischer Ereignisse, als die »Ständestaats«-Regierung unter dem außenpolitischen Druck seitens des »Dritten Reiches« verzweifelt versuchte, den Anschluß abzuwenden, bis am 11. März, spät nachts, der neue nationalsozialistische Bundeskanzler, Arthur Seyß-Inquart, auf dem traditionsreichen Balkon erschien und sich von der versammelten Menge huldigen ließ.[42]

---

38 Zitiert nach: Franz Grillparzer, *Meine Erinnerungen aus dem Revolutionsjahr 1848,* in: Ders., *Werke,* Bd. 1, Wien o. J., S. 578; vgl. dagegen: Maximilian Bach, *Geschichte der Wiener Revolution im Jahre 1948,* Wien 1898, S. 26ff.

39 Karl Kraus, *Die letzten Tage der Menschheit. Tragödie in fünf Akten. Mit Vorspiel und Epilog* (= Die Fackel, Bd. 12), Wien 1919, S. 41.

40 Hugo Portisch, *Österreich I,* Bd. 1: *Die unterschätzte Republik,* München 1989, S. 158f.

41 A. Wandruszka/M. Reininghaus, *Der Ballhausplatz ...* (wie Anm. 4), S. 94ff.; Gerhard Jagschitz, *Der Putsch. Die Nationalsozialisten 1934 in Österreich,* Graz 1976, S. 190ff.

42 Dieter Wagner/Gerhard Tomkowitz, *Ein Volk, ein*

Nachdem die nationalsozialistische Österreichische Landesregierung liquidiert und die »Ostmark« in sieben »Reichsgaue« aufgeteilt worden war, befand der Wiener Gauleiter-Reichsstatthalter Baldur von Schirach, das Haus am Ballhausplatz sei geeignet, seine Macht mit der barocken Tradition Wiens zu verknüpfen, und er schlug dort seinen Amtssitz auf.

Der wiedererstandene österreichische Staat rekonstruierte binnen weniger Jahre den von einem Bombentreffer zerstörten Teil des Bundeskanzleramtes und nahm die 1938 unterbrochene Tradition der Topographie der Regierungsmacht wieder auf. Nach 1945 wurde der Ballhausplatz nur selten Schauplatz ernsthafter Zwischenfälle, so im Mai 1948 während einer kommunistischen Hungerdemonstration und Ende September 1950, als kommunistische Streikaktionen wegen der noch nicht konsolidierten Situation der Zweiten Republik und der Präsenz der Sowjets im Lande einen Putschversuch befürchten ließen. Sonst kam und kommt es auf dem Ballhausplatz »gelegentlich zu Demonstrationen von Interessengruppen, zu Traktorauffahrten der Bauern oder Aufmärschen der Ärzte in ihren weißen Mänteln. Aber diese Demonstrationen enden fast immer damit, daß der Regierungschef, meist begleitet vom zuständigen Ressortleiter, eine Delegation der Demonstrierenden im Bundeskanzleramt empfängt.«[43] Einen Empfang bereitete im Februar 1972 Kreisky auch dem Skirennfahrer Karl Schranz, der von der Teilnahme an der Olympiade ausgeschlossen worden war; zusammen mit Schranz zeigte er sich vom Balkon des Bundeskanzleramtes der Masse, die sich in den Heldenplatz hinein staute und den »gescheiterten Helden« begeistert feierte. Der weitgehend friedliche Charakter solcher Manifestationen entspricht der gewandelten politischen Kultur der Zweiten Republik.

Die »Hofburg«

Seit 1947 weht das Banner des österreichischen Bundespräsidenten über dem äußersten südwestlichen Ausläufer der Hofburg, dem Leopoldinischen Trakt. Die erst 1875 überbaute Schmalseite des Gebäudes grenzt an den Ballhausplatz und liegt vis-à-vis dem Bundeskanzleramt. Hier liegen die Arbeits- und Repräsentationsräume des Staatsoberhauptes und der Präsidentschaftskanzlei. Die prunkvolle Innenausstattung der Räume stammt meist noch aus der Mitte des 18. Jahrhunderts, und in den beiden parallelen Saalfluchten hatten schon Maria Theresia und Joseph II. residiert und gewohnt. In der Zwischenkriegszeit hatte sich die Präsidentschaftskanzlei noch nicht in diesem Hofburg-Trakt befunden, die Zimmer des Bundespräsidenten lagen geradezu versteckt im Bundeskanzleramt. Dies wird verständlich, wenn man die politisch schwache Stellung des Bundespräsidenten in der Ersten Republik bedenkt. In den ersten Monaten seit November 1918 fungierten die drei Präsidenten, dann der erste Präsident der Nationalversammlung als Staatsoberhaupt. Erst die Verfassungsnovelle von 1929 sah die Volkswahl des Bundespräsidenten vor, ohne daß eine solche bis 1950 tatsächlich erfolgt wäre.

Ohne daß die Repräsentationsformen des Staatsoberhauptes schon jenen der Zweiten Republik entsprachen, sehnte sich die Mehrzahl der Österreicher der Zwischenkriegszeit nach einem »Ersatzkaiser«. Nur so sind die folgenden Verse von Karl Kraus zu verstehen:

> »Und sie fühlen noch das gleiche
> Gott erhalte, Gott beschütze.
> Und es haben Kaiserreiche
> Präsidenten an der Spitze.«[44]

Die politischen Eliten der Zweiten Republik konnten oder wollten sich solchen Erwartungen nicht mehr entziehen. Der Sozialdemokrat Karl Renner, einer der Staatsgründer schon 1918 und 1945 neuerlich Staatskanzler und der erste Bundespräsident der Zweiten Republik, war für politi-

---

Reich, ein Führer, München 1968; Gerhard Botz, *Nationalsozialismus in Wien. Machtübernahme und Herrschaftssicherung 1938/39,* Buchloe 1988, S. 28ff.
43 A. Wandruszka/M. Reininghaus, *Der Ballhausplatz ...* (wie Anm. 4), S. 105.
44 Zitiert nach: Susanne Breuss, *Karin Liebhart und Andreas Pribersky, Inszenierungen. Stichwörter zu Österreich,* 2. Aufl., Wien 1995, S. 89.

sche Symbolik besonders empfänglich. Er wollte aus dem Schatten des Bundeskanzlers treten, der damals wie während der folgenden zweieinhalb Jahrzehnte von der ÖVP gestellt wurde. Zu seinem Parteivorsitzenden, Adolf Schärf, damals auch Vizekanzler, sagte er 1945/46 einmal, wie Schärfs Tochter, Martha Kyrle, erzählt: »›Ich möchte da hinüber!‹ vom Ballhausplatz hinüber, und mein Vater hat gesagt: ›Na ja, ich weiß net, Leopoldinischer Trakt, ist doch ein bisserl großartig, soll man das wirklich machen?‹ Und da hat er dann gesagt: ›Ich erinnere mich noch an das Jahr 38, wie Miklas im letzten Zimmer gesessen ist als Bundespräsident im Bundeskanzleramt, er hätte sich auch gar nicht rühren können, seine ganzen Reaktionen waren auch ein wenig davon abhängig, daß er persönlich kein eigenes Telefon gehabt hat, sondern daß er da hinten war, »Geiselhaft« hätte ich beinahe gesagt, aber irgendwie war es eine Behinderung.‹ Und diese Behinderung wollte der Bundespräsident ... dann im neuen Österreich nicht haben. Daher ist er in diese Kanzlei gezogen und hat gesagt: ›Schau, wir passen doch viel besser auf all die historischen Kostbarkeiten auf. Wenn da die Besatzungsmacht einzieht oder auch nur eine von den vier, ist das doch nicht so sicher, ist doch besser, wir pflegen das‹.«[45]

Der Bundespräsident als Museumskonservator, jedenfalls wenn es darum ging, den hypothetischen Zugriff der Besatzungsmächte, vor allem der sowjetischen, abzuwehren. Das war unmittelbar nach 1945 als Argument noch wirkungsvoller als die Repräsentationsbedürfnisse des Staatsoberhauptes. So räsonierte auch Renner in einem Schreiben vom 11. November 1946 an Kanzler Leopold Figl: »Ich persönlich habe es immer als schmählich empfunden, dass das tschechische Staatsoberhaupt in der Prager, das ungarische in der Budapester Burg residierten, abgesehen von Lana und Gödöllö, und dass Prag und Budapest in sachlicher und persönlicher Ausstattung der höchsten Würde selbst den Großstaaten gleichzukommen sich bemühten, während das österreichische Staatsoberhaupt schlechter behaust war, als die Direktion irgend einer halbwegs bedeutenden Aktiengesellschaft.«[46] Selbst die Bolschewiki hätten es »nicht verschmäht, den Kreml und mit ihm alle Attribute der staatlichen Souveränität in Anspruch zu nehmen«. Obwohl solches den »Vertretern einer jungen Demokratie« als nebensächlich erscheinen mag, sei es im Interesse des »Staatsgefühls« und des Ansehens der »Staatslenker« angebracht, auf einer »würdigen Unterbringung des Staatsoberhauptes« zu bestehen. Er verlangte daher im Leopoldinischen Trakt, einem »unvergänglichen Denkmal einer der grössten Epochen der österreichischen Geschichte«, untergebracht zu werden. Zwar könne dieses Gebäude »nur mit natürlicher Scheu« unter den »ganz veränderten staatsrechtlichen Verhältnissen in den Dienst der Gegenwart gestellt werden«. Doch sei er »der Auffassung, dass jede Zeit das Recht und die Pflicht hat, sich selbst in der Architektur wie in der Einrichtung der Amtsgebäude zum Ausdruck zu bringen. Die erste wie die zweite Republik haben dies ganz ausser Acht gelassen.«[47]

Fast drei Jahrzehnte lang blieb das Amt des Bundespräsidenten, das in der Zweiten Republik gegenüber der Zwischenkriegszeit etwas aufgewertet wurde, in der Hand von Sozialdemokraten. Während dieser Zeit wurde die »Hofburg« vor allem für die »linke Reichshälfte« der österreichischen Politik zu *dem* Staatssymbol, während das Bundeskanzleramt, in dem bis 1966 ÖVP-Regierungschefs saßen, eher für die »rechte Reichshälfte« den Staat verkörperte. Nach der Regierungsperiode Kreiskys und der Wahl Waldheims scheinen sich die symbolischen Präferenzen der Österreicher genau spiegelbildlich entwickelt zu haben.[48]

Das österreichische Staatsoberhaupt hat seine Re-

---

45 Beitrag Dr. Martha Kyrle, in: *Karl Renner – Ein österreichisches Phänomen. Wiedergabe des Symposiums aus Anlaß des 125. Geburtstages von Karl Renner,* hrsg. vom Österreichischen Gesellschafts- und Wirtschaftsmuseum, Wien 1996, S. 87.
46 Zitiert nach: Erwin M. Auer, *Ein »Museum der Ersten und Zweiten Republik Österreichs«. Dr. Karl Renners Plan und erster Versuch,* in: Wiener Geschichtsblätter 38 (1983), H. 2 , S. 78.
47 *Ebda.*
48 Telefonische Mitteilung von Dr. Wolfgang Petritsch am 17. 3. 1996 an den Verfasser.

präsentation bis heute nicht in zeitgenössischen Stilformen, wohl aber in einer erneuerten, einer Republik eigentlich nicht entsprechenden historischen Tradition gefunden, darin selbst schon ein würdiger Nachfolger des habsburgischen Kaisertums. So kann selbst ein österreichischer Verfassungsrechtler die Stellung des Bundespräsidenten – ganz ohne Ironie – in den neunziger Jahren folgendermaßen beschreiben: »Die Monarchie hat sich in vielen Institutionen der Republik fortgesetzt. Im Bundespräsidenten ist sie zur Person geworden. Sein monarchischer Ursprung und seine Zugehörigkeit zur Sakralsphäre des Staates sind noch heute ... erkennbar ... Das Amt hat etwas vom alten Mythos ... Das Sinnbild eines übernationalen, überparteilichen und überzeitlichen Monarchen wurde zum Symbol des Staates.«[49]

Wohl wegen der weiterhin relativ geringen politischen Bedeutung des Bundespräsidenten auch in der Zweiten Republik wurde die »Hofburg« nur äußerst selten Ziel von politischen Demonstrationen. Nur während der ersten Jahre der Präsidentschaft Kurt Waldheims kam es vor dem Leopoldinischen Trakt im Bereich des Ballhausplatzes und des Heldenplatzes zu Massenkundgebungen, bei denen das Holzpferd des Bildhauers Alfred Hrdlicka eine von den zeitgenössischen Österreichern verstandene symbolische Rolle spielte: nicht der damalige Bundespräsident sei bei der SA gewesen, sondern nur sein Pferd, wie der 1986 amtierende Bundeskanzler Fred Sinowatz einmal spöttisch bemerkte. Darin kommt auch der seit der umstrittenen Präsidentschaft Waldheims geänderte Stellenwert des Staatsoberhauptes in der österreichischen Politik zum Ausdruck: statt ein der täglichen Politik enthobenes Staatssymbol, das äußerstenfalls wie der gelernte Buchdrucker Franz Jonas Zielscheibe halb öffentlich geäußerter Herabsetzung werden konnte, zu sein, wurde es zunehmend zu einem Faktor, der in die Politik einzugreifen versuchte, aber auch offen kritisierbar geworden ist.

Die »Hofburg«, die neuerdings in der öffentlichen Darstellung immer weniger mit den Habsburgern, sondern mit Österreich historisch assoziiert wird, bleibt wohl auch in Zukunft, was sie seit den Anfangsjahren der Zweiten Republik geworden ist: der Ort der Angelobung und der Demission der österreichischen Bundeskanzler und Regierungen durch den Bundespräsidenten. Was anderswo nach einer Auffahrt von Staatslimousinen geschieht, vollzieht sich seit 1949 in Wien (infolge der geringen räumlichen Entfernung) nach einem rituellen Gang des Regierungschefs und seiner Minister über den Ballhausplatz im »Maria-Theresien-Zimmer« der Präsidentschaftskanzlei.

Beim »Tag der offenen Tür« zeigt man weiterhin den staunenden Besuchern den kaiserlichen Prunk, der sonst nur Ministern, auswärtigen Staatsgästen, Botschaftern und heimischen Ordensträgern vorgeführt wird. Dabei werden, einer Selbstdarstellung der Präsidentschaftskanzlei zufolge, »... die Mitarbeiter der Präsidentschaftskanzlei ... oft gefragt, ob man denn in solchen Räumen überhaupt arbeiten könne, es handle sich doch eher um ein ›Museum‹. Diesen Eindruck des Musealen erwecken die Räume mit ihrem prunkvollen und kostbaren Mobiliar wohl deshalb, weil Vergleichbares sonst nur mehr in Museen zu finden ist. Diese Räume sind aber keinesfalls tot und museal, sie ›transportieren‹ sozusagen die ›Geschichte Österreichs‹ mit all ihrem unbestreitbaren Glanz mitten hinein in unsere Gegenwart der Zweiten Republik.«[50]

Bezeichnenderweise hatte schon Renner in dem oben zitierten Schreiben auch die Errichtung eines »Museums der Ersten und Zweiten Republik Österreichs« im Leopoldinischen Trakt angeregt; in drei Sälen – »Saal der Ersten Republik«, »der Katastrophen (Annexion, Weltkrieg)« und »der Wiedererhebung« – sollten auch durch »größere Gemälde die markanten Vorgänge« und »die hervorragendsten Persönlichkeiten des öffentlichen Lebens« gezeigt werden.[51] Es scheint in der Tat, als könne sich die österreichische Republik (tendenziell bis in die Gegenwart) am besten in einem Museum ihrer eigenen Vergangenheit repräsentieren. Die politischen Klassen der Zweiten Repu-

---

49 Manfried Welan, *Der Bundespräsident. Kein Kaiser in der Republik,* Wien 1992, S. 24f.
50 *Die Präsidentschaftskanzlei in der Wiener Hofburg. Tag der offenen Tür,* Wien o. J. [1992].
51 E. M. Auer, *Ein »Museum« ...* (wie Anm. 46), S. 79.

blik haben, offensichtlich honoriert von einer Bevölkerungsmehrheit, immer noch den Hang, eine als Manko empfundene staatliche und politische »Kleinheit« in das Große des Habsburgischen Freilichtmuseums einzupassen.[52] Auffällig tritt dieser Versuch zur Schaffung einer langen Tradition der Republik auch an den beiden anderen symbolischen und realen Zentren politischer Macht in Erscheinung.

Der Bezirk öffentlicher Politik

Außerhalb der Bauflucht der alten Außenseite der Hofburg, annähernd innerhalb eines Kreissegments im Bereich der Südwestecke der Ringstraße, liegt ein anderer bedeutungsvoller, flächenmäßig größerer Teil der Wiener Regierungscity. Sie ist nur ein Teil der gesamten Ringstraßenzone. Im Gegensatz zum alten Zentrum exekutiver Macht ist dieser Bezirk schon in seinem äußeren Erscheinungsbild von der zweiten Hälfte des 19. Jahrhunderts geprägt und überwiegend ein solcher öffentlicher Politik in zweierlei Form: einerseits parlamentarische Demokratie, andererseits extraparlamentarische symbolische Massenpolitik. Ohne daß die reale politische Bedeutung der Tätigkeit des Parlaments unterbewertet werden soll, so ist doch die Politik der Volksvertretung wesentlich öffentlich, wenngleich sie sich nur in begrenzt zugänglichen Gremien und internen Ausschüssen abspielt, und sie ist zugleich auch »theatralische« Politik, wenngleich sie mit jenen Massenveranstaltungen unter freiem Himmel, die auf dem Heldenplatz seit nahezu hundert Jahren stattgefunden haben, nicht gleichzusetzen ist. Das »Haus am Ring« und der gesamte Ringstraßenbezirk sind geradezu auf diese Symbolfunktionen hin, nach innen wie nach außen, konzipiert. Die Ambivalenz des Politischen[53] ist hier besonders augenfällig, obwohl auch das barocke Regierungsviertel großen Wert auf Repräsentation der dort gebündelten Macht, in der Formensprache des Absolutismus, legt.

Im Bezirk der öffentlichen Politik insgesamt nimmt das Parlamentsgebäude zwar nicht eine stadtplanerische Zentralstellung ein, liegt jedoch an einer hervorgehobenen Stelle, wo die beiden prunkvollsten Seiten des Ringstraßen-Polygons aneinanderstoßen. Das »Haus am Ring« ist direkt auf die Hofburg (und den Ballhausplatz) ausgerichtet, liegt jedoch – verglichen mit dem Burgtheater und dem Rathaus – etwas abseits. Es ist nicht *der,* sondern nur einer der Höhepunkte der Stadtarchitektur der Ringstraße im Bereich des Rechtecks Parlament-Rathaus-Universität-Burgtheater. Es ist naheliegend, in der hier vorliegenden herrschaftstopographischen Nichtprivilegierung und in der Ausrichtung auf die Zentren exekutiver Macht – heute wie damals – eine Entsprechung zu der eigentlich nie überwundenen Diskrepanz zwischen verfassungsmäßigem Anspruch und faktischer Gestaltungsmacht des Parlaments im politischen System zu sehen.

In nächster Umgebung liegen zu beiden Seiten der Alleen der Ringstraße heute auch andere staats- oder kommunalpolitisch wichtige Gebäude: auf der einen Seite des Parlaments, am markantesten, das neogotische (neue) Rathaus, auf der anderen Seite, eher verborgen, der im Neorenaissance-Stil erbaute Justizpalast und dahinter – schon außerhalb der Ringstraßenzone und einer anderen politischen Sphäre zugehörig – das barocke Palais Trautson, in dem sich heute das Justizministerium befindet. Etwas weiter entfernt, hinter dem Rathaus beziehungsweise der Universität, liegen das im Volksmund »Graue Haus« genannte Gebäude des Wiener Landesgerichts und dessen Gefängnis, in dem während der NS-Zeit zahlreiche Österreicher hingerichtet wurden. Stadtphysiognomisch dominieren jedoch in diesem Bezirk die großen der Hochkultur dienenden Bauten: das Burgthea-

---

52 Gerhard Botz/Albert Müller, *Differenz/Identität in Österreich. Zu Gesellschafts-, Politik- und Kulturgeschichte vor und nach 1945,* in: Österreichische Zeitschrift für Geschichtswissenschaften 6(1995), H. 1, S. 8; vgl. auch Claudio Magris, *Der Habsburgische Mythos in der österreichischen Literatur,* Salzburg 1966.

53 Murray Edelman, *Politik als Ritual. Die symbolische Funktion staatlicher Institutionen und politischen Handelns,* Frankfurt am Main 1976, S. 1; siehe auch Rüdiger Voigt (Hrsg.), *Symbole der Politik. Politik der Symbole,* Opladen 1989, S. 18f.

ter und die Natur- und Kunsthistorischen Museen, schon weiter entfernt und außerhalb der Sichtweite die Akademie der Bildenden Künste, die Staatsoper und der Musikvereinssaal, um nur die wichtigsten dieser Einrichtungen zu nennen. Die räumliche Nähe der Gebäude von Wissenschaft (Universität), Kultus (Votivkirche) und Wirtschaft (Börse) kann als Ausdruck anderer prägender und doch widersprüchlicher Aspekte der späthabsburgischen Gesellschaft gedeutet werden.

Im Innersten dieses Bezirks öffentlicher Massenpolitik befindet sich nicht etwa ein wirklich überragendes Gebäude oder ein großer abgeschlossener Platz; vielmehr erweckt eine Ansammlung von unterschiedlich gestalteten Parks und Gärten, vor allem der Rathauspark und der Volksgarten, den Eindruck des Frei-Gebliebenen. Im Kontrast zum barocken Regierungsviertel in der Innenstadt wirken in Bezirk der öffentlichen Massenpolitik – und überhaupt in der gesamten Ringstraßenzone – noch barocke Dimensionen und imperiale Prachtentfaltung nach, die Raum-Konzeption ist jedoch hier völlig neu und eigenständig: »Die barocken Architekten gestalteten den Raum, um den Betrachter auf einen zentralen Brennpunkt zu führen: der Raum dient den Gebäuden, die ihn umschlossen und beherrschen, als verherrlichendes Medium. Die Planer der Ringstraße kehrten scheinbar das Verfahren um und benutzten die Bauten, um den Raum in die Horizontale zu erweitern. Sie bezogen alle Elemente auf eine zentrale breite Allee oder einen Corso, die weder einen architektonischen Inhalt noch eine optische Richtung hatten. Die polyedrische Straße ist in dem ausgedehnten Komplex buchstäblich das einzige Element, das ein eigenständiges Leben führt und keiner anderen räumlichen Einheit untergeordnet ist.«[54]

Kaum 500 Meter vom Zentrum der parlamentarischen Tätigkeit liegt ein historisch bedeutsamer Focus ganz anderer Art öffentlicher Politik, der Heldenplatz zwischen alter und neuer Hofburg (1907 bis 1913) und dem Burgtor (1821 bis 1824). Bevor ich auf die beiden Brennpunkte öffentlicher Politik – Parlament und Heldenplatz – eingehe, sei die Genese des Ensembles der Ringstraße dargestellt.

Die Ringstraße – »Spielplatz der neuen Gesellschaft«

Am Anfang stehen die janusköpfigen fünfziger Jahre des 19. Jahrhunderts, auf den ersten Blick der forsche Neoabsolutismus der ersten Regierungsjahre Kaiser Franz Josephs und ein massiver Versuch, die Revolution von 1848 politisch rückgängig zu machen. Doch setzten diese Jahre in wirtschaftlicher und gesellschaftlicher Hinsicht fort und verstärkten teilweise noch, was im Revolutionsjahr offenkundig geworden war: das Nahen des bürgerlichen Zeitalters auch in Österreich. Selbst in politischer Hinsicht war dieses Jahrzehnt eher »von der Staatspraxis her eine Phase bürgerlicher Herrschaft«[55]. Der Neoabsolutismus der fünfziger Jahre gewährte der rapiden wirtschaftlichen Entfaltung Spielraum und förderte sie. Er sicherte der überwiegend deutschsprachigen Beamtenschaft die Kontrolle des modernisierten staatlichen Apparats, verschloß sich jedoch lange Zeit Bestrebungen auf Einführung einer Konstitution.

Grundlegend änderte sich die verfassungspolitische Lage erst mit Beginn der sechziger Jahre. Das sich politisch wie kulturell formierende Bürgertum, basierend auf den Privilegien von Bildung und Besitz, erlangte die Teilnahme an der politischen Macht auf den verschiedenen Ebenen, ja es wurde unter den Umständen der gewährten Gemeindegesetze (schon 1849, dann 1859 und 1862) von einem extrem ungleichen Bürger- und Zensuswahlrecht begünstigt. In Wien übernahmen die Liberalen bis 1895 die Stadtverwaltung.[56] Da-

---

54 C. Schorske, *Wien ...* (wie Anm. 4), S. 31.
55 Ernst Bruckmüller, *Wiener Bürger. Selbstverständnis und Kultur des Wiener Bürgertums vom Vormärz bis zum Fin de siécle*, in: Hannes Stekl u. a. (Hrsg.), *»Durch Arbeit, Besitz, Wissen und Gerechtigkeit«*, Wien 1992, S. 51ff.
56 Grundlegend Maren Seliger/Karl Ucakar, *Wien. Politische Geschichte 1740–1934. Entwicklung und Bestimmungskräfte großstädtischer Politik*, T. 1: 1740 bis 1895, Wien 1985, S. 339ff.; Felix Czeike, *Liberale, christlichsoziale und sozialdemokratische Kommunalpolitik (1861–1934). Dargestellt am Beispiel der Gemeinde Wien*, Wien 1962.

mit wurde die Periode des Kommunalliberalismus eine unternehmerische »Gründerzeit«, eine Phase der Bevölkerungsexplosion, des gesellschaftlichen Wandels und des Unterschichtenelends, aber auch der Schaffung bleibender Infrastruktureinrichtungen. Gesamtstaatlich war dies auch eine Epoche des ökonomischen »Take-Offs«, der staatlichen Bildungs- und Wissenschaftsreformen und der schrittweisen Demokratisierung. Steigendes Selbstbewußtsein und die optimistischen Zukunftsperspektiven der neue Klasse verlangten auch nach »Zeichen bürgerlicher Präsenz« in der Stadt. Stadtgestaltung und Bauen erfüllten »zugleich die Erfordernisse von Funktionalität und von Repräsentativität«.[57]

Das auf Repräsentation drängende Selbstbewußtsein des wachsenden wirtschaftlichen und bildungsmäßigen Kapitals des liberalen Bürgertums ließ sich im Aufbruch der fünfziger und sechziger Jahre mit einem ebenso starken Bestreben nach symbolischer Repräsentation alter Herrschaftsansprüche auf seiten des Kaisertums vereinen, ja beide Elemente ergänzten einander. Um 1860 ging der monarchische Absolutismus unter dem Eindruck militärischer Niederlagen in einem angestrengten verfassungspolitischen »Zick-Zack-Kurs« zu Ende, begannen sich neue nationale, später auch soziale Zentrifugalkräfte zu formieren, zugleich war jedoch der österreichische Anspruch auf Hegemonie im Deutschen Bund noch nicht vollkommen aufgegeben. Dies ist die gesamtpolitische Konstellation, der die Wiener Ringstraße ihre Entstehung verdankt.

Der frühneuzeitliche Befestigungsgürtel mit seinen Basteien und Glacis hatte begonnen, ein allzu enges Korsett für die Innenstadt, die immer mehr Beamte und andere städtische Berufe anzog, zu werden. Das städtische Wachstum, die industriekapitalistische Expansion und die Ausbildung des Proletariats waren auf den damaligen Vorstädtegürtel übergesprungen. Revolutionsfurcht und militärische Gesichtspunkte, wie sie auch in anderen Hauptstädten Europas in die allgemein einsetzenden Überlegungen zur stadtplanerischen Erneuerung einflossen, wurden eine Triebkraft der Wiener Ringstraßenplanung. Eine andere war das Prestigebedürfnis des Kaisers, dessen reale Macht im Inneren und in der äußeren Geltung zu schwinden begann und der sich in dieser Hinsicht mit den sonst konkurrierenden Repräsentationswünschen des Bürgertums konform sah. So beauftragte Franz Joseph in einem Handschreiben vom 20. Dezember 1857 seinen Innenminister mit der Vorbereitung und Leitung der Schleifung der Stadtbefestigung und der Stadterweiterung: »Lieber Freiherr v. Bach! Es ist Mein Wille, daß die Erweiterung der inneren Stadt Wien mit Rücksicht auf eine entsprechende Verbindung derselben mit den Vorstädten ehemöglichst in Angriff genommen und hiebei auch auf die Regulierung und Verschönerung Meiner Residenz- und Reichshauptstadt Bedacht genommen werde ...«[58] In dem Dekret bewilligte der Kaiser auch den Verkauf der Befestigungs- und Glacis-Gründe, damit Grund für die öffentlichen und privaten Bauten und die Grün- und Verkehrsflächen gewonnen werden könne. Der Monarch verfügte über das Eigentum an öffentlichem Grund; dieses war noch nicht an den Staat übergegangen, was dem Zugriff des Militärs Tür und Tor geöffnet hätte. Auch der Umstand, daß in Wien große Bodenflächen noch nicht an die Stadt oder an private Spekulanten übergegangen waren – die Folge der relativen wirtschafts- und verfassungspolitischen Rückständigkeit des Habsburgerstaates –, erwies sich beim Ringstraßenprojekt als Vorteil. Aus dem Verkauf eines Teils der Grundstücke an Private konnte daher, dem Finanzierungsplan folgend, ein Stadterneuerungsfonds gespeist werden, aus dem die Errichtung der öffentlichen Repräsentationsbauten und der Militäranstalten finanziert wurde. Die Ringstraßenzone wurde daher ursprünglich zu einem beträchtliche Teil auch Wohngebiet. In ihren »Mietpalästen« (im Gegensatz zu den »Zinskasernen« der Vorstädte) wohnten vor allem Angehörige der »zweiten Gesell-

---

57 Hanns Haas/Hannes Stekl, *Einleitung,* in: Dies. (Hrsg.), *Bürgerliche Selbstdarstellung. Städtebau, Architektur, Denkmäler,* Wien 1995, S. 9.

58 Vgl. Elisabeth Springer, *Geschichte und Kulturleben der Wiener Ringstraße,* in: Renate Wagner-Rieger (Hrsg.), *Die Wiener Ringstraße. Bild einer Epoche,* Bd. 2, Wiesbaden 1979, S. 94ff.

schaft«[59] – neu geadelte Unternehmer, Bankiers und Großhändler, höhere und mittlere Beamte sowie Freiberufler und Rentiers – und in bestimmten Vierteln auch die Hocharistokratie der späten Habsburgermonarchie. Der erforderliche Baugrund für die öffentlichen Gebäude wurde vom Kaiser kostenlos bereitgestellt. Diese finanzpolitische Konstruktion ist im großen und ganzen rechnerisch bis zum Ersten Weltkrieg aufgegangen und gewährleistete, daß – selbst während der kommenden wirtschaftlichen Krisenzeiten – die Realisierung des Bauprogramms keine ernsthaften Verzögerungen erlitt. Insgesamt verfügte der k.k. Stadterweiterungsfonds über rund 2,2 Quadratkilometer Grund. Bis 1914 standen seinen realen Einnahmen von mehr als 112 Millionen Gulden rund 120 Millionen Gulden Ausgaben gegenüber.[60]

Das Handschreiben Franz Josephs gab auch die Richtlinien für die Ringstraßenplanung vor, denen die spätere Ausführung des Stadterweiterungsprojekts allerdings nur teilweise folgte; der Kaiser, sonst als amusischer Mensch und trockener Bürokrat beschrieben, nahm an dem Projekt starken persönlichen Anteil, und bis 1870 sind mehrmals Eingriffe, die über die nur wohlwollend-fördernde Haltung eines Mäzens hinausgingen, belegt.[61]

Im Handschreiben wurden einige besonders sensible Orte bewußt ausgespart; erst Jahre, ja Jahrzehnte später setzte sich an ihnen im Wechselspiel der gesellschaftlich-politischen Interessen jenes Bebauungsmuster, das auf unsere Zeit gekommen ist, durch. Im Falle des ausgesparten Josefstädter Exerzierplatzes, der den Bereich des heutigen Gevierts von Parlament, Rathaus, Universität und Burgtheater einnahm, hat dieses pragmatische Vorgehen erst die überzeugendste Lösung des Ringstraßen-Ensembles ermöglicht. Im Fall des Heldenplatzes sind alle Lösungsversuche problematisch geblieben. Gerade zu diesem geplanten Kulminationspunkt der gesamten Repräsentationszone statuierte der Kaiser: »Der Platz vor meiner Burg nebst den zu beiden Seiten desselben befindlichen Gärten hat bis auf weitere Anordnung in seinem gegenwärtigen Bestande zu verbleiben«. Auch andere Abschnitte der Ringstraßenzone blieben einer späteren Lösung vorbehalten.

Auch die Durchführung der Realisierung des Großprojekts wurde geregelt, die Ausschreibung eines Konkurses für die stadtplanerische und künstlerische Neugestaltung und die Einrichtung einer Jury angeordnet.[62] Von den 85 eingehenden Projekten wurden die besten durch Preise ausgezeichnet. Da jedoch keiner der Pläne als ausführungsreif beurteilt wurde, ließ Franz Joseph einen Grundplan ausarbeiten, der ein vielseitiger Kompromiß war, sich jedoch stark an das Projekt der Wiener Architekten Eduard van der Nüll (1812 bis 1868) und August Sicard von Sicardsburg (1812 bis 1868) und des in Wien arbeitenden bayerischen Architekten Ludwig Christian F. Förster (1797 bis 1863) hielt[63].

Beim »spätfeudalen« Charakter des Habsburgerstaates überrascht es nicht, wie sehr dieser Grundplan noch auf die Vorstellungen der Militärs Bedacht nahm. Innerhalb 2000 Meter Entfernung Luftlinie von der Hofburg lagen acht Kasernen, an der Ringstraße waren die an der Hofburgseite gelegenen Parks von (heute noch stehenden) hohen Eisengittern abgeschlossen, die innere Seitenallee war geschottert, um eine rasche Verlegung von Kavallerie zu ermöglichen, und von allen Seiten konnte der gesamte Boulevard gegen »aufrührerische Volksmassen ... unter Feuer ge-

---

59 Elisabeth Lichtenberger, *Wirtschaftsfunktion und Sozialstruktur der Wiener Ringstraße*, in: R. Wagner-Rieger, *Die Wiener Ringstraße ...* (wie Anm. 58), Bd. 6, S. 52ff.; zur Sozialstruktur der Hauseigentümer: Franz Baltzarek/Alfred Hoffmann/Hannes Stekl, *Wirtschaft und Gesellschaft der Wiener Stadterweiterung*, in: R. Wagner-Rieger, *Die Wiener Ringstraße ...* (wie Anm. 58), Bd. 5, S. 281ff.

60 Kurt Mollik/Hermann Reining/Rudolf Wurzer, *Planung und Verwirklichung der Wiener Ringstraßenzone*, in: R. Wagner-Rieger, *Die Wiener Ringstraße ...* (wie Anm. 58), Bd. 3, S. 458; F. Baltzarek/A. Hoffmann/H. Stekl, *Wirtschaft und Gesellschaft ...* (wie Anm. 59), S. 168ff.

61 E. Springer, *Geschichte und Kulturleben ...* (wie Anm. 58), S. 374ff.

62 E. Springer, *Geschichte und Kulturleben ...* (wie Anm. 58), S. 95.

63 K. Mollik/H. Reining/R. Wurzer, *Planung und Verwirklichung ...* (wie Anm. 60), S. 173f.

nommen werden«.⁶⁴ Die Ringstraße sollte auch eine rasche Verlegung von Truppen aus den an strategisch wichtigen Stellen angelegten Kasernen an jede Stelle der Innenstadt gewährleisten. Sie ermöglichte so jedoch bis heute auch ein Umfließen des Zentrums durch den Verkehr, förderte dadurch aber auch die ringförmige Abschließung und die Musealisierung der Innenstadt⁶⁵.

Obwohl zu dem Zeitpunkt, als am 21. Mai 1859 der Grundplan genehmigt wurde, das neoabsolutistische Regime bereits in seine Schlußphase eingetreten war, sind die ersten drei Jahre der Ringstraßenplanung und deren erste Bauphase noch stark von den militärischen Erfordernissen und dem Bündnis von Thron und Altar geprägt. Auch die bereits 1856 nach Entwürfen Heinrich von Ferstels (1828 bis 1883) begonnene Votivkirche, gedacht auch als Garnisonkirche von Wien, gehört in diesen Kontext. Sie steht an einer prominenten Stelle der Westseite der Ringstraße und sollte, auch nach dem »Ausgleich« von 1867, als einziger Kirchenbau der Ringstraßenzone die Erinnerung an ihren Anlaß wahren, ein Gelübde des Kaisers für seine wundersame Errettung bei einem Mordanschlag durch einen jungen Ungarn. Darüber hinaus ist die Votivkirche einer der merkwürdigen mißlungenen Versuche der franzisco-josephinischen Ära, sich in einer Art österreichischem Pantheon zu verherrlichen. Ein zweiter Versuch dieser Art, wiederum im militärischen Kontext und der neoabsolutistischen Periode zuzuordnen, liegt weit außerhalb der Ringstraßenzone im Gebäudekomplex des Arsenals vor, das nach 1848 als eine zentrale »Defensivkaserne« angelegt und zu einem Erprobungsfeld späterer Ringstraßen-Architekten wurde; das darin errichtete Heeresgeschichtliche Museum, erbaut 1849 bis 1856 und als der älteste staatliche Museumsbau der Welt bezeichnet, sollte eine »österreichische Ruhmeshalle« sein. Auf einen dritten derartigen Versuch ist beim Parlamentsgebäude noch zurückzukommen.

Die norditalienischen Niederlagen im Krieg mit Sardinien und Frankreich öffneten den Weg zu Verfassungsreformen (Oktoberdiplom von 1860 und Februarpatent von 1861) und zu einer Wahlrechtserweiterung und leiteten damit den Beginn einer fast zwanzigjährigen deutsch-liberalen Hegemonie auch in der Staatsregierung ein. Die Epoche der Errichtung der Großbauten konnte daher schon ganz eine von Liberalismus und konstitutioneller Monarchie werden. In vier Phasen vollzog sich, abhängig von den Konjunkturzyklen, eine vor allem am Beginn sehr lebhafte Bautätigkeit in der Ringstraßenzone.⁶⁶

Die kurze erste Phase fiel in die erste Hälfte der sechziger Jahre. Sie brachte auch den Großteil der Demolierungsarbeiten der alten Befestigungsanlagen und die Anlegung der Ringstraße mit ihren Baumreihen (Eröffnung am 1. Mai 1865). Einer der Schwerpunkte der Neubauten lag im Viertel um die Hofoper (Staatsoper), die bereits in dieser Periode gebaut wurde. In der zweiten Phase, etwa vom »Ausgleich« bis Mitte der siebziger Jahre, erreichte die Bautätigkeit während der Boom-Jahre vor der Wiener Weltausstellung und dem Krach von 1873 ihren absoluten Höhepunkt, sie erfaßte vor allem die westlichen und südlichen Teile der Ringstraßenzone und trug damit zum heutigen Aussehen des Bezirks öffentlicher Politik um das Parlamentsgebäude bei. In sie fiel auch die Grundsteinlegung des Parlamentsgebäudes und der meisten anderen öffentlichen Gebäude der Ringstraße. Nach der Niederlage von Königgrätz hatte das Kriegsministerium seinen hartnäckigen Widerstand gegen die vor allem von den Liberalen in der Stadtverwaltung geforderte Übertragung der Besitzverhältnisse und eine zivile Bebauung des riesigen Exerzierplatzes – bis dahin ein stadtphysiognomisches Relikt des militärischen Absolutismus – aufgegeben. In die frei gewordene Fläche konnten, wie Puzzlesteine, die bereits weit fortgeschrittenen Pläne für die öffentlichen Großprojekte eingesetzt werden. Es war, wie ein späterer Bewunderer der Ringstraße

---

64 K. Mollik/H. Reining/R. Wurzer, *Planung und Verwirklichung* ... (wie Anm. 60), S. 164f.
65 C. Schorske, *Wien* ... (wie Anm. 4), S. 28ff.
66 Ich folge hier einem Mittel der Periodisierungen bei: K. Mollik/H. Reining/R. Wurzer, *Planung und Verwirklichung* ... (wie Anm. 60), S. 273f., sowie E. Lichtenberger, *Wirtschaftsfunktion* ... (wie Anm. 59), S. 18f.

schrieb, »als ob Wien all das auf dem Felde der Waffen, der Diplomatie und der Verfassungsbildung Verabsäumte oder Verlorene ... einholen dürfte.«[67] In der wiederum etwa zehn Jahre dauernden dritten Bauphase ab 1878 konzentrierte sich die Bautätigkeit auf die Fertigstellung des Rathausviertels. Fast alle der im Bezirk öffentlicher Politik gelegenen Großbauten, einschließlich der Museen, wurden in diesem Jahrzehnt ausgeführt und eröffnet, von einer einzigen Ausnahme abgesehen.

Diese Ausnahme ist der Trakt der Neuen Hofburg, der bereits in der weitaus schwächeren, über ein Vierteljahrhundert dauernden vierten Bauphase bis 1914 errichtet und fertiggestellt wurde. Auch im Stubenviertel, dem Bereich des neuen Verwaltungsbezirks um das Kriegsministerium, fand noch eine Bautätigkeit in einem wesentlichen Ausmaß statt; hier war durch den Abbruch der Franz-Josephs-Kaserne Baugrund frei geworden.

Bemerkenswert ist, wie relativ konsequent über all die politischen und wirtschaftlichen Brüche dieser Jahrzehnte hinweg ein gerade in seiner politischen und stilistischen Vielgestaltigkeit einheitlicher Gestaltungswille durchgehalten wurde, der im heutigen öffentlichen Politik-Bezirk Stein geworden ist. Gerade in der Verschiedenartigkeit der Baustile und der ihnen zugeschriebenen politischen Bedeutungen liegt etwas wie ein gesellschaftliches ästhetisches »Programm« der Zeit: »Italienische und deutsche Renaissance zogen mit ihrem Gedankengut der wirtschaftlichen und geistigen Freiheit den Bürger an, während der Adel im mittelalterlichen Rittergeiste der deutschen und englischen Romantik den romanischen und normannischen Stil bevorzugte. Das Nationalbewußtsein der Mittelklasse, soweit sie großdeutsch dachte, pflegte die Gotik und ihr schloß sich die katholische Kirche an, die durch Bauten in diesem vermeintlich deutschen Stil zeigen wollte, daß die Kirche in Österreich auch deutsch sein könne. Der Hof suchte den kaiserlichen und österreichischen Stil, das Barock, im neuen Kleid zu erhalten.«[68]

Nur Bau- und Kunstformen, die als französisch galten, waren nicht konsensfähig. Die Wiener Ringstraße als »Gesamtkunstwerk« hat vom Anfang an sowohl überschwängliche Zustimmung als auch harsche Kritik gefunden.[69] So störte jene, die sich nach 1945 um eine historische Tiefenverankerung der österreichischen Identität bemühten, am »Ringstraßenstil«, daß er ein »Stil der Stillosigkeit«, ein »Ausdruck der Zerrissenheit des durch kein einheitliches Lebensgesetz mehr gebundenen Zeitalters« sei, »das Ende der Tradition«, daß er »die Schönheit der Barockstadt zurückdrängt«.[70] Denselben kulturgeschichtlichen Befund, allerdings nicht in einem rückwärtsgewandten Sinne, deutet auch Hermann Broch als Ausgangspunkt seiner grundsätzlichen Kritik Wiens an. Er meint, die Jahre 1879 bis 1890 seien von einem »Wert-Vakuum« geprägt gewesen: Wien sei daher »eine Stadt ... der Dekoration par excellence«, es sei »nicht nur im Geistigen, sondern auch im Politischen ... museal geworden«, ein Befund, den auch heute viele kritische Intellektuelle und Schriftsteller Wiens teilen: »Wien wurde zur Un-Weltstadt, und ohne darum zur Kleinstadt zu werden, suchte es kleinstädtische Ruhe, kleinstädtische Engsicht, kleinstädtische Freuden, den Reiz des Einst: es war noch Metropole, aber Barock-Metropole, und zwar eine für die es keine Barock-Politik mehr gab.«[71]

Positiver beurteilte Hermann Bahr die Ringstraße, eine Einschätzung, die in manchem fast »postmoderne« Merkmale hervorzuheben scheint: »Als Leistung bleibt sie staunenswert. Niemals hat sich Ohnmacht von einer so bezaubernden Anmut, Kühnheit und Würde gezeigt, keine Null ist je mit solcher fruchtbaren Fülle gesegnet, niemals Nichtssagendes von einer so hinreißenden Beredsamkeit gewesen ... Staunenswert aber auch durch ihre ruchlose Modernität, der die ganze

---

67 R. Lorenz, *Die Wiener Ringstraße* ... (wie Anm.4), S. 16.
68 Heinrich Benedikt, *Monarchie der Gegensätze. Österreichs Weg durch die Neuzeit*, Wien 1947, S. 167.
69 William M. Johnston, *Österreichische Kultur- und Geistesgeschichte. Gesellschaft und Ideen im Donauraum 1848 bis 1938*, Wien 1974, S. 159.
70 H. Benedikt, *Monarchie der Gegensätze* ... (wie Anm. 68), S. 166f.
71 H. Broch, *Hofmannsthal* ... (wie Anm. 14), S. 88 und S. 95.

Vergangenheit der eigenen Stadt nicht bloß, sondern aller Kunst, nichts als ein ungeheurer Steinbruch von Motiven war ... Die Grenze, wo Pracht und Prunk zu Protz wird, war vermischt, der Ausdruck dieser Vermischung ist die Ringstraße: le Bourgeois gentilhomme ... In der Ringstraße hat sich eine neue Gesellschaft im voraus Quartier bestellt, die selber um eben diese Zeit erst anfing, in aller Hast improvisiert zu werden«.[72]

Das Parlament –
»Ein hellenistisches Wunderwerk«

Auch für das Parlamentsgebäude, mit seiner hochgezogenen Auffahrtsrampe wie eine Akropolis wirkend, gelten die Ambivalenzen des gesamten Ringstraßen-Ensembles. Zwar hatte dessen Architekt, der aus Dänemark stammende Wahl-Wiener, Theophil Hansen (1813 bis 1891), entsprechend den politischen Kunstvorstellungen des liberalen Bürgertums, dafür den griechisch-hellenistischen Stil gewählt. Denn die Hellenen seien das erste Volk gewesen, »welches die Freiheit der Gesetzmäßigkeit über alles liebte«, und ihr Stil sei auch »derjenige, welcher neben der größten Strenge und Gesetzmäßigkeit zugleich die größte Freiheit in der Entwicklung zuläßt«.[73] Doch, um den Gedanken Bahrs wieder aufzugreifen: das eindrucksvolle Gebäude war zuerst da, erst danach ging es darum, die passende bürgerliche Freiheit und die westliche Demokratie nachzuliefern. Als 1883 das Abgeordnetenhaus darin seine erste Sitzung abhielt, war das Wahlrecht, nach dem es gewählt wurde, weder allgemein noch gleich: nur etwa 30 Prozent der über 20 Millionen Einwohner im Wahlalter waren in einer nach Stand und Steuerleistung abgestuften Weise wahlberechtigt, selbst Teile des Kleinbürgertums und der Bauern, ganz zu schweigen von dem entstehenden Proletariat und von anderen Unterschichten, blieben ausgeschlossen. Auch in den folgenden Jahrzehnten, als bis 1907 schrittweise das Wahlrecht der Männer erweitert wurde – das für Frauen kam erst 1919 –, arbeitete die Volksvertretung unter der ständigen Drohung ihrer Sistierung, oder sie war überhaupt zeitweise durch den monarchischen Regierungs-absolutismus ausgeschaltet. Erst 1873, nur ein Jahr vor der Grundsteinlegung des Gebäudes, war die direkte Volkswahl eingeführt worden, sofern man bei dem verzerrenden Kurien- und Zensuswahlrecht überhaupt von einer solchen sprechen kann. Und zum Zeitpunkt, als die Ringstraßenplanungen bereits in die Wirklichkeit umzusetzen begonnen wurden, war erst die Unterteilung der bis dahin ganz feudal geprägten »Reichsvertretung« in das überwiegend aristokratische oder meritokratische Herrenhaus und das »gewählte« Abgeordnetenhaus erfolgt (1861). Erst zehn Jahre nach Erlaß des Ringstraßen-Handschreibens wurde in Cisleithanien der entscheidende Schritt zur Konstitutionalisierung des Regierens (1867) getan.[74]

Diese verzögerte Evolution des Parlamentarismus bedingte auch eine Veränderung der Größe und des Stellenwerts des Reichsrats beziehungsweise seiner beiden Kammern und die mehrfache örtliche Verschiebung der geplanten Gebäude. Anfang der sechziger Jahre hatte man das Herrenhaus zunächst im Niederösterreichischen Landhaus und das Abgeordnetenhaus in einem Provisorium außerhalb der alten Stadtmauern, im sogenannten »Schmerlingtheater«, untergebracht. Dann dachte man daran, für beide Kammern separate Gebäude, das eine im »edleren« griechisch-klassischen, das andere im »realistischen« Stil der römischen Renaissance zu errichten. Erst nach dem verlorenen Krieg mit Preußen und der inneren Reorgani-

---

72 Hermann Bahr, *Selbstbildnis*, zitiert nach: G. Wunberg/J. Braakenburg, *Die Wiener Moderne* ... (wie Anm. 14), S. 108ff. (hieraus auch das Zitat in der Überschrift zu diesem Zwischenkapitel.

73 Zitiert nach: *Das österreichische Parlament. The Austrian Parliament*, herausgegeben von der Parlamentsdirektion, Wien 1992, S. 70.

74 E. Springer, *Geschichte und Kulturleben* ... (wie Anm. 58) S. 159ff.; Ernst Bruckmüller, *Sozialgeschichte Österreichs*, Wien 1985, S. 422ff.; Karl Ucakar, *Demokratie und Wahlrecht in Österreich. Zur Entwicklung von politischer Partizipation und staatlicher Legitimationspolitik,* Wien 1985, S. 113ff.; Wilhelm Brauneder/Friedrich Lachmayer, *Österreichische Verfassungsgeschichte,* 3. Aufl., Wien 1983, S. 141f. und S. 158ff.

sation des Reiches, nachdem auch Hansen die Planungen übernommen hatte, kristallisierte sich die Idee heraus, beide Kammern in einem Gebäude zu vereinigen und dem Parlament auf dem frei gewordenen Exerzierplatz ein würdiges Haus zu geben. Die beiden Kammern, in getrennten Flügeln untergebracht, sollten symbolisch durch einen erhöhten Mittelteil und eine zentrale Säulenhalle zusammengehalten werden. Die Säulenhalle, ein nach innen gekehrter Parthenon, sollte für den Kaiser bei der Eröffnung der beiden Vertretungskörper als Thronsaal dienen. Doch eine solche Eröffnungszeremonie nach englischem Vorbild fand nie statt; Franz Joseph hat niemals während einer Sitzung das Parlament, auch nicht bei seiner Eröffnung, betreten. Vor dem außen polychromen Gebäude sah Hansen die Errichtung eines monumentalen Brunnens – statt mit einer Austria-Statue – mit der Statue der Pallas Athene (aufgestellt erst 1902) vor. Er formulierte sein Programm für das Bauwerk folgendermaßen, und wiederum, ein drittes Mal, begegnet uns darin die Idee einer österreichischen Heldenhalle: »Durch den Porticus tritt man ein durch die Stiegenanlagen und Säulenstellungen, sowie durch seine Raumverhältnisse und die stylistische Behandlung imponierendes Vestibüle und von da in den eigentlichen Prachtraum in die künftige österreichische Walhalla, welche die Mitglieder der beiden hohen Häuser gemeinsam empfängt. Dieser Saal trennt die beiden Häuser von einander, bietet aber zugleich den Vereinigungspunkt für beide. Hier ist der würdigste Platz, die Standbilder der besten und verdienstvollsten Männer Österreichs aufzustellen ... Und wie der bekannte Ausspruch gethan wurde, wenn Österreich nicht wäre, so müßte es erfunden werden, um das Gleichgewicht in Europa aufrechtzuerhalten, so ist durch diesen Saal und den hierdurch bedingten und besonders hervorgehobenen Mittelbau die einzige Möglichkeit vorhanden, das Gleichgewicht zwischen den zwei Gebäuden und die Einheit in dem ganzen Bau herzustellen.«[75]
Doch aus dem Plan, im Parlamentsgebäude ein gemeinsames symbolisches Inventar für eine (cisleithanische) österreichische Identität, sei es in französisch-aufklärerischer – Pantheon –, sei es in bayrisch-»germanischer« Form – Walhalla – zu schaffen, scheiterte daran, daß es für den Vielvölkerstaat in der zweiten Hälfte des 19. Jahrhunderts keine gemeinsamen »Helden« und keine gemeinsame Geschichte mehr gab. Der Österreicher Hitler[76] war es, der aus der Sicht der Deutschnationalen seiner Linz- und Wien-Jahre dieses Manko klar erkannte. Er war zwar ein überschwänglicher Bewunderer dieses »hellenischen Wunderwerks auf deutschem Boden ... geheiligt durch die erhabene Schönheit«. Aber anders als bei dem von ihm ebenfalls bewunderten Londoner Parlamentsgebäude, dessen skulpturale Ausstattung aus der ganzen Geschichte des britischen Weltreiches herausgegriffen sei, habe Hansen bei der Verzierung der Volksvertretung in Wien keine andere Möglichkeit gehabt, »als Entlehnung bei der Antike zu versuchen. Römische und griechische Staatsmänner und Philosophen verschönern nun dieses Theatergebäude der ›westlichen Demokratie‹, und in symbolischer Ironie ziehen über den zwei Häusern die Quadrigen nach den vier Himmelsrichtungen auseinander, auf solche Art dem damaligen Treiben im Innern auch nach außen den besten Ausdruck verleihend. Die ›Nationalitäten‹ hatten es sich als Beleidigung und Provokation verbeten, daß in diesem Werke österreichische Geschichte verherrlicht würde ...«[77]
Entkleidet ihres politischen Programms hat eine solche Erklärung mehr Plausibilität als die Argumentation Schorskes, der die skulpturale und malerische Ausgestaltung des Parlamentsgebäudes nur mit der mangelnden Tradition des parlamentarischen Liberalismus in Österreich zu erklären sucht.[78] Es ist jedenfalls verwunderlich,

---

75 Zitiert nach: E. Bruckmüller, *Sozialgeschichte ...* (wie Anm. 74), S. 462f.
76 Friedrich Heer, *Der Glaube des Adolf Hitler. Anatomie einer politischen Religiosität,* München 1968, S. 55f. und S. 153ff.; vor allem auch Manfred Wagner, *Diskurs über Hitlers ästhetische Sozialisation,* in: Ders., *Kultur und Politik. Politik und Kunst,* Wien 1991, S. 266–276.
77 Adolf Hitler, *Mein Kampf,* 252.–253. Aufl., München 1937, S. 43 und S. 81.
78 C. Schorske, *Wien ...* (wie Anm. 4), S. 41.

daß hier nach 1945 der österreichische Parlamentarismus, allerdings sozialpartnerschaftlich umgeprägt, wenn nicht deformiert, eine stabile Verankerung finden konnte. Vielleicht hat hier ein echter demokratischer Lernprozeß stattgefunden, hat sich das Gebäude die dazugehörige politische Kultur erst geschaffen. Daß solches möglich sein könnte, hatte schon 1873 ein Kommentator in der »Neuen Freien Presse« vermutet: »Solche Bauten sind ja nicht nur ein Denkmal, das sich die Gegenwart setzt, um künftige Generationen in steingefügten Gebilden zu erzählen, auf welcher Höhe der Bildung sie gestanden, sie sind auch ein weithin wirkendes Cultur- und Erziehungsmittel für das Volk.«[79]
Einige demokratische Katastrophen – 1914, 1933, 1938 – später und nachdem der bürgerliche Liberalismus und dessen Repräsentationsstil, die in Österreich zunächst keine Geschichte gehabt hatten, im Laufe des 20. Jahrhunderts selbst Geschichte geworden waren, haben jedenfalls das Parlament[80] und der Ringstraßenstil eine eigene Geschichte erhalten. Allerdings ist das Parlamentsgebäude politisch-symbolisch durchaus mehrdeutig und seine ästhetischen Formen lassen sich mit verschiedenen politischen Inhalten füllen. Jedenfalls sind die politischen Manifestationen, Demonstrationen und gelegentliche tödlich endende Auseinandersetzungen, zu denen es bald nach Fertigstellung des Parlamentsgebäudes vor diesem und auf der Ringstraße kam, immer auch ein Ringen um die Ausfüllung der symbolischen Hülse mit – jeweils unterschiedlichen – Inhalten gewesen. Massendemonstrationen waren kein bevorzugtes politisches Instrument des österreichischen Liberalismus. Ihm entsprachen eher historische Gedenk- und dynastische Huldigungsfestzüge, wie jener von Hans Makart gestaltete Festzug aus Anlaß der silbernen Hochzeit Franz Josephs (1879) und der Jubiläumsfestzug von 1908. Erst als die liberale Hegemonie zu Ende ging, wurden Aufmärsche der Anhänger der entstehenden Massenparteien – der Christlichsozialen und der Sozialdemokraten, sodann der faschistischen Bewegungen – geläufig. Nicht immer gingen sie ohne Gewaltanwendung einher. So zog seit ihrem vierten Maiaufmarsch im Jahre 1893 die sozialdemokratische Arbeiterschaft an jedem 1. Mai am Parlament vorüber, um vor dem Rathaus nicht nur für sozial-, sondern auch demokratiepolitische Verbesserungen zu demonstrieren. 1897 eskalierten in den sogenannten Badeni-Krawallen die nationalistischen Spannungen in einer gewaltsamen Auseinandersetzung im Inneren des Parlaments und zu drohenden Massenversammlungen vor dem Gebäude. 1905 kam es vor dem Gebäude neuerlich zu ausgedehnten Massendemonstrationen im Kampf um das allgemeine Wahlrecht, sechs Jahre später zu gewalttätigen Teuerungsdemonstrationen auf der Ringstraße.

Schon die Ausrufung der Republik und von den republikanischen Kräften abgehaltene Massenkundgebung am 12. November 1918 endeten mit einem putschartigen Versuch Linksradikaler, das Rot-Weiß-Rot des neuen demokratischen Staates durch das Rot der Räte zu ersetzen. Singulär blieb ein spontaner Ausbruch von massenhafter Gewalt, dem am 1. Dezember 1921 nach einer Hungerdemonstration die meisten Glasscheiben der Ringstraßengeschäfte und Cafés zum Opfer fielen. Trotz der zunehmenden innenpolitischen Spannungen marschierten bis 1933 alljährlich die Sozialdemokraten ohne wesentliche Zwischenfälle zum Gedenken an die Republikgründung am Parlament vorüber, während sich die Christlichsozialen diesem symbolischen Ritual der Anerkennung der Republikgründung nicht anschließen konnten.[81]

---

79 Zitiert nach: E. Springer, *Geschichte und Kulturleben ...* (wie Anm. 58), S. 463.
80 Vor allem seit der 100-Jahr-Feier des Parlamentsgebäudes hat sich der parlamentarisch-wissenschaftliche Dienst dieser Geschichte angenommen; vgl. dazu *Das österreichische Parlament. Zum Jubiläum des 100jährigen Bestandes des Parlamentsgebäudes*, herausgegeben von der Parlamentsdirektion der Republik Österreich, o. O. o. J. [Wien 1983], sowie eine Anzahl kleinerer Broschüren und Prospekte.
81 Ernst Hanisch, *Das Fest in einer fragmentierten politischen Kultur: Der österreichische Staatsfeiertag während der Ersten Republik*, in: Detlef Lehnert (Hrsg.), *Politische Teilkulturen zwischen Integration und Polarisierung. Zur politischen Kultur der Weimarer Republik*, Opladen 1990, S. 43–60; vgl. auch Manfred Wagner, *Die österreichischen Hymnen*, in: Nor-

Am 15. Juli 1927 wandte sich die Empörung demonstrierender Arbeiter gegen ein gerichtliches Fehlurteil nicht so sehr gegen das Parlamentsgebäude, sondern voll gegen den nahen Justizpalast, der in Flammen aufging, bevor in einem blutigen Polizeieinsatz die mehrtägigen Unruhen beendet wurden.

Im März 1933, nachdem der Nationalrat lahmgelegt worden war und Dollfuß autoritär zu regieren begonnen hatte, besetzte Polizei im »Wettlauf« mit den verbliebenen demokratischen Abgeordneten die Zugänge zum symbolischen Ort der zu Ende gehenden Zwischenkriegszeit-Demokratie. Die bürgerkriegsähnlichen Ereignisse im Februar 1934 verschonten das Parlamentsgebäude und dessen unmittelbare Umgebung zwar vor Kampfhandlungen, doch wurde das Gebäude im Mai 1934 in ein »Haus der Bundesgesetzgebung« des ständestaatlich-autoritären Regimes umbenannt. Nach dem »Anschluß« von 1938 verlor dieses Haus auch seinen österreich-patriotischen Anstrich, es wurde der Sitz von Hitlers Eingliederungskommissar, Josef Bürckel, und das Gauhaus der NSDAP Wien.

Trotz schwerer Bombenschäden, die vor allem das alte Herrenhaus so schwer trafen, daß es nur noch völlig umgebaut – seither vom Nationalrat – wieder verwendet werden konnte, wurde das Parlamentsgebäude schon 1945 zum Ort der wiedererrichteten österreichischen Demokratie. Vergleichbar den später für den Ballhausplatz typischen Schreit-Ritualen beim Antritt neuer Regierungen und Minister machte die erst zwei Tage alte Bundesregierung unter Renner schon am 29. April 1945 das Parlamentsgebäude zum Ziel eines vom Rathaus ausgehenden Fußmarsches, um in dem symbolträchtigen Haus Aufnahme und Anerkennung durch den kommandierenden sowjetischen General zu erhalten. Daß daran einhellig die politischen Repräsentanten der früheren Bürgerkriegsparteien, Sozialdemokraten und Christlich-Konservative, aber auch der Kommunisten teilnahmen, machte schon damals sichtbar, daß sich die Kulisse des österreichischen Parlaments nach traumatischen antidemokratischen Erfahrungen zum ersten Mal in seiner Geschichte mit einem breiten demokratischen Konsens zu füllen begann. So verliefen auch alle Demonstrationen seither, die vor dem Parlament abgehalten wurden, im Gegensatz zu den Jahrzehnten zuvor friedlich.

Der Heldenplatz als »Kaiserforum«

In einem deutlichen Spannungsverhältnis zur demokratischen Politik, aber auch zur dominanten Formensprache der Ringstraße steht der Heldenplatz; jener weite freie Raum, auf zwei Seiten von dem Leopoldinischen Trakt und der Neuen Hofburg eingerahmt, gegen Nordwesten, zum Volksgarten hin, bis zum Parlament und zum Rathaus keine wesentliche bauliche Begrenzung finden. Gegen Südwesten legt sich das fünftorige »äußere Burgtor« als recht durchlässige Andeutung einer Begrenzung vor die alleengesäumte Ringstraße, hinter der im Platz zwischen den Kunsthistorischen und Naturhistorischen Museen die Raumstruktur wieder aufgenommen wird und erst hinter dem Maria-Theresien-Denkmal am langgezogenen Querriegel des Gebäudes der ehemaligen Hofstallungen endgültig ausläuft. Trotz seiner beeindruckenden Weiträumigkeit wurden der Heldenplatz und seine Umgebung zu Recht als »eine der größten städtebaulichen Ruinen Wiens« bezeichnet.[82] Dieser Eindruck wird dadurch verstärkt, daß er zwei zueinander im rechten Winkel stehende, relativ gleichberechtigte Hauptachsen hat, die im Verlauf der widersprüchlichen Geschichte dieses Platzes alternierend dominant geworden sind.

Im Rahmen der Ringstraßenplanung war der heutige Heldenplatz als dramaturgischer Höhepunkt, eingespannt zwischen Hofburg und äußerem Burgtor, gedacht, zunächst jedoch von der konkreten Planung ausgenommen gewesen. Die Vorgeschichte des Platzes geht bis in die Zeit der Einnahme Wiens durch Napoleon im Jahre 1809

---

bert Leser/Manfred Wagner (Hrsg.), *Österreichs politische Symbole. Historisch, ästhetisch und ideologiekritisch beleuchtet,* Wien 1994, S. 231–247.

82 Gottfried Fliedl, *Vom Kaiserforum zum Heldenplatz. Ein Ort repräsentativer Staatsöffentlichkeit,* in: R. Banik-Schweitzer, *Wien wirklich ...* (wie Anm. 4), S. 146.

zurück, als dieser – als Macht- und Demütigungsdemonstration – die massive Bastei unmittelbar vor der Hofburg sprengen ließ. Danach verzichtete Kaiser Franz, die Befestigungsanlage, die unter militärischen Gesichtspunkten ohnehin funktionslos geworden war, wieder herzustellen, sondern er bestimmte die frei gewordene Fläche zur Anlage eines ebenen Platzes (»äußerer Burgplatz«); seitlich sollte dieser von Gartenanlagen, von denen der im Nordwesten gelegene Garten der Öffentlichkeit zugänglich gemacht wurde (»Volksgarten«), flankiert sein. Im Zuge der damaligen Außengrenze der Innenstadt wurde 1824 von den italienischen Architekten Luigi Cagnola und Pietro Nobile das »äußere Burgtor« als Denkmal für die Leipziger Völkerschlacht errichtet. Im selben Jahr wurde im Volksgarten eine Imitation des Athener Theseions erbaut; in ihm stellte man die Plastik Antonio Canovas »Theseus, den Zentauren überwindend« auf. Beide Gedenkbauwerke zielten über ihre klar antirevolutionäre und antifranzösische Bedeutung hinaus auf eine Demonstration des österreichischen Führungsanspruchs im Deutschen Bund. Einer ähnlichen symbolischen Programmatik waren auch die zwei Reiterstandbilder, die – ein merkwürdiger historischer Zufall – kurz vor schweren Niederlagen der österreichischen Armee auf dem Platz fertiggestellt wurden, verpflichtet: das Denkmal für den Sieger über Napoleon bei Aspern, Erzherzog Carl (errichtet 1853 bis 1859), und das Denkmal für Prinz Eugen aus dem Jahre 1865.[83] Beide Reiterstatuen wurden der Anlaß, in Hinkunft den umgebenden Platz als Heldenplatz zu benennen.

Der Heldenplatz war also schon vor dem Bau der Ringstraße für das österreichische Politikverständnis, mehr noch gegen außen als ins Innere hin, höchst bedeutungsvoll. Daher machte man sich nach Anlaufen der Ringstraßenplanungen am kaiserlichen Hof sofort Gedanken, wie in der Nähe der Hofburg ein Gegengewicht zum Ringstraßenbereich geschaffen werden könnte. So sorgte sich auch der konservative Unterrichtsminister Leo Graf Thun-Hohenstein, daß »die Burg und ihre Umgebung ... hinter den neu zu schaffenden öffentlichen Plätzen und Stadtteilen offenbar zurückstehen soll«, und prominente Ringstraßenarchitekten wetteiferten in der Ausarbeitung von Plänen für die Gestaltung des Platzes und der Monumentalbauten, die ihn begrenzen sollten. Nachdem der ursprüngliche Plan, hier Gebäude für die kaiserliche Garde und die Militärkommandantur zu positionieren, fallengelassen worden war, wurde schon früh entschieden, daß die Platzgestaltung in Verbindung mit dem in der unmittelbaren Nähe der Hofburg zu situierenden Hofmuseum, das schließlich verdoppelt wurde, stehen sollte. Die Denkschrift, in der Carl Hasenauer (1833 bis 1894) seinen Gestaltungsvorschlag im Jahre 1867 erläuterte, liest sich fast wie eine Regierungserklärung Franz Josephs: »Um der imperialen Idee Ausdruck zu verleihen, um dem herrlichen Haupt unserer Stadt die Krone aufzusetzen, haben wir den Plan eines ›Kaiserforums‹ ausgearbeitet, das an Großartigkeit dem antiken Rom nicht nachstehen soll. Der ursprüngliche Gedanke, zwischen dem Burgtor und den Hofstallungen das Generalkommando und einen Gardehof unterzubringen, wurde aufgegeben. Dort finden nun zwei Museen mit den Schätzen der Natur und der Kunst Platz, die das Kaiserhaus im Laufe der Jahrhunderte gesammelt hat. Sie werden durch Triumphtore über die Ringstraße hinweg mit den neu zu errichtenden gewaltigen Flügen der Hofburg verbunden, die von beiden Seiten den Heldenplatz einschließen müssen, dessen Hintergrund ein kuppelbekrönter Thronsaal sein soll, hinter dem der alte, bescheidene Leopoldinische Trakt verschwindet.«[84]

1869 holte der Kaiser den Hamburger Architekten Gottfried Semper (1803 bis 1879) als Generalplaner in dieser Angelegenheit von höchster staatspolitischer Bedeutung nach Wien. Semper, Freund und Bewunderer Richard Wagners, hatte für die von ihm gebaute Dresdner Oper einen repräsentativen Forumsentwurf ausgearbeitet und

---

83 R. Perger, *Straßen, Türme und Basteien ...* (wie Anm. 19), S. 28f. und S. 60f.; F. Czeike, *Historisches Lexikon ...* (wie Anm. 4), Bd. 3, S. 132f.; Bd. 2, S. 212, Bd. 4, S. 605.

84 Zitiert nach: Marianne Bernhard, *Zeitenwende im Kaiserreich. Die Wiener Ringstraße. Architektur und Gesellschaft 1858–1906,* Regensburg 1992, S. 197f.

sich schon zuvor mit der Idee eines »Kaiserforums« befaßt.[85] In Wien arbeitete er einen eigenen Plan aus, der unter anderem zwei spiegelbildliche kolossale Anbauten an die Hofburg, die Beseitigung des äußeren Burgtors und die zweifache triumphbogenartige Unterbrechung der Ringstraße sowie zwei Museumsbauten vorsah. Das Mammutprojekt Sempers fand im übrigen auch bei Vertretern so gegensätzlicher Positionen wie Otto Wagner und Camillo Sitte Zustimmung und Bewunderung[86].

Von all diesen Plänen wurden schließlich nur die Museen (eröffnet 1889 beziehungsweise 1891) verwirklicht, zwischen die das Maria-Theresien-Denkmal (1888) gestellt wurde; an der östlichen Seite anschließend an die Hofburg wurde die Neue Hofburg erbaut. Der Kaiser selbst hatte sich gegen die Abschließung des Heldenplatzes zum Volksgarten hin ausgesprochen. Erst 1913 wurde die Neue Hofburg nach einer über dreißigjährigen Bauzeit, nachdem die leitenden Architekten mehrfach gewechselt hatten, durch Ludwig Baumann (1853 bis 1936) fertiggestellt.[87] Nicht bloß Geldmangel, sondern die Ablösung des liberalen Bürgertums im Rathaus durch den christlichsozialen Populismus Karl Luegers (als Bürgermeister vom Kaiser nach zweifacher Ablehnung schließlich 1897 bestätigt) und die neue Massenpolitik mögen dafür im Grunde verantwortlich sein. Auch der Kaiser verlor sein Interesse an diesem Projekt und überließ 1906 dem der modernen Kunst wenig geneigten, mit dem Gedanken einer Volksmonarchie spielenden Thronfolger, Erzherzog Franz Ferdinand, die Angelegenheiten Neue Hofburg und Kaiserforum.

Als kolossaler Ausdruck spätfeudaler Staatsgesinnung in seiner insgesamt 440 Meter langen Erstreckung gegen Südwesten wäre das Kaiserforum zweifelsohne sowohl ein symbolischer Sieg über die liberal-bürgerliche Aussagekraft der Ringstraße als auch ein Zeichen (konservativer) österreichischer Identität gewesen. Österreich-Patriotismus in diesem Sinn strahlte der Heldenplatz als Residuum des Kaiserforums – neben seiner gegenteiligen »deutschen Botschaft« – nicht nur in der Ära Franz Josephs aus, dessen Leichenzug von hier seinen Ausgang nahm. Auch Kundgebungen des politischen Katholizismus und des autoritären Dollfuß-Regimes (Allgemeiner deutscher Katholikentag und Türkenbefreiungsgedenken im September 1933, Totengedenkkundgebung für Dollfuß 1934, entfernt auch die Massenveranstaltung aus Anlaß des Besuches von Papst Johannes Paul II. 1983) lagen in dieser Linie der Tradition des Forums.

Indem der unvollendete Heldenplatz an seiner Nordwestseite nicht geschlossen wurde, öffnet er sich genau in jene Richtung, in die Hitler vom Balkon der neuen Hofburg am 15. März 1938 zu der versammelten Menschenmasse auf dem Heldenplatz redete und das Ende Österreichs verkündete. Diese latente »deutschnationale Achse« des Heldenplatzes war schon seit 1918 offen wirksam geworden, als dieser Platz, als Gegensymbol zum Parlamentsgebäude, dessen liberale und demokratische Bedeutung nicht zu leugnen war, und zum »roten« Rathausplatz zunehmend ein Versammlungs- und Demonstrationsort der (zunächst politisch umfassenden) Anschlußbewegung wurde. Ein österreichischer Historiker berichtete davon aus eigener Erfahrung, als es darum ging, 1943 »ostmärkisches« Heldentum zu mobilisieren: »Da gab es die alljährlichen Heldenplatzkundgebungen der Frontkämpfervereinigung, Turner, Studenten usw. wider die Schmach von St. Germain; die Rheinlandfeier mit Fackelzug von 1925, die ähnliche Hindenburgfeier von 1927, ein paar Großkundgebungen des Österreichisch-Deutschen Volksbundes und – noch besonders sichtbar durch die Teilnehmer aus der ganzen bewohnten Erde – den Sängerfestzug von 22. Juli 1928. Das alles mündete Anfang der dreißiger Jahre mehr und mehr und hier am Ring geradezu

---

85 Alphons Lhotsky, *Die Baugeschichte der Museen und der neuen Burg. Festschrift des kunsthistorischen Museums zur Feier des fünfzigjährigen Bestandes*, Wien 1941, S. 86f.; R. Lorenz, *Die Wiener Ringstraße ...* (wie Anm. 4), S.19.

86 C. Schorske, *Wien ...* (wie Anm. 4), S. 95.

87 E. Springer, *Geschichte und Kulturleben ...* (wie Anm. 58), S. 598; K. Mollik/H. Reining/R. Wurzer, *Planung und Verwirklichung ...* (wie Anm. 60), S. 215ff. und S. 252ff.

sinnfällig in die Riesenaufmärsche der NSDAP ein ....[88]

Aus einer ähnlichen Erfahrung heraus berichtet auch A. Wandruszka über diese »antimarxistische« – heimwehrfaschistische, nationalsozialistische oder radikalmonarchistische – »Politik der Straße«, die in der Zeit der sich zuspitzenden innenpolitischen Konflikte sogar den Ballhausplatz in das »Ritual der politischen Machtdemonstrationen« einbezog: »Denn es wurde üblich, an die Kundgebung auf dem Heldenplatz einen Aufmarsch über die Ringstraße anzuschließen, der sich meist vom Heldenplatz über den Ballhausplatz und die Löwelstraße zum Burgtheater bewegte, dort auf die Ringstraße einschwenkte, und nach einem Defilee vor dem jeweiligen Führerkorps zwischen äußerem Burgtor und Maria-Theresien-Denkmal sich dann bei der Oper oder auf dem Schwarzenbergplatz auflöste.«[89]

Der Heldenplatz faszinierte alle antiliberalen und »antimarxistischen« Kräfte. Es ist daher nicht überraschend, daß Hitler sich dieser Schlüsselstelle symbolischer Massenpolitik annahm und mitten im Zweiten Weltkrieg, am Sprung zur Weltherrschaft[90], den »Reichsarchitekten« Hanns Dustmann mit der Neugestaltung des Heldenplatzes und des Volksgartens beauftragte. Der »Führer« beabsichtigte, nach dem »Endsieg« gigantomanische Verkehrsachsen und Repräsentationsgebäude vor allem in die »judenfreie« Leopoldsstadt (2. Bezirk) hinein anlegen zu lassen, jedoch den »Zauber aus Tausendundeiner Nacht« der Ringstraße zu erhalten. Nur der Heldenplatz sollte durch die Privilegierung seiner Nordwestachse politisch-symbolisch umgepolt werden, an die offene Südwestecke des Platzes sollte visà-vis dem Naturhistorischen Museum ein Ausstellungsgebäude nationalsozialistischer Kunst, ein »Haus des Führers«, gesetzt werden; die Reiterstandbilder sollten, um 90 Grad gedreht, parallel zur Fassade der Neuen Hofburg aufgestellt werden. Als Brennpunkt des ganz mit Steinplatten ausgelegten Paradeplatzes war der hierher versetzte Theseustempel, erhöht auf einem steinernen Unterbau, gedacht.[91]

Das ehemalige »äußere Burgtor« hätte in dieser nationalsozialistischen Politarchitektur keinen Platz mehr gefunden. Obwohl es selbst gesamtdeutschen Intentionen Habsburgs seinen Ursprung verdankt, war es doch offensichtlich durch »Österreichisches« symbolisch zu sehr infiziert; vor ihm war schon bei den großen Festzügen von 1879 und 1908 die Kaisertribüne aufgestellt gewesen.[92] Was aber noch mehr zählte, war, daß das Burgtor einen »austrofaschistischen Gesinnungswandel« vollzogen hatte; 1934 war es im Inneren umgebaut und ihm ein Heldendenkmal für die österreichischen Gefallenen des Ersten Weltkrieges aufgesetzt worden. Bezeichnend für die österreichischen Identitätsprobleme auch nach 1945 ist, daß am Heldentor auch Gedenkinschriften für die gefallenen Österreicher in der Wehrmacht angefügt wurden und daß so, wie an vielen anderen Kriegerdenkmälern Österreichs auch[93], die »Opfer« im Krieg für das habsburgische Österreich mit denen für das nationalsozialistische Deutsche Reich gleichgesetzt wurden. »Groteskerweise wurde das Burgtor in den sechziger Jahren auch zu einem Denkmal für die ›im Kampfe um Österreichs Freiheit‹ Gefallenen[94]«. Das Burgtor-Hel-

---

88 R. Lorenz, *Die Wiener Ringstraße* ... (wie Anm. 4), S. 63.

89 A. Wandruszka/M. Reininghaus, *Der Ballhausplatz* ... (wie Anm. 4), S. 86.

90 Vgl. Albert Speer, *Erinnerungen*, Frankfurt am Main 1979; Jost Dülffer/Jochen Thies/Josef Henke, *Hitlers Städte. Baupolitik im Dritten Reich. Eine Dokumentation*, Köln 1978, S. 16ff.

91 *Wien 1938*. Ausstellungskatalog, herausgegeben vom Historischen Museum der Stadt Wien, Wien 1988, S. 435ff.

92 Auch Hitler nahm noch am 15. März 1938 die große Truppenparade über die Ringstraße vom gleichen Platz ab.

93 Stefan Riesenfellner/Heidemarie Uhl (Hrsg.), *Todeszeichen. Zeitgeschichtliche Denkmalkultur in Graz und in der Steiermark vom Ende des 19. Jahrhunderts bis zur Gegenwart*, Wien 1994; Josef Seiter, *Vergessen – und trotz alledem – erinnern. Vom Umgang mit Monumenten und Denkmälern in der Zweiten Republik*, in: Reinhard Sieder/Heinz Steinert/Emmerich Talos (Hrsg.), *Österreich 1945–1955. Gesellschaft – Politik – Kultur*, Wien 1995, S. 684–705.

94 G. Fliedl, *Vom Kaiserforum* ... (wie Anm. 82), S. 151.

dentor vereint teils gleichzeitig, teils konsekutiv in sich einen gesamtdeutsch-habsburgischen, österreichisch-spätimperialen, »austrofaschistischen«, großdeutsch-militaristischen und Österreich-patriotischen Bedeutungsgehalt. Im großen und ganzen gehört es jedoch, wie es auch seiner räumlichen Orientierung entspricht, in die gegen Südwesten gerichtete, das heißt österreichische Dimension des Heldenplatzes.

Dennoch ist es, als läge über dem Heldenplatz immer noch der Nachhall des Begeisterungsschreie der Hitler zujubelnden Masse, wie in Thomas Bernhards letztem Theaterstück. Welche öffentliche Emotionen damit geweckt wurden[95], wäre ohne die Symbolik seiner nach Nordwest gerichteten Achse nicht ganz verständlich. Deshalb scheinen im Kampf um die symbolische Bedeutung des Heldenplatzes seit den achtziger Jahren zunehmend auch Bestrebungen wirksam geworden zu sein, auf ihm ein antinazistisches und demokratisch-österreichisches Gegengedächtnis zu verankern. Er wurde seither Schauplatz von Demonstrationen des »anderen Österreich«, etwa einer gegen das geplante Donaukraftwerk in Hainburg gerichteten Kundgebung im Jahre 1984, eines gegen das Anti-Ausländer-Volksbegehren der Freiheitlichen gerichteten »Lichtermeeres« (Januar 1993) und eines großen Multimedia-Spektakels aus Anlaß des 50. »Geburtstages« der Zweiten Republik.

Als österreichisches »Kaiserforum« am Beginn des 20. Jahrhunderts nicht vollendet, für großdeutsch-nationalsozialistische Inszenierungen gegen Mitte des Jahrhunderts mißbraucht, soll das weitere Umfeld des Heldenplatzes und des nahen »Museumsquartiers« Ende des 20. Jahrhunderts durch den Einbau eines Zentrums moderner Kunst in die ehemaligen Hofstallungen (zuletzt als Messepalast genutzt) durch die Architekten Laurids und Manfred Ortner eine postmoderne Weiterentwicklung erfahren.[96] Einer der engagiertesten Betreiber diese Projekts, Dieter Bogner, schreibt: »Städteplanerisches Ziel des Projekts ›Museumsquartier Wien‹ ist es, das aus dem ehemaligen Kaiserforum im Laufe des 20. Jahrhunderts in ein österreichisches Museumsforum verwandelte Areal der kaiserlichen Hofburg sowohl inhaltlich als auch architektonisch in die Gegenwart zu erweitern.«[97]

Ob dadurch die bisher von den meisten Historikern übersehene Dualität der stadtarchitektonischen und politisch-symbolischen Achsen des Heldenplatzes, die in der Nichtausführung des westlichen Pendants zur Neuen Hofburg strukturell angelegt ist, wirklich überwunden werden kann, sei dahingestellt.

Der neue »Verwaltungsbezirk an der Hinterseite«

Wie schon vor Beginn der Ringstraßen-Bauten, als rund 60 Prozent aller öffentlichen Gebäude innerhalb des Glacis lagen, befindet sich auch heute noch der Großteil der Regierungsgebäude in der Innenstadt. Allerdings gibt es auch einen bis in die Mitte des 19. Jahrhunderts oder weiter zurückgehenden lockeren Gürtel von Bauten des Staates und der Landesverwaltung außerhalb des ehemaligen Glacis, etwa dem parallelen Ring der heutigen »Lastenstraße« folgend. Vor allem die an den westlichen und südlichen Ringstraßen-Seiten gelegenen Gebäude habe ich hier meist der Ringstraßenzone zugeordnet. Im Nordosten der Ringstraße, dort wo diese an den Donaukanal stößt, erscheint es mir jedoch sinnvoll, die inner- und außerhalb der Ringstraßenzone liegenden Verwaltungsgebäude typisierend in einem separaten Bezirk zusammenzufassen.

Charakteristisch für diesen neuen Verwaltungsbezirk ist unter anderem, daß in ihm gehäuft historische Einrichtungen der Zirkulations- und Verkehrssphäre auftreten, die zum Teil heute verschwunden sind, jedoch die Grundstruktur weiterhin prägen. Auf engem Raum liegen beziehungsweise lagen hier beieinander: der Hafen des Wiener Neustädter-Kanals an der Einmündung in

---

95 *Heldenplatz. Eine Dokumentation,* herausgegeben vom Burgtheater Wien, Wien 1989.

96 F. Polleross, *Johann Bernhard Fischer von Erlach ...* (wie Anm. 16), S. 34.

97 F. Polleross, *Johann Bernhard Fischer von Erlach ...* (wie Anm. 16), S. 33.

den Donaukanal (in der ersten Hälfte des 19. Jahrhunderts), das Hauptzollamt (1844 bis 1945), seit 1848 der Bahnhof der (Verbindungs-) Bahn und die Station der 1901 eröffneten Stadtbahn – Trassen, die heute von U- und Schnellbahn genutzt werden; ehemals Markthallen, das seit 1838 hier arbeitende Hauptmünzamt und mehrere Gebäude der Post- und Telegraphenverwaltung; in einem weiteren Zusammenhang gehören hierher auch das quasi staatliche Postsparkassenamt und die Niederösterreichische Handelskammer (nach Plänen von Ludwig Baumann erbaut 1905 bis 1907).
Ein Teil des innerhalb der Ringstraße gelegenen »Stubenviertels« und ein außerhalb des Rings angrenzender Teil des 3. Bezirks werden gleicherweise durch (öffentliche und halböffentliche) wirtschaftsfunktionelle Zusammenhänge geprägt. Doch die beiden Teilbereiche werden auch stadtplanerisch durch eine der in der Ringstraßenzone auch sonst auftretenden Querachsen zusammengehalten. Auf jedem genaueren Stadtplan ist erkennbar, wie sich diese Achse vor allem – durchaus geplant – daraus ergibt, daß die Mittelachsen der drei wichtigsten Verwaltungsgebäude dieses Distrikts annähernd in einer Linie liegen: die des Postsparkassengebäudes, des »Kriegsministeriums« und des nach 1945 abgetragenen Hauptzollamts beziehungsweise des Neubaus eines riesigen Bundes-Amtsgebäudes an der Hinteren Zollamtstraße. Dennoch macht dieser Verwaltungsbezirk heute wie vor hundert Jahren eher den Eindruck von »Programmlosigkeit«, wie schon einer der Stadtplaner 1894 festgestellt hatte; und auch Otto Wagner, dem die Gesamtplanung zugewiesen wurde, konnte daran nicht mehr viel ändern, zu sehr war hier der gestalterische Spielraum durch die erst nach langem Hin und Her im Jahre 1900 abgebrochene Franz-Josephs-Kaserne, durch die verkehrsgeographischen Gegebenheiten, aber auch durch Finanzknappheit und Behördenkonkurrenz eingeschränkt. Ich habe diesen Teilbereich des Wiener Regierungszentrums in der Einleitung als neueren »Verwaltungsbezirk an der Hinterseite« der Innenstadt bezeichnet, der unter dem Aspekt städtebaulicher Repräsentation als von der theatralischen »Schauseite« der Ringstraße abgewandt und künstlerisch weniger aufwendig gestaltet erscheint als die beiden anderen (schon besprochenen) Teilbereiche des Regierungsviertels. Es ist nicht zufällig, daß am Ende des 19. Jahrhunderts die Grundpreise, abgesehen unmittelbar an dem hier Stubenring genannten Teil der Ringstraße, etwa nur halb so hoch wie im Süden und Westen der Ringstraßenzone waren.[98]

Allein unter bau- und kunstgeschichtlichem Gesichtspunkt wird klar, daß dieser Verwaltungsbezirk einer anderen Phase als der größere, übrige Teil der Ringstraße angehört. Von wenigen Ausnahmen wie dem Museum und der Hochschule (Akademie) für Angewandte Kunst –, ehemals »k.k. Österreichisches Museum für Kunst und Industrie« und »k.k. Kunstgewerbeschule« – die schon in den »liberalen« siebziger Jahren des 19. Jahrhunderts nach Plänen Heinrich von Ferstels fertiggestellt worden waren, entstanden die meisten bestimmenden Gebäude erst nach der Jahrhundertwende, als der historistische Überschwang schon erlahmt war oder überhaupt die architektonische Moderne eingesetzt hatte. So spiegeln auch die unmittelbar vor dem Ersten Weltkrieg entstandenen Bauten eine typische »Gleichzeitigkeit des Ungleichzeitigen« wider. In jedem der beiden architektonisch dominanten Bauten dieses Ringstraßenviertels liegt »politisch ein Anachronismus«.[99] In ihnen kehrten das Militär und der katholische Kleinbürgerpopulismus – in modernisierten bürokratischen und ästhetischen Formen – an die Ringstraße zurück, von der sie der Sieg des Liberalismus seit den sechziger Jahren ferngehalten hatte.[100]

Einerseits steht hier das 1903 bis 1906 erbaute Gebäude des Postsparkassenamts, ein »Schlüsselbau« nicht nur für das Werk Otto Wagners, »sondern überhaupt für die Wiener Moderne und die europäische Architektur der Jahrhundertwende«.[101] Doch die Institution für die das reprä-

---

98 E. Lichtenberger, *Wirtschaftsfunktion* ... (wie Anm. 59), S. 33f.
99 C. Schorske, *Wien* ... (wie Anm. 4), S. 84f.
100 *Ebda;* vgl. auch Ernst Hanisch, *Der lange Schatten des Staates. Österreichische Gesellschaftsgeschichte im 20. Jahrhundert,* Wien 1994, S. 244ff.
101 Friedrich Achleitner, *Österreichische Architektur im*

sentative Erscheinungsbild und die funktionale Struktur geschaffen wurde, »war für den ›kleinen Mann‹ geschaffen als staatlich geförderte Bemühung, die Macht der Großbanken – der Rothschild-›Partei‹ – einzudämmen«, und verkörpert so auch den antisemitischen Antikapitalismus der Christlichsozialen Partei.

Andererseits wird die offene Ringstraßenseite am Stubenring von dem erst drei Jahre später und ein Jahr vor dem Ausbruch des Ersten Weltkriegs fertiggestellten »k.k. Kriegsministerium« dominiert. Dessen Gestaltung durch Ludwig Baumann im österreichischen Staatsstil des Neobarock, der auch in der Neuen Hofburg in Erscheinung tritt, entsprach ganz der restaurativen Grundhaltung Erzherzog Franz Ferdinands und der hohen Militärs des späten Kaiserstaats. Daß Adolf Loos und Otto Wagner, die als unterlegene Mitbewerber um die Gestaltung dieses Bauwerks aufgetreten waren, in eine solche spätfeudal-bürokratische Selbstdarstellung nicht passen konnten, ist evident[102]. Zwar wird dieses Gebäude offiziell heute »Regierungsgebäude« genannt und »beherbergt« nicht das republikanische Landesverteidigungsministerium, sondern das Wirtschaftsministerium, das Sozialministerium und das Landwirtschaftsministerium. Doch über dem Haupteingang schwebt noch immer ein tonnenschwerer Doppeladler und davor steht am Ring das Reiterdenkmal Feldmarschall Radetzkys, das mit der Verlegung des Kriegsministeriums 1913 hierher versetzt worden war.

Sozial- und verwaltungsgeschichtlich sind das Regierungsgebäude und die anderen Amtsgebäude dieses Verwaltungsbezirks vor allem auch ein sichtbarer Ausdruck des Aufkommens der Massenbürokratie der Zeit um die Jahrhundertwende. So war zwischen 1900 und 1910 die Zahl der öffentlich Bediensteten in Wien von rund 11 000 auf über 17 000 gestiegen. Die Zahl der aktiven Militärs blieb im selben Zeitraum in Wien zwar praktisch gleich (ca. 26 600), dürfte jedoch bereits in der vorhergehenden Dekade kräftig zugenommen haben.[103] So erklärt sich, daß die Regierungsbauten, die in jenem Bereich der Ringstraße entstanden, der vor 1900 noch nicht neu verbaut gewesen war, auch diesen gesellschaftlichen Makrotrend des 20. Jahrhunderts widerspiegeln. Natürlich ist für diese nach 1945 neu einsetzende zentrifugale Tendenz der Verwaltung nicht allein die Vermehrung der Beamten verantwortlich, vielmehr spielt dabei auch das Gefälle der Grund- und Wohnungspreise gegen außen hin eine Rolle; daneben wirken auch wirtschaftspolitische Faktoren wie der »Austrokeynsianismus« und die Interessen von Bau- und Architektenlobbies. Zwar kontrastieren die in diesem Viertel in den siebziger und achtziger Jahren bezogenen neuen Amtsgebäude, die Ministerien der Zweiten Republik beherbergen, zu ihrer vielschichtigen Umgebung aus der Zeit um 1900, sie passen sich jedoch auch wiederum recht gut mit ihrer trockenen, eher stillosen Existenz in den Geist des alten bürokratischen Apparats des ehemaligen Kriegsministeriums ein.

Logischerweise hat der Verwaltungsbezirk am Stubenring immer in kriegerischen Phasen der österreichischen Geschichte politisch-symbolische Bedeutung erlangt. So »massierten« sich deutschnationale und österreichisch-patriotische Kriegsbegeisterte im Juli und August 1914 immer wieder vor dem Kriegsministerium, noch dazu, da deren »politische Trias«, wie Reinhold Lorenz NS-apologetisch 1943 meint, bedeutungslos geworden war, in einer Zeit, »in der das arbeitsunfähige Parlament durch Notverordnungsrecht ausgeschaltet war, das Rathaus unter den Epigonen Luegers sehr an politischer Zugkraft eingebüßt hatte und die Universität in Ferienstimmung lag ... Dafür zog der sonst abseits gelegene Stubenring mit dem eben vollendeten Kriegsministerium

---

20. Jahrhundert. Ein Führer in vier Bänden, Bd. III/1: Wien. 1.–12. Bezirk, Salzburg 1990, S. 15.

102 E. Springer, *Geschichte und Kulturleben* ... (wie Anm. 58), S. 587ff.; K. Mollik/H. Reining/R. Wurzer, *Planung und Verwirklichung* ... (wie Anm. 60), S. 268ff.

103 Berechnung nach: *Berufsstatistik nach den Ergebnissen der Volkszählung vom 31. Dezember 1900 in den im Reichsrate vertretenen Königreichen und Ländern*, H. 2, Wien 1903, S. 62, sowie *Berufsstatistik nach den Ergebnissen der Volkszählung vom 31. Dezember 1910 in Österreich*, H. 2, Wien 1914, S. 44.

und seiner römischen Devise: ›Si vis pacem, para bellum!‹ das Volk wie ein Magneteisen an«.[104]
Im Oktober und November 1918 war das Gebäude des Kriegsministeriums, in dem sich parallel zum zerfallenden kaiserlichen Apparat das Staatsamt für Heereswesen der jungen Republik bildete, nicht ein Hauptanziehungspunkt von Demonstrationen der »revolutionären« Phase. Auch beim nationalsozialistischen Juliputsch 1934 stand dieses Gebäude abseits der gewaltsamen Ereignisse, so daß hier das autoritäre Rumpfkabinett unter Kurt Schuschnigg zusammentreten konnte. Erst am 20. Juli 1944 wurde das Gebäude am Stubenring zu einem der Brennpunkte der Aufstandsbewegung insofern, als in dem hier seit 1938 untergebrachten Wehrkreiskommando XVII Stauffenbergs »Walküre-Plan« zunächst weitgehend erfolgreich war. Und während der Befreiung Wiens im April 1945 konnte hier – um den Preis von drei standrechtlichen Hinrichtungen in sozusagen letzter Minute – eine kleine militärische österreichische Widerstandsgruppe operieren.[105]

Angefügt sei hier, daß das es noch ein jüngstes Regierungsviertel in Wien, die sogenannte UNO-City, in »Transdanubien« gibt. Politisch und hinsichtlich der Lebenswelt ihrer Beamten und Experten weitgehend (noch) von den Zentren der eigentlichen österreichischen Politik abgeschnitten, liegen seine meist über y-förmigem Grundriß errichteten Bürogebäude und das Internationale Konferenzzentrum, auch räumlich weit vom Stadtzentrum entfernt, am nördlichen Ufer der Donau. Der Bau dieses Zentrums internationaler Organisationen wurde 1968 begonnen und in den achtziger Jahren in Betrieb genommen. 1988 war es der Sitz von 115 Organisationen, darunter der Internationalen Atomenergiekommission, der UNIDO, der OPEC und dem UN-Hochkommissar für Flüchtlinge. Wien gehört damit weltweit zu den zehn am stärksten mit solchen Organisationen ausgestatteten Städte. Dieses völlig neue Element in der politischen Topographie Wiens ist das Ergebnis der österreichischen aktiven Neutralitätspolitik der späten sechziger und der siebziger Jahre; es ist vor allem mit der Regierung Bruno Kreiskys verbunden. Obwohl manche Unterorganisationen der UNO und andere internationale Organisationen gezögert haben sollen, ihre Sitze aus dem Stadtzentrum hinauszuverlegen, liegt die UNO-City doch in einem der neuen und auch künftigen Wachstumskerne der Stadt.[106] Welchen Stellenwert sie im österreichischen Politikverständnis einmal einnehmen wird, kann nicht vorhergesehen werden.

Resümee: Politische Symbolik und kollektive Identitäten

Nach diesen Ausführungen kann die Ausgangsthese als bestätigt gelten, wonach sich die Repräsentation politischer Herrschaft in Österreich auch und gerade in der Demokratie der Zweiten Republik wie selbstverständlich und bis heute fast ausschließlich als historische vollzieht, kaum variierend nach politischer Orientierung der jeweils (mehrheitlich) regierenden politischen Kräfte. Die Zweite Republik hat für sich bis heute keine eigene Repräsentationsarchitektur, kein republikanisches Zeremoniell, nur wenige eigenständige und unumstrittene politische Symbole hervorgebracht. Ob sie zu anderem nicht imstande gewesen ist oder ob sie solche Formen nicht benötigt hat, sei hier offen gelassen, wenngleich die nach 1945 nahezu 50 Jahre lang andauernde politische, wirtschaftliche und sozialpolitische Erfolgsstory bislang eine Beantwortung dieser Frage im Sinne der ersten Antwortmöglichkeit unwahrscheinlich macht.

Dennoch lassen sich, dem Ordnungsraster Pierre Noras folgend, auch bestimmte Distinktionen der symbolischen Tiefendimensionen österreichischer Gegenwartspolitik vornehmen: Das Selbstverständnis des Staates, Regierung und Bürokratie,

---

104 R. Lorenz, *Die Wiener Ringstraße ...* (wie Anm. 4), S. 60f.
105 P. Schubert, *Schauplatz ...* (wie Anm. 4), S. 272ff.; Julius Deutsch, *Aus Österreichs Revolution. Militärpolitische Erinnerungen,* Wien o. J. [1921]; Ludwig Jedlicka, *Der 20. Juli 1944 in Österreich,* Wien 1965.
106 Elisabeth Lichtenberger, *Wien – Prag. Metropolenforschung,* Wien 1993, S. 105f. und S. 161.

ist fest in den Traditionen des Barocks und des aufgeklärten Absolutismus verankert – Stichwort: »Ballhausplatz«; das des politischen Systems, der Republik, zelebriert sich geradezu, könnte man fast sagen, mit Wohlbehagen im Prunkgewand eines ehemaligen, von außen und innen eingeschränkten demokratischen Honoratiorenliberalismus – Stichwort: Parlament und Ringstraße; und die Nation hat es, entgegen temporären Ausbrüchen patriotischen Überschwangs und einer tiefen Verankerung des Österreich-Bewußtseins in der breiten Bevölkerung, bis heute nicht geschafft, eindeutige Symbole hervorzubringen; trotz mancher Anstrengungen in jüngster Zeit, offene Fragen der Vergangenheit im Sinne eines demokratischen Österreich-Bewußtseins zu beantworten, scheint etwa die politische Symbolik des Heldenplatzes weiterhin, entsprechend der Ambivalenz seiner Achsenrichtung, nicht vollends vor einem Kippen gefeit zu sein.

Zugleich ist diese Historizität der Repräsentation von Herrschaft nicht eine ungebrochene oder einseitige. Sie ist eine des bewußten Abkappens von bestimmten historischen Traditionen und zugleich des selbstverständlichen Anknüpfens an alten Linien, die offensichtlich gar nicht als historisch, weil noch in ihnen gelebt, empfunden werden. Bezeichnend dafür ist etwa die bewußte Inszenierung des gewählten Staatsoberhauptes in monarchischen Repräsentationsräumen, zugleich aber auch die lange Zeit völlig unhinterfragte und durch Wahlerfolg honorierte Ausübung des höchsten Staatsamtes im Sinne sakraler Politik-Entrücktheit. (Auch hier können natürlich temporär und personenbezogen Einschränkungen angebracht werden.) Ganz ähnlich ist im übrigen auch Österreichs kollektive Erinnerung an seine NS-Geschichte strukturiert: offizielles Abkappen von der Vergangenheit durch die »Opferthese« und unkritisches, ja unbemerktes Weiterleben-Lassen eigener NS-Traditionen unter Tabuisierung der (Mit-)Täterdimension; dies kann so – jedenfalls uneingeschränkt – über die Zeit bis Anfang der neunziger Jahre gesagt werden. Ambivalenzen auch in der Berufung auf »große« historische Zeiten: sowohl Absolutismus als auch Aufklärung im Zeitalter Maria Theresias und Josephs II., Neoabsolutismus und Liberalismus der frühen Franzisko-Josephinischen Ära, politische Rückwärtsgewandtheit und Populismus einerseits und ästhetische Moderne andererseits der Zeit um 1900.

Dennoch gilt: die Zweite Republik hat nach 1945 (ein halbes Jahrhundert erfolgreich) versucht, in ihrer offiziellen und inoffiziellen Politik Distanz nicht nur zur habsburgischen Vergangenheit, sondern noch stärker zu eigenen (demokratischen wie nationalsozialistischen) »Anschluß«-Traditionen und zu Deutschland zu schaffen und dennoch ihre nationale und politische Existenz – ohne je eine tiefgreifende Revolution erfahren zu haben – in zeitlicher Tiefe und historischer Kontinuität zu begründen. Als Anknüpfungspunkte für solche Geschichtskonstruktion bietet sich die »reale« österreichische Geschichte der letzten 200 Jahre an; denn diese ist ungewöhnlich reich an politischen Brüchen, Bereichen kollektiven Vergessens und echten oder möglichen Diskontinuitäten (etwa gebunden an die Jahreszahlen 1804/1806, 1866/67, 1918, 1933/1934, 1938, 1945). Die Österreicher haben im Laufe der Zeit unterschiedliche Identitäten »erprobt«, ihnen stehen auch gleichzeitig mehrere Identitäten offen. Die alte Metapher vom österreichischen »Sowohl-als-auch« oder des postmodernen »Entweder-und-oder« scheint daher nicht ganz unbegründet und reine Selbstbespiegelung zu sein. Die Symbole des Regierungs- und Verwaltungszentrums und der hohe Stellenwert der Kunst in Wien sind daher (auch) als Versuche zu werten, durch politische Rituale und Symbole ein »österreichisches« kulturelles Gedächtnis und so eine stabile kollektive Identität zu (re)produzieren.

Welche Lösung des österreichischen Gedächtnis-Problems, und damit der Identität der Österreicher, die Politik in Hinkunft vorzugeben suchen wird, bleibt offen. Die Ringstruktur der Ringstraße und des damit verknüpften Bezirks öffentlicher Politik, ebenso wie das Abgekapselt-Sein des barocken Regierungszentrums in der Wiener Innenstadt tragen die Möglichkeiten sowohl gelassener Selbstsicherheit als auch defensiven Sicheinigelns, vielleicht auch linearer Ausbruchsversuche in sich.

Etienne François

Geschichte und Selbstverständnis des Pariser Regierungszentrums

Um das Pariser Regierungszentrum in seiner Geschichte und in seinem Selbstverständnis zu analysieren, bieten sich drei Zugänge an. Das Wechselverhältnis zwischen Herrschaft und Raum bildet den ersten Zugang – wobei die Geographie der Herrschaft nicht nur in ihren real-historischen, sondern auch in ihren symbolischen Dimensionen zu betrachten wäre. Das Wechselverhältnis zwischen Herrschaft und Gedächtnis bildet den zweiten Zugang: fast alle Herrschaftsorte in Paris sind nämlich so von Geschichte durchdrungen, daß sie sich nicht nur als funktionale Orte, sondern auch als Erinnerungsorte verstehen lassen. Den dritten Zugang bildet schließlich das Wechselverhältnis zwischen Herrschaft und Kultur (im weiten Sinne): im Pariser Fall überwiegt nämlich die Multifunktionalität der Herrschaftsorte und -zentren, so daß es letztendlich nicht möglich ist, von einem Regierungsviertel im herkömmlichen Sinne zu sprechen. In Paris ist jeder Ort der Herrschaft auch ein Ort der Kultur und umgekehrt jeder Ort der Kultur auch ein Ort der Herrschaft.

Die Herrschaftstopographie von Paris beruht auf drei Strukturelementen: ihr hohes Alter, ihre allmähliche Westverlagerung und schließlich das Gefälle zwischen Zentrum und Peripherie. Bis in unsere Tage bleibt das in der römischen Zeit angelegte System der sich bei der »Île de la Cité« kreuzenden Nord-Süd- und Ost-West-Achsen bestimmend. Am Schnittpunkt dieser beiden Achsen stehen sich, ebenfalls seit römischer Zeit, die Zentren der weltlichen und der geistlichen Macht gegenüber: die Kathedrale Notre-Dame und des Palais de Justice. Auf der Nord-Süd-Achse befinden sich seit jeher (unter anderem) das Zentrum der städtischen Macht (»Hôtel de Ville«), das »Zentrum des Geistes« (die im Mittelalter gegründete Sorbonne in ihren neuen Gebäuden vom späten 19. und 20. Jahrhundert) und der Sitz des Senats (»Palais du Luxembourg«). Auf der Ost-West-Achse finden wir (in einer unvollständigen Liste) das Palais Royal (erbaut unter Richelieu und Sitz des »Conseil d'Etat«, aber auch des Ministeriums für Kultur), den Louvre (in dem sich zwischen dem Ende des 19. Jahrhunderts bis 1988 das Ministerium befand, von welchem in Frankreich alles abhängt, nämlich das Finanzministerium), die »Place Vendôme« (mit dem Justizministerium), die »Place de la Concorde« (mit dem Marineministerium), die »Rue Saint-Honoré« mit dem Elysée-Palast und dem Innenministerium (»Palais Beauvau«).

Die lange Reihe von Herrschaftssitzen, die sich entlang dem westlichen Teil der Ost-West-Achse befinden, dokumentiert auf anschauliche Weise die allmähliche Verlagerung der politischen Topographie der Hauptstadt nach Westen hin. Die ersten Ansätze zu dieser Westverlagerung sind am Beginn des 13. Jahrhunderts zu suchen, als König Philippe Auguste mit dem Bau des Louvre begann (erst seit der Regierungszeit von Charles Quint war der Louvre königliche Residenz). Diese Bewegung setzte sich während der frühen Neuzeit fort mit dem System der königlichen Plätze (»places royales«) und den repräsentativen königlichen Großprojekten (von der »Place Dauphine«

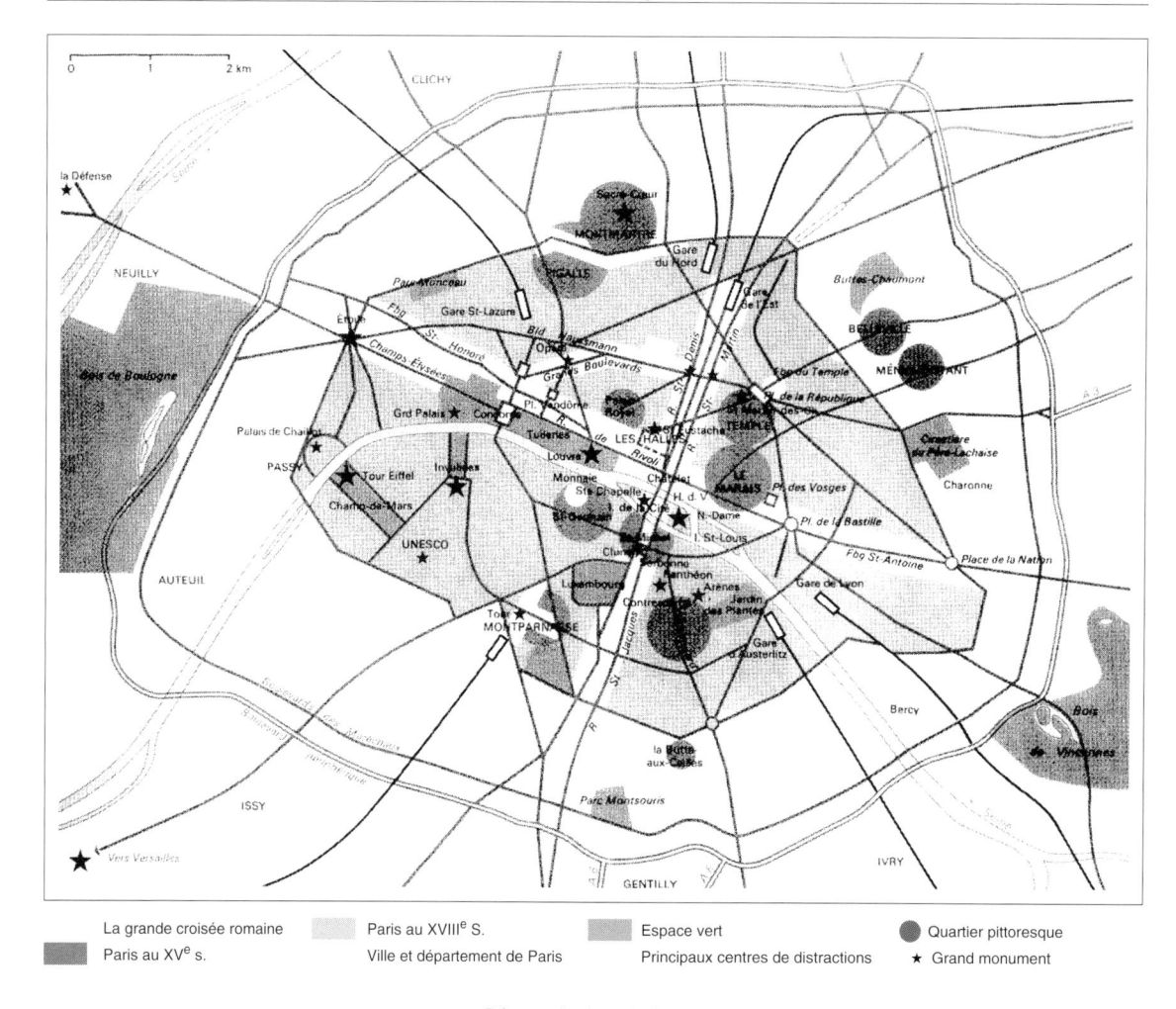

| La grande croisée romaine | Paris au XVIIIᵉ S. | Espace vert | ● Quartier pittoresque |
| Paris au XVᵉ s. | Ville et département de Paris | Principaux centres de distractions | ★ Grand monument |

Die römischen Achsen

am Beginn des 17. Jahrhunderts über die »Place Vendôme« – damals »Place Louis Le Grand« – und die Invaliden unter der Regierungszeit Louis XIV. bis hin zur »Ecole Militaire«, zum Marsfeld und zur »Place de la Concorde« – damals »Place Louis XV.« – in der zweiten Hälfte des 18. Jahrhunderts). Die endgültige Konzentration vieler Ministerien und Zentralverwaltungen im westlichen Teil von Paris fand erst in der zweiten Hälfte des 19. Jahrhunderts und zu Beginn des 20. Jahrhunderts statt. Sie hing mit drei Faktoren zusammen: dem schnellen Wachstum der zentralen Verwaltung im neuzeitlichen Frankreich, dem Vorhandensein von zahlreichen Adelssitzen, auf welche man nach den Revolutionen der ersten Hälfte des 19. Jahrhunderts leicht zurückgreifen konnte, und schließlich der Suche nach repräsentativen und vornehmen Gebäuden (die sich in Paris wie in den meisten anderen Städten hauptsächlich in den westlichen Stadtteilen befinden). Diese

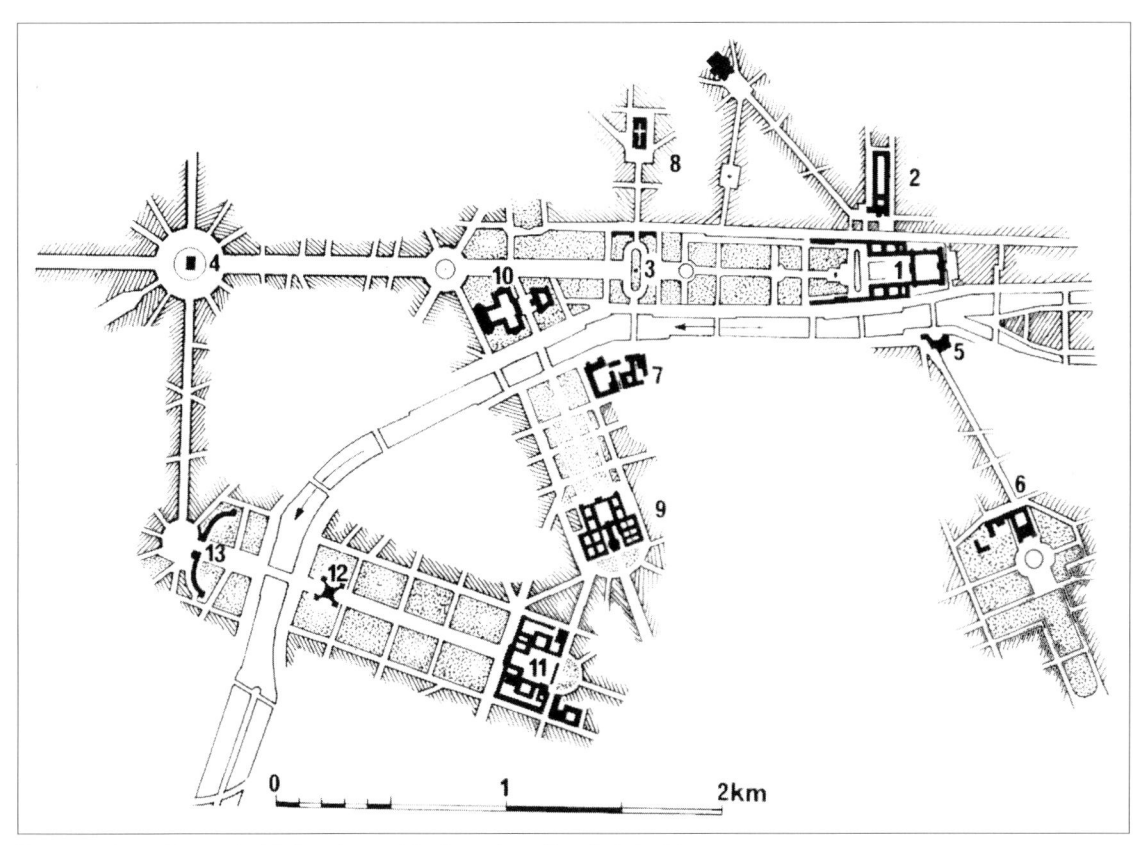

Demonstrationszeichnung der Königsachse und der Querachsen über die Seine hinweg
1 Louvre 2 Palais Royal 3 Concorde 4 Etoile 5 Institut de France 6 Luxembourg 7 Parlament 8 Madeleine 9 Invalides
10 Grand u. Petit Palais 11 Ecole Militaire 12 Eiffelturm 13 Trocadero

Die Königsachse und die Querachsen

Bewegung ist im übrigen nicht abgeschlossen, wie man es an der Massierung der Botschaften und sonstiger ausländischer Vertretungen im äußersten Westen der Stadt oder am Ausbau des »Quartier de la Défense« sehen kann.

Bestimmend für die Herrschaftstopographie von Paris sind schließlich die »Ringe der Geschichte« (Minister B. Töpfer): in der räumlichen Verteilung der Gebäude, in den politisch-administrativen Strukturen und in der Vorstellung der Franzosen besteht weiterhin ein enger Zusammenhang zwischen Macht und Zentralität. Die Konzentrierung der Ministerien innerhalb der alten Mauerringe, die starken hierarchischen Abstufungen hinsichtlich ihres Werts zwischen zentralen und peripheren Standorten (auch wenn sie sich innerhalb der in der Mitte des vorigen Jahrhunderts von Haussmann neugezogenen Stadtgrenzen befinden) oder auch die Empörung jedes Ministers über die Zumutung, seinen Amtssitz außerhalb der »Grands Boulevards« verlegen zu müssen, drücken diesen Tatbestand in aller Deutlichkeit aus.

Diese ersten Beobachtungen zeigen, daß die politische Topographie von Paris aus dem Zusammen-

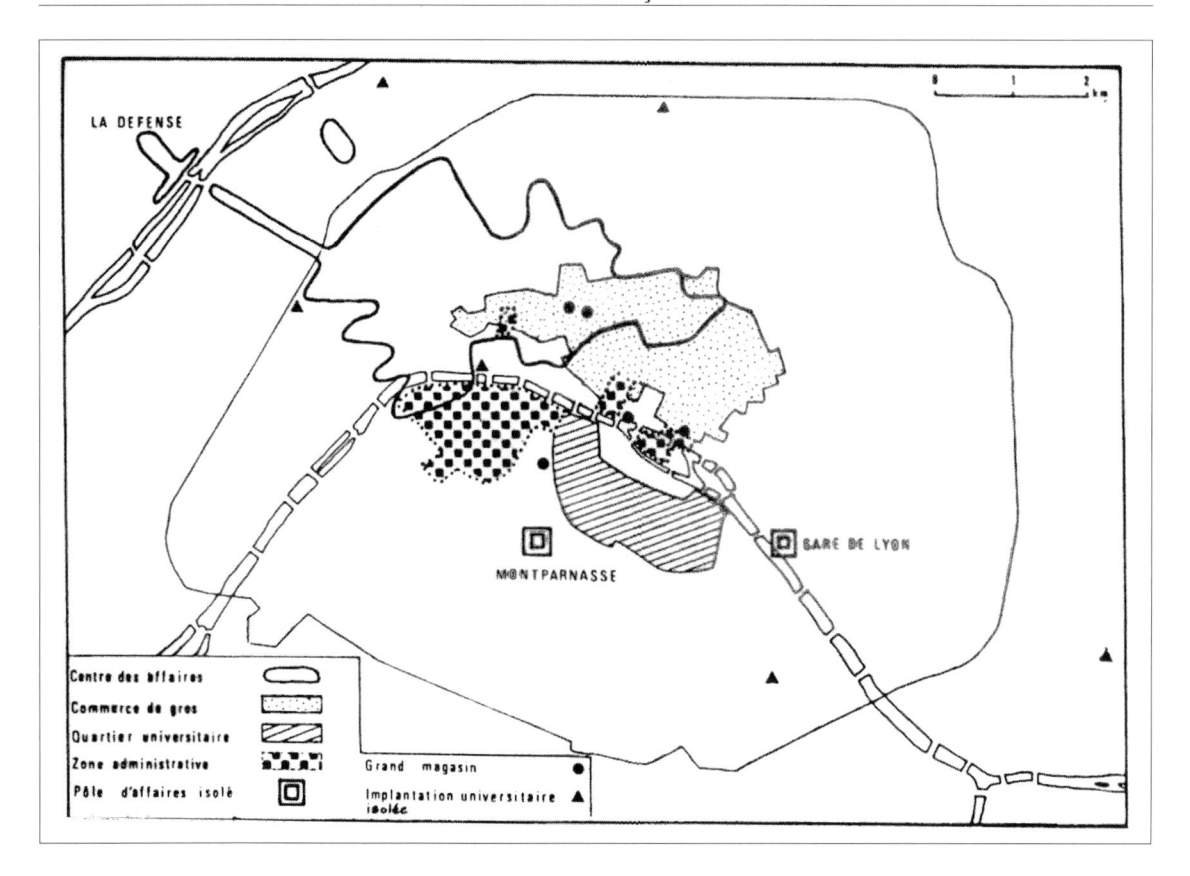

Die räumliche Verteilung der tertiären Aktivitäten

wirken der zwei Leitprinzipien entstanden ist, die die strukturelle Entwicklung aller europäischen Städte geprägt haben, nämlich des zirkularen und des linearen Prinzips. Sie zeigen aber auch, daß diese Topographie vor allem ein Ergebnis des Zufalls und der Geschichte ist. Entgegen der Absichten von Kaiser Napoleon I. oder auch von Général de Gaulle, der im großen Stadtentwicklungsplan von 1959 (»plan d'urbanisme directeur«) die Schaffung eines richtigen Regierungsviertels vorsah, ist es nie gelungen, einen einheitlichen und geschlossenen Regierungsbezirk durchzusetzen. Bis in unsere Tage blieb die politische Topographie in Paris zum Glück ein Flickenteppich.

Wenn man diese maßgebliche Rolle, die der Zufall und die Geschichte in der Bestimmung der Pariser Herrschaftstopographie spielen, in Betracht zieht, dann kann man besser verstehen, warum die überwiegende Mehrheit der Ministerien und Sitze von Zentralverwaltungen auch als »Gedächtnisorte« (im Sinne der »lieux de mémoire« von Pierre Nora) betrachtet werden kann. Einige Beispiele werden das verdeutlichen. Das jetzige »Palais de Justice« – Sitz von mehreren hohen Gerichten inmitten der »Île de la Cité« – hat seine Ursprünge in einer spätrömischen Festung, die in den nachfolgenden Jahrhunderten ständig umgebaut wurde: seit den Merowingern und bis zur Mitte des Mittelalters war sie königliche Residenz und Sitz der »curia regis«; dort ließ der König Louis IX. in den Jahren 1245 bis 1248 die »Sainte Chapelle« erbauen (möglicherweise die schönste gotische Kirche in Frankreich, als Schrein für die Reliquie aus der Dornenkrone konzipiert); ein Jahrhundert später ließ der König Philippe der Schöne den alten Königssitz durch einen »modernen« und größeren Palast, die »Conciergerie«, ergänzen und erweitern, die zur Zeit ihrer Errichtung als der größte und schönste Königspalast der Christenheit galt; die jetzigen Gebäude schließlich stammen in ihrer Mehrzahl aus dem 18. und 19. Jahrhundert. Die gleiche Beobachtung gilt für die Sitze der höchsten Gewalten im Staat: Der Präsident der Republik hat seinen Amtssitz in einem Palast, der ursprünglich durch den Graf von Evreux als Stadtpalais im Jahre 1718 errichtet worden war und später durch so unterschiedliche Persönlichkeiten bewohnt wurde wie Madame de Pompadour, Joséphine de Beauharnais, aber auch Louis Napoléon Bonaparte, der dort als gewählter Präsident der Zweiten Republik residierte und von dort aus den erfolgreichen und blutigen Staatsstreich vom 2. Dezember 1851 organisierte, der der Zweiten Republik den Todesstoß versetzte und zur Errichtung des III. Kaiserreiches führte. Der Premierminister hat seinen Amtssitz in einem anderen Adelspalais, auch zu Beginn des 18. Jahrhunderts erbaut, das »Hôtel Matignon«. Das Parlament tagt im umgebauten, aber immer noch nach der königlichen Familie benannten »Palais Bourbon« und der Parlamentspräsident hat seinen Amtssitz in einem anderen benachbarten Adelspalais, dem »Hôtel de Lassay«. Der Senat hat seinen Sitz im »Palais du Luxembourg«, das heißt in der 1615 bis 1620 erbauten Residenz der Königin Marie de Medici. Der »Conseil d'Etat«, der »Conseil Constitutionnel« wie übrigens auch das Ministerium für Kultur haben ihren Sitz im »Palais Royal«, das ursprünglich als »Palais Cardinal« durch Richelieu erbaut worden war, der ein Jahrhundert später durch den Bruder von Louis XIV., Philippe d'Orléans, erweitert wurde und der eine genauso entscheidende Rolle am Beginn der Französischen Revolution wie im Vergnügungsleben von Paris spielte. Ähnliches ließe sich auch von der Mehrheit der Ministerien sagen. Die historische Verwurzelung der Pariser Herrschaftsorte mit ihrer eigenartigen Wechselwirkung von Kontinuität und Wandel kommt am deutlichsten zum Ausdruck in der großen Ost-West-Achse vom Louvre über die »Place de la Concorde«, den »Arc de Triomphe« bis hin zum neuen »Quartier de la Défense«: »work in progress« im buchstäblichen Sinne, stellt doch diese Achse mit ihrer einmaligen Anhäufung und Überschichtung von sich aufeinander beziehenden historischen Anspielungen das auffälligste monumentale Konzentrat des Selbstverständnisses der französischen Nation in ihrer angeblichen Ewigkeit dar.

Als Ergänzung zu diesen an sich ganz banalen Beobachtungen seien drei Bemerkungen erlaubt. Als erstes fällt die scheinbare Unbefangenheit auf, mit welcher das republikanische Frankreich die »Kleider der Könige und Kaiser« angezogen hat: nur zwei der großen Ministerien sind in eigens für sie erbauten Gebäuden untergebracht – das Außenministerium im »Quai d'Orsay« und das Finanzministerium seit 1988 im neuen Gebäude am »Quai de Bercy«. Diese Unbefangenheit hängt sicher nicht mit dem oft in der jetzigen Bundesrepublik zu hörenden Wunsch zusammen, wonach in einem demokratischen Staat eine bescheidene Hauptstadt (ohne neue Prachtbauten für die Unterbringung der Machtzentralen) angebracht wäre. Sie hängt viel wahrscheinlicher mit der in Frankreich weit verbreiteten Auffassung zusammen, wonach (im Gegensatz zur deutschen Auffassung) die Kleider die Leute nicht machen (»L'habit ne fait pas le moine.«). Zu fragen wäre allerdings, ob die Franzosen dabei sich nicht über-, hingegen die prägende und weiterwirkende Kraft der Mauern unterschätzen: Nicht zufällig nennt man weiterhin in unserer »monarchie républicaine« den Amtssitz des Präsidenten der Republik »le château«.

Als zweites sei auf die meist schöpferische Freiheit hingewiesen, mit welcher die verschiedenen Regimes immer wieder bemüht waren, das monumentale Erbe zu modernisieren und ihm zugleich ihren jeweiligen Stempel aufzuprägen: die ständigen Umbauten des Louvre bis hin zur Pyramide von Pei, der Bau des Eiffelturms als Bekenntnis zur Technik und zur Modernität bei der ersten

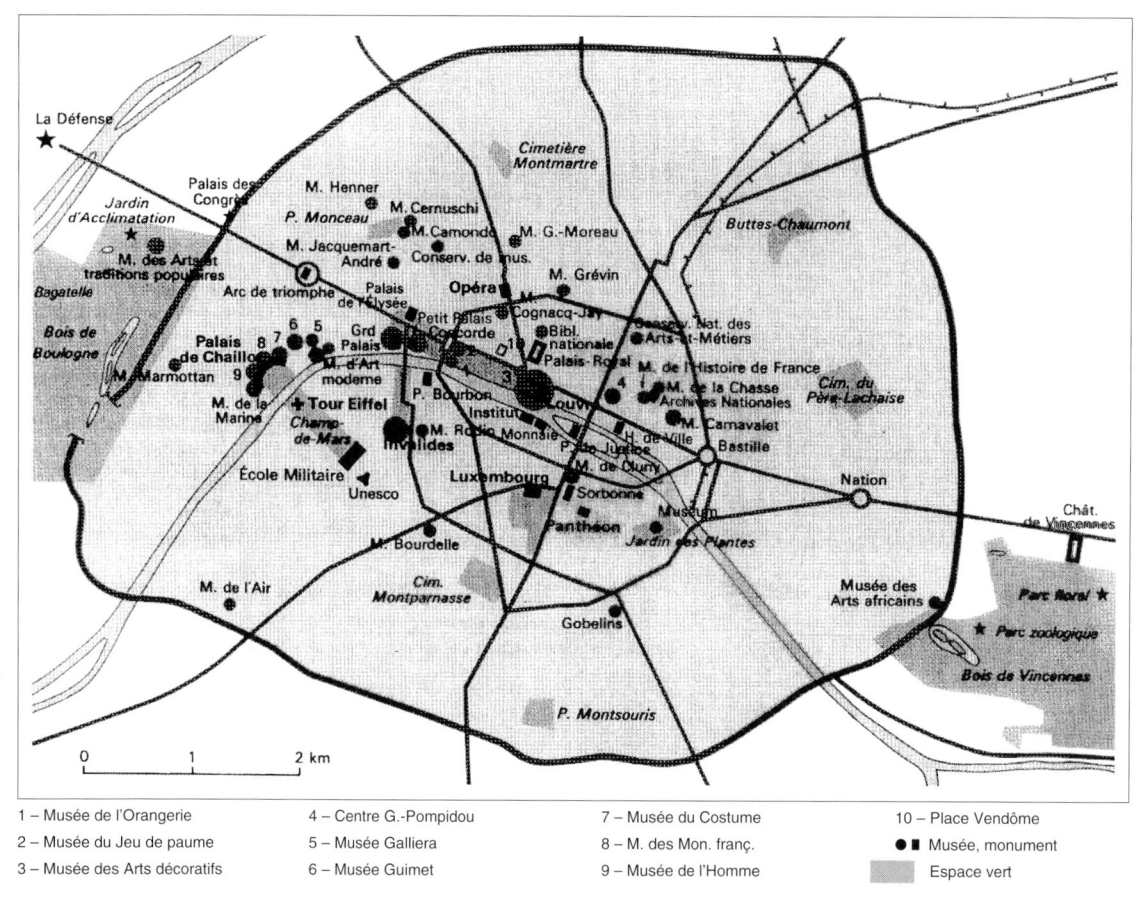

1 – Musée de l'Orangerie	4 – Centre G.-Pompidou	7 – Musée du Costume	10 – Place Vendôme
2 – Musée du Jeu de paume	5 – Musée Galliera	8 – M. des Mon. franç.	● ■ Musée, monument
3 – Musée des Arts décoratifs	6 – Musée Guimet	9 – Musée de l'Homme	Espace vert

Die Pariser Museen

Jahrhundertfeier der Französischen Revolution (und zwar genau dort, wo der erste richtige 14. Juli gefeiert worden war, nämlich bei der »Fête de la Fédération« am 14. Juli 1790), der Bau der »Grande Arche de la Défense« anläßlich der zweiten Jahrhundertfeier der Revolution, die Installierung der postmodernen Skulpturen von Buren im Hof des »Palais Royal« können unter vielen anderen als Beispiele dafür aufgeführt werden.

Dieses ständige Spiel der Gegenwart mit der Geschichte ist keine neue Sache: schon vor einem Jahrhundert beklagte Baudelaire sich darüber, daß »le cœur d'une ville change plus vite, hélas, que le cœur d'un mortel«. Es könnte den Eindruck einer »gewachsenen historischen Tradition« und sogar einer »Geschichtsbesessenheit« erwecken. Dieser Eindruck ist aber trügerisch: die angebliche Kontinuität ist nämlich immer fiktiv und nachträglich; als Konstrukt hat sie auch zum Zweck, über die zahlreichen Dramen, Brüche und Bürgerkriege hinwegzutäuschen, die den eigentlichen Verlauf der Geschichte Frankreichs und noch mehr der Geschichte von Paris ausmachen: Der für die ehemalige »Place Louis XV« gewählte Name der Eintracht (»Place de la Concorde«) wurde unter anderem deswegen ausgesucht, weil er die Erinnerung an die Schreckensherrschaft und an die Guillotine,

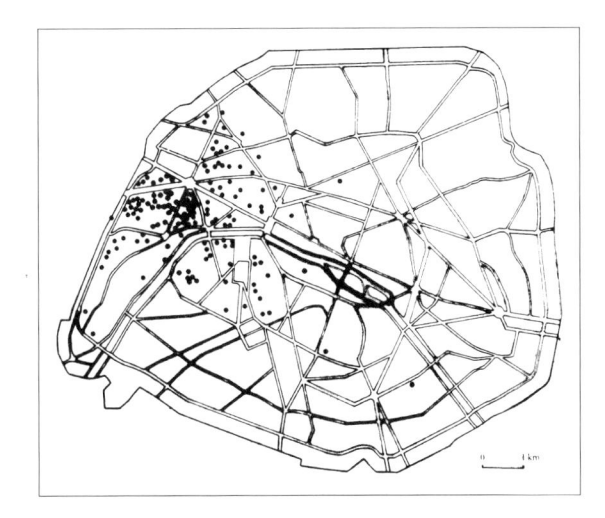

Botschaften und Konsulate

Die Mauerringe von Paris

die dort errichtet worden war, besser vergessen ließ; und die Gestaltung der Tuilerien als friedlicher, fast intimer Garten dient dazu, die Erinnerung an die Schrecken des 10. August 1792 oder der Pariser Kommune (die das Schloß der Tuilerien in Brand steckte) zu neutralisieren. In gleicher Weise dient die ständige Inszenierung der jahrhundertealten Kontinuität Frankreichs und seiner Hauptstadt dazu, die vielen Bürgerkriege wie auch die nicht so seltenen Zeiten vergessen zu machen, in denen sich die Hauptstadt nicht in Paris, sondern in Versailles, in Bordeaux oder in Vichy befand. Entgegen der Meinung vieler Franzosen, wonach Paris einzigartig sei, gilt für Paris wie für die meisten anderen europäischen Hauptstädte die widersprüchliche Dialektik von Kontinuität und Bruch.

Die vorhin erwähnten Beispiele haben schon die für Paris typische Nähe zwischen Kultur und Politik mehr als deutlich gemacht. Diese Liste ließe sich in der Tat problemlos weiterführen. Die Nähe kann zunächst einmal rein räumlich sein. Das ist zum Beispiel der Fall beim »Musée Rodin«, das nicht weit entfernt ist vom »Hôtel Matignon«, beim »Elysée-Palast«, der ganz nahe an den Ausstellungsgebäuden des »Petit Palais« und des »Grand Palais«, aber auch ganz nah an einem der exklusivsten Antiquitätenläden der Stadt und am renommierten Luxusgeschäft »Hermès« liegt, das ist ebenfalls der Fall beim Justizministerium, das am selben Platz steht wie die »Colonne Vendôme«, die die Erinnerung an die siegreichen Feldzüge von Napoléon I. wachhält, und wie der Sitz des berühmten Juweliers Cartier; das ist schließlich der Fall beim Außenministerium, das sich in unmittelbarer Nachbarschaft des neuen, im ehemaligen »Bahnhof d'Orsay« untergebrachten Museums für die Kunst des 19. Jahrhunderts befindet, so daß, wenn man heute vom »Orsay« spricht, man vor allem an das Museum denkt und erst in zweiter Linie an das Außenministerium. Zahlreicher sind noch die Fälle, wo Kultur und Politik am selben Ort untergebracht sind, sich ständig durchmischen und strukturell so miteinander verflochten sind, daß sie austauschbar werden. Das ist zum Beispiel der Fall bei der Unterbringung des »Palais de Justice« in demselben Gebäudekomplex, in dem sich auch die »Sainte Chapelle« befindet; dies gilt gleichermaßen für die Unterbringung des »Conseil d'Etat«, des Ministeriums für Kulturelle Angelegenheiten und der »Comédie Française« in ein- und demselben Komplex, dem »Palais Royal«, oder für die Unterbringung des Grabes von Napoléon, des Armeemuseums und von Abteilungen des Verteidigungsministeriums im »Palais des Invalides«; das ist nicht zuletzt der Fall für den Louvre, der lange Zeit nur königliche Residenz war, dann beinahe zwei Jahrhunderte lang gleichzeitig Amtssitz und Museum war und heute durch und durch Museum ist, als ob im Laufe der Jahrhunderte ein allmählicher Übergang der politischen Bedeutung des Gebäudes von der »realen« zur symbolischen Ebene sich vollzogen hätte. (Ähnliches ließe sich im übrigen auch vom Funktionswandel des Versailler Schlosses oder auch vom Bau eines futuristischen Opernhauses an der Stelle der geschleiften Bastille anläßlich der 200-Jahrfeier der Französischen Revolution behaupten.)

Der Rückgriff auf solche Gründe wie das Erbe der ehemaligen Weltmachtstellung Frankreichs, die weitverbreitete Instrumentalisierung der Kultur oder die von der Antike und der Renaissance übernommene Tradition des Mäzenatentums, um diese auffällige Nähe, ja Verwandtschaft zwischen Politik und Kultur zu erklären, wäre zu kurz. Sicher haben all diese Gründe eine Rolle gespielt und spielen es weiterhin. Darüber hinaus aber sollte man zwei weitere Gründe anführen, deren Bedeutung für Paris ohne Zweifel wichtiger ist. Der erste ist in der für das französische Selbstverständnis schon seit Jahrhunderten und noch mehr seit der Revolution grundlegenden Überzeugung zu suchen, wonach die Grundwerte der französischen Politik und der französischen Kultur identisch mit denen der Menschheit sind: die Bürgerrechte sind zugleich Menschenrechte, was dazu führt, daß die politische Macht ihre letztendliche Legitimierung und Rechtfertigung in der Pflege der Weltkultur, der Kunst und der Literatur findet (nicht umsonst träumt jeder Politiker in Frankreich davon, als Schriftsteller in die republikanische Ewigkeit aufgenommen zu werden). Der zweite Grund entspricht einem halbeingestandenen Kompensationsbedürfnis: die Betonung, ja Überhöhung der Rolle von Paris als Kulturhauptstadt, aber auch als Stadt der kulturellen Innovation, des Experiments und der Avantgarde, hat auch zum Zweck, den Rückgang der politischen Bedeutung der Stadt auf der weltpolitischen Bühne wieder wettzumachen, ja sogar darüber hinwegzutäuschen.

Durch seine führende Rolle als Kulturhauptstadt bleibt Paris weiterhin Weltstadt.

Die für Paris so spezifische Durchdringung der Kultur durch die Politik und der Politik durch die Kultur erklärt die seit Jahrzehnten, ja seit Jahrhunderten bestehende Vorliebe der jeweiligen politischen Regime für kulturelle Großbauten. Dies war schon der Fall während der III. Republik – es sei nur in diesem Zusammenhang auf die Prachtbauten anläßlich der Weltausstellungen von 1889, 1900 und 1937 hingewiesen (Eiffelturm, »Petit« und »Grand Palais«, »Trocadéro«). Dies gilt noch mehr für die Großprojekte der drei letzten Präsidenten der V. Republik: die Präsidenten Pompidou, Giscard d'Estaing und Mitterrand haben in einem Vierteljahrhundert nur ein einziges Ministerium gebaut (das neue Finanzministerium am »Quai de Bercy«), dafür aber eine Fülle von modernen, anspruchsvollen, architektonisch ebenso innovativen wie monumentalen Großbauten durchgeführt, die zwar alle eine vorrangig kulturelle Dimension haben, deren politische Bedeutung aber umso wichtiger ist, als sie scheinbar im Dienst von Kunst und Kultur stehen (»Centre Pompidou«, »Musée d'Orsay«, »Institut du Monde Arabe«, »Grand Louvre«, »Cité des Sciences et de la Musique«, »Opéra Bastille«, »Arche de la Défense«, »Bibliothèque de France«, um nur die wichtigsten zu nennen). Auffällig ist übrigens bei der Lokalisierung dieser Großprojekte, daß sie sich überwiegend in der Mitte oder im Osten von Paris befinden, als ob die neuen Orte der Kultur in Paris auch die Funktion hätten, dem Sog der Westverlagerung der Herrschaftstopographie entgegenzuwirken.

In den letzten Jahrzehnten hat man – im Zusammenhang mit der seit Beginn der Präsidentschaft von Mitterrand offiziell proklamierten und schon teilweise verwirklichten Politik der Dezentralisierung – unablässig von der Notwendigkeit gesprochen, zentrale Institutionen von Paris in die Provinz zu verlagern. Einige Versuche sind schon in dieser Richtung unternommen worden, wie zum Beispiel der Transfer der »Ecole Polytechnique« außerhalb von Paris nach Jouy-en-Josas und – politisch und symbolisch viel wichtiger – die Verlagerung der ENA nach Straßburg. Daß diese Versuche aber mehr als bescheiden blieben und daß sie heftige Diskussionen und Proteste auslösten, ist aus den vorhin erwähnten Gründen mehr als verständlich.

Seit Jahrhunderten schon hat sich in der Literatur der Topos wiederholt, wonach Berlin, als relativ junge Stadt, die dazu noch viel mehr durch die Brüche der Geschichte geprägt wäre, nicht in der Lage wäre, dem Vergleich mit der Fülle an historischen und kulturellen Reminiszenzen der französischen Hauptstadt standzuhalten. »Berlin, cette ville toute moderne, quelque belle qu'elle soit, ne fait pas une impression assez sérieuse; on n'y aperçoit point l'empreinte de l'histoire du pays«, schrieb 1810 Madame de Staël in »De l'Allemagne«, während Tucholsky ein Jahrhundert später von Berlin sagte, es würde die Nachteile der amerikanischen Großstadt mit denen der deutschen Kleinstadt verbinden. Die Verbreitung des Topos hat aber wenig mit der Realität zu tun. In vielerlei Hinsicht ließe sich sogar behaupten, daß die Prägung durch die Geschichte heutzutage viel deutlicher und tiefer in Berlin als in Paris ist. «D'autres métropoles – Rome, Paris – peuvent s'enorgueillir d'une antiquité plus haute et d'un héritage plus riche«, schreibt Emmanuel Terray in seinem jüngst erschienenen Buch »Ombres Berlinoises«, «mais seul Berlin porte aussi profondément gravée sur son visage la marque des passions et des délires dont notre espèce s'est révélée capable, en particulier depuis un siècle.»

Mein herzlicher Dank gilt an dieser Stelle Herrn Boris Grésillon, Doktorand am Centre Marc Bloch, für seine Hilfe bei der Dokumentationssuche.

Lothar Kettenacker

Whitehall in Geschichte und Gegenwart

Das Londoner Pendant zur Wilhelmstraße ist zweifellos Whitehall. Aber beide geographische Bezeichnungen haben im Bewußtsein der jeweiligen Gesellschaften, der britischen Personenverbandsgesellschaft und der staatlich verfaßten deutschen, eine durchaus unterschiedliche Resonanz. Whitehall steht für die auf Diskretion und Anonymität bedachte Ministerialbürokratie, wobei sich die Bezeichnung »civil service« aus dem Verwaltungsapparat der »East India Company« herleiten läßt. Erst sehr spät, ja eigentlich erst nach 1945 mit der Expansion der Staatsverwaltung als Folge des Zweiten Weltkrieges und des Wohlfahrtstaates, entdeckten die Briten, mehr amüsiert als empört, daß sie von diesem Ort nicht nur verwaltet, sondern am Ende vielleicht auch regiert wurden.

Historisch tritt der Staat in Großbritannien als Verwaltungsorgan im Unterschied zur Regierung als »government of the day« relativ spät auf den Plan. Er wird keineswegs mit den Höhepunkten britischer Weltgeltung identifiziert, eher schon mit dem Management von Krise, Krieg und Niedergang. Auch heute noch beanspruchen andere Londoner Sehenswürdigkeiten viel mehr öffentliche Aufmerksamkeit als Whitehall: vorab Buckingham Palace, das Stadtpalais des Staats- und Kirchenoberhauptes, des unter dieser Bürde ächzenden Monarchen, Downing Street 10, der Amtssitz des in einer Seitenstraße Whitehalls residierenden »Prime Minister«, der in seiner Machtfülle als Chef einer Einparteienregierung keinem deutschen Kanzler nachsteht, und nicht zuletzt die City mit der Bank of England, Symbol für die Finanzmacht des einstmals größten Handelsstaats der Neuzeit. Die City, der mittelalterliche Stadtkern vor dem großen Feuer, ist zwar heute nur ein Stadtbezirk (»borough«) unter anderen, dafür der älteste und ehrwürdigste, der alljährlich den Lord Mayor stellt. Großbritannien kennt keine Verfassung, diese ist ständig »in statu nascendi«. Allgemeines Einverständnis besteht darüber, daß Westminster, »the mother of parliaments«, im Mittelpunkt des konstitutionellen Koordinatensystems steht. Die Frage ist nur, ob es das wirkliche Machtzentrum darstellt oder nur die politische Schaubühne der Nation, wo sich die Parteigrößen werbewirksame Redegefechte liefern, während es in Wahrheit die »Mandarine« Whitehalls sind, die das eigentliche Geschäft betreiben. Nicht nur die Mitglieder der Opposition, sondern auch viele »Backbencher«, Hinterbänkler ohne Amt und Pfründe, machen aus ihrem Frust keinen Hehl. Ja, auch manchen Minister beschleicht das Gefühl, von seinen Beamten eher gut manipuliert als schlecht beraten zu werden. Eine Fernsehserie »Yes, Minister« bzw. »Yes, Prime Minister« ist gerade deshalb zu einem großen Medienerfolg geworden, weil sie die Ohnmacht der angeblich Mächtigen im Umgang mit den nur scheinbar willfährigen Staatsdienern bloßstellt. Historisch-wissenschaftlich ist die Parlaments- und Parteiengeschichte bei weitem besser erforscht, als die Entstehungsgeschichte des »civil service«; das Parlament, das älteste der Welt, ist viel mehr als Whitehall integraler Bestandteil der

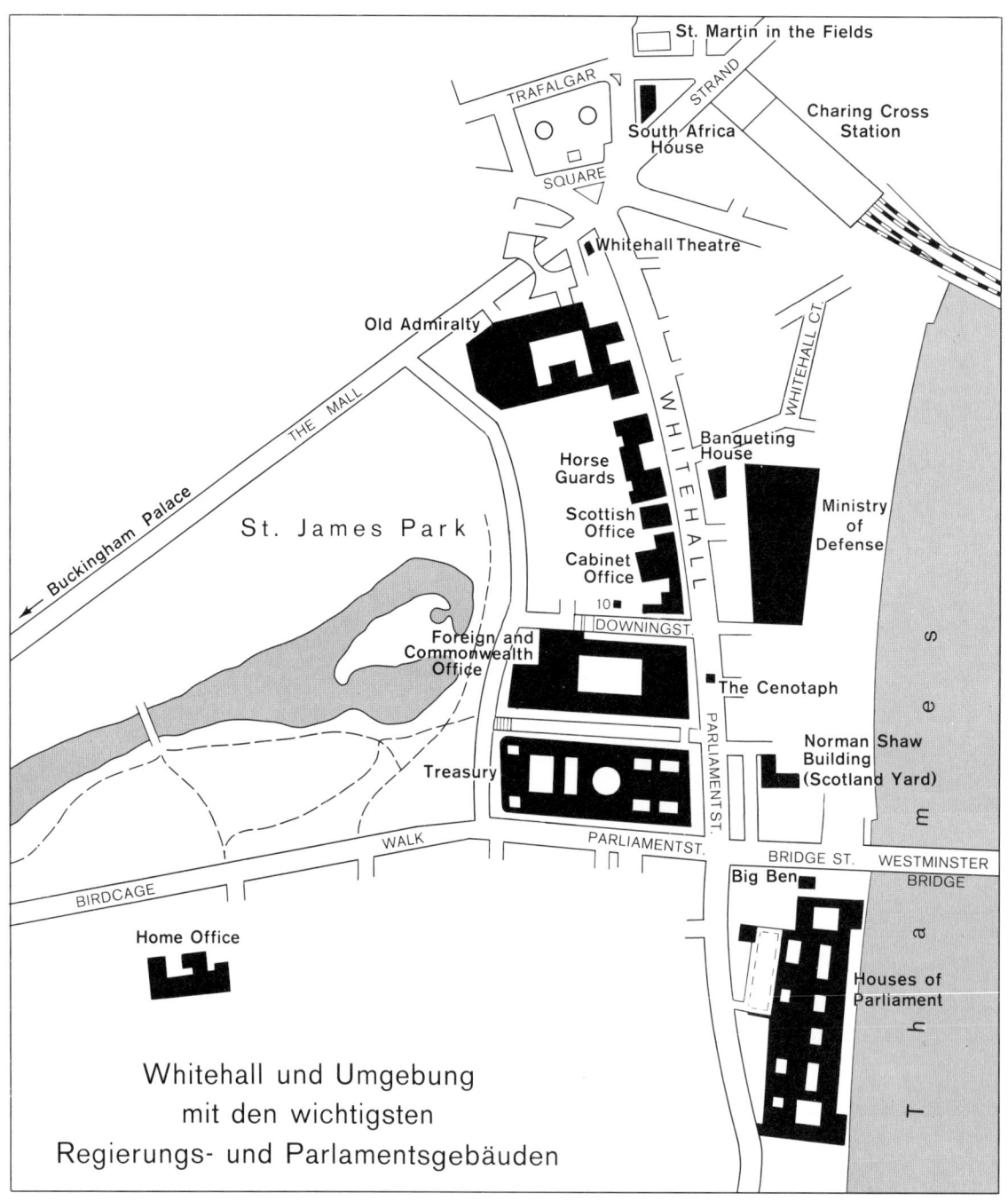

Whitehall und Umgebung
mit den wichtigsten
Regierungs- und Parlamentsgebäuden

Kartographie: K. Bremer

Blick von der Admiral-Säule auf »Whitehall«

politischen Kultur und nationalen Identität. Verglichen mit Westminster galt und gilt der Staatsapparat als Hinterlassenschaft der vormodernen Regierungsweise, die dann angeblich erst später als im restlichen Europa eine Aufwertung und Ausweitung erfuhr. Es gehört zu den identitätsstiftenden Mythen des britischen Nationalbewußtseins, daß die Insel lange Zeit ohne jene Staatsbürokratie habe auskommen können, wie sie sich auf dem Kontinent im Zeitalter des Absolutismus herausgebildet hat, als sei das Land nur von Gentlemen regiert worden, sozusagen aus deren Privatschatulle.

Tatsächlich hat sich England früher als andere Staaten Europas eine höchst effiziente Zentralregierung zugelegt, nämlich schon zu Zeiten der Tudors. Es ist wohl zutreffender festzustellen, daß England in mancher Hinsicht eine Vorreiterrolle gespielt hat – für den Parlamentarismus und die Industrialisierung gilt das allemal –, als stets nur auf den englischen Sonderweg zu verweisen.[1] Gewiß, das Land hat sich länger als andere damit Zeit gelassen, ein stehendes Heer zu unterhalten und das ganze Land mit einem bürokratischen Netz zu überziehen. Aber kann man hier angesichts anderer Prioritäten von beklagenswerter Rückständigkeit sprechen? John Brewer hat nachgewiesen, daß England im 18. Jahrhundert über

---

1 Siehe dazu Lothar Kettenacker, *Die Briten und ihre Geschichte. Was ist anders als bei uns?*, in: *Großbritannien und Deutschland. Nachbarn in Europa*, hrsg. von der Niedersächsischen Landeszentrale für politische Bildung, Hannover 1988, S. 131–140.

ein allen anderen europäischen Staaten überlegenes Steuersystem verfügte und so in der Lage war, sich noch häufiger als Preußen auf kriegerische Abenteuer einzulassen.[2] Allein in den turbulenten Zeiten zwischen 1680 und der Etablierung der Hannoveraner (1714 bis 1720) stieg die Anzahl der Truppen und der Schlachtschiffe auf das Dreifache. Nur dank einer einzigartig effizienten Steuer- und Finanzverwaltung waren die dafür notwendigen Mittel aufzubringen.

Die Mehrzahl der ca. 12000 Staatsbeamten zu Anfang des 18. Jahrhunderts standen in den Diensten des Schatzamtes und seiner zahlreichen örtlichen Ableger. Zu den wenigen bisher unangefochtenen Erkenntnissen der deutschen Geschichtswissenschaft gehört die Vorstellung, daß das Preußen des 18. Jahrhunderts als Inbegriff des aufgeklärten, rational strukturierten Anstaltsstaates in seiner Effizienz und seinem Ethos allen anderen europäischen Staaten überlegen gewesen sei. Unter Zugrundelegung der neueren Forschungsergebnisse britischer Historiker hat der Preußenkenner Eckhart Hellmuth diese Auffassung in den Bereich der Mythenbildung verwiesen: eine weitere preußische Geschichtslegende. Für 1740 geht er von einer Maximalzahl von 3000 Staatsdienern aus, ein Verhältnis zur Gesamtbevölkerung von 1:1000. »In England«, stellt er vergleichend fest, »betrug die Relation bereits 1720 1:500«.[3] Ja, wenn man einen Schritt weitergeht und auch den Hofstaat, die Kolonialbeamten, alle Streitkräfte sowie die Arbeiter der königlichen Marinewerften (10000) einbezieht, so standen vier bis fünf Prozent der männlichen Bevölkerung in Staatsdiensten.[4]

Die Entwicklung des britischen Staatsapparates läßt sich sehr anschaulich an der Baugeschichte Whitehalls in der frühen Neuzeit ablesen, als sich die Staatsverwaltung allmählich von den noch nicht seßhaften Hofämtern zu emanzipieren begann.[5] Es ist nicht abwegig zu argumentieren, daß in der Bebauung einer Regierungszeile auch die historisch-politischen Prioritäten einer Gesellschaft zum Ausdruck kommen. Die spätere britische Regierungszentrale war Bestandteil eines Geländes, das Heinrich VIII. 1531 erwarb, um dort sein Stadtpalais, den St. James Palast, zu bauen. Wo sich später die Buchhalter der Nation einrichteten, vergnügte sich der Monarch beim Tennisspiel oder beim Kegeln. Sieht man einmal von weiteren Königlichen Repräsentationsbauten, wie Banqueting House (Inigo Jones) und den Quartieren für die berittene Garde (»Horse Guards«, 1693 bis 1695 und 1745 bis 1755) ab, so entstanden entlang der Westseite Whitehalls im frühen 18. Jahrhundert die Englands Weltgeltung charakterisierenden Regierungsbauten: das Admiralitätsgebäude, 1722 bis 1726 von Thomas Ripley erbaut, der Amtssitz des Paymaster General, das heißt des Zahlmeisters der Streitkräfte, und etwa zur gleichen Zeit das neue Schatzamt, die »Treasury«, das bis auf den heutigen Tag, von Downing Street abgesehen, einflußreichste britische Ministerium. Die Anfänge des Schatzamtes als einer bürokratisch funktionierenden, nämlich Einnahmen und Ausgaben registrierenden Behörde, gehen bis ins 11. Jahrhundert zurück. Aber erst im 18. Jahrhundert läuft England als Handels- und Finanzmacht allen anderen Mächten den Rang ab. Und ohne die allen anderen überlegene Flotte hätte weder der Handel geschützt noch das eng mit den wirtschaftlichen Interessen des Landes verflochtene Überseeimperium errichtet werden können. Das von Sir George Gilbert Scott gestaltete »Foreign Office« ist erst viel später erbaut worden, zeitgleich mit dem »Home Office«, das heißt zwischen 1868 und 1873, und zwar nicht im neugotischen Stil, wie zunächst geplant, sondern auf Wunsch des macht- und prestigebewußten Lord Palmerston im imposanten, italienischen Renaissance-Stil. Damals konnten sich noch selbstbewußte Politiker gegenüber den

---

2 Vgl. John Brewer, *The Sinews of Power: War, Money and the English State 1688–1783,* London 1989.

3 Eckhart Hellmuth, *Der Staat des 18. Jahrhunderts. England und Deutschland im Vergleich,* demnächst in: *Aufklärung.*

4 Peter Hennessy, *Whitehall,* London 1990, S. 26. Hennessy geht für die Jahre nach 1688 von folgenden Zahlen aus: öffentliche Bedienstete 14000 bis 17000, Hofstaat 1000, Streitkräfte 70000.

5 Für die folgenden Angaben siehe Niklaus Pevsner, *London,* Bd. 1: *The Cities of London and Westminster,* London 1973, S. 532–551.

Blick auf das Admiralitätsgebäude am Trafalgar Square

Architekten durchsetzen, nicht zum Nachteil der Nachwelt. Im Zenit seiner Macht, nachdem Großbritannien Napoleon besiegt hatte, war das Außenamt in einem alten Gebäude untergebracht, dessen Treppenaufgang sich in einem baufälligen Zustand befand. Alle bedeutenden Botschafter ihrer Majestät residierten im Ausland in weitaus herrschaftlicheren Amtssitzen. Erst um die Wende zum 20. Jahrhundert entstand der große Komplex des Kriegsministeriums, um die Zeit des Burenkrieges, des aufwendigsten aller Kolonialkriege. Etwa um die gleiche Zeit wurde ein großes Areal zwischen Parliamentstreet und Great George Street bebaut, die sogenannten »New Government Offices«, die den Abschluß der Regierungszeile bilden, in unmittelbarer Nachbarschaft zu Big Ben und dem Parlamentsgebäude.

Gerade dieser in vierzehnjähriger Bautätigkeit errichtete spätviktorianische Bürokomplex symbolisiert die Intensivierung der Staatstätigkeit vor 1914, verbunden mit einer entsprechenden Ausweitung der Ministerialbürokratie. War bisher meist von »Government« die Rede, der von der jeweiligen Parlamentsmehrheit gestellten Regierung, die den politischen Entscheidungsprozeß souverän kontrollierte, so erwachte jetzt allmählich der Sinn für eine über den Parteien und ihrem Politikverständnis angesiedelte und mit dem Begriff »state« identifizierte Vorstellung vom Gemeinwohl. Die parteipolitisch neutrale Beamtenschaft hatte selbst mit am meisten zu dieser Bewußtseinsänderung beigetragen, zu der Erkenntnis, daß Regierung und Staatsinteresse nicht notwendigerweise immer deckungsgleich waren. In dem Maße, in dem das Unterhaus im Verlauf des 20. Jahrhunderts an Ansehen einbüßte, immer mehr zu einem bloßen Legitimationsinstrument der jeweiligen Regierungspartei verkümmerte, nahm die Wirksamkeit Whitehalls zu, nämlich in seiner Funktion als Ratgeber wie auch als ausführendes Organ der Regierung. Da aber die Zunahme der Staatstätigkeit zugleich mit einem stetigen Machtverlust Großbritanniens einherging, ungeachtet aller kurzfristigen Erfolge, die sich vor allem im siegreichen Ausgang beider Weltkriege manifestierten, stellt sich für viele Briten – nicht nur für Margret Thatcher – die Frage, ob nicht gerade hier, in einem aufgeblähten, jeder radikalen Veränderung abholden Staatsapparat, eine der Hauptursachen für den Niedergang des Landes zu suchen sei. Vom wissenschaftlichen Standpunkt aus gibt es für den eklatanten Machtverlust Großbritanniens keine schnellfertige monokausale Erklärung. Das hindert Politiker jedoch nicht daran, eigene Schlußfolgerungen zu ziehen, und sich zu fragen, ob nicht weniger Steuern und weniger Staat dem Lande, genauer seiner Wirtschaft, bekömmlicher seien, als der alles gesellschaftliche Leben regulierende Interventionsstaat. Viele Briten der meinungsbildenden politischen Klasse setzen auf das, was man »enterprise culture« nennt, und hoffen so, wieder Anschluß an die großen Zeiten der Vergangenheit zu finden und wieder ein neues Selbstbewußtsein zu entwickeln, das sich nicht in der bloßen Nachahmung kontinentaler Entwicklungen erschöpft. So gesehen erscheint der »welfare state«, wie er sich in England modellartig in den ersten Nachkriegsjahren herausgebildet hat[6], geradezu als ein Irrweg, der in eine Sackgasse geführt hat, sozusagen in eine Sackgasse mit vielen Automobilen, in der keines dieser Vehikel noch wirklich mobil ist. Spätestens seit den Reformbemühungen Margret Thatchers ist die angeblich phlegmatische Staatsmacht im Unterschied zu der auf Veränderung drängenden Regierungsmacht zum Politikum geworden.

Whitehall mit seinen ca. 600 000 Beamten ist nur die Spitze des Eisberges. Insgesamt umfaßt der öffentliche Dienst Großbritanniens 6,5 Millionen Menschen, das heißt etwa 26 Prozent aller Erwerbstätigen.[7] Im Vergleich: Im vereinigten Deutschland beträgt der Anteil der öffentlich Bediensteten an der erwerbstätigen Bevölkerung etwa 18 Prozent.[8] Das Image Whitehalls, wie es sich in der öffentlichen Meinung im Laufe der Zeit herausgeschält hat, wird von den ca. 650 leitenden Ministerialbeamten bestimmt, angefangen mit den »Under or Assistant Under Secretaries«, die in der Bundesrepublik etwa den Ministerialdirigenten der obersten Bundesbehörden entsprechen.[9] Sie sind eine Klasse für sich, und obwohl es sich nicht um politische Beamte im engeren Sinne handelt – sie stehen jeder neuen Regierung zu Diensten –, üben sie doch beträchtlichen Einfluß aus.

Das Selbstverständnis dieser »Mandarine« geht, wie die sogenannten »Fulton-Kommission« in den sechziger Jahren ermittelt hat, auf die Anfänge des britischen Berufsbeamtentums vor 100 Jahren zurück. Zwei viktorianische Reformer, Sir Charles Trevelyan und Sir Stafford Northcote[10], haben

---

6 Dazu als letztes Jerry H. Brookshire, *Clement Attlee*, Manchester–New York 1995.
7 Roland Sturm, *Großbritannien. Wirtschaft – Gesellschaft – Politik*, Opladen 1991, S. 194f.
8 Arno Kappler/Adriane Grevel (Hrsg.), *Facts about Germany*, Frankfurt am Main 1995, S. 177. Ein Drittel der insgesamt 4,76 Millionen öffentlicher Bediensteter (ohne Bundeswehr) sind Beamte im eigentlichen Sinne, also ein weit höherer Prozentsatz als in Großbritannien.
9 Siehe dazu die Übersicht bei R. Sturm, *Großbritannien ...* (wie Anm. 7), S. 198: »Die britische Beamtenhierarchie und ihr deutsches Äquivalent.«
10 Zur Geschichte des britischen Berufsbeamtentums siehe außer P. Hennessy, *Whitehall ...* (wie Anm. 4), S. 17–51, G. A. Campbell, *The Civil Service in Britain*, London 1955, S. 29–52, sowie an politologischen Studien: Max Beloff/Gillian Peele, *The Government of the UK: Political Authority in a Chan-*

Im Vordergrund der Buckingham-Palast – Sitz der englischen Königsfamilie – dahinter das moderne Zentrum

es aus der Taufe gehoben und seinen Geist geprägt. Bis dahin kam es nicht auf Intelligenz und Effizienz an, sondern allein auf Patronage, das heißt auf politische Beziehungen, um eine geruhsame Lebensstellung im öffentlichen Dienst zu erlangen. Nunmehr wurde ganz bewußt eine hochbegabte und moralisch hochmotivierte Beamtenelite herangezüchtet, die sich vornehmlich aus den ihrerseits für diesen Zweck reformierten Universitäten Oxford und Cambridge rekrutierte, und das bis auf den heutigen Tag. Nicht Fachwissen oder Erfahrung zählten, auch nicht der familiäre »Background«, sondern Allgemeinbildung und Charakter, die noch dazu per Examen ermittelt wurden. Zu diesem Zweck wurde die nur dem Monarchen, nicht dem Premierminister verantwortliche »Civil Service Commission« eingerichtet (1855). Es war die Stunde der britischen »middle class«. Ihren Söhnen wurde nun über den »civil service« ein Anteil an der bisher von der »gentry«, dem Landadel, verwalteten politischen Macht zuteil. Der Korpsgeist der spätviktorianischen Beamtenschaft zeichnete sich durch eine noble Berufsauffassung, hohe moralische Grundsätze und eine vielseitige Verwendungsfähigkeit aus. Kein Wunder, daß sich im Laufe

ging Society, London 1985, S. 96–119; Dennis Kavanagh, *British Politics. Continuities and Change,* Oxford 1991, S. 236–56.

Das Parlamentsgebäude

Downing Street

der Zeit eine innere Kluft zu den Grabenkämpfen der Politiker auftat. Ein Pamphlet der Fabier beschrieb die Beamtenschaft später als »a corps of reliable umpires«[11], ein Korps verläßlicher Schiedsrichter. Einer der führenden Beamten Whitehalls formulierte es später so: »The chief function of the civil service was to exercise a balanced and fair minded judgement, and to dole out equality of treatment all round.«[12] Erst ein Jahrhundert später brach sich die Erkenntnis Bahn, daß von einer solchermaßen geprägten Beamtenelite keine grundlegenden Initiativen oder einschneidenden Maßnahmen zu erwarten waren. Ja mehr noch, daß der »civil service« Absichtserklärungen politischer Parteien wie Ebbe und Flut über sich ergehen ließ, und zwar bis in die achtziger Jahre. »Mrs Thatcher has been applying sticks of dynamite to that rock.«[13] Einer der von der Premierministerin von außen herangeholten Berater, Sir Derek Rayner, stellte zu seinem Erstaunen Anfang der achtziger Jahre fest, daß die hochgebildete Ministerialbürokratie, die sich zum

---

11 Zitiert bei P. Hennessy, *Whitehall* ... (wie Anm. 4), S. 50.
12 Sir F. P. Robinson rückblickend am 1. 3. 1946, vgl. *ebda.*
13 Clive Priestley im Mai 1984, zitiert nach P. Hennessy, *Whitehall* ... (wie Anm. 4), S. 628.

Das britische Außenministerium von der Seite des St. James Parks

Beispiel so vorzüglich auf das Abfassen von Protokollen und Denkschriften verstand, vom modernen Management, zumal Finanzmanagement, keine Ahnung hatte. Dafür mußten sich etwa die Beamten des »Department of Health and Social Security« mit einem seit 1948 auf 50 Bände angeschwollenen Konvolut von Verordnungen und Ausführungsbestimmungen herumschlagen. Da sich die leitenden Beamten seit je als Generalisten verstehen, wechseln sie auch, ähnlich den Ministern, zu häufig ihre Stellung, um wirklich Einblick in die Probleme einer Behörde zu erhalten;

sie meinen, dem Staat am besten dadurch zu dienen, daß sie sich das öffentliche Profil der Minister angelegen sein lassen. Peter Hennessy hat am Ende eines 800-Seiten-Werkes die Malaise in einem einzigen Satz zusammengefaßt: »Whitehall is closed, secretive, defensive, over-concerned with tradition and precedent, still too preoccupied with advising ministers on policy and enhancing their performance in Parliament, still insufficiently seized of the crucial importance of managing people and money and nothing like as good as it should be, given the proportion of

Das Außenministerium mit dem Denkmal von König Charles

Der Innenhof des Außen- und Commonwealth-Ministeriums

prime British brain power it possesses, at confronting hard long-term problems by thinking forward systematicallly und strategically.«[14] Der jüngst veröffentlichte »Scott-Report«, welches der dubiosen Handhabung von Waffengeschäften mit dem Irak gegen den Willen des Parlaments auf den Grund ging, liefert zahlreiche Belege für diese Aussage, zumal für den Hinweis auf die Geheimniskrämerei der Beamten und ihre Manipulationstechniken. In der populären, bereits erwähnten Serie »Yes, Prime Minister«, die das Verhältnis zwischen dem Premier und seinem Staatssekretär Sir Humphrey, zugleich oberster Gebieter des »civil service«, schildert, taucht in immer neuen Wendungen der Gedanke auf: »The Prime Minister needs clear guidance« oder »The Prime Minister must not be confused«, wenn es darum geht, diesem, dem ersten Minister der Krone, bestimmte, meist von außen an ihn herangetragene Ideen auszureden.[15] Man wird bei dieser Serie an die publizierten Tagebücher Richard Crossmans erinnert, eines der schärfsten Kritiker Whitehalls, der ständig einen Strauß mit seiner nobilitierten Staatssekretärin Evelyn Sharp, »the Dame«, wie er sie nannte, auszufechten hatte. Er bestätigt auch, daß das Schatzamt, die Kaderschmiede des »civil service«, in der Tat alle Fäden in der Hand hält. Er fühlte sich als Minister ständig von Spitzeln der Treasury umgeben. »There was nothing I could do, no order I could

---

14 P. Hennessy, *Whitehall* ... (wie Anm. 4), S. 693.
15 Siehe dazu die Videokassetten der populären Filmserie.

Banqueting House

Trafalgar Square, National Galerie und St. Martin-in-the Fields

Horse Guard's Parade, Whitehall

give which wasn't at once known to the Treasury because my staff were all trained to check with the Treasury and let it know in advance exactly what each of them was doing.«[16] Die Vorherrschaft des Schatzamtes geht übrigens auf Sir George Downing, den Erbauer der Downing Street, zurück: ein übler Charakter, aber gleichwohl ein bedeutender Administrator und Reformer, der 1668 niederländische Buchhaltungsmethoden im englischen Schatzamt einführte.

Besonders schwer hatten es die Beamten mit dem

---

[16] Richard Crossman, *The Diaries of a Cabinet Minister*, Bd. 1, London 1975, S. 615 (11. 8. 1966).

Außenministerium, Whitehall

höchst unkonventionellen, nur zur Hälfte britischen Winston Churchill, der zu ungewohnten Zeiten arbeitete und seine Mitarbeiter fast täglich mit neuen Initiativen traktierte, Memos mit der Aufschrift »Action this day«, wohl wissend, daß der »civil service« gern alles auf die lange Bank schob.[17] Die Nachkriegsplanung für Deutschland ist ein sehr gutes Beispiel für die primär technokratische Vorgehensweise Whitehalls: rational im Sinne des britischen »common sense«, aber ohne Rücksicht auf die politischen Realitäten. Es mußte eine Lösung gefunden werden, die auf den ersten Blick von Konservativen und Labour, Amerikanern und Sowjetrussen gutgeheißen wurde. Das Ergebnis war dementsprechend: ein umfängliches Kapitulationsinstrument, das sich wie ein englischer Pachtvertrag liest und dann prompt von Eisenhower am Tag der Kapitulation in Reims ignoriert wurde; die Einteilung Deutschlands in Besatzungszonen, mit einer besonderen gemeinsamen und nicht in Sektoren aufgeteilten Berlin-Zone und ein daselbst etablierter Alliierter Kontrollapparat, alles basierend auf dem bewährten Prinzip der indirekten Herrschaft und der harmonischen Kooperation der Siegermächte im Kontrollrat.[18] Bei Kriegsende erwies sich die ganze Statik dieses politischen Gebäudes als unhaltbar, aber einige der Außenmauern sollten noch für weitere 45 Jahre bestehen bleiben. Eine gewisse Zweckrationalität ist den britischen Plänen nicht abzusprechen, zumal es an politischen Vorgaben fehlte, stand es doch nicht einmal im Herbst 1944 fest, ob Deutschland territorial aufgeteilt oder als politische Einheit erhalten bleiben sollte. Der entscheidende Gesichtspunkt war die Konsensbildung hinsichtlich der Organisationsstrukturen, und zwar sowohl innerhalb einer politisch heterogenen Koalitionsregierung als auch innerhalb einer politisch noch stärker divergierenden Allianz. Das interministerielle Ausschußsystem Whitehalls wurde schlicht und einfach auf die internationale Politik übertragen, in der Erwartung, daß sich Stalin ebenso wie Labour mit der Wiederherstellung des »status quo ante« zufrieden geben werde.

Die Entscheidungselite des Foreign Office versuchte mit diplomatischen Initiativen den Machtstatus des Landes, damit aber auch ihren eigenen, aufrechtzuerhalten, ohne sich über die vorhandenen Ressourcen Rechenschaft zu geben. Die Finanzierung des Wohlfahrtstaates und einer an allen Ecken und Enden der Welt Flagge zeigenden Großmachtpolitik überstiegen bei weitem die Kräfte des Landes.[19] Aber es brauchte Jahrzehnte, bis aus dieser Erkenntnis die Konsequenzen gezo-

---

17 Vgl. John Wheeler-Bennett (Hrsg.), *Action This Day. Working with Churchill,* London 1968.
18 Vgl. dazu die Studie des Verf. *Krieg zur Friedenssicherung. Die Deutschlandplanung der britischen Regierung während des Zweiten Weltkrieges,* Göttingen 1989.
19 Vgl. die letzte deutsche Untersuchung zum außenpolitischen Management des Niedergangs Großbritanniens von Bernd Ebersoll, *Machtverfall und Machtbewußtsein. Britische Friedenskonfliktlösungsstrategien 1918–1945,* München 1992.

gen wurden: außenpolitisch durch den Anschluß an die europäische Wirtschaftsgemeinschaft, innenpolitisch durch die Reduzierung der Staatstätigkeit, der sich nunmehr auch die Labour-Partei verschrieben hat. Gleichwohl wäre es ungerecht, den Machtverlust Großbritanniens allein Whitehall und seiner Beamtenelite anzulasten. Aufschlußreich ist jedoch die Erkenntnis, daß im Bewußtsein der meisten Briten der Staat mit dem »civil service« identifiziert wird, nicht mit der Regierung, und daß die Aufblähung des Verwaltungsapparates, sei es in London oder Brüssel, als Krisenphänomen gedeutet wird. Ganz knapp: Bürokratie ist unbritisch. Es stimmt zwar nicht, wie dieser Beitrag nachzuweisen sucht, aber es wird geglaubt. Als Historiker weiß man, wie geschichtsmächtig Legenden sein können.

Klaus Meyer

Gibt es eine »Geschichtsmeile« in Moskau?
Zur Wahrnehmungs- und Bedeutungsgeschichte und als Regierungszentrum im Selbstverständnis

Um es gleich vorwegzunehmen: In Moskau gibt es kein Ensemble, das mit einer »Geschichtsmeile« der Wilhelmstraße in Berlin zu vergleichen wäre. Im Gegenteil, die Geschicke des Russischen Reiches – heute der Russischen Föderation – wurden und werden ausnahmslos im Moskauer Kreml gelenkt und entschieden. Alle anderen Zentren sind zweitrangig. Das gilt ebenso für das Außenministerium am Smolensker Platz wie für das »Weiße Haus«, dem Tagungsort der Duma. Die beiden Bauten sind hinreichend vom Kreml abgesetzt; ihre mangelnde Bedeutung geht schon aus der topographischen Distanz zum Kreml hervor.

Geht man in die russische Geschichte zurück, so läßt sich eine Geschichtsmeile allenfalls in St. Petersburg erkennen, das seit seiner Gründung im Jahre 1703 über zwei Jahrhunderte lang die Hauptstadtfunktion für Rußland wahrnahm. Die Verwaltungsbehörden, die Kollegien, waren in einem besonderen Gebäude untergebracht – es ist noch heute das Hauptgebäude der Universität St. Petersburg. Erst nach der Einrichtung von Ministerien im Jahre 1802 entstand nach längerer Zeit in St. Petersburg ein Ensemble, das einen Vergleich mit der Wilhelmstraße in Berlin aushält.[1] In Beziehung zum Winterpalast und um den Schloßplatz herum entstanden Gebäude, in denen Schlüsselressorts untergebracht waren. Die weiträumige Anlage wurde erst unter der Regierungszeit Nikolajs I. fertig; verantwortlich zeichnete der Architekt Carlo Rossi.[2] Zu den Ressorts gehörten der Generalstab der Armee, das Marineministerium in der Admiralität und schließlich die obersten Behörden des Landes, Senat und Synod.[3] Das Außenministerium war gegenüber an der Seite des Generalstabs ausgangs des Schloßplatzes festgemacht. Über die Mojka führte eine Brücke zu der Hofkapelle, dem Außenministerium benachbart gelegen. Die Brücke wurde in der zweiten Hälfte des 19. Jahrhunderts zu einem Synonym der russischen Außenpolitik, unter der Bezeichnung »Sängerbrücke«. Wie in anderen Hauptstädten Europas, so hat sich dieser Terminus durchgesetzt wie etwa der Ballhausplatz oder die Wilhelmstraße.[4]

Nicht nur wegen der Außenpolitik entstand schon im 18. Jahrhundert der Gegensatz zwischen der alten und der neuen Hauptstadt. Dieser Gegensatz wurde vor allem in der Literatur ausgetragen. Er lebte zu besonderen Anlässen immer wieder auf.[5]

---

1 Zur Einsetzung der Ministerien vgl. Erik Amburger, *Geschichte der Behördenorganisation Rußlands von Peter dem Großen bis 1917* (= Studien zur Geschichte Osteuropas, Bd. 10), Leiden 1966, S. 120ff.
2 Gerhard Hallmann, *Leningrad,* Leipzig 1975, S. 104.
3 Vgl. E. Amburger, *Geschichte* ... (wie Anm. 1), passim.
4 Oskar Paul Trautmann, *Die Sängerbrücke. Gedanken zur russischen Außenpolitik von 1870–1914,* Stuttgart 1940.
5 Klaus Meyer, *St. Petersburg: Die Metropole an der Peripherie. Ein Versuch,* in: Uwe Hinrichs u. a. (Hrsg.), *Sprache in der Slavia und auf dem Balkan. Slavistische und balkanologische Aufsätze.* Norbert Reiter zum 65. Geburtstag (= Opera Slavica, NF Bd. 13), Wiesbaden 1993, S. 161–168.

Doch im Grunde ging es darum, welche Hauptstadt für die russischen Untertanen die größte Identität vermitteln konnte. Einen Kreml wie in Moskau gab es in St. Petersburg nicht. Moskau blieb die heimliche Hauptstadt Rußlands.[6]

Die Konzentration der politischen Entscheidung im Kreml rührt auch aus der Geschichte her. Es mochte damit zusammenhängen, daß das alte Rußland ein hochzentralisierter Staat war, der alle Kompetenzen im Kreml versammelt hatte. Der Kreml, eine Art befestigter Burg inmitten der Stadt Moskau, geht in seinem Ursprung bis in das 12. Jahrhundert zurück. Die Holzbauten, immer wieder von Tatareneinfällen abgebrannt, wurden erst im 14. und 15. Jahrhundert durch Steinbauten – aus »weißen Steinen«, wie die Chronik berichtet – ersetzt. Aber auch in dieser Form wurde der Kreml Opfer von Einfällen der Tataren; erst im 16. Jahrhundert wurde die Mauer mit ihren zwanzig Türmen in Ziegelsteintechnik hochgezogen. Gleichzeitig entstanden im Innern Palastbauten und Kathedralen. Es war vor allem der Großfürst Ivan III. (1462–1505), der die Bauten vorantrieb. Der Kreml war zu einer uneinnehmbaren Festung geworden. Von den ausländischen Mächten hat nur Napoleon im Jahre 1812 die Mauern des Kreml betreten, der von russischen Truppen entblößt war. Dennoch blieb der Kreml das Symbol für die Macht des Großfürstentums Moskau und später von ganz Rußland. Auch heute noch regiert der Präsident der Russischen Föderation sein Land uneingeschränkt vom Moskauer Kreml aus – das weist auf Kontinuitäten über Jahrhunderte hin.

Zwei Tatsachen sind es, die bei einem historischen Rückblick auf den Kreml und Moskau Aufmerksamkeit beanspruchen. Zum einen ist die Feststellung wichtig, daß im Kreml schon seit Beginn des 14. Jahrhunderts die weltliche und die geistliche Macht vereinigt waren. Fast auf das Jahr genau, da der Großfürst von Moskau seine Macht im Kreml errichtete, folgte ihm auch der Metropolit. Dadurch wurde ein Herrschaftssystem entworfen, welches sich aus doppelter Quelle speiste. Das wirkte sich auch für die Zukunft aus. Bereits Ivan III. hatte den Anspruch auf den Zarentitel (»Imperator«) erhoben. Gegen Ende des 16. Jahrhunderts (1589) wurde die Metropolitie zu einem Patriarchat erhoben. Nicht nur der Zar, sondern auch der Patriarch regierten vom Kreml aus. Dieses Verbundsystem war bis zur petrinischen Zeit wirksam. Die Bauten im Kreml markierten dieses System augenfällig. Das zweite Merkmal für den Kreml aus der altrussischen Zeit war das Defizit an Öffentlichkeit. Schon äußerlich wehrten die Mauern, die Türme und Tore den Zugang zur Regierungszentrale ab. In der Zentrale selbst, das heißt im Kreml, hatten die zentralen Verwaltungsbehörden (die Prikase) ihren Sitz, und für die Bittsteller war es nicht immer ganz einfach, zu ihrer Behörde durchzudringen. Das Muster eines hochzentralisierten Staates spiegelte sich in der Organisation der Prikase ab. Wenn es schon um die Öffentlichkeit ging, so bot sich dafür der Rote (oder »Schöne«) Platz an.

Der Rote Platz in einer Ausdehnung von 800 Meter Länge und 160 Meter Breite stellte so etwas wie den Vorhof der Macht dar. Blieb der Kreml unzugänglich, so war der Rote Platz geradezu für die Öffentlichkeit ausersehen. Hier fanden die Aufzüge fremder Gesandtschaften statt; hier empfing der Großfürst den Metropoliten; hier wurden Erlasse des Zaren verlesen, und hier wurden auch Todesurteile vollstreckt.

Später wurde der Rote Platz zum Szenario von Demonstrationen, Aufmärschen und Militärparaden. Auch die Begräbnisse der Sowjetführer fanden auf dem Roten Platz ihren Raum. Das bezeugt zum Beispiel das Begräbnis Lenins, der am 20. Januar 1924 in Gorkij nahe der sowjetischen Hauptstadt gestorben war. Seine Leiche wurde zunächst im Moskauer Gewerkschaftshaus, dem ehemaligen Adelsclub, aufgebahrt. Bilder belegen, wie Zehntausende von Moskauern in grimmiger Kälte warteten, um ihrem geliebten Idol die letzte Ehre erweisen zu können. Von dem Gewerkschaftshaus wurden die sterblichen Überreste Lenins dann auf den Roten Platz überführt, der dadurch eine neue Qualität bekam. Dem hölzer-

---

6 Gudrun Ziegler, *Moskau und Petersburg in der russischen Literatur. Zur Gestaltung eines literarischen Stoffes* (= Slavistische Beiträge, Bd. 80), München 1974.

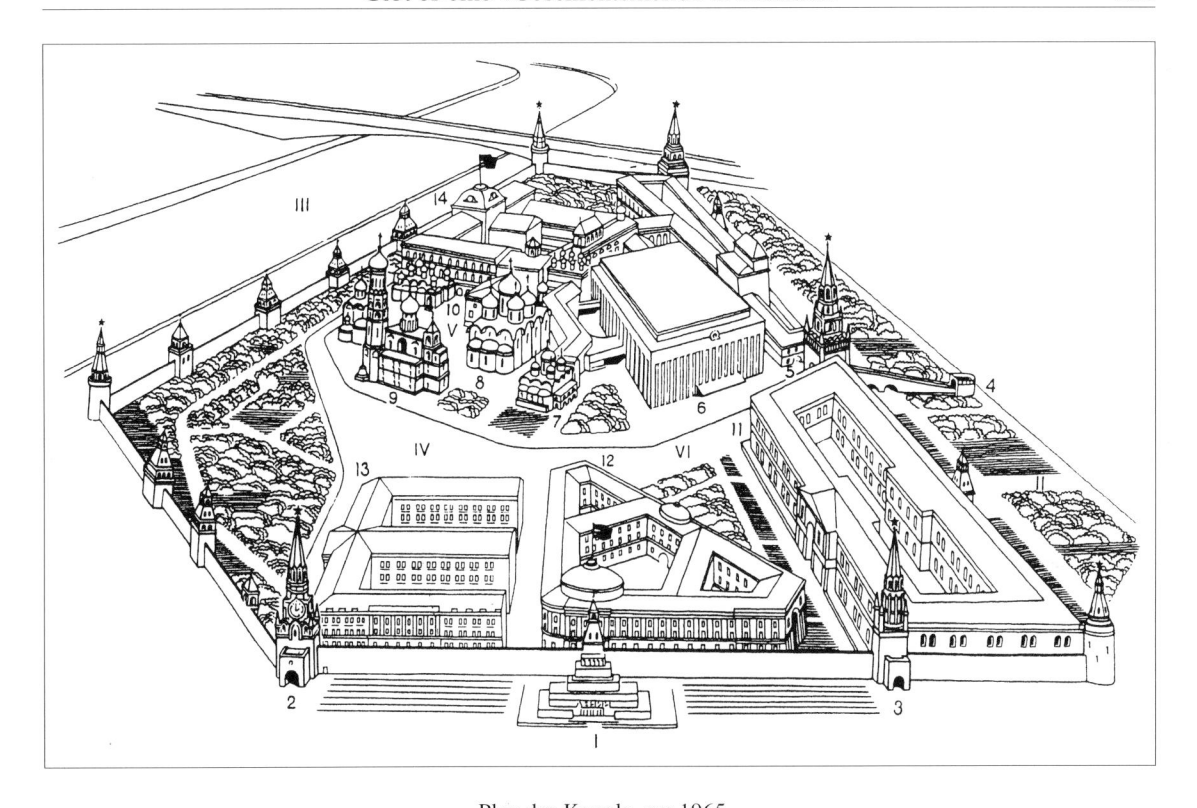

Plan des Kremls, um 1965
(nach: N. J. Tichomirov/V. N. Ivanov, *Moskovskij Kreml'. Istorija architektury,* Moskau 1967, S. 229)

I Roter Platz   II Alexandergarten   III Die Moskva   IV Ivanovskijplatz   V Kathedralenplatz   VI Kaljaevskijplatz
1 Lenin-Mausoleum   2 Spasskij(Erlöser-)Turm   3 Nikolskij-Turm   4 Kutafskij-Turm   5 Troickij-Turm   6 Kremlpalast
7 Zwölf-Apostel-Kirche und Patriarchenpalast   7a (nicht eingezeichnet, hinter 7 verdeckt) Kathedrale des Hl. Erzengels Michael (Gruftkirche)   8 Maria-Himmelsfahrts-Kathedrale (Krönungskirche)   9 Glockenturm »Ivan der Große«   10 Maria-Verkündigungs-Kathedrale (Hauskirche der Zaren)   11 Arsenal   12 Haus des Ministerrates der UdSSR   13 Kremltheater   14 Großer Kremlpalast

nen Mausoleum, das für Lenin an der Kremlmauer errichtet wurde, folgte alsbald ein aus Marmor gebauter Bau, der bis heute Bestand hat.
Es mögen Millionen von Sowjetbürgern gewesen sein, die – freiwillig oder nicht ganz freiwillig – an dem Glassarg Lenins im Mausoleum vorbei defiliert sind. Das wurde auch fortgesetzt, als der Körper Stalins nach seinem Tode am 5. März 1953 – ebenfalls in einem Glassarg – an die Seite Lenins gelegt wurde. Erst nach der zweiten Entstalinisierung 1961 wurde Stalin an der Kremlmauer beigesetzt. Für das Mausoleum bedeutete das zunächst, daß der Besuch bei Lenin und Stalin zu einer Pflichtsache eines jeden Moskaubesuchers wurde. Die Schlange der Besucher auf dem Roten Platz war unübersehbar. Es war eine Art von säkularisierter Prozession, die sich da alltäglich auf dem Roten Platz aufbaute.
Es ist erwiesen, daß es dabei nicht nur um Lenin ging – auch Stalin war Mittelpunkt dieser Prozession. Darauf weist auch der folgenschwere Zwischenfall hin, der sich auf der Trubnaja ploščad abspielte. Um den im Gewerkschaftshaus aufgebahrten Stalin noch einmal zu sehen,

drängte sich hier die Menge auf der Zufahrtsstraße. In den Massen entstand rasch eine Hysterie. Nur durch das Militär konnte die aufgebrachte Menge beruhigt werden; Hunderte von Toten blieben auf dem Trubnaja-Platz zurück. Und warum weinten die russischen Frauen, als sie vom Tode Stalins erfuhren? Wahrnehmungen, die schwierig zu deuten sind.[7]

Schon in den zwanziger Jahren unseres Jahrhunderts hatte sich herausgestellt, daß im Kreml nicht nur russische Angelegenheiten entschieden wurden; sondern gleich nach 1917 entstand der Anspruch, das Zentrum der Proletarischen Internationale – und damit der Weltrevolution – zu bilden. In den dreißiger Jahren wurde Moskau auf diese Weise auch zur Anlaufstelle westlicher Emigranten. Die aus Deutschland kommenden Kommunisten spielten dabei eine besondere Rolle. Der Zufluchtsort, das vielbeschriebene Hotel »Lux«, war Zeugnis dieser Emigranten.

Das Gedicht von Erich Weinert, der später ein prominenter Schriftsteller in der DDR wurde, zeigt einmal die Fixierung auf den Kreml als russische Entscheidungszentrale; andererseits ist es ein bedeutendes Beispiel für den Personenkult um Stalin, der in den dreißiger Jahren einen Höhepunkt erreichte. Das Gedicht sei hier angeführt.

»Wenn du die Augen schließt und jedes Glied
Und jede Faser deines Leibes ruht –
Dein Herz bleibt wach, dein Herz wird niemals müd;
Und auch im tiefsten Schlafe rauscht dein Blut.

Ich schau aus meinem Fenster in die Nacht;
Zum nahen Kreml wend ich mein Gesicht.
Die Stadt hat alle Augen zugemacht.
Und nur im Kreml drüben ist noch Licht.

Und wieder schau ich, weit nach Mitternacht,
Zum Kreml hin. Es schläft die ganze Welt.
Und Licht um Licht wird drüben ausgemacht.
Ein einziges Fenster nur ist noch erhellt.

Spät leg ich meine Feder aus der Hand.
Als schon die Dämmrung aus den Wolken bricht.
Ich schau zum Kreml. Ruhig schläft das Land.
Sein Herz blieb wach. Im Kreml ist noch Licht.«[8]

Wahrnehmungen und Selbstverständnis wurden vor allem an der Stadt Moskau spürbar. Der kritische Befund zeigt, daß sich diese Stadt seit 1918 in einer ununterbrochenen Veränderung befand. Das hing auch mit der neuen, nun wieder hergestellten Hauptstadtfunktion zusammen, die Moskau von St. Petersburg (Petrograd) übernommen hatte. Zahlreiche ältere, überkommene Denkmäler wurden abgetragen, gesprengt oder ganz vernichtet, darunter vor allem die Kirchen.

Während auf diese Weise – neben den Zerstörungen – in »amerikanischem Tempo« gebaut wurde, sank die Stadt an der Neva in das »allmähliche ökonomische Verlöschen« zurück. Moskau hatte schon längst seine zentrale Rolle wieder übernommen.

Voran ging die Stadtplanung. In einer gemeinsamen Verordnung des Zentralkomitees der KPdSU und des Ministerrats der UdSSR wurde im Jahre 1931 der Generalplan für den Ausbau Moskaus bestätigt; vier Jahre später, im Juli 1935, wurden die Vorgaben dieser Verordnung präzisiert. Weiterhin wurden die Vorgaben fortgeschrieben.[9] Das Bild der Stadt wurde dadurch umfassend verändert; die alten Orientierungspunkte gerieten in Bewegung. Dazu gehörten der Abriß alter Gebäude, dazu gehörte aber auch die Schaffung neuer Ensembles.

Die Zerstörungen betrafen vor allem das alte Moskau. So wurde die Iberische Pforte, seit altersher Zugang zum Roten Platz, gesprengt. Die Erlöserkathedrale, seinerzeit aus Anlaß des Sieges über Napoleon errichtet, wurde abgetragen. An deren Stelle sollte ein phantastische Sowjetbau im überdimensionalen Zuschnitt gebaut werden; er kam – glücklicherweise – nicht zur Ausführung. Heute wird die Erlöserkathedrale wieder aufge-

---

7 Eine romanhafte Bewältigung dieser Katastrophe bei: Jurij Trifonov, *Zeit und Ort. Roman.* Aus dem Russischen von Eckhard Thiele, Frankfurt am Main 1985, S. 226–244.

8 Erich Weinert, *Kapitel II der Weltgeschichte. Gedichte über das Land des Sozialismus,* Berlin 1954, S. 63.

9 Vgl. dazu *Istorija Moskvy. Kratkij očerk,* Redaktion S. S. Chromov u. a., Moskau 1974.

richtet. – Gesprengt wurde auch der legendäre Sucharev-Turm, an dessen Fuß sich früher der größte Markt Moskaus befand. Gehandelt wird jetzt auf der Tverskaja, wohin täglich Tausende von Sowjetbürgern kommen, um ihre Geschäfte zu machen.
Es verdient Aufmerksamkeit, daß diese Baumaßnahmen nicht nur einen zerstörerischen Effekt hatten. Die Durchbrüche, die manche alten Straßen auflösten, schufen ein neues Moskau, das sich aus seinem Selbstverständnis heraus als erste sozialistische Hauptstadt der Welt begriff. In diesen Zusammenhang gehört auch der Bau neuer Hochhäuser, deren Bedeutung oft verkannt wurde.[10] Eine Neubewertung geht davon aus, daß die Errichtung der acht Hochhäuser einem genau geplanten Entwurf folgten, was ihren Standort betrifft. Sie bilden eine weitgefaßte Umrahmung des Zentrums. Wichtiger war vielleicht noch die vertikale Perspektive. Die neue Linie der Hochhäuser ist in eine Beziehung zu den Türmen des Kreml und den anderen Kirchen gesetzt worden. Insoweit bildet das neue, das »sozialistische« Moskau eine bedenkenswerte Variable zu der alten Stadt.
Der Aufbau des neuen Moskaus wurde durch den Krieg unterbrochen. Alle Energien der Stadt wurden auf die Abwehr der angreifenden deutschen Truppen konzentriert. Der kritische Punkt war im November erreicht. Zwei deutsche Armeen standen mit ihren Panzerspitzen nur weniger Kilometer vor der Stadt. Das diplomatische Korps war nach Kujbešev evakuiert worden. Stalin blieb in der Hauptstadt. Das war ein wichtiges Symbol für die Einwohner, die nach der Evakuierung noch zurückgeblieben waren. Freilich standen die Bewohner nicht unbedingt zur Führung; es gab Unruhen und Plünderungen, über deren Ausmaß bis heute nicht alles bekannt ist. Wegen deutscher Luftangriffe war Stalin mit seiner Regierung in das U-Bahnnetz (die Metro) ausgewichen.
Der kritische Befund zeigt, daß Stalin während dieser schweren Zeit für Moskau präsent war. Besonders wichtig für den Widerstandswillen war die Parade der Roten Armee, die Stalin persönlich am 24. Jahrestag der Oktoberrevolution am 7. November auf dem Roten Platz abnahm. Die Regimenter marschierten anschließend gleich an die Front. Die Losung für diese Truppen: »Hinter uns liegt nur noch Moskau« wurde zu einem verzweifelten und doch einem erfolgreichen Abwehrkampf.
Moskau wurde eine der Heldenstädte Rußlands. Stellvertretend für alle Verluste steht das Grabmal des unbekannten Soldaten am Kreml im Alexandergarten. Neue Denkmäler wurden errichtet; sie überragen das alte Moskau.
Daher muß man sich heute an den großen Durchbruchstraßen orientieren, um die Muster der neuen »sozialistischen« Metropole zu erkennen. Die alte Tverskaja, die vorübergehend Gor'kij-Straße hieß, wurde verbreitert; das Haus des zukünftigen Bürgermeisters wurde aufgestockt und gleichzeitig um mehrere Meter versetzt. Der Kalininprospekt vernichtete den alten Stadtteil »Arbat«, von dem noch die Rede sein wird. Ein wichtiger Wahrnehmungspunkt war dagegen der Bau der Moskauer Untergrundbahn, der »Metro«, im Jahre 1935. Der Regierung gelang es, Arbeitskräfte zu mobilisieren und zu motivieren, bei denen auch die Frauen einen hohen Anteil ausmachten. Natürlich hat dieser Bau auch Legenden ausgelöst, die schon während der Bauzeit entstanden. Bertolt Brecht hat den Bau der Metro besungen (»Und keine Andere Bahn der Welt hatte je so viele Besitzer«); das ist nur ein Beispiel. Aber die Moskauer Metro ist bis heute ein wichtiger Gegenstand für das Selbstverständnis der Bewohner.
Ein Überblick über die Wahrnehmungsfelder in Moskau, wie er hier versucht wird, muß schließlich auch die Kultur berücksichtigen. Es bedarf kaum der Erwähnung, daß alle kulturellen und wissenschaftlichen Organisationen ihren Sitz in der Hauptstadt haben. Dazu gehört die Russische Akademie der Wissenschaften ebenso wie die Universität Moskau, die für das russische Bildungssystem richtungweisend ist.[11]

---

10 Karl Schlögel, *Moskau lesen,* Berlin 1984.
11 Oskar Anweiler u. a. (Hrsg.), *Die sowjetische Bildungspolitik von 1958 bis 1973. Dokumente und Texte* (= Osteuropa-Institut an der Freien Universität Berlin. Erziehungswissenschaftliche Veröffentlichungen, Bd. 9), Berlin 1976.

Die Wahrnehmungsfelder, ausgehend von dem Selbstverständnis, wurden immer wieder von Dichtern artikuliert. Die Äußerungen hatten eine hohe emotionale Qualität. Schon vor über einem Jahrhundert hatte Lev Tolstoj in seinem Roman »Krieg und Frieden« die Stadt Moskau als die Mutter Rußlands bezeichnet. (Das Wort Moskva ist im Russischen weiblich).

Die Autoren unserer Tage haben dieses Bild aufgenommen, wobei einzelne Differenzierungen zu erkennen sind. Im Mittelpunkt stand freilich das alte Moskau, von dem heute nur noch wenige Spuren erhalten sind. Durch die Beschwörung der Vergangenheit wird auch für die Gegenwart geworben. Hier seien nur einige, wenn auch wichtige Beispiele genannt; denn die Zahl der Dichter, die ihre Stadt besungen haben, ist Legion.

So hat Michail Bulgakov die Patriarchenteiche zum Ausgangspunkt seiner Romane gewählt; Evgenij Evtušenko hat sich ebenfalls mit dem alten Moskau auseinandergesetzt; und Jurij Trifonov hat nicht nur die Bol'šaja Bronnaja beschrieben, sondern in seinem Roman »Das Haus an der Moskva« (Dom na naberežnoj) auch zeitkritische Themen aufgenommen.[12] Und schließlich hat Bulat Okudžava, der im Westen gut bekannt ist, den untergegangenen Stadtteil Arbat besungen, wo früher Kaufleute und Adelige verkehrten und wo heute eine sterile Fußgängerzone über die vergangene Tradition hinwegtäuscht.

In seinen nostalgischen Zeilen formuliert Okudžava seine Bindung an den Arbat: er sei seine Bestimmung (prizvanie), seine Religion (religija) und endlich sein Vaterland (otečestvo): »Niemals werde ich dein Ende erreichen«.[13] Den Faden des Themas Arbat hat Anatolij Rybakov weitergesponnen; er entwirft in seinem Roman »Die Kinder vom Arbat« (Deti Arbata) ein Gruppenprofil von Einwohnern des Arbats, die unter den Bedingungen der Stalinzeit unterschiedliche Schicksale erfahren.[14]

Moskau hat trotz dieser Interventionen seine Stellung als russische Metropole eindrucksvoll bewahrt. Die Konstanten der Herrschaft über Rußland bilden sich ab im Kreml, dem jahrhundertealten Machtzentrum. Vielleicht mag man daher auch die Kategorien dieser Metropole neu bedenken.

Zum Schluß sei eine Beobachtung von Walter Benjamin angeführt, der in den zwanziger Jahren Moskau besuchte:

»Schneller als Moskau selber lernt man Berlin von Moskau aus sehen. Für einen, der aus Rußland heimkehrt, ist die Stadt wie frisch gewaschen. Es liegt kein Schmutz, aber es liegt auch kein Schnee. Die Straßen kommen ihm in Wirklichkeit so trostlos sauber und gekehrt vor, wie auf Zeichnungen von Grosz. Es ist mit dem Bilde der Stadt und der Menschen nicht anders als mit dem geistigen Zustande: die neue Optik, die man auf sie gewinnt, ist der unzweifelhafteste Ertrag eines russischen Aufenthalts«.[15]

12 J. Trifonov, *Zeit und Ort* ... (wie Anm. 7).
13 Bulat Okudžava, *Arbat – moj Arbat,* Moskau 1976.
14 Anatolij Rybakov, *Deti Arbata;* hier zitiert nach der deutschen Ausgabe: *Die Kinder vom Arbat. Roman,* deutsch von Jurij Elperin, München 1990.
15 Walter Benjamin, *Schriften II,* Frankfurt am Main 1955, S. 30.

Bauliche Gestaltung

Helmut Engel

Die Baugeschichte der Wilhelmstraße im 19. Jahrhundert

Die Zeit der Reichsgründung

Die ruhige Wilhelmstraße

Wenn überhaupt ein roter Faden die Baugeschichte der Wilhelmstraße im 19. Jahrhundert durchzieht, dann ist es das Aufeinandertreffen der Staatsarchitektur und somit der Entwürfe der Bauabteilungen im königlichen Ministerium der öffentlichen Arbeiten und des Reichskanzleramtes für die Ministeriumsbauten Preußens und des Deutschen Reiches mit den Palais einer Bauherrschaft, die sich vor allem nach der Reichsgründung mit Vertretern der Industrie, des Geldes und der Medien in der Wilhelmstraße selber oder in ihrer direkten Nachbarschaft niederläßt.

Die Wilhelmstraße war immer eine ruhige Straße, keine Straße der aufstrebenden und drängenden Metropole – in dieser ruhigen Noblesse wird sie noch um 1850 von Carl Graeb gemalt.[1] Entlang der Stadtgrenze des 18. Jahrhunderts gelegen, wurde sie bis in die Zeit nach dem Ersten Weltkrieg von den Verkehrsadern der Leipziger Straße und der Straße Unter den Linden nur tangential berührt. Und lange Zeit lief ihr die Leipziger Straße als »Parlamentsstraße« sogar den Rang ab: »... kurz vor dem einen Ende der Leipziger Straße, am Dönhoffsplatze, liegt das Preußische Abgeordnetenhaus, und kurz vor dem Leipzigerplatze ... liegen nachbarlich nebeneinander der Deutsche Reichstag und das Preußische Herrenhaus. Seit dem Beginn des konstitutionellen Lebens in Preußen ist diese Straße die Parlamentsstraße ... die Parlamentsstraße ist fast zu allen Tagesstunden von Reichs- und Landboten und den dazu gehörigen Staatswürdenträgern belebt. Um die Stunden, wo der Reichstag und beide Häuser des Landtages gleichzeitig ihre Sitzungen beginnen, kann man in kurzer Frist so ziemlich unsre sämtlichen politischen Berühmtheiten vorüberziehen sehen«.[2] Und so schildert der Maler Alexander Friedrich Werner in einem Gemälde von 1892 – als eine Art heroisierenden Rückblicks –, wie Bismarck am 6. Februar 1888 nach Begründung der Heeresvorlage »betreffend Änderung der Wehrpflicht« und der letzten großen Darstellung seiner auswärtigen Politik den Reichstag verläßt und die Leipziger Straße überquerend der Wilhelmstraße zustrebt.[3]

Der Regierungsmittelpunkt des Deutschen Reiches war bereits nach 1900 mit allen seinen Standorten schon nicht mehr auf die Wilhelmstraße selber bezogen, sondern der Straßenzug bildete jetzt den Kern eines »Regierungsviertels«, das nach Westen über den Leipziger Platz hinaus mit dem Reichsmarineamt bis an den Landwehrkanal ausgriff.

---

1 *Hauptstadt. Zentren, Residenzen, Metropolen in der deutschen Geschichte,* Köln 1989, S. 355.
2 *Vom Deutschen Reichstag. Realistische Skizzen eines Eingeweihten,* in: *Vom Fels zum Meer. Spemann's Illustrierte Zeitschrift für das Deutsche Haus,* 2. Bd., Stuttgart 1893, S. 111ff.
3 *Bismarck – Preußen – Deutschland und Europa.* Eine Ausstellung des Deutschen Historischen Museums, Berlin 1990, S. 376.

Bismarck verläßt den Reichstag nach der Sitzung am 6. 2. 1888
Gemälde von Alexander Friedrich Werner, 1892

In Nachbarschaft und in Abhängigkeit zum Regierungsviertel hatten sich weitere Quartiere entwickelt – das Zeitungsviertel und das Bankenviertel. Rudolf Mosses »Berliner Tageblatt«, zum ersten Mal 1871 erschienen, wird von 1874 an in der Jerusalemer Straße 48 hergestellt.[4] Das Bankenviertel, Anfang des 19. Jahrhunderts in der Jägerstraße zwischen Staatsbank und Seehandlung und somit in der Nähe des Stadtschlosses entstanden, suchte spätestens mit dem Einzug der Deutschen Bank in die Behrenstraße 9–10 Ecke Mauerstraße 1875 bis 1876 die Nähe der Wilhelmstraße.[5]

Die Möglichkeiten, für Neubauten Platz zu schaffen, ergaben sich nur durch den Abbruch bestehender Bauten, nach einem Straßendurchbruch mit nachfolgender Parzellierung der großen barocken Grundstücke – was aber mit der Voßstraße 1872 nur einmal geschah und im Fall des Palais

---

4   Peter de Mendelssohn, *Zeitungsstadt Berlin. Menschen und Mächte in der Geschichte der deutschen Presse*, Frankfurt am Main – Berlin – Wien 1982, S. 99f.
5   *Vergangenheit und Gegenwart. Die Bank Unter den Linden Berlin*, Bd. 1, hrsg. von der Debeko Immobilien GmbH, Frankfurt am Main 1995, S. 10.

Radziwill verhindert wurde – sowie durch Um- oder Ausbau bestehender Häuser. Bauten mit ehrwürdiger Geschichte, an denen vor allem auch die persönliche Erinnerung der Hohenzollern hing wie dem alten Palais Radziwil, dem Dienstsitz des Reichskanzlers Wilhelmstraße 77, dem Palais des Prinzen Karl Wilhelmplatz Ecke Wilhelmstraße oder der Dreifaltigkeitskirche am Zietenplatz in der Mauerstraße als kirchlicher Mittelpunkt des alten Adelsquartiers und als Wirkungsstätte Schleiermachers blieben über die Zeiten bestehen, selbst wenn sie stärker umgebaut oder instandgesetzt werden mußten. Unangetastet blieben auch die Gärten der Palais, und nie in Frage gestellt wurde während des 19. Jahrhunderts der Wilhelmplatz.

Das Großkapital

Interessant für eine Klientel aus Industrie, Banken und Großkapital wurde die Wilhelmstraße seit der Gründung des Norddeutschen Bundes 1866, wobei sich solche Niederlassungen naturgemäß auf wenige Beispiele beschränkten.
Vorreiter wurde Bethel Henry Strousberg, seit etwa 1863 im Eisenbahngeschäft tätig[6] und möglicherweise bereits schon zu dieser Zeit in der Wilhelmstraße ansässig.[7] Nach wenigen Jahren erfolgreicher Tätigkeit ließ er sich 1867/1868 Wilhelmstraße 70 nach dem Entwurf von August Orth ein Palais bauen.[8] Orth, fast eine Art Hausarchitekt Strousbergs[9], war bei seinem Entwurf mit dem wiederverwendeten Altbau aus dem 18. Jahrhundert durch dessen Zweigeschossigkeit und die Zahl der Fensterachsen an den Typus des traditionellen preußischen Palais der Wilhelmstraße gebunden, durch den deutlich hervorgehobenen Mittelrisalit als Gebäudegattung in dieser Wirkung noch verstärkt. In der Formensprache des äußeren Erscheinungsbildes wird sich indessen der Geschmack des Bauherrn ungeschmälert ausgedrückt haben. Und dieser zielte nicht nur in die zeitgenössische Architektur der Banken[10] und öffentlichen Bauten, sondern ebenso auch in eine aus der Schinkelschen Tradition entwickelte Villenarchitektur.[11] Das nahe gelegene Palais des Prinzen Karl am Wilhelmplatz, von Schinkel in den zwanziger Jahren umgebaut, mag Strousbergs Entscheidung für diese Form seines Palais ebenfalls beeinflußt haben. Strousberg wollte sich in der Wilhelmstraße offensichtlich nicht nur als ein den

6 Manfred Ohlsen, *Der Eisenbahnkönig Bethel Henry Strousberg. Eine preußische Gründerkarriere*, Berlin 1987.

7 Er war mit seinem Grundstück Wilhelmstraße 80 kennzeichnenderweise direkter Nachbar des 1848 gegründeten preußischen Ministeriums für Handel, Gewerbe und öffentliche Arbeiten, zu dessen Geschäftsbereich das Eisenbahnwesen gehörte und für dessen Erweiterung das Grundstück am 3.12.1866 aus dem Eigentum von Strousberg erworben wurde, vgl. Hugo Röttcher/Werner Falck, *Die Geschichte des Hauses Wilhelmstraße 79 auf der Friedrichstadt in Berlin*, Leipzig 1936, S. 50.

8 *Berlin und seine Bauten,* bearb. und hrsg. vom Architekten-Verein zu Berlin, Berlin 1877, T. 1, S. 409f.

9 Görlitzer Bahnhof in Berlin 1866–1868, vgl. M. Ohlsen, *Der Eisenbahnkönig ...* wie (Anm. 6), S. 87f.

10 So die Kaiserliche Reichsbank Jägerstraße 34 von 1869–1873 nach dem Entwurf von Hitzig; vgl. *Berlin und seine Bauten ...* (wie Anm. 8), T. 2, S. 301f., das Gebäude des Berliner Kassen-Vereins Oberwallstraße 3 von 1870–1871 nach dem Entwurf von Gropius & Schmieden; vgl. *Berlin und seine Bauten ...* (wie Anm. 8), T. 2, S. 305; Ministerium des Inneren Unter den Linden 72–73 (1877) von Emmerich und Spitta; vgl. *Berlin und seine Bauten ...* (wie Anm. 8), T. 2, S. 264.

11 Landhaus Volckart Tiergartenstraße 6 von 1833 von Eduard Knoblauch in der Nachfolge von Schinkels Charlottenhof, vgl. Hartwig Schmidt, *Das Tiergartenviertel. Baugeschichte eines Berliner Villenviertels* (= Die Bauwerke und Kunstdenkmäler von Berlin, Beih. 4), T. 1: *1790–1870*, Berlin 1981, S. 86ff.; Villa Nitsche Bellevuestraße 17 von 1833 nach dem Entwurf von Langerhans, vgl. H. Schmidt, *Das Tiergartenviertel ...*, S. 225; Wohnhaus Lenné in der Lennéstraße 1 von 1838–1839 nach dem Entwurf von Ludwig Persius (?), vgl. H. Schmidt, *Das Tiergartenviertel ...*, S. 96f.; Villa Lehmann Sigismundstraße 4 (1855–1857) von Linke, vgl. H. Schmidt, *Das Tiergartenviertel ...*, Abb. 236; Villa Gerson Tiergartenstraße 29 (1853) von Friedrich Hitzig, vgl. H. Schmidt, *Das Tiergartenviertel ...*, Abb. 322; Villa Kabrun Rauch-Ecke Drakestraße 1865–1867 nach dem Entwurf von Ende und Böckmann; vgl. *Berlin und seine Bauten ...* (wie Anm. 8), T. 2, S. 428; Villa von der Heydt

Wilhelmstraße 66, Mietwohnpalast
des Bankiers Krause jun.
Architekt: Friedrich Hitzig, 1867–1868

Künsten aufgeschlossener Mäzen darstellen[12], er strebte wohl insgesamt das Bild eines eher konservativen Geschäftsmannes an.
Daß eine solche eher konservative Haltung in der Wilhelmstraße bei privaten Bauherrn nicht durchgängig auftreten mußte, belegte das wenige Hausnummern weiter, Wilhelmstraße 66, genau zum gleichen Zeitpunkt (1867 bis 1868) nach einem Entwurf von Friedrich Hitzig errichtete Wohnhaus des Bankiers Krause jun.[13], Inhaber des 1858 gegründeten Bankgeschäftes F. W. Krause (Leipziger Straße 45)[14] und Inhaber einer florierenden Weinhandlung. Vom Typus her ein Mietwohnpalast[15], zielte das Haus mit »seiner in Formen französischer Renaissance gehaltenen Facade« auf eine vornehme Klientel, die der Bauherr sich so bedeutend vorstellte, daß die beiden Obergeschosse auch zu je einer Wohnung geschaltet werden konnten. 1873 wohnten in dem Haus der Kaiserlich Russische Militärbevollmächtigte, Graf Kutusow, sowie der Gesandte Italiens beim Deutschen Reich, Graf de Launay, dazu Freiherr Perger von Perglas als Bayerischer Gesandter, und der General der Kavallerie, Prinz August von Württemberg[16] – die Spekulation des Bankiers war aufgegangen, die Mieterschaft bezog sich ganz offensichtlich auf die Wilhelmstraße als Sitz der Regierung. Der Bankier selber begnügte sich mit der linken Erdgeschoßwohnung. Die Wahl eines Mietwohnpalastes kennzeichnete den vorsichtigen Geschäftsmann, der sein in das Haus investiertes Kapital durch Mieteinnahmen amortisieren wollte und somit kein »Palais« errichtete und sich selber folglich mit der linken Erdgeschoßwohnung begnügte – ein deutlicher Kontrast zu Strousberg. Krause hatte mit Friedrich Hitzig[17] zwar einen seit den frühen vierziger Jahren erfolgreich in Berlin tätigen Privatarchitekten aus der Schule Schinkels beauftragt, andererseits mit dem für die Fassade seines Hauses gewählten Formenrepertoire der neueren Entwicklung in der

Von-der-Heydt-Straße 15 (1860–1862) von Hermann Ende, vgl. H. Schmidt, *Das Tiergartenviertel ...*, Abb. 389.
12 M. Ohlsen, *Der Eisenbahnkönig ...* (wie Anm. 6), S. 12.
13 *Berlin und seine Bauten ...* (wie Anm. 8), T. 2, S. 455f. Vgl. ferner *Zeitschrift für Bauwesen* (1869), Sp. 23–24f. sowie Bl. 16–19.
14 *Berlins Aufstieg zur Weltstadt. Ein Gedenkbuch mit Beiträgen von Max Osborn, Adolph Donath, Franz M. Feldhaus,* hrsg. vom Verein Berliner Kaufleute und Industrieller, Berlin 1929, S. 81; vgl. auch Erich Achterberg, *Berliner Hochfinanz. Kaiser, Fürsten, Millionäre um 1900,* Frankfurt am Main 1965, S. 40f.
15 Ein Jahr später wird mit dem sog. Blücherschen Palais Pariser Platz 2 ebenfalls ein solcher Mietwohnpalast entstehen.
16 Laurenz Demps, *Berlin-Wilhelmstraße. Eine Topographie preußisch-deutscher Macht,* Berlin 1994, S. 111.
17 Uwe Kieling, *Berliner Privatarchitekten und Eisenbahnbaumeister im 19. Jahrhundert. Biographisches Lexikon* (= Miniaturen zur Geschichte, Kultur und Denkmalpflege Berlins, Nr. 26), Berlin 1988, S. 30f. Hitzig hatte Jahre zuvor (1862) ein Wohnhaus Wilhelmplatz 5 als Spekulationsobjekt für einen Unternehmer errichtet, vgl. *Zeitschrift für Bauwesen* (1862), Sp. 319–320 sowie Bl. 44–46.

Wilhelmstraße 70, Stadtpalais Bethel Henry Strousberg
Architekt: August Orth, 1867–1868

zeitgenössischen Berliner Architektur und eben nicht mehr der traditionellen Schinkel-Schule[18] Rechnung getragen – die französischen Bauformen galten seit der Mitte der sechziger Jahre als modern.[19] Und die Weltausstellung von 1867 in Paris mag diese Wirkung noch unterstützt haben.

Der von Strousberg verwendete Typus des herkömmlichen Adelspalais besaß auch noch bei anderen Bauvorhaben Gültigkeit: Der 1870 vollendete Neubau von Eckardstein (Wilhelmstraße 60)[20] erhielt anders als bei Strousberg eine moderne Fassade »in reicher französischer Renaissance«.

Es hat den Anschein, als wäre die französische Renaissance mit dem Sieg der deutschen Armee obsolet geworden. Die Formenwelt der französischen Renaissance mit ihrer Botschaft der Moderne war ohnehin sehr schnell in den Verdacht geraten, der Stil der Neureichen zu sein – der

---

18 Die Einführung der französischen Renaissance erfolgte in der zweiten Hälfte der sechziger Jahre, vgl. H. Schmidt, *Das Tiergartenviertel* ... (wie Anm. 11), S. 270; die Villa Gerber, gen. „Monplaisir«, Rauchstraße 12 (1866–1867) nach dem Entwurf von Walter Kyllmann scheint eines der frühen Beispiele gewesen zu sein. Vgl. auch Eva Börsch-Supan, *Berliner Baukunst nach Schinkel 1840–1870* (= Studien zur Kunst des neunzehnten Jahrhunderts, Bd. 25), München 1977, S. 14.

19 Als »modern« wurde die Villa Gerber bezeichnet, vgl. *Berlin und seine Bauten* ... (wie Anm. 8), T. 2, S. 430.

20 *Berlin und seine Bauten* ... (wie Anm. 8), T. 1, S. 410.

Wilhelmstraße 67, Stadtpalais Pringsheim
Architekten: Ebe & Benda, 1872–1874

Bankiers.[21] Das von Hitzig entworfene und 1872 bis 1874 gebaute Wohnhaus Voßstraße 19, das später von der königlich Sächsischen Gesandtschaft bezogen werden sollte, brach nach 1871 kennzeichnenderweise mit der Verwendung der französischen Neurenaissance.[22]

Die nach der Reichsgründung Anfang der siebziger Jahre bauenden privaten Bauherren bewegten sich wohl auch deshalb bei ihren Stadtpalais in der Wilhelmstraße in den Formenvorstellungen einer anderen Neurenaissance: Die Pringsheims errichteten in direkter Nachbarschaft zu Krause ihr Stadtpalais Wilhelmstraße 67 (1872 bis 1874) nach einem Entwurf von Ebe und Benda: »Besonderer Werth ist auf die Ausstattung der in reichen, an venetianische Motive anklingenden Renaissanceformen und im lebhaftesten Farbenschmuck echter Materialien durchgebildete Facade gelegt worden«[23] – nicht zuletzt wegen der Mitwirkung Anton von Werners wurde der Bau in der Mei-

---

21 H. Schmidt: *Das Tiergartenviertel* ... (wie Anm. 11).
22 *Blätter für Architektur und Kunsthandwerk* 3 (1890), Nr. 1, S. 2.
23 Zitiert nach *Berlin und seine Bauten* ... (wie Anm. 8), T. 2, S. 414.

Wilhelmstraße/Ecke Voßstraße, Stadtpalais August Julius Borsig
Architekt: Richard Lucae, 1875–1877

nung der einen »für Berlin ein sensationelles Ereignis«[24], für Theodor Fontane dagegen eine »Kakel-Architektur«.[25] Die Berufung auf die venetianische Formenwelt sollte indessen auch ein anderes Selbstverständnis als das der Moderne vermitteln: Das Venedig des 16. Jahrhunderts mit seiner wirtschaftlichen Prosperität und der Blüte seiner Kunst wurde Berufungsgrund für die eigene Gegenwart[26], die dabei altväterlich in den großen Lebensbogen eingespannt gesehen wurde, wie ihn der Wernersche Mosaikfries mit seinen Darstellungen der sechs Lebensalter an der Fassade versinnbildlichte.

Beim Palais für August Julius Albert Borsig, nach dem Entwurf von Richard Lucae (1875 bis 1877) an dem nach dem Abbruch des alten Palais Voß erfolgten Straßendurchbruch der Voßstraße an

24 Adolf Rosenberg, *Die Bautätigkeit Berlins*, in: *Zeitschrift für Bildende Kunst* 10 (1875), S. 346, hier zitiert nach: Peter Springer, *Geschichte als Dekor. Anton von Werner als Dekorationsmaler und Zeitzeuge*, in: Dominik Bartmann (Hrsg.), *Anton von Werner. Geschichte in Bildern*, München 1993, S. 119.
25 Zitiert nach P. Springer, *Geschichte als Dekor ...* (wie Anm. 24), S. 120, vgl. dort Anm. 10 und 11.
26 Renate Theis, *Zur Repräsentation des Staates. Ministerien in Berlin 1800–1945*, Mskr., Marburg 1990, S. 73.

Wilhelmstraße 78, Stadtpalais des Fürsten Pleß
Architekt: Hippolyte Destailleur, 1872–1875

der Ecke Wilhelmstraße fast in unmittelbarer Nachbarschaft des Reichskanzlers entstanden[27], »zeichnet sich die in italienischer Palast-Architektur ausgebildete Facade durch ungewöhnliche Axenweiten aus«.[28] Das Borsigsche Palais galt das ganze 19. Jahrhundert hindurch als Musterbeispiel architektonischer Eleganz.

Lediglich der zwischen Borsig und dem Reichskanzler auf dem Grundstück Wilhelmstraße 78 in den Jahren 1872 bis 1875 bauende Fürst Pleß, schlesischer Großgrundbesitzer und »Schlotbaron«[29], zeitweilig Mitglied des Reichstages, durchbrach diese Haltung und ließ sein Stadtpalais im Typus eines französischen Adelspalais nach dem Entwurf des französischen Architekten Hippolyte Destailleur »im Sinne französischer Palastbauten aus der Zeit Ludwigs XIV.« gestalten.[30]

Die schwerreichen privaten Bauherren der Wilhelmstraße bauten zwar mit den ausgewiesenen Architekten ihrer Zeit, aber sie demonstrierten dabei eine unübersehbare Selbstdarstellung und gaben damit Zeichen einer neuen Zeit, in der die alten Berliner Traditionen biedermeierlicher Einfachheit nicht mehr galten. Für die Staatsarchitektur des jungen Deutschen Reiches verbot der gerade gewonnene Krieg von 1870/1871 die Übernahme von Architekturformen des besiegten Feindes, sie blieb den Formen der italienischen Hochrenaissance verhaftet und mußte den politischen Konflikt zwischen der liberalen Auffassung und der konservativen Haltung aushalten: Die Liberalen wollten dem Deutschen Reich mit einem »Reichsforum« monumentalen Ausdruck verleihen, während die Konservativen mit Bismarck an der Spitze das hierarchisch geordnete Stadtgefüge Berlins mit dem Stadtschloß des Kaisers als Hoheits- und Bedeutungsmitte durch ein solches Forum nicht verändert wissen wollten. Die preußische Baubürokratie unternahm ihrerseits den Versuch, durch Rückgriff auf Schinkel einen preußischen Nationalstil zu begründen.

Das Prachtforum des Deutschen Reiches

Zwar hatte ein Teilnehmer an der Monatskonkurrenz des Architekten-Vereins zu Berlin im Jahr 1876 mit der gestellten Aufgabe »Prachtforum des deutschen Reiches« die Anlage dieses Forums am Königsplatz vorgeschlagen – mit dem Reichstagsgebäude nach dem Entwurf von Ludwig Bohnstedt[31] im Norden, dem Reichskanzleramt mit der Abteilung für Elsaß-Lothringen sowie dem Palast des Reichskanzlers im Westen, mit dem Justizamt, dem Eisenbahnamt, dem Handelsamt, dem Finanzamt auf der Ostseite des nach Süden zur Charlottenburger Chaussee geöffneten Platzes[32] – ein weiterer Vorschlag sah eine vergleichbare Anlage unmittelbar vor dem Branden-

---

27 Kurt Milde, *Neorenaissance in der deutschen Architektur des 19. Jahrhunderts. Grundlagen, Wesen und Gültigkeit*, Dresden 1981, S. 259.
28 Zitiert nach *Berlin und seine Bauten ...* (wie Anm. 8), T. 2, S. 419.
29 L. Demps, *Berlin-Wilhelmstraße ...* (wie Anm. 16), S. 141.
30 Zitiert nach *Berlin und seine Bauten ...* (wie Anm. 8), T. 2, S. 418.
31 Dieter Dolgner, *Architektur im 19. Jahrhundert. Ludwig Bohnstedt Leben und Werk*, Weimar 1979, S. 114ff.
32 Hans Wilderotter, *Wohin mit der Mitte. Zur politischen Topographie der Hauptstadt Berlin* (= Magazin. Deutsches Historisches Museum, H. 2), Berlin 1991, S. 8.

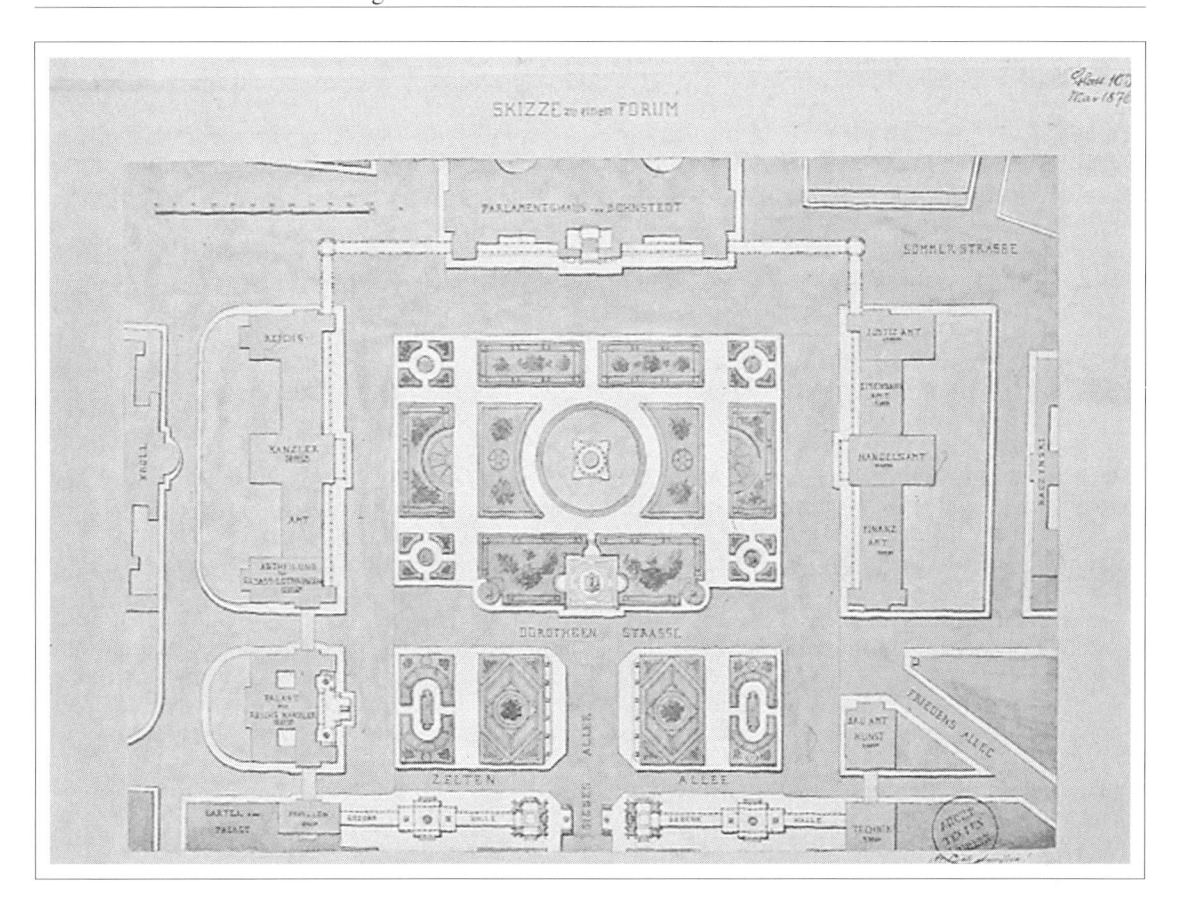

Berlin-Mitte, ehem. Königsplatz (Platz der Republik), Prachtforum des Deutschen Reiches
Monatskonkurrenz des Architekten- und Ingenieur-Vereins 1876

burger Tor im Tiergarten vor[33] –, die Unterbringung der Reichsbehörden vollzog sich tatsächlich jedoch in der Wilhelmstraße mit einer Summe pragmatischer Einzelschritte. Eine solches Forum, das dem Deutschen Reich städtebaulich unübersehbar Gestalt verschafft hätte, war in Berlin politisch ganz offensichtlich – und mutmaßlich von Bismarck selber – nicht gewollt. Der sehr rührige Architekten-Verein zu Berlin, der sich bereits 1871 in der Frage des Reichstagsgebäudes zu Wort gemeldet und gegen die Unterbringung des Reichstages an der Königgrätzer Straße auf der Rückseite der Wilhelmstraße mit der Argumentation, »wie es der großen Aufgabe gegenüber nicht kläglicher und kümmerlicher gedacht werden kann«, opponiert hatte[34], konnte sich mit den Vorstellungen seiner Mitglieder auch jetzt in der

---

33 Vgl. S. XXIII bei Wolf Jobst Siedler, *Stadtplanung ist geistige Ordnungspolitik. Berlins Dilemma mit der eingestürzten Kongreßhalle*, in: *Orangerie '83. Deutscher Kunsthandel im Schloß Charlottenburg*. Berlin 15.–25. 9. 1983, Berlin 1983, S. XXIIff.
34 *Für das Haus des deutschen Reichstages*, in: *Deutsche Bauzeitung* 5 (1871), S. 108.

Frage eines Reichsforums gegen das konservative Verständnis nicht durchsetzen.

Daß solche Foren in den siebziger Jahren tatsächlich geplant wurden und das Projekt für ein »Forum des Deutschen Reiches« deshalb keine unrealistischen Phantastereien einzelner Architekten darstellten, belegten die Entwürfe von Conrath und Orth aus dem Jahre 1878 für einen Kaiserplatz im Rahmen der Stadterweiterung von Straßburg, in dessen städtebauliche Konzeption sich sogar das Reichskanzleramt als für das Reichsland Elsaß-Lothringen zuständig von Berlin aus einmischte.[35] Nur stand in Straßburg ein Palast des Kaisers in der Platzachse und nicht ein Parlamentsgebäude.

Hinter diesem Konflikt über den Standort des Reichstages in Verbindung mit einem Reichsforum verbargen sich unterschiedliche politische Auffassungen.

Während die liberale Seite den monumentalen Charakter des Reichstages und damit dessen öffentlichkeitsbezogenen und repräsentativ-städtebaulichen Standort einforderte, wurde der von der Regierung ausgehende Vorschlag einer pragmatischen Zusammenfassung der Standorte des Deutschen Reiches von den Konservativen unterstützt, die folglich einen Bau am Königsplatz ablehnten und die, nachdem der Bauplatz für das Hohe Haus auf der Stelle des Palais Raiczinsky am Königsplatz tatsächlich nicht verwirklicht werden konnte, für ein endgültiges Gebäude hinter Kriegsministerium, provisorischem Reichstag und Herrenhaus sogar einen parlamentarischen Beschluß mit einer Gültigkeit für nahezu das gesamte Jahrzehnt zustande brachten.[36] Nach konservativer Auffassung konnte sich der Reichstag – wie Leipziger Straße 4 bereits geschehen – durchaus hinter einer Straßenfassade verbergen. Die beiden Häuser des preußischen Landtages demonstrierten bereits seit Jahrzehnten solche Lösungen – das Abgeordnetenhaus lag am Dönhoffplatz hinter dem ehemaligen Palais des Staatskanzlers Hardenberg und das Herrenhaus befand sich in der Leipziger Straße hinter einem barocken Stadthaus.[37] Und fast ebenso lange waren alle Versuche von Abgeordneten des Preußischen Abgeordnetenhauses abgewehrt worden, dem Preußischen Landtag nahe dem Stadtschloß ein städtebaulich eigenes Gewicht durch einen monumentalen Bau zu geben.[38] Der liberale Abgeordnete von Unruh bereits 1866 anläßlich der Etatdebatte im preußischen Abgeordnetenhaus, »... daß, wenn überhaupt ein Gebäude Anspruch darauf hat, ein monumentales zu sein, in einem monumentalen Charakter aufgeführt zu werden, daß es ein Parlamentsgebäude ist, ein Gebäude, welches außerdem ja auch die größte nationale Bedeutung entschieden besitzt ... erkennen Sie an, daß ein derartiges Gebäude einen solchen Charakter haben muß, dann frage ich Sie, haben Sie schon gehört, daß ein Königliches Schloß, eine Kirche, ein Museum, ein Schauspielhaus oder dergleichen auf den Hof hingebaut ist?«[39] Und aus diesem gleichen Verständnis urteilten noch 1876 die Berliner Architekten Hitzig, Lucae und Ende zum Reichstagsgebäude: »Wir gehen von dem Grundsatz aus, daß das Parlamentsgebäude die Idee des in seiner Volksvertretung geeinigten Deutschlands verkörpern soll und daß es darum in gleichem Maße, wie es unser Schloß als Repräsentant der Kaiserwürde tut – nicht allein durch seinen architektonischen Wert an sich, son-

---

35 Klaus Nohlen, *Baupolitik im Reichsland Elsaß-Lothringen 1871–1918. Die repräsentativen Staatsbauten um den ehemaligen Kaiserplatz in Straßburg* (= Kunst, Kultur und Politik im Deutschen Kaiserreich, Bd. 5), Berlin 1982, S. 39.
36 Utz Haltern, *Architektur und Politik. Zur Baugeschichte des Berliner Reichstags*, in: Ekkhard Mai/Stephan Waetzoldt (Hrsg.), *Kunstverwaltung, Bau- und Denkmal-Politik im Kaiserreich* (= Kunst, Kultur und Politik im Deutschen Kaiserreich, Bd. 1), Berlin 1981, S. 76.
37 Michael Cullen, *Leipziger Straße Drei. Eine Baubiographie*, in: *Mendelssohnstudien. Beitrag zur neueren deutschen Kultur- und Wirtschaftsgeschichte*, Bd. 5, Berlin 1982, S. 9ff.
38 Helmut Engel, *Parlamentarische Provisorien. Die Tagungslokale der preußischen Parlamente von 1847 bis zur Reichsgründung*, in: *Der Preußische Landtag. Bau und Geschichte*, hrsg. von der Präsidentin des Abgeordnetenhauses von Berlin, Berlin 1993, S. 9ff.
39 Zitiert nach H. Engel, *Parlamentarische Provisorien* ... (wie Anm. 38), S. 33.

dern auch durch seine Lage diejenige dominierende Bedeutung bekommen muß, die ihm als dem nationalsten Bauwerk Deutschlands unbedingt gebührt.«[40] Die Parlamentarier des Deutschen Reichstages scheiterten bei ihrer Debatte 1876 indessen ebenso wie vormals die Abgeordneten des preußischen Abgeordnetenhauses an Bismarck, der den Bau eines Reichstagsgebäudes – mutmaßlich wie zuvor auch den des preußischen Landtages – ungemein »dilatorisch« behandelte[41] – der Reichskanzler selber trieb das Projekt in keiner Weise voran, ein ungemein kennzeichnender Beleg für das konservative Weltbild Bismarcks.

Ganz so eingepfercht wie die beiden Häuser des preußischen Landtages sollte der Reichstag hinter der Porzellanmanufaktur aber nicht werden. Im Auftrage der Reichstagsbaukommission, der auch die Architekten Friedrich Hitzig und Richard Lucae angehörten, entwarf Lucae 1873 ein städtebauliches Konzept, das von einem Abbruch des Herrenhauses ausging. »An seiner Stelle würde ein Zugang von der Breite der Linden sich gegen die Leipziger Straße öffnen, dann ein ... Platz sich anschließen, auf dessen Mitte das Reichstagshaus sich erhebt; parallel mit der Leipziger Straße würde dieser Platz auf der anderen Seite durch eine Verlängerung der Zimmerstraße begrenzt werden ...«[42] Von diesem städtebaulichen Konzept blieb nur das ehemalige, 1877 im Bau begonnene Kunstgewerbemuseum übrig, das auf der Südseite der Prinz-Albrecht-Straße in der Achse der zwischen Leipziger Straße und Prinz-Albrecht-Straße geplanten Querstraße zum städtebaulichen Gegengewicht des trotz seiner Freistellung auf einer Platzfläche im Blockinneren verschwindenden Reichstages werden sollte.

Reichstag und Reichskanzleramt – darüber herrschte indessen in der parlamentarischen Debatte Einigkeit – hatten aus funktionalen Gründen räumlich nahe beieinander zu liegen.[43] Der auf dem Grundstück der königlichen Porzellanmanufaktur Leipziger Straße 4 zwischen preußischem Herrenhaus und preußischem Kriegsministerium provisorisch untergebrachte Reichstag, entworfen von Hitzig, hatte 1871 seinen Standort fast unmittelbar an der Wilhelmstraße gefunden.[44] Das Reichskanzleramt war Wilhelmstraße 74 untergebracht und wurde ein Jahr später als der Reichstag, 1872, umgebaut, Bismarck selber wohnte seit seiner Ernennung zum preußischen Ministerpräsidenten Wilhelmstraße 76.

Bürgerschaft und Kaufmannschaft von Berlin hatten sich bereits seit den sechziger Jahren gänzlich anders als die konservative Reichsregierung verhalten: Der Magistrat von Berlin hatte von 1860 an ein unübersehbares, auf Wirkung in der Stadt bedachtes Rathaus gebaut[45], im gleichen Jahr und mit einer gleichen Haltung die Kaufmannschaft den Grundstein zur Börse an der Burgstraße gelegt.[46]

Das öffentliche Verständnis des Berliner Stadtgefüges deckte sich schließlich mit der konservativen Haltung. Der Baedeker von 1880 beschrieb die historisch-monarchische Struktur der Stadt vom Brandenburger Tor bis zum Schloßbezirk entlang der »Via triumphalis« an erster Stelle, während die Straße der Regierung des Deutschen Reiches nur eine unter mehreren anderen prominenten Straßen der Stadt war.[47]

---

40 Zitiert nach U. Haltern, *Architektur und Politik ...* (wie Anm. 36), S. 92.

41 U. Haltern, *Architektur und Politik ...* (wie Anm. 36), S. 98, Anm. 55.

42 *Deutsche Bauzeitung*, zitiert nach: Andreas Bekiers/Karl-Robert Schütze, *Zwischen Leipziger Platz und Wilhelmstraße. Das ehemalige Kunstgewerbemuseum zu Berlin und die bauliche Entwicklung seiner Umgebung von den Anfängen bis heute*, Berlin 1981, S. 45.

43 U. Haltern, *Architektur und Politik ...* (wie Anm. 36), S. 76.

44 *Berlin und seine Bauten ...* (wie Anm. 8), T. 1, S. 292 ff.

45 Ingrid Bartmann-Kompa, *Das Berliner Rathaus*, Berlin 1991.

46 *Berliner Börse 1685–1985*, hrsg. von der Berliner Börse, Berlin o. J. [1985].

47 *Berlin nebst Potsdam und Umgebungen*. Separat-Abdruck aus der 19. Auflage von Baedeker's »Nord-Deutschland«, Leipzig 1880.

Der Ausbau der Wilhelmstraße

Um 1876, als der Architekten-Verein eine Monatskonkurrenz zum »Prachtforum des deutschen Reiches« ausgelobt hatte, entschied sich, begleitet von einer erneuten Diskussion über den Reichstagsneubau, in der die Linksliberalen auch auf das Projekt des »Prachtforums« eingingen[48] – tatsächlich die endgültige Entwicklung der Wilhelmstraße zur Regierungsstraße. Anfang 1875 hatte der Reichskanzler die Ermächtigung erhalten, das Anwesen Wilhelmstraße 77, das alte Radziwillsche Palais, zu erwerben.[49] Drei Jahre später, Anfang 1878, war der Umbau des Hauses zur Dienstwohnung des Reichskanzlers und zum Dienstgebäude der Reichskanzlei vollendet.[50] Von dem Palais des 18. Jahrhunderts blieben gerade noch das äußere Erscheinungsbild und im Inneren der große Festsaal im ersten Obergeschoß, wenn auch mit Überformungen[51], übrig. Der Umbau geschah nach dem Entwurf von Wilhelm Neumann.[52]

Die Reichskanzlei, die damit bauliche Gestalt angenommen hatte, war aber nun nicht mehr in der Lage, die ursprünglich unter dem gemeinsamen Dach des Reichskanzleramtes vereinigt gewesenen unterschiedlichen Ressortaufgaben räumlich aufzunehmen. Möglich war die Unterbringung Wilhelmstraße 77 nur geworden, weil aus dem alten Reichskanzleramt Abteilungen ausgegliedert und in den Rang oberster Reichsbehörden erhoben worden waren.[53] Der Reichskanzler behielt nur noch ein Zentralbüro. Dieses nach den Vorstellungen Bismarcks Reichskanzlei benannte Zentralbüro wurde 1878 kurz nach Vollendung des Umbaus von Wilhelmstraße 77 mit Kabinettsordre vom 18. Mai begründet.[54]

»Der Dienst in der Reichskanzlei« – so der erste Chef der Reichskanzlei, der Geheime Oberregierungsrat von Tiedemann – »begann spät und endete spät ... Von 12 bis 6 Uhr wurde rastlos gearbeitet und dann wieder von 9 Uhr bis tief in die Nacht ... Es war nicht ganz leicht, dem Fürsten Vortrag zu halten. Er verlangte bei jeder Sache einen suszitierenden Extrakt ... Man gewöhnte sich allmählich daran, im Lapidarstil zu sprechen ... Sobald der Vortrag beendet war, gab der Fürst, ohne sich einen Moment zu besinnen, seinen Bescheid ... Jede Nummer mußte in der Regel in 24 Stunden erledigt sein. Reste gab es nicht in der Reichskanzlei. Es kam aber auch vor, daß der Fürst schon nach einer halben Stunde ein Konzept verlangte, für dessen Ausarbeitung ein gewöhnlicher Sterblicher mindestens zwei Stunden Ruhe beanspruchte. Ruhe aber war ein rarer Artikel in der Reichskanzlei. Der Fürst sorgte dafür, daß man beständig in Bewegung gehalten wurde: bald verlangte er eine Auskunft, bald gab er einen Auftrag an irgendeinen Minister, der sofort erledigt werden mußte (für solche Fälle hielt stets ein bespannter Wagen, die sogenannte Reichsdroschke, vor dem Reichskanzlerpalais), bald wünschte er dies oder jenes in den stenographischen Berichten nachgeschlagen zu haben usw. Es ist vorgekommen, daß ich vielleicht zehnmal in einer Stunde zu ihm gerufen worden bin (die Kanzleidiener liefen stets Trab durch den Saal) und dabei brannte mir unter den Fingern ein Bericht an den Kaiser oder ein Erlaß an einen Staatssekretär, der auf das schleunigste fertiggestellt werden mußte. Das eben war das Aufreibende des Dienstes, daß alles

---

48 U. Haltern, *Architektur und Politik* ... (wie Anm. 36), S. 82.
49 *Reichsgesetzblatt* (1875), S. 17.
50 *Zur Geschichte des Reichskanzlerpalais und der Reichskanzlei*, hrsg. vom Staatssekretär der Reichskanzlei, Berlin 1928, S. 32.
51 Die Reliefs der Supraporten wurden von Landgrebe gearbeitet, die Stichkappen und Lünetten sollten durch Anton von Werner ausgemalt werden; vgl. Iselin Gundermann, *Berlin als Kongreßstadt* (= Berlinische Reminiszenzen 49), Berlin 1978, S. 51.
52 *Berlin und seine Bauten* ... (wie Anm. 8), T. 1, S. 260. Der Reichskanzler wohnte bis dahin Wilhelmstraße 61.
53 Gebildet wurden technische Ämter wie das Reichseisenbahnamt und das Reichsamt für die Verwaltung der Reichseisenbahnen sowie das Reichspostamt, aber auch die klassischen Ressorts entstanden: Das Reichsjustizamt, das Reichsschatzamt und das Reichsamt des Innern; vgl. *Zur Geschichte des Reichskanzlerpalais* ... (wie Anm. 50), S. 34.
54 *Zur Geschichte des Reichskanzlerpalais* ... (wie Anm. 50), S. 35.

im Galopp ging, und daß für keine Arbeit die erforderliche Muße vorhanden war.«[55] Um die Jahrhundertwende wird die Baronin Spitzemberg die Reichskanzlei in ihrer ersten Zeit charakterisieren als das »Sturmesbrausen unter Bismarck, so gewaltig, daß der absolute Mangel an Kultur und Schönheit, ja der oft etwas brutale Luxus, die etwas barbarische Verachtung äußerer Schönheit kaum auffiel ...«[56]

Das alte Kanzleramt des Deutschen Reiches, das seit dem Kaiserlichen Erlaß vom 24. Dezember 1879 die Bezeichnung »Reichsamt des Innern« führte[57], war Wilhelmstraße 74 im Sitz des alten preußischen Staatsministeriums untergebracht und bei laufendem Geschäftsbetrieb nach den Entwürfen des Bauinspektors, nachmaligen Regierungsrates und späteren Vortragenden Rates im Reichskanzleramt Georg Joachim Wilhelm Neumann (ab 1878: von Mörner)[58] umgebaut und wesentlich erweitert worden.[59]

Der Reichsarchitekt

Der Baubeamte Wilhelm Neumann, aus dem preußischen Ministerium für Handel, Gewerbe und öffentliche Arbeiten herkommend, wurde gleichsam der erste Reichsarchitekt. Auf seinen Entwurf gingen die ersten Ministerialbauten des Deutschen Reiches zurück: 1872 bis 1874 das Reichsamt des Innern Wilhelmstraße 74, 1873 bis 1877 das Auswärtige Amt Wilhelmstraße 60–61 Ecke Wilhelmplatz, das nach seiner Vollendung aber als Reichsschatzamt verwendet wurde, 1874 der Um- und Erweiterungsbau des Vorderhauses des provisorischen Reichstages Leipziger Straße 4, bei der es auch seine gequaderte Fassade erhielt, 1875 bis 1878 der Umbau der Reichskanzlei Wilhelmstraße 77, 1878 bis 1880 das Reichsjustizamt Voßstraße 4–5.[60] Somit beherrschte Neumann (von Moerner) ein Jahrzehnt lang die Bauten des Reiches in Berlin.

Mit seinen Entwürfen mußte sich tatsächlich so etwas wie ein Reichsstil eingestellt haben, zu deutlich war der Unterschied zwischen dem Reichsamt des Innern von 1872 und dem drei Jahre zuvor vom gleichen Architekten geplanten

Voßstraße 4–5, Reichsjustizamt
Architekt: Wilhelm Neumann, 1878–1880

55 Zitiert nach: *Der Kanzler. Otto von Bismarck in seinen Briefen, Reden und Erinnerungen, sowie in Berichten und Anekdoten seiner Zeit. Mit geschichtlichen Verbindungen von Tim Klein*, Ebenhausen–München–Leipzig 1919, S. 312.
56 Zitiert nach Edgar Haider, *Versunkenes Deutschland: Auf den Spuren kriegszerstörter Residenzen und Palais*, Wien–Köln 1989, S. 64.
57 *Zur Geschichte des Reichskanzlerpalais* ... (wie Anm. 50), S. 34.
58 Uwe Kieling, *Berliner Baubeamte und Staatsarchitekten im 19. Jahrhundert. Biographisches Lexikon* (= Miniaturen zur Geschichte, Kultur und Denkmalpflege Berlins, Nr. 17) Berlin 1986, S. 68.
59 *Berlin und seine Bauten* ... (wie Anm. 8), T. 1, S. 257ff.
60 Zur Ableitung des Fassadenaufbaus vgl. R. Theis, *Zur Repräsentation des Staates* ... (wie Anm. 17), S. 72:

Wilhelmstraße 74, Reichsamt des Innern
Architekt: Wilhelm Neumann, 1872–1874

Erweiterungsbau für die Eisenbahnabteilung des preußischen Ministeriums für Handel, Gewerbe und öffentliche Arbeiten Wilhelmstraße 80. Stand sein Bau für die Eisenbahnabteilung noch deutlich unter dem Einfluß des Stülerschen Kerngebäudes für dieses Ministerium Wilhelmstraße 79 (von 1854 bis 1856)[61], ohne jedoch dessen Feinfühligkeit zu erreichen, so trat mit dem Reichsamt ein spürbarer Wechsel in der architektonischen Haltung ein. War die Fassade von Wilhelmstraße 80 mit ihren drei formal jeweils unterschiedlich behandelten Stockwerken und den beiden seitlichen, die Traufenhöhe durchbrechenden Ecktürmen in ein unstrukturiertes flaches Relief aufgelöst[62], so wurde nun dem Reichsamt durch das nahezu un-

»Auf die Fassade des Obergeschosses war das Obergeschoß der Bibliothek von San Marco ... nahezu wörtlich kopiert worden (Venedig, 1536–1582) ... Für die Eingänge hatte man die tuskischen Säulen des Untergeschosses von San Marco übernommen.«

61 H. Röttcher/W. Falck, *Die Geschichte des Hauses Wilhelmstraße 79* ... (wie Anm. 7), S. 40ff.
62 Vgl. dazu auch das Generalpostamt Leipziger Straße

Wilhelmstraße 60–61/Ecke Wilhelmplatz, Auswärtiges Amt (Reichsschatzamt)
Architekt: Wilhelm Neumann, 1873–1877

terschiedslose Zusammenfassen der beiden unteren gequaderten Stockwerke – selbst der Kellersockel besaß eine gleiche Gliederung – und dem für den optischen Eindruck beherrschenden Obergeschoß mit seiner energischen Abfolge der Halbsäulen ein Zug ins deutlich Plastischere und Monumentale[63] gegeben, man vermeint fast eine Auswirkung der Erörterungen im Reichstag über die notwendige Monumentalität für das Reichstagsgebäude zu verspüren, selbst wenn hinter dem formalen Aufbau des Reichsamtes des Innern deutlich die Stülersche Fassade des preußischen Kriegsministeriums Leipziger Straße 5–7 Ecke Wilhelmstraße 81 von 1845 bis 1846[64] als Vorbild gestanden haben dürfte.[65] Dem Eindruck der Monumentalität diente auch, daß der Eingang in das Gebäude keine herausgehobene architektonische Akzentuierung mehr erhielt. Diese Haltung durchzog sämtliche anderen Ministerialbauten Neumanns ebenfalls, selbst wenn im formalen

15, nach dem Entwurf von Carl Schwatlo 1871–1874 errichtet, vgl. *Berlin und seine Bauten*, hrsg. vom Architekten- und Ingenieurverein zu Berlin, T. X, Bd. B: *Anlagen und Bauten für den Verkehr. Post und Fernmeldewesen*, Berlin 1987, S. 17.
63 R. Theis, *Zur Repräsentation des Staates ...* (wie Anm. 17), S. 59.
64 *Berlin und seine Bauten ...* (wie Anm. 8), T. 1, S. 262.
65 Der Kaiserpalast in Straßburg läßt sich möglicherweise in diese Betrachtung mit einbeziehen, vgl. K. Nohlen, *Baupolitik im Reichsland ...* (wie Anm. 35), S. 45ff.

Wilhelmstraße 79, Preußisches Ministerium für Handel,
Gewerbe und öffentliche Arbeit
Architekt: Friedrich August Stüler, 1854–1856

Wilhelmstraße 80, Preußisches Ministerium für Handel,
Gewerbe und öffentliche Arbeit – Erweiterungsbau
für die Eisenbahnabteilung
Architekt: Wilhelm Neumann, 1869

Aufbau der nachfolgenden Fassaden Veränderungen eintraten.
Auch der ab 1873 bis 1876[66] nach dem Entwurf von Friedrich Hitzig errichtete Hauptbau der Reichsbank an der Jägerstraße schloß sich in seiner Fassade dieser Grunddisposition des Reichsamtes des Innern an. Die Reichsbank war »kein autonomes Reichsinstitut«, sondern unterstand »den Weisungen des Kanzlers«.[67]

Der preußische Stil

Die Eigenständigkeit dieser Bauten des Deutschen Reiches wurde besonders im Vergleich mit den Neubauten preußischer Ministerien deutlich.
Das preußische Ministerium des Inneren Unter den Linden 72–73 wurde 1873 bis 1877 umgebaut, doch kam der Umbau einem Neubau gleich. Entworfen wurde er durch Bauinspektor Julius Emmerlich[68], der wenige Jahre zuvor unter Neumann am Entwurf für den Erweiterungsbau für die Eisenbahnabteilung Wilhelmstraße 80 beteiligt gewesen war – also aus der gleichen Schule kam. Die Gliederung der Fassade des preußischen Innenministeriums folgte dem klassischen Gliederungsschema: gequadertes Sockelgeschoß, zwei glatte Obergeschosse und eine unübersehbare Mittelachsenbetonung durch einen dreiachsigen Mittelrisalit. »Berlin und seine Bauten« vermerkte 1877 nachgerade pointiert: »Die letztere [das heißt, die Fassade] in echtem Steinmaterial (Seeberger und Oberkirchener Sandstein) ausgeführt, beansprucht das Hauptinteresse, da sie die einfachen, klassischen Formen Schinkels wieder aufgenommen hat«.[69] Noch deutlicher aber: Die Mittelachse des Innenministeriums paraphrasierte unverkennbar das Portal I des Stadtschlosses der Hohenzollern. Die preußische Baubürokratie be-

---

66 *Berlin und seine Bauten* ... (wie Anm. 8), T. 1, S. 301.
67 Zitiert nach R. Theis, *Zur Repräsentation des Staates* ... (wie Anm. 17), S. 58.
68 U. Kieling, *Berliner Baubeamte* ... (wie Anm. 58), S. 21.
69 *Berlin und seine Bauten* ... (wie Anm. 8), T. 1, S. 264.

Unter den Linden 72–73,
Preußisches Ministerium des Innern
Architekt: Julius Emmerich, 1873–1877

rief sich in dieser Konkurrenz zum Deutschen Reich auf ihren Ahnherrn Schinkel und bemühte architektonische Leitformen aus der eigenen, das heißt, preußischen Geschichte.
1872 – im Vorjahr des Baubeginns für das preußische Innenministerium – hielt der Staatskonservator Ferdinand von Quast die Schinkel-Rede mit dem bezeichnenden Titel »Schinkel und die Gegenwart« – eine Gegenwart, die in den Augen von Quasts durch den Irrglauben der Architekten gekennzeichnet wurde, »durch Nachäffung jener Aftermoden [das heißt, vor allem der französischen Renaissance] an der Spitze der Civilisation voranzugehen.«. Konsequenterweise forderte von Quast die Rückbesinnung auf »die alte Schule in ihren einfachen und schönen Formen«.[70] Schinkels Architektur sollte – auch in nationaler Aufwallung nach dem soeben siegreich beendeten Krieg – so etwas wie die Inkarnation einer preußisch-nationalen Architektur werden.
Der Unterschied zu den Bauten des Deutschen Reiches blieb bis zum Ende der siebziger Jahre bestehen: Das 1879 begonnene und 1884 vollendete Ministerium der geistlichen, Unterrichts- und Medicinal-Angelegenheiten[71] Unter den Linden 4, entworfen von Bernhard Kühn, folgte immer noch dem Fassadentypus des Ministeriums des Inneren.[72] Und wie konservativ auch diese Fassade immer noch war, machte der Vergleich mit dem nur wenige Jahre älteren Kunstgewerbe-Museum von Gropius & Schmieden deutlich.
Mit diesen beiden Bauten Unter den Linden mußte sich Preußen wohl herausgefordert gesehen haben, gegenüber den Reichsbehörden eine eigene architektonische Ausdrucksform zu finden, denn immerhin wichen beide Ministerien ihrerseits auch von den preußischen Ministeriumsbauten der fünfziger und sechziger Jahre ab.

Infrastruktureinrichtungen an der Wilhelmstraße

Folge der Standorte von Reichstag und Regierungsviertel waren nicht nur die Palais und vornehmen Wohnhäuser, sondern mit dem »Hotel Kaiserhof« brach am Zietenplatz, aber deutlich in den Wilhelmplatz einwirkend, in die vornehme Gebäudestruktur ein fünfgeschossiges Architekturmonstrum ein, dessen Grundfläche von 84 mal 76 Metern einen ganzen Baublock in Anspruch nahm. Entworfen von den Architekten von der

---

70 Ferdinand von Quast, *Schinkel und die Gegenwart*, in: *Festreden. Schinkel zu Ehren 1846–1980*, ausgew. und eingel. von Julius Posener, Berlin o. J. [1981], S. 149.

71 Baurath Professor Kühn, *Das neue Dienstgebäude für das Königliche Ministerium der geistlichen, Unterrichts- und Medicinal-Angelegenheiten in Berlin*, in: *Centralblatt der Bauverwaltung* III (1883), No. 14, S. 125 f., No. 16, S. 137 f.; ders., *Das Dienstgebäude für das Königl. Ministerium der geistlichen, Unterrichts- und Medicinal-Angelegenheiten in Berlin*, in: *Zeitschrift für Bauwesen* 35 (1885), Sp. 505–506 ff.

72 Der Architekt berief sich bei der Erläuterung seiner Fassadengliederung indessen nicht mehr auf historische Vorbilder, sondern bezog sich auf ganz allgemeine künstlerische Gestaltungsgrundsätze: »Unter jeglicher Verzichtleistung auf vorspringende Risalite [wurde] versucht, nur durch angemessene Vertheilung der Mauerflächen und Oeffnungen, durch entsprechende Weite der Fensterachsen und durch kräftiges Relief der einzelnen Bauglieder dem Ganzen das Gepräge eines Dienstgebäudes für eine große Centralbehörde zu geben, bei dem aber die Benutzung der beiden oberen Geschosse als Wohnung des Chefs äußerlich auch einigermaßen zum Ausdruck kommen sollte«, vgl. Kühn, *Das Dienstgebäude ...* (wie Anm. 71), Sp. 513.

Hude und Hennicke, ausgeführt 1871 bis 1875 und nach einem Brandunglück 1876 erneut eingeweiht, galt das Hotel trotz seiner Unförmigkeit als »großartigste Gasthof-Anlage Berlins«[73], rechtzeitig fertiggestellt, um die Delegationen des Berliner Kongresses hier wohnen zu lassen.[74] Den Fassaden sieht man förmlich an, wie sich die Architekten bemüht haben, die fünf Geschosse mit dem Formenrepertoire des vorangegangenen Jahrzehnts zu bändigen.

Die Mitteldeutsche Kredit-Bank von Ende und Böckmann Behrenstraße 1–2 Ecke Mauerstraße, gebaut 1872 bis 1874, demonstrierte dagegen als nobles dreigeschossiges Gebäude die ganze Vornehmheit oberitalienischer Eleganz.[75]

Die Wilhelmstraße in der ersten Jahrhunderthälfte

Die preußischen Prinzen

Nach dem Ende der Freiheitskriege bezogen Prinzen des königlichen Hauses in der Wilhelmstraße Stadtwohnungen. Ihre Vorliebe gerade für diese Straße mochte im Charakter des alten Adelsquartiers und seiner Lage am Rande des Tiergartens sowie aus einer gewissen Tradition begründet gewesen sein, denn seit dem 18. Jahrhundert hatten Mitglieder der königlichen Familie bereits hier gewohnt; vorbereitet wurde die Wahl wohl auch durch die Fürsten Radziwil, die 1795 das Anwesen Wilhelmstraße 77 von Friedrich Wilhelm II. erworben hatten.[76] 1806 hatte Prinz August Ferdinand, dessen Schwester Luise seit 1796 mit Fürst Anton Radziwill verheiratet war und der selber das Ordenspalais am Wilhelmplatz bis dahin bewohnt hatte, das Anwesen Wilhelmstraße 65 erworben[77], das nach den Freiheitskriegen von seinem Sohn, dem Prinzen August, bezogen wurde. 1816 wurde das Haus Wilhelmstraße 72 für den Prinzen Friedrich erworben, der jedoch überwiegend in den Rheinlanden lebte.[78]

Bei den Radziwills waren auch die Kinder des Königs, nach dem Tode der Königin Luise 1810 zu Halbwaisen geworden, zu Hause. Möglicherweise früh mußte die Vorstellung entstanden sein, das gegenüberliegende Ordenspalais dem Prinzen Wilhelm als Stadtwohnung zuzuweisen, doch verwies dieser, nachdem 1822 seine Liebe zu Elisa Radziwill aus Gründen der Staatsräson nicht erfüllt werden konnte, diesen Platz seinem Bruder Karl zu[79], der Ende 1826 Schinkel mit dem Umbau des Hauses aus dem 18. Jahrhundert beauftragte. Aus einer Untersuchung Schinkels, der 1828/1829 als künftigen Wohnort für den Prinzen Wilhelm insgesamt drei Standorte in der Wilhelmstraße in Betracht zog, ergab sich, für wie bedeutsam die Wilhelmstraße als Wohnort für die Prinzen erachtet wurde. Schließlich nahm 1829 noch Prinz Albrecht in der Wilhelmstraße 102 seine Stadtwohnung.[80]

Die Baustruktur der Wilhelmstraße veränderte Schinkel, der mit den Umbauten der prinzlichen Palais beauftragt wurde, nicht: Abbrüche fanden nicht statt, die vorgefundenen Baukörper blieben erhalten, beim Palais des Prinzen Albrecht sogar das Erscheinungsbild des barocken Ursprungsbaus. Lediglich das Haus des Prinzen Karl erhielt eine neue Fassade.

In den dreißiger Jahren wurde die Wilhelmstraße – im Gegensatz zur Straße Unter den Linden und der Leipziger Straße – im Handbuch des Freiherrn von Zedlitz nicht einmal der Erwähnung für wert

---

73 *Berlin und seine Bauten* ... (wie Anm. 8), T. 1, S. 352.
74 L. Demps, *Berlin-Wilhelmstraße* ... (wie Anm. 16), S. 124.
75 *Berlin und seine Bauten* ... (wie Anm. 8), T. 1, S. 308f.
76 E. Haider, *Versunkenes Deutschland:* ... (wie Anm. 56), S. 54; Johannes Sievers, *Die Arbeiten von K. F. Schinkel für Prinz Wilhelm, späteren König von Preussen* (= Karl Friedrich Schinkel. Lebenswerk), Berlin 1955, S. 28.
77 Johannes Sievers, *Bauten für die Prinzen August, Friedrich und Albrecht von Preussen. Ein Beitrag zur Geschichte der Wilhelmstraße in Berlin* (= Karl Friedrich Schinkel. Lebenswerk), Berlin 1954, S. 7.
78 J. Sievers, *Bauten für die Prinzen August* ... (wie Anm. 77), S. 95f.
79 Malve Gräfin Rothkirch, *Prinz Carl von Preußen. Kenner und Beschützer des Schönen 1801–1883*, Osnabrück 1981, S. 53f.
80 J. Sievers, *Bauten für die Prinzen August* ... (wie Anm. 77), S. 129.

befunden. Sie erlebte einfach nur den Endpunkt ihrer Entwicklung als Straße des preußischen Adels, und von den bereits vorhandenen Ministerien ging offensichtlich keine die Öffentlichkeit prägende Wirkung aus. Daß in ihr jetzt auch verstärkt bürgerliche Grundeigentümer anzutreffen waren, entsprach nur den Gepflogenheiten, wie sie seit dem 18. Jahrhundert bestanden. Tatsächlich war der Adel als Grundeigentümer in der klassischen Strecke zwischen Leipziger Straße und Straße Unter den Linden während der Wende zum 19. Jahrhundert zunächst weit in der Überzahl; die Witwe Francken auf Nummer 60, ihr gegenüber der Materialist Welchenberger und der Bildhauer Bardou auf Nummer 71 waren die einzigen, die weder von Adel waren noch eine Hofcharge innehatten.[81] Und daß der Wilhelmstraßen-Adel unter sich blieb, belegen die Vermietungen von Wohnungen an Offiziere. Von den Offizieren des Infanterie-Regiments Nr. 25 (von Möllendorff), das seit 1779 in Quartieren im Umkreis der Dreifaltigkeitskirche sowie in Kasernen am Halleschen Tor untergebracht war[82], wohnte lediglich der Fähnrich von Schütze bei Baron von Hagen in Nummer 72, sonst hatte sich kein Offizier dieses Regimentes hier einquartiert; der Wilhelmplatz andererseits gehörte schon zum Einzugsbereich des Infanterie-Regiments Nr. 19 (von Götze).[83]

Das Leben sicherlich nicht nur der Offiziere, sondern wohl auch der Bewohner in der Wilhelmstraße schilderte Moltke, der 1840 nahe dem Leipziger Platz wohnte, so: »Morgens um sechs stehe ich auf und bade, dann lasse ich mir meine Flasche Brunnen nach dem Tiergarten tragen, wo ich trinke und spazierengehe bis gegen acht Uhr. Darauf gehe ich nach Hause, rauche eine lange türkische Pfeife und frühstücke meinen Kakao. Hierauf mache ich meine schriftlichen Geschäfte ab und gehe um zwölf Uhr zum Vortrag. Wenn selbiger beendet, mache ich die notwendigen Gänge in die Stadt, gehe ich in mein Speisehaus und finde, wenn ich nach Hause komme, die Zeitung, wehre mich gegen den Schlaf ... und setze mich, sobald der kühle Abend kommt, zu Pferd und mache einen Ritt. Dann gehe ich vielleicht einen Augenblick ins Theater oder zu Bekannten ... und kehre um zehn oder elf in meine freundliche, aber einsame Wohnung zurück, setze mich in einen weichen Lehnstuhl ans Fenster ...«[84] Es war die Gemächlichkeit des Biedermeier – deutlich unterschieden vom Sturmesbrausen der Bismarckzeit.

Die Niederlassung der Ministerien

Üblich war bis dahin die Unterbringung der Ministerien fast ausschließlich in Altbauten, die noch in den dreißiger Jahren ohne städtebauliche oder stadträumliche Konzentration überwiegend in der Friedrichstadt an verschiedenen Stellen – wenn auch mit einem gewissen Schwerpunkt in der Leipziger Straße – deshalb untergebracht werden konnten, weil sie mit dem Staatsministerium unter dem Vorsitz des Kronprinzen ohnehin im Stadtschloß ihren überragenden Schwerpunkt hatten.[85]

---

81 Neander von Petersheiden, *Neue Anschauliche Tabellen von der gesamten Residenz-Stadt Berlin, oder Nachweisung aller Eigenthümer*, Berlin 1801, S. 208f.
82 Günther Gieraths, *Die Kampfhandlungen der brandenburgisch-preußischen Armee 1626–1807. Ein Quellenhandbuch* (= Veröffentlichungen der Historischen Kommission zu Berlin beim Friedrich-Meinecke-Institut der Freien Universität Berlin. Quellenwerke, Bd. 3), Berlin 1964, S. 86.
83 N. v. Petershagen, *Neue anschauliche Tabellen ...* (wie Anm. 81), Anhang zur neuen Tabelle von Berlin, S. 7ff.
84 Zitiert nach Hanns Martin Elster (Hrsg.), *Helmuth von Moltke. Ein Lebensbild nach seinen Briefen und Tagebüchern*, Stuttgart 1923, S. 161.
85 Leopold Freiherr von Zedlitz, *Neuestes Conversations-Handbuch für Berlin und Potsdam zum täglichen Gebrauch für Einheimische und Fremden aller Stände*, Berlin 1834, S. 480ff. Die Büros des Staatsministeriums befanden sich im Hause Leipziger Straße 55 und 56, das Ministerium der auswärtigen Angelegenheiten Unter den Linden 71, das Ministerium der Finanzen am Festungsgraben 1, das Ministerium der geistlichen, Unterrichts- und Medicinalangelegenheiten Leipziger Straße 19, über den Standort des Ministeriums des Innern und der Polizei Leipziger Straße 55, das Ministerium der Justiz Wilhelmstraße 74, das Ministerium des Königl. Hauses und der Königl. Familie Behrenstraße 68, das Ministerium des Krieges Leipziger Straße 5–6, das Ministerium des Schatzes und die Staats-Buchhalterei Breite Straße 35.

Das Stadtschloß als Sitz des Staatsministeriums und des Staatsrates bildete das Zentrum des hierarchischen Staatsgefüges, in dem ein Parlamentsgebäude noch keinen Platz beanspruchte. Lediglich das Justiz-Ressort war seit Ende des 18. Jahrhunderts (seit 1799) in der Wilhelmstraße zu Hause[86], und erst im Jahre 1819 bezog das Auswärtige Amt das Palais Wilhelmstraße 76; 1820 bezog das Kriegsministerium das Happesche Palais in der Leipziger Straße; wenige Jahre später wird Schinkel Unter den Linden die Vereinigte Artillerie- und Ingenieur-Schule bauen.

Erst gegen 1860 hatten sich die Einrichtungen des königlichen Hofes und des preußischen Staates in der Wilhelmstraße und ihrer Umgebung[87] mit der Folge festgesetzt, daß sich hier auch die Gesandtschaften der deutschen und ausländischen Staaten niederließen.[88] Die Entwicklung, wie sie sich nach der Reichsgründung ergeben wird, bereitete sich somit bereits in der preußischen Zeit der Wilhelmstraße vor. Und als Bismarck 1862 preußischer Ministerpräsident geworden war und in die Wilhelmstraße 76 einzog, trug seine Standortwahl der bereits in Gang befindlichen Konzentration nur Rechnung.

Ausgebildet war auch das Gedankengebäude, nach dem Berlin die Rolle der künftigen Reichshauptstadt zufallen sollte: Aus dem Scheitern von 1848 wurde die Lehre gezogen, daß die deutsche Einigung nur Folge eines machtpolitischen Zusammenschlusses sein könne und der preußische Staat dabei die Führerrolle zu übernehmen habe. »In seiner ›Geschichte der Preußischen Politik‹ gab Droysen dieser Forderung ... die geschichtstheoretische Deckung«.[89]

Die Neubauten unter Friedrich Wilhelm IV.

In der Vor-Bismarckschen Ära entstanden unter Friedrich Wilhelm IV. nach 1840 in Abständen von jeweils einem Jahrzehnt und immer als Um- und Erweiterungsbauten barocker Adelspalais beziehungsweise der Gold- und Silbermanufaktur drei Ministerien: 1845 bis 1846 das Kriegsministerium in der Leipziger Straße, 1854 bis 1856 das Ministerium für Handel, Gewerbe und öffentliche Arbeiten Wilhelmstraße 79[90] und 1865 bis 1872 das Justizministerium Wilhelmstraße 65. Alle drei Bauten entstanden in der Bauabteilung des Ministeriums für Handel, Gewerbe und öffentliche Arbeiten beziehungsweise der Oberbaudeputation als der Vorgängerbehörde, denen Friedrich August Stüler seit 1842 als Oberbaurat in der Oberbaudeputation und schließlich als Ministerial-Baudirektor im Handelsministerium angehörte[91], in dieser Position 1866 von Ferdinand Hermann Gustav Möller gefolgt.[92] Alle drei Bauten sind seine Entwürfe, selbst wenn ein Jahr nach seinem Tode für das Justizministerium Möller als Urheber des Entwurfes genannt wird – zumindest ist die Handschrift der von Stüler geprägten Behördenarchitektur deutlich.

Mit dem Kriegsministerium begann sich in breite-

---

86 L. Demps, *Berlin-Wilhelmstraße* ... (wie Anm. 16), S. 84ff.

87 Vgl. Robert Springer, *Berlin. Ein Führer durch die Stadt und ihre Umgebungen,* Leipzig 1861, S. 94ff. Danach sind untergebracht: Das zum Hofstaat des Königs zählende Ministerium des königlichen Hauses Wilhelmstraße 73, das geheime Cicil-Kabinett Leipziger Straße 56. Das Staatsministerium Wilhelmstraße 74, das Ministerium der auswärtigen Angelegenheiten Wilhelmstraße 76 und 61, das Ministerium für Handel, Gewerbe und öffentliche Arbeiten Wilhelmstraße 79 und Unter den Linden 47, das Ministerium der Justiz Wilhelmstraße 65, das Ministerium der geistlichen, Unterrichts- und Medicinal-Angelegenheiten Unter den Linden 4, das Ministerium des Innern Unter den Linden 73, Ministerium der Finanzen Festungsgraben 1, Ministerium des Kriegs Leipziger Straße 5–8 und Wilhelmstraße 81, Ministerium für landwirtschaftliche Angelegenheiten Schützenstraße 26, Ministerium für die Marine Leipziger Straße 19.

88 R. Springer, *Berlin* ... (wie Anm. 87), S. 96.

89 Hans Wilderotter, *Berlin. Die Wilhelmstraße – Regierungsmeile in der Reichshauptstadt,* in: *Hauptstadt* ... (wie Anm. 1), S. 331.

90 Das 1848 gegründete Ministerium wurde im gleichen Jahr hier eingewiesen.

91 U. Kieling, *Berliner Baubeamte* ... (wie Anm. 58), S. 89.

92 U. Kieling, *Berliner Baubeamte* ... (wie Anm. 58), S. 67.

Wilhelmstraße 65, Preußisches Justizministerium
Architekt: Friedrich August Stüler, 1865–1872

rem Umfang eine neue Zeit zu artikulieren, die – wie zuvor schon Schinkel mit seinem Palais Redern am Pariser Platz – den Maßstab, aber auch die Betulichkeit der Barockstadt und hier der Wilhelmstraße endgültig zu sprengen unternahm. Aus dem Schinkelschen Quaderstil und seinem Vorbild, der Florentiner Palastarchitektur, wohl aber auch der Vorliebe des Königs für endlose Pfeilerstellungen entstand mit dem Kriegsministerium ein Monumentalbauwerk von außerordentlicher Strenge, das wenige Jahre später mit dem lange Zeit als schönstes Wohnhaus Berlins geltenden Bierschen Haus[93] von Strack Leipziger Straße Ecke Leipziger Platz aus dem Anfang der fünfziger Jahre sogar einen fast direkten Nachfolger fand. Seine Herkunft aus dem Schinkelschen Quaderstil belegte schräg gegenüber an der Straßenkreuzung Leipziger Straße Ecke Wilhelmstraße auch das Haus Wilhelmstraße 59 des »Hamburgischen Minister Residenten Herrn Godeffroy«, 1841 bis 1842 umgebaut sowie nach üblicher Praxis aufgestockt und nachfolgend als Britische Botschaft genutzt.[94] Nicht zuletzt deutete auch der

---

93 *Berlin und seine Bauten ...* (wie Anm. 8), T. 2, S. 463; hier wird die Fassade als »in edlen hellenischen Formen« durchgebildet bezeichnet.
94 L. Demps, *Berlin-Wilhelmstraße ...* (wie Anm. 16), S. 97. Wie geläufig diese Architektur besonders in der ersten Hälfte der vierziger Jahre gewesen war, gaben

Neu- und Umbau der Russischen Botschaft Unter den Linden 7 (1840 bis 1841) nach dem Entwurf von Knoblauch auf eine Variante dieses Quaderstils wie auf den sich herausbildenden Standort Wilhelmstraße.

Letztlich war das Kriegsministerium Ausdruck des Zeitgeschmacks, es beanspruchte als eigene Gebäudegattung noch keine Sonderstellung in seinem Erscheinungsbild wie die Ministerialbauten eine Generation später.

Die beiden nachfolgenden Ministerien – das Ministerium für Handel, Gewerbe und öffentliche Arbeiten sowie das Justizministerium – machten deutlich, wie sehr sich die Architektur in den nachfolgenden fünfziger und sechziger Jahren über einen langen Zeitraum verfestigt hatte. Der Quaderstil besaß keine Verbindlichkeit mehr, man folgte jetzt in freier Annäherung den Formen der italienischen Renaissance. Erkennbar wiederum aber auch, daß mit den beiden Bauten der siebziger Jahre Unter den Linden diese ältere Tradition der preußischen Ministerialbauten aus den fünfziger und sechziger Jahren beendet worden war.

Die Privatbauten

Die Privatbauten scheinen sich dieser formalen Entwicklung nicht angeschlossen zu haben: Wilhelmstraße 69A, entstanden nach einer Grundstücksteilung von 1856[95] in einem wenn auch viel bescheideneren Fassadenaufbau vergleichbar dem des Palais des Grafen Arnim Pariser Platz 4 von 1857 bis 1858, und die sicherlich noch später errichteten Gebäude Wilhelmplatz 2[96] und Wilhelmplatz 7 entzogen sich einem solchen offiziellen Stil und blieben in der Berliner Tradition von Wohnhäusern.

Die Wilhelmstraße nach der Gründerkrise

Die privaten Häuser

Die Mischung von Privat- und Staatsbauten in der Wilhelmstraße setzte sich auch noch nach den siebziger Jahren fort. Mit dem Haus Behrenstraße 1 Ecke Wilhelmstraße von Cremer & Wolffenstein[97] von 1885 bis 1886 in den jetzt modern werdenden Formen des Neubarock hielt sogar der Typus des Wohn- und Geschäftshauses Einzug in die Straße – das Erdgeschoß diente gewerblichen Zwecken, wenn dieser auch hinter der Fassade eines hochanständigen Miethauses versteckt wurde. Neben dem Barock, der in der Architektur dieser Jahre noch nicht selbstverständlich war, trat die deutsche Renaissance auf – so Voßstraße 33, gebaut 1886 nach dem Entwurf von Ende und Böckmann.[98]

Die noble Fassade von Cremer & Wolffenstein, immer noch klassisch dreigeschossig, erhielt 1888 mit dem fünfgeschossigen Mietwohnhaus Wilhelmstraße 62 mutmaßlich nach dem Entwurf des Baumeisters Bernhard Hoffmann[99] eine laute Konkurrenz mit einer detailreichen Maurermeisterfassade, wobei das Schicksal gerade dieses Hauses deutlich macht, daß mit Anwesen der Wilhelmstraße nach dem Ende des Gründerkrachs von 1873 und der Belebung der Baukonjunktur in den achtziger Jahren auch kräftig spekuliert wurde.

Die öffentlichen Bauten

Die 1890 bis 1892 auf dem Grundstück Wilhelmplatz 6 Ecke Zietenplatz nach dem Entwurf des

---

auch das 1842 von Stüler für den Hofzimmermeister Sommer entworfene und 1844 gebaute Haus Pariser Platz 6 sowie das nördliche Eckgrundstück Pariser Platz/Unter den Linden, ebenfalls aus den vierziger Jahren, zu erkennen. Aus dieser Zeitstimmung wird auch das Eckhaus Wilhelmstraße 68B/Unter den Linden mit seinen gequaderten ersten beiden Geschossen und mit der Loggia im dritten Stockwerk, die an die Stülerschen Häuser am Pariser Platz erinnert, entstanden sein.

95 L. Demps, *Berlin-Wilhelmstraße* ... (wie Anm. 16), S. 120.
96 L. Demps, *Berlin-Wilhelmstraße* ... (wie Anm. 16), S. 131f.
97 Hugo Licht (Hrsg.), *Die Architektur Berlins. Sammlung hervorragender Bauten der letzten zehn Jahre*, Berlin [1877], Tf. 91–92.
98 *Zeitschrift für Bauwesen* 37 (1887), Sp. 499ff.
99 L. Demps, *Berlin-Wilhelmstraße* ... (wie Anm. 16), S. 300.

aus der preußischen Baubehörde stammenden Landbauinspektors Hermann Ditmar[100] entstandene »Kur- und Neumärkische Haupt-Ritterschafts-Direction«[101] belegte zu diesem Zeitpunkt mit den »in schweren florentiner Renaissanceformen gegliederten Facaden« nur die Langzeitwirkung der Ministerialarchitektur des Deutschen Reiches seit den siebziger Jahren, die zu diesem Zeitpunkt, als sie von der preußischen Baubürokratie aufgegriffen wurde, indessen bereits alle Merkmale von Rückständigkeit aufzuweisen begann. Daß sich die preußische Baubürokratie jetzt tatsächlich dieser Formenwelt angeschlossen hatte, machte das Ministerium der öffentlichen Arbeiten mit seinem neuerlichen Erweiterungsbau Leipziger Straße 125[102] von 1892 bis 1894 deutlich, der sich nur dadurch von dem Gebäude am Zietenplatz unterschied, indem im oberen Fassadenbereich zwei Stockwerke durch übergreifende Blenden zusammengefaßt wurden und so neben den anderen Gestaltungsmitteln die einfache Addition der Geschosse vermeiden half. Der Entwurf stammte von Baurat Paul Kieschke. In nichts ist zu verspüren, daß zu dieser Zeit die Moderne in der Architektur Berlins begann und sich wenige Jahre später nur einige Häuser entfernt mit Alfred Messels Kaufhaus Wertheim durchzusetzen beginnen wird.

1894 konnte – nach der Fertigstellung des Reichstages am Königsplatz – endlich auch der von Baurat Friedrich Schulze bis 1892 entworfene preußische Landtag mit seinen beiden Häusern, zunächst dem Abgeordnetenhaus, danach dem Herrenhaus, im Bau begonnen werden. Zur an der Prinz-Albrecht-Straße gelegenen Abgeordnetenhaus-Fassade schien immer noch eine Traditionslinie vom preußischen Innenministerium her durch.

Ein neuer Beginn

Diese Befangenheit der preußischen Baubürokratie in herkömmlichen Bindungen änderte sich gegen 1900, als Alfred Messel längst die Moderne befördert und Stadtbaurat Ludwig Hoffmann mit seinen Bauten für die Stadt Berlin einen neuen künstlerischen Anspruch für öffentliche Bauwerke belegt hatte.

Der gleiche Paul Kieschke, der wenige Jahre zuvor den Erweiterungsbau des Ministeriums für Öffentliche Arbeiten gebaut hatte, entwarf unmittelbar an der Jahrhundertwende den 1900 bis 1902 ausgeführten Neubau des Preußischen Staatsministeriums Wilhelmstraße 63. Gebaut in den Formen des in Berlin und Potsdam heimischen Barock löste es die Staatsarchitektur aus der Internationalität von Renaissance- und Barockformen und führte auch im Staatsbauwesen mit der Nebenwirkung einer legitimierenden Berufung auf die eigene Geschichte so etwas wie eine Art Heimatstil ein. Die zeitgenössische Besprechung dieses Bauwerkes bekundete: »Die Architektur des Aeußern und Innern zeigt maßvolle barocke Formen, wie sie den Berliner und Potsdamer Bauten des Barockstils eigen sind.«[103]

Gewisse Assoziationen stellen sich zu den Fassaden des Berliner Stadtschlosses ein, direktere formale Annäherungen ergeben sich beispielsweise zum Palais des General von Grumbkow in der Königs- (Rathaus-)straße in Berlin von 1724.[104] Eine solche formale Auszeichnung ließ sich jedoch mutmaßlich nur aus der Zweckbestimmung des Hauses als Staatsministerium ableiten und

---

100 U. Kieling, *Berliner Baubeamte ...* (wie Anm. 58), S. 20.
101 *Berlin und seine Bauten ...* (wie Anm. 8), T. 2, S. 370ff.
102 *Hauptstadtplanung und Denkmalpflege. Die Standorte für Parlament und Regierung in Berlin* (= Beiträge zur Denkmalpflege in Berlin, H. 3), hrsg. von der Senatsverwaltung für Stadtentwicklung und Umweltschutz, Berlin 1995, S. 74f.
103 *Das neue Dienstgebäude für das preußische Staatsministerium in Berlin*, in: Zentralblatt der Bauverwaltung 23 (1903), S. 107.
104 Werner Martin, *Manufakturbauten im Berliner Raum seit dem ausgehenden 17. Jahrhundert* (= Die Bauwerke und Kunstdenkmäler von Berlin, Beih. 18), Berlin 1989, S. 169; vgl. aber auch das Immediathaus des Kammerherrn von Ammon in der Charlottenstraße/Gendarmenmarkt, mutmaßlich nach dem Entwurf von Unger um 1781; s. Harald Brost/Laurenz Demps, *Berlin wird Weltstadt*, Leipzig 1981, S. 251.

Wilhelmstraße 64, Civil-Kabinet des Kaisers
Architekt: Carl Vohl, 1898

Legitimationslinie als das heimische Barock des frühen 18. Jahrhunderts bemühen.

Die Jahre gegen 1900 leiteten auch im Staatsbauwesen ein neues Architekturverständnis ein: »... so trifft man ... heute fast ausnahmslos nur auf die Verarbeitung von Anregungen, die von draussen her aus der unmittelbaren Gegenwart gekommen sind und mit Museumsstücken und mit der gesamten Überlieferung der Vergangenheit so gut wie nichts mehr zu thun haben. Nicht nach rückwärts mehr schaut man, sondern nach vorwärts ...«[106] Eine Besprechung[107] der Staatsarchitektur auf der Großen Berliner Kunstausstellung von 1904 stellt denn auch unumwunden zwei Sachverhalte fest: »Mit der zunehmenden Kulturentwicklung und dem steigenden Nationalvermögen ... ist an die Stelle der früheren Zurückhaltung eine bei vielen Bauten fast medicäische Latitüde getreten ...« Und: »So läßt sich aus dieser kurzen Darstellung [das heißt, der preußischen Staatsarchitektur] das eine vor allem erkennen, daß trotz der Zentralisierung des Arbeitsdienstes der preußischen Bauverwaltung doch mit Erfolg die Einförmigkeit bekämpft wird. So viele Bauten, so viele individuelle Behandlungen, nicht alle auf der gleichen künstlerischen Höhe, alle aber von dem Bestreben erfüllt, ihren Platz würdig auszufüllen und in der Baugeschichte der betreffenden Stadt die Bedeutung des Bauwerkes seiner Bestimmung auch in seiner künstlerischen Haltung zum Ausdruck zu bringen.«

Zum Vorläufer dieser Entwicklung machte sich in den späten neunziger Jahren das »Civil-Kabinet« des Kaisers Wilhelmstraße 64, errichtet 1898 und entworfen von Regierungs- und Baurat Carl Vohl[108] aus der preußischen Baubürokratie. Mit

blieb eine der besonderen Stellung des Hauses vorbehaltene Kennzeichnung, selbst wenn es Absicht der Bauabteilung des Ministeriums war, die öffentlichen Bauten »dem Hauptcharakter der Stadt, in der sie errichtet wurden, anzupassen«.[105] Der ebenfalls von Paul Kieschke nahezu zeitgleich entworfene und 1901 bis 1903 errichtete Erweiterungsbau des »Ministeriums der geistlichen, Unterrichts- und Medicinal-Angelegenheiten« Wilhelmstraße Ecke Behrenstraße mußte in diesem Sinne mit seinen renaissancezistischen Formen für ein Kultusministerium eine andere

---

105 *Die Architektur auf der Großen Berliner Kunstausstellung 1904,* in: *Deutsche Bauzeitung* 38 (1904), S. 490.
106 *Berliner Architekturwelt* 3 (1901), S. 292.
107 *Die Architektur ...* (wie Anm. 105), S. 490.
108 Zu Carl Vohl liegen keine Nachrichten vor. Da er 1902 am Bau des Kaiserlichen Criminal-Gerichtes in Moabit als Regierungs- und Baurat nachweisbar ist, darf auf seine Zugehörigkeit zur Bauverwaltung geschlossen werden. Andererseits wird er im Handbuch des preußischen Staates geführt.

der jetzt angestrebten Flächenwirkung der Fassade läßt sich eine stilistische Übereinstimmung mit der privaten Bautätigkeit[109] erkennen, während der Typus des Gebäudes im Sinne der Zeitauffassung mutmaßlich aus der Geschichte der Wilhelmstraße abgeleitet in freier Assoziation das Palais des 18. Jahrhunderts zum Gegenstand nahm. Das »Civil-Kabinett« leitete somit das benachbarte Staatsministeriums ein, das indessen sehr viel wörtlicher mit der Baugeschichte umgehen wird.

Die Reichskanzlei

Sicherlich angesichts der vielfältigen Bautätigkeit gegen 1900 nicht zufällig wird, nachdem im Jahre 1900 Bernhard von Bülow zum neuen Reichskanzler ernannt worden war, auch das Reichskanzlerpalais – wiederum unter Schonung des Saales – bis 1901 unter der künstlerischen Oberleitung des kaiserlichen Hofarchitekten Ernst von Ihne, der die Ausstattung im Renaissance-Geschmack der Bismarckzeit entfernen und zum Teil durch echte Antiquitäten italienischer Provenienz ersetzen ließ, umgebaut.[110] »Und mit der äußeren Form« – so notiert die Baronin Spitzemberg in ihrem Tagebuch am 1. Februar 1902 – »haben auch die Menschentypen gewechselt, die hier verkehren.«[111]

Die Menschentypen werden indessen in wenigen Jahren erneut wechseln. Am 13. November 1918, vier Tage nach Ausbruch der Revolution, notiert Harry Graf Kessler: »Um eins ging ich zu Haase ins Reichskanzlerpalais. Im schönen Empirevestibül viele wartende Bittsteller in Schlapphüten. Nie ist hier ein solche Gedränge gewesen. Ein kleiner Junge, der als Laufbursche amtiert, wies mich in den ersten Stock, wo noch einige be-

Wilhelmstraße 63, Preußisches Staatsministerium
Architekt: Paul Kieschke, 1900–1902

frackte Diener aus der früheren Zeit ihren Dienst versahen. Zum letzten Male war ich vor acht Tagen, noch unter dem Prinzen Max zu Anfang des débâcle, hier; seitdem rapider Fortschritt in der Verwahrlosung. Die Boheme ist eingedrungen. Der Kongreßsaal war leer bis auf einen Literaten mit einer roten Schleife im Knopfloch, der mit mir wartete.«[112]

109 Vgl. *Berlin und seine Bauten ...* (wie Anm. 8), T. 3, S. 223.
110 E. Haider, *Versunkenes Deutschland ...* (wie Anm. 56), S. 64.
111 Zitiert nach *ebda.*
112 Harry Graf Kessler, *Tagebücher 1918–1937*, hrsg. v. Wolfgang Pfeiffer-Belli, Frankfurt am Main 1961, S. 23.

Harald Bodenschatz

Hauptstadtplanungen aus der Perspektive der Stadt

Hauptstadtplanungen aus der Perspektive der Stadt – wie soll dieses Thema verstanden, eingegrenzt, operationalisiert werden? Die Existenz einer spezifischen Perspektive der Stadt setzt implizit einen Widerspruch voraus: den Widerspruch zwischen Staat und Stadt. Ob ein solcher Widerspruch überhaupt existiert, ist nach 1989 oftmals in Frage gestellt worden. Einer ihrer Identität beraubten Stadt, die wieder Hauptstadt werden will, fehlt manchmal das Selbstbewußtsein, diesen Widerspruch wahrzunehmen, zu artikulieren und eigene Interessen zu vertreten. Zum anderen wurde seitens der kritischen Öffentlichkeit gerade dieser Widerspruch immer wieder thematisiert – insbesondere hinsichtlich der Planungen für Staatsfunktionen im Umfeld des Schloßplatzes. Dabei ging es nicht um eine Ablehnung der Verortung des Staates in der Stadt, sondern um eine »stadtverträgliche« Integration der Staatsfunktionen im Zentrum von Berlin.

Historisch ist der Widerspruch zwischen Staat und Stadt nicht zu leugnen – trotz aller neuerlichen Hohenzollernverehrung. Doch weder der politische und soziale Widerspruch zwischen Stadtbürgerschaft und Landesherren beziehungsweise staatlichem Apparat noch die Art und Weise der im Rahmen dieses Widerspruches sich entwickelnden Stadtentwicklung soll hier Gegenstand der Erörterung sein, sondern einzig und allein die städtebaulichen Folgen und Wirkungen der stadträumlichen Verortung des staatlichen Apparates, der räumlichen Präsenz des Staates in der Stadt. Dabei geht es mir nicht um die architektonische Form im engeren Sinne, um das Verhältnis von Herrschaft und Architektur, sondern um ein städtebauliches Problem, um die Frage: Welche Bedeutung haben die Standorte des Staatsapparates für die Entwicklung der Stadt? Doch auch eine solche Fragestellung ist noch zu weit formuliert. Mein Thema ist begrenzter, nämlich die Frage nach der Herausbildung stadträumlicher Barrieren durch Anlagen des Staatsapparates. Oder schlicht und etwas vereinfacht gefragt: Wo hat sich der Staat als ein Hemmnis der stadtbürgerlichen Entwicklung erwiesen? Das ist natürlich alles andere als eine einfache Frage. Ich kann mich den Antworten hier nur exemplarisch nähern.

Zuallererst stellt sich eine weitere Frage: Was ist denn eine stadträumliche Barriere? Hier läßt sich eine ganze Palette unterschiedlicher Typen aufzählen: etwa Geländeunterschiede, die eine kontinuierliche Stadtentwicklung ausschließen oder zumindest erschweren, oder große Flüsse, die nur mit erheblichem Aufwand zu überwinden sind. Neben solchen natürlichen Barrieren wären gesellschaftlich produzierte Barrieren zu erwähnen, etwa Anlagen der städtischen Infrastruktur, die Passagen beschränken. Ein klassisches Beispiel hierfür sind historische Stadtmauern. Zu stadträumlichen Barrieren zählen weiterhin raumgreifende monofunktionale Bauten und Anlagen, vor allem herrschaftlicher Art, wie etwa Schlösser, aber auch große Industriezonen, Krankenhausanlagen, Militäranlagen, Verkehrsschneisen, etwa Eisenbahngelände mit ihren Personen- und Güterbahnhofsbereichen sowie Flughafengelände. Daß der Charakter solcher Barrieren sich historisch verändern kann, versteht sich von selbst. Und daß Barrieren nicht a priori »gut« oder »böse« sind, ebenfalls. Nur im konkreten historisch-stadträumlichen Kontext lassen sich Barrieren fruchtbar diskutieren.

Wenn wir an gesellschaftlich produzierte Barrieren – und um diese allein geht es im folgenden – in Berlin denken, so ist zuallererst die Mauer zu erwähnen, die härteste stadträumliche Barriere in der Geschichte Berlins. Bekannt ist auch die berühmte Eisenbahnbarriere zwischen Schöneberg und Kreuzberg, die durch den spektakulären Straßenraum zwischen Bülow- und Katzbachstraße mühsam überwunden wird. Weitere großräumige Barrieren in der Innenstadt sind der Flughafen Tempelhof, vormals ein Exerziergelände, die Stadtautobahn usw.

Solche Barrieren verhindern die Vernetzung der Stadt. Das ist der Kernpunkt des Problems: Stadt konstituiert sich wesentlich durch die Vernetzung öffentlicher Räume. Natürlich gibt es hinsichtlich der »Öffentlichkeit« von Räumen eine große, kontroverse Debatte und keine konsensfähige simple, abstrakte Definition jenseits historisch unterschiedlicher Gesellschaftsformationen. Mit dem Begriff »öffentlicher Raum« ist jedenfalls auch die Qualität der Vernetzung angesprochen. Städtische Vernetzung vermittelt sich nicht über die Konzentration privater Automobile; eine solche Konzentration erzeugt lediglich Transitzonen, die die durchpflügten Orte ignorieren.

Noch eine Anmerkung zum Begriff Hauptstadtplanungen. Hauptstadt wird von mir ausschließlich im engeren Sinne verstanden, als Präsenz des Staates in der Stadt. Und zwar in historischer Dimension. Da gerade staatliche Anlagen in der Regel kein Ergebnis von Stadtplanung sind, werde ich mich nicht nur mit Hauptstadtplanungen beschäftigen, sondern auch mit der Hauptstadtentwicklung. In planerischer, nicht in baulicher Hinsicht, kann die Verortung des Staates in Berlin – etwas zugespitzt – immer als ungeplantes Provisorium betrachtet werden.

Ich werde im folgenden drei Standorte staatlicher Herrschaft hinsichtlich der Barrierenwirkung diskutieren. Zuerst natürlich das Schloßareal, den einstigen Sitz des Landesherrn und Ort symbolischer Herrschaft. Dann die Wilhelmstraße, den einstigen Sitz bürokratischer Herrschaft, die sich vom Landesherrn zunehmend emanzipiert hat, und schließlich den Spreebogen, den Ort vornehmlich parlamentarischer Herrschaft, die in Berlin bislang nur sehr unvollkommen funktioniert hat. Daß alle drei Orte nach 1989 Gegenstand heftiger städtebaulicher Auseinandersetzungen geworden sind, Thema des Widerspruchs zwischen Stadt und Staat, Orte, an denen der Verdacht einer Barrierewirkung staatlicher Anlagen haftete, ist kein Zufall. Perspektive der Stadt – das bedeutet auch Konflikt und Widerspruch, und zwar nicht nur heute, sondern auch im Blick auf die Vergangenheit der drei wesentlichen Orte staatlicher Herrschaft.

Die planlose Herausbildung potentieller staatlicher Barrieren in der Stadt bis zum Ersten Weltkrieg

Eine erste Barriere: das Berliner Stadtschloß?

Die im 15. Jahrhundert auf der nördlichen Spreeinsel begründete »Zwingburg« der Hohenzollern lag außerhalb der bürgerlichen Doppelstadt. Damit hatte die neue Burg zunächst eine gewaltige westlastige Schieflage gegenüber der älteren Bürgerstadt. Sie entwickelte sich eigentlich erst nach dem Dreißigjährigen Krieg zum Angelpunkt der weiteren Stadtentwicklung Berlins. Zu einem Angelpunkt, der sich mehr und mehr als eine strategische Barriere entpuppte.

Zunächst war es aber unklar, welcher Entwicklung sich das Schloß in den Weg stellen sollte. Noch im 17. Jahrhundert deutete alles darauf hin, daß sich das Schloß nach Osten hin orientieren würde, daß die alte stadtbürgerliche Hauptstraße, die Georgenstraße, zur neuen absolutistischen Prachtstraße ausgebaut werden sollte. Der Einzug des 1701 in Königsberg gekrönten Kurfürsten Friedrich III., nunmehr König Friedrich I. in Preußen, über die Georgenstraße ins Schloß unterstrich diese Orientierung in eindrucksvoller

Programmatische Darstellung des nach Osten hin orientierten Berliner Schlosses
Jean Baptiste Broebes, nach 1700

Weise. Das Georgentor avancierte zum Königstor, die Georgenstraße zur Königstraße.

Die Ostorientierung des Schlosses ist uns programmatisch in einer Ansicht des Kupferstechers und Architekten Jean Baptiste Broebes aus der Zeit um 1701 überliefert. Das diesem Stich zugrundeliegende städtebauliche Konzept geht vermutlich auf Andreas Schlüter zurück. Der Stich zeigt, daß die frühere bürgerliche Hauptstraße des alten Berlin, die Georgenstraße, in einen prächtigen Platz mündet, die neue »Place Royal«, den Königsplatz, der im Norden durch das Schloß und im Süden durch ein neues Marstallgebäude begrenzt wird. Am Ende der Straßenachse steht ein neuer Dom im baulichen Kontext eines Invalidenhauses, der den alten provisorischen Dom, die baufällige ehemalige Kirche der Dominikaner, er-

setzt. Die Ostvariante implizierte also vor allem eine Neuordnung des unregelmäßigen Platzes im Süden des Schlosses. Die neue Lange Brücke über die offensichtlich verbreiterte Spree wird durch die Statue des »Großen Kurfürsten« Friedrich Wilhelm nobilitiert. Dagegen ist die Straße Unter den Linden auf dem Stich als relativ unbedeutende Straße im Hintergrund dargestellt. Überhaupt werden die neuen barocken Vorstädte als zweitklassiger Stadtraum präsentiert, die hinter dem Schloß liegen, auf dessen Rückseite. Die neue Schloßanlage selbst wird als eine gewaltige stadträumliche Barriere gezeigt, die kaum eine Passage zu den Stadtteilen hinter dem Schloß eröffnet.

Die Ostvariante hatte spätestens nach dem Sturz Schlüters keine Zukunft mehr. Der Tod des ersten preußischen Königs Friedrich I. markierte das

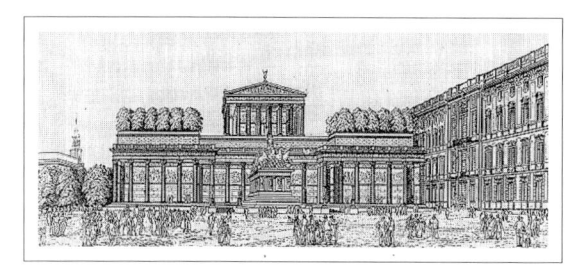

Programmatische Darstellung des nach Westen hin
orientierten Berliner Schloßareals
Karl Friedrich Schinkel, 1823 (1829)

vorläufige Ende des aufwendigen Ausbaus der Schloßanlagen. Mit dem langsamen Aufstieg der Straße Unter den Linden zum Nobelsitz für Regierungs- und herrschaftliche Wohnfunktionen gewann die Westorientierung des Schlosses an Gewicht. Diese Orientierung hatte zugleich den Aufstieg des Bereichs nördlich des Schlosses, des sogenannten Lustgartens, zu Lasten des südlichen Schloßplatzes zur Folge. Der Abbruch des alten Doms auf dem Schloßplatz im Jahre 1747, der gleichzeitige Neubau des Doms im Lustgarten und die Anlage des Forum Fridericianum seit 1741 bekräftigten die veränderten Verhältnisse: Der Schloßkomplex wurde unter der Herrschaft Friedrichs II. auf die neue »Via triumphalis« ausgerichtet, die Straße Unter den Linden. Das Schloß drehte der Altstadt die Rückseite zu, es wurde zu einer Barriere zwischen den östlichen und den westlichen Stadtteilen des historischen Berlin. Die Altstadt blieb seither im Schatten der Stadtentwicklung und verlor an Bedeutung.

Es handelt sich in diesem Falle um eine strategische, weniger um eine stadträumliche Barriere. Das Schloß erwies sich als Motor einer räumlich ungleichgewichtigen Stadtentwicklung, als Baukörper war es dagegen keine Barriere, sondern sogar passierbar. Dennoch war die Barriere auch stadträumlich erfahrbar, und zwar als sackgassenartiger Abschluß der Straße Unter den Linden mit dem barocken Dom und dem Flügel der Schloßapotheke, welche sich beide zur Straße Unter den Linden hin orientierten und die Bürgerstadt im Osten in den Schatten stellten.

Ihre Vollendung fand die Westorientierung des Schlosses durch die städtebauliche Neuordnung in der ersten Hälfte des 19. Jahrhunderts durch Karl Friedrich Schinkel. Dem großen preußischen Architekten blieb es vorbehalten, die strategische Barrierenfunktion des Stadtschlosses planerisch und praktisch auf die Spitze zu treiben. Erinnert sei nur an seinen berühmten Plan aus dem Jahre 1817, der den Bereich östlich des Schlosses schlichtweg ignoriert, dann an seine Ansicht des Lustgartens mit Museum und erneuertem Dom aus dem Jahr 1823, der die Altstadt abpflanzt – ein grandioses Dokument gewollter stadträumlicher Barrierenwirkung. Erst der Durchbruch der Kaiser-Wilhelm-Straße in den achtziger Jahren des 19. Jahrhunderts setzte dem absolutistischen Sackgassencharakter der Straße Unter den Linden ein Ende.

Eine zweite Barriere: die Wilhelmstraße?

Die strategische Westorientierung des Schlosses war für die weitere Standortgeschichte des staatlichen Apparates von ausschlaggebender Bedeutung. Die Auslagerung der immer mehr Raum beanspruchenden Herrschaftsfunktionen aus dem Schloßbereich heraus folgte der Orientierung der Landesherren nach Westen – entlang der Straße Unter den Linden bis zum westlichen Stadtrand, zur Wilhelmstraße. Dies war aber zunächst weder abzusehen noch ein Ergebnis einer konkreten Planung. Die Art und Weise des durch den Soldatenkönig forcierten Ausbaus war allerdings eine Voraussetzung für die spätere Herausbildung eines Standortes für Anlagen des Staatsapparates.[1]

Sozialräumlich ist zunächst der Widerspruch zwischen nördlicher und südlicher Wilhelmstraße von besonderem Interesse. Nördlich der Leipziger Straße entwickelte sich ein repräsentativer, sozial privilegierter Stadtraum, während südlich der Leipziger Straße ein einfacher Stadtraum entstand, der allerdings durch das 1737 errichtete

---

1 Vgl. hierzu den Beitrag von Wolfgang Ribbe in diesem Band.

Palais Vernezobre einen Vorzeigebau erhielt. Städtebaulich war die Wilhelmstraße zur Mitte des 18. Jahrhunderts ein seltsames Gebilde: Sie verlief von der Straße Unter den Linden zum Rondell im Süden und wurde nur durch eine einzige Straße gequert, die Leipziger Straße, während nach Osten weitere Straßen abzweigten: nördlich der Leipziger Straße die Behrenstraße und die Mohrenstraße, südlich der Leipziger Straße die Zimmerstraße und Kochstraße. Damit erschien die Wilhelmstraße auf den ersten Blick als gewaltige stadträumliche Barriere – ein Merkmal, das allerdings nicht der Straße selbst, sondern der westlich davon gelegenen Akzisemauer zukam. Denn die Akzisemauer war die wirkliche Barriere, und diese Mauer verhinderte eine Vernetzung der Wilhelmstraße nach Westen.

Der Staatsapparat bemächtigte sich nur sehr langsam seit dem Ende des 18. Jahrhunderts vornehmlich des nördlichen Bereichs der Wilhelmstraße, aber auch der Südseite der Leipziger Straße, die faktisch zum Brückenkopf für eine Erweiterung der Regierungsstandorte nach Süden bis hin zur Kochstraße wurde. Dieser nach der Reichsgründung sich beschleunigende Ausbau erfolgte nicht durch staatliche Planung, sondern im Zuge der zunehmenden Zweckentfremdung herrschaftlicher Wohnsitze. So wurden auch aus den privaten Gärten die Ministergärten. Während aber nördlich der Wilhelmstraße eine kleinteilige Parzellenstruktur weitgehend erhalten blieb, begann südlich der Leipziger Straße ein Prozeß der Herausbildung einer Riesenparzelle, ein Vorgang, der aus der Perspektive der Stadt bedrohlich war. Südlich der Leipziger Straße wirkte nämlich ein Ministerium, das im preußischen Staate von besonderer Bedeutung war: das Kriegsministerium, das an der Leipziger Straße lag und zunächst noch keinen Bezug zur Wilhelmstraße hatte. Die räumliche Expansion dieses Ministeriums kann als Paradebeispiel einer stadtunverträglichen Ausdehnung von Staatsfunktionen in der Stadt gelten.

Doch zurück zur Barrierenfunktion der gesamten Wilhelmstraße. Nach dem Fall der Akzisemauer in der Mitte des 19. Jahrhunderts übernahm die Straße selbst die Barrierenfunktion. Tatsächlich gelang es der Stadt nicht, auf der Westseite der nördlichen Wilhelmstraße weitere Straßen durchzubrechen – mit Ausnahme der Voßstraße. Die Anlagen des Staatsapparates erwiesen sich als nahezu unüberwindliche Barriere. Die Problematik dieser Barriere ist allerdings differenziert zu beurteilen: Aufgrund des angrenzenden Tiergartens war der Barrierencharakter nördlich der Voßstraße nur eingeschränkt wirksam, hier wäre aber noch eine Vernetzung mit der Lennéstraße möglich gewesen. Und genau diese Vernetzung lag der Stadt und den Stadtplanern am Herzen, vor und auch nach dem Ersten Weltkrieg. Südlich der Leipziger Straße war die Vernetzung durch den Durchbruch der Prinz-Albrecht-Straße bereits wesentlich verbessert worden.

Die wichtigste Entschärfung der potentiellen Barriere Wilhelmstraße aber war die Leipziger Straße selbst. Dort hatte sich zwar auf der Südseite zwischen Wilhelmstraße und Leipziger Platz bis zum Ersten Weltkrieg eine durchgehende Front staatlicher Anlagen breitgemacht. Diese monofunktionale Front wurde auf der Nordseite durch den Publikumsmagnet, des Kaufhauses Wertheim, kompensiert. Damit war die bedeutendste Verbindung zwischen der City von Berlin und den aufstrebenden bürgerlichen Stadtteilen im Westen und Südwesten als städtisches Vermittlungsglied gesichert. Die Wilhelmstraße wurde sozusagen unterbrochen, ihre potentielle Barrierefunktion wurde durch eine weit kräftigere städtische Querachse gesprengt.

Die Wilhelmstraße war daher eher eine Scheinbarriere – vor allem im nördlichen Trakt. Denn die Konzentration von staatlichen Funktionen zwischen der Leipziger Straße und der Straße Unter den Linden war nicht so schwerwiegend, da dieser Bereich im Schatten der zentralen Vernetzungslinien des Berliner Stadtgrundrisses lag. Meine These wäre: Die Wilhelmstraße war aus der Perspektive der Stadt eine geradezu optimaler Standort staatlicher Anlagen.

Eine dritte Barriere: der Spreebogen?

Um 1838 begann – ausgelöst durch die Verlegung der Pulverfabrik nach Spandau – die planerische

Vorschlag eines neuen Opernplatzes im Zuge der durch die Ministergärten geführten Französischen Straße
Eberstadt/Möhring/Petersen, 1910

Auseinandersetzung mit einem dritten wichtigen Standort von Staatsapparaten, dem Bereich des Spreebogens samt südlich anschließendem Gelände. Erstmals wurde hier ein großes Areal Gegenstand staatsapparatsbezogener Planungen. Vorschläge von Lenné und Schinkel von 1839 bis 1843˙ eröffnen den Planungsreigen, Vorschläge, die auf eine Vernetzung der relativ isolierten Stadtteile zielten. Bereits damals war die Idee einer Nord-Süd-Achse entfaltet. Doch der neue Standort entwickelte sich nicht so wie gewünscht. Erst mit dem Bau des Generalstabsgebäudes (1867 bis 1871) begann die Ansiedlung des Staatsapparates. Die Reichsgründung mit dem neuerlichen Bedarfsschub an Standorten für staatliche Einrichtungen beflügelte die Bebauung am Spreebogen. Mit der Errichtung der Siegessäule 1873 und der Anlage der Siegesallee setzte eine Ordnung des Spreebogens ein, die dann mit dem Bau des Reichstagsgebäudes 1884 bis 1894 ihren Höhepunkt und vorläufigen Abschluß fand. Einen Abschluß, der die zeitgenössischen Planer völlig unbefriedigt ließ. Zur Frage der Neuordnung möchte ich exemplarisch die 1910 publizierten

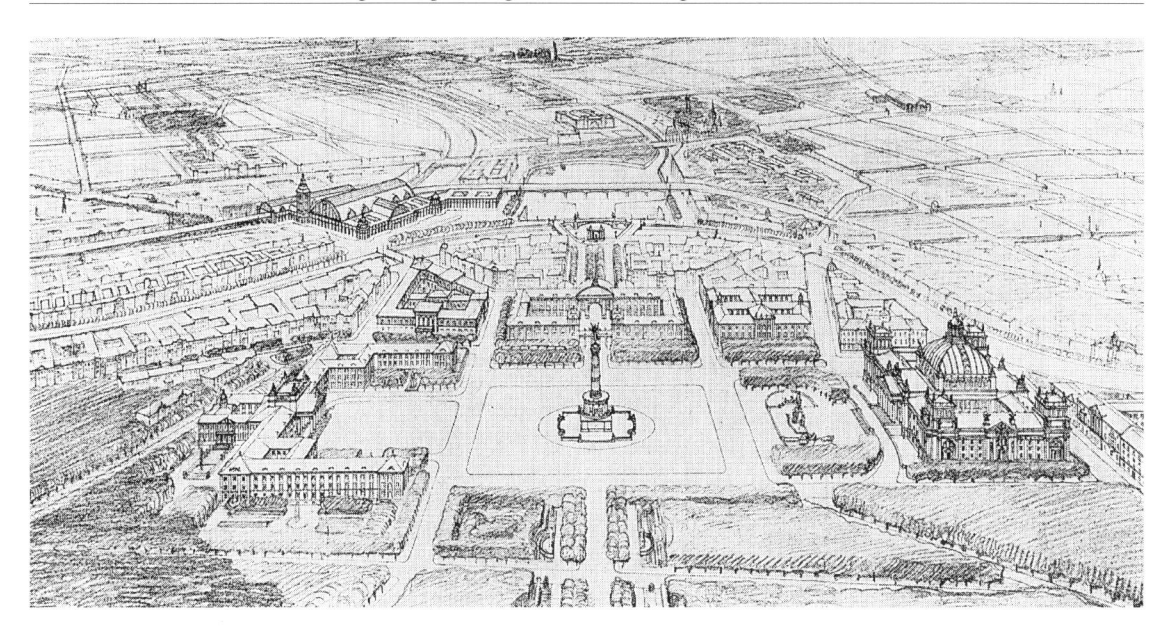

Vorschlag zur Neugestaltung des Königsplatzes
Eberstadt/Möhring/Petersen, 1910

städtebaulich-imperialen Vorschläge von Rudolf Eberstadt, Bruno Möhring und Richard Petersen ansprechen.

Die Verfasser eines »Programms für die Planung der neuzeitlichen Großstadt«[2] sahen eine Verlängerung der Französischen Straße über die Wilhelmstraße hinaus vor, also einen Durchbruch durch das alte Regierungsviertel, dem nicht nur das Justizministerium zum Opfer gefallen wäre. Der Zusammenstoß der verlängerten Französischen Straße mit der Königgrätzer Straße – so die Verfasser – »bietet vortreffliche Gelegenheit zur Schaffung eines eindrucksvollen monumentalen Platzes. Einmal, um dem sich hier kreuzenden Verkehr die nötige Ausweichmöglichkeit zu geben, dann aber auch, um schöne und würdige Bauplätze für die von ihrer seitherigen Stelle verdrängten Behörden, das Reichsamt des Innern und das Justizministerium, zu schaffen.«[3] Gekrönt wurde der Monumentalplatz durch ein gewaltiges »Neues Opernhaus«.

Ein weiterer Vorschlag betraf den Königsplatz. Hier schlugen die Verfasser einen Neubau des Kriegsministeriums auf dem Grundstück des alten Krollschen Theaters vor – »in würdiger und passender Nachbarschaft des Generalstabsgebäudes, dem Reichstage gegenüber«.[4] Die geplante »umfangreiche und ausgedehnte Bauanlage« des Neubaus würde »ein kräftiges Gegengewicht zur Masse des Reichstagshauses und einen guten Abschluß des Königsplatzes nach Westen bilden. Heer und Volk, die Träger deutscher Größe und Macht ... würde eine solche Stätte nicht gewaltig jeden Deutschen ansprechen und jedem Fremden die Grundlagen des Reichs sichtbar vor Augen führen?«.[5] Im Norden sollte der Platz durch ein weiteres »Monumentalgebäude« für das Reichs-

---

2 Rudolf Eberstadt/Bruno Möhring/Richard Petersen, *Großberlin. Ein Programm für die Planung der neuzeitlichen Großstadt,* Berlin 1910.

3 R. Eberstadt/B. Möhring/R. Petersen, *Großberlin ...* (wie Anm. 2), S. 55.

4 R. Eberstadt/B. Möhring/R. Petersen, *Großberlin ...* (wie Anm. 2), S. 60.

5 *Ebda.*

amt der Marine geschlossen werden. Östlich des Reichsmarineamtes rundete das Reichskolonialamt die Neugestaltung der Platzfronten ab.

Damit würde »um die Siegessäule herum ein Forum des Reiches« entstehen, »ein gewaltiges Baudenkmal für die Wehrhaftigkeit des Reiches, die von den militärischen Gebäuden ... von Wallots Reichstagshaus verkörpert wird. Dieser Platz würde erst den richtigen Abschluß und die Krönung der Siegesallee bilden: ist diese als eine bildliche Darstellung der brandenburgisch-preußischen Geschichte zu betrachten, so spiegelt sich in ihm ihre Fortsetzung und vorläufiges Endziel, die Gründung des Deutschen Reiches und sein Anwachsen zur Weltmacht«.[6] Der »Ernst« des Platzes, so die Verfasser weiter, »verträgt« keine »Bepflanzung mit Bäumen und Gebüschen«. Denn die »weite Freifläche« des Platzes sollte »für große patriotische Feiern unter freiem Himmel, für die Aufstellung und die Auflösung von Festzügen und ähnlicher Veranstaltungen« dienen.[7]

Die Pläne blieben – wie alle Vorschläge des Wettbewerbs Groß-Berlin – Papier. Sie zeigen aber eine gewichtige Strömung der Zeit. Es handelt sich hierbei natürlich nicht um eine Perspektive der Stadt, sondern um eine Perspektive des verinnerlichten Staates, bei der das Schloß an symbolischer Bedeutung verloren hatte. Sie zeigen die Geringschätzung der Wilhelmstraße, einer Straße, die sich offensichtlich nicht zur imperialen Inszenierung eignete, sie zeigen den bevorzugten Ort neuer staatlicher Repräsentation, den weiter im Westen gelegenen Spreebogen mit dem im Süden anschließenden Gelände, sie zeigen aber auch ein städtebauliches Denken, das nicht auf Barrieren, sondern auf Vernetzung öffentlicher Räume zielt.

Modifikationen der in der Kaiserzeit konsolidierten (Un-)Ordnung staatlicher Standorte bis 1989

Systematisch wurden diese Gedanken von Martin Mächler weiterverfolgt. In seinem seit 1908 erarbeiteten und 1920 präsentierten Bebauungsplanentwurf plädierte Mächler für eine Konzentration staatlicher Anlagen im Spreebogen und um den Kemperplatz. Mächler rechtfertigte diesen Ansatz mit folgenden Worten: »Im Laufe der Entwicklung Berlins sind die öffentlichen Gebäude, vor allem diejenigen, die zur Verwaltung und Repräsentation des Staates bestimmt sind, planlos verteilt worden. Die Ursache lag darin, daß teilweise historische und politische Erwägungen, größtenteils aber finanzspekulative Gründe für die Unterbringung und Errichtung dieser Gebäude maßgebend waren. Fast nie war der Gedanke ausschlaggebend, daß die Geschäftsstelle des Staates in allen ihren Teilen zentral und einheitlich gruppiert sein muß ... Das Wehrministerium, Postministerium, Ministerium für öffentliche Arbeiten und das Herrenhaus befinden sich in der Leipziger Straße und hindern die Entwicklung der besten Geschäftsgegend der Stadt ... Viele Behörden liegen inmitten reiner Wohnviertel ...«[8] Der Staat, so also Mächler, hat sich planlos in die Stadt gesetzt, er stört die Stadt und hemmt deren Entwicklung. Die Antwort auf dieses diagnostizierte Chaos ist klar: »Alle staatlichen und städtischen Repräsentations- und Verwaltungsgebäude müssen sich um den Verkehrsmittelpunkt, den Haupteingangspunkt der Staatsgemeinschaft, gruppieren. ... Wir finden die geeignetste Stelle für die Staatsbehörden südlich vom Zentralbahnhof auf und um den Königsplatz und für die preußischen Staatsbehörden das Gelände ... um den Kemperplatz herum«.[9]

Damit ist die nunmehr dominante Sichtweise beschrieben: Gegen die bislang planlose Verortung staatlicher Anlagen wurde der Vorschlag einer geplanten Umsiedlung der Anlagen gesetzt – raus aus dem Schatten der Wilhelmstraße, rein in das Licht des weltstädtischen Verkehrs westlich der historischen Stadt. Damit sollten mehrere Ziele

---

6 *Ebda.*
7 R. Eberstadt/B. Möhring/R. Petersen, *Großberlin* ... (wie Anm. 2), S. 61.
8 Martin Mächler, *Ein Detail aus dem Bebauungsplan von Groß-Berlin,* in: *Der Städtebau* 5/6 (1920).
9 M. Mächler, *Ein Detail aus dem Bebauungsplan* ... (wie Anm. 8), S. 49.

erreicht werden: So wäre Platz für weitere stadtbürgerliche Einrichtungen im historischen Zentrum gewonnen worden, die Vernetzung der zentralen Stadtteile – vor allem durch einen Durchbruch der Ministergärten – wäre verbessert, und dem Staate wäre ein neuer, repräsentativer Stadtteil offeriert worden. Die Wilhelmstraße hatte in diesem Szenario ausgespielt.

In der Weimarer Republik häuften sich Planungen, die sich an diesen Prämissen orientierten. Aufgabe der Wilhelmstraße als Regierungsmeile, Umwandlung der Wilhelmstraße in eine städtische Straße, Vernetzung der Wilhelmstraße mit der übrigen Stadt – das waren die Konsequenzen dieser Haltung für die Wilhelmstraße. Deutlich wird die Wahrnehmung der Wilhelmstraße als unerträgliche Barriere in der berühmten Fotomontage, die 1929 in der von Martin Wagner herausgegebenen Zeitschrift »Das neue Berlin« publiziert wurde. Das Bild erhielt die bezeichnende Unterschrift: »Zwischen ›Linden‹ und Leipziger Straße laufen sich 6 Straßen tot«.[10] In diesem Bild äußerte sich nicht nur die zunehmende automobile Orientierung der verantwortlichen Stadtplaner, sondern auch der Anspruch der Stadt auf eine Vernetzung der zentralen Stadtteile, die durch die Anlagen des Staatsapparates blockiert wurde.

Aber nicht nur die Wilhelmstraße wurde in der Weimarer Republik als Barriere wahrgenommen, auch das Schloß geriet in die Schußlinie. 1918 hatte das Schloß seine Funktion als Sitz der Hohenzollern endgültig verloren. Seine Rolle als Zentrum des Staatsapparates war mit dem Bedeutungsverlust des Landesherrn bereits im 19. Jahrhundert verblaßt. Seine Funktion als strategische Barriere der Berliner Stadtentwicklung hatte es mit dem Durchbruch der Kaiser-Wilhelm-Straße in den achtziger Jahren weitgehend eingebüßt. Dennoch blieb es ein Ärgernis in der Perspektive der modernen Stadtplaner. Ich erinnere an das Plädoyer von Adolf Behne, des Mitstreiters von Martin Wagner, für einen Teilabriß des Schlosses

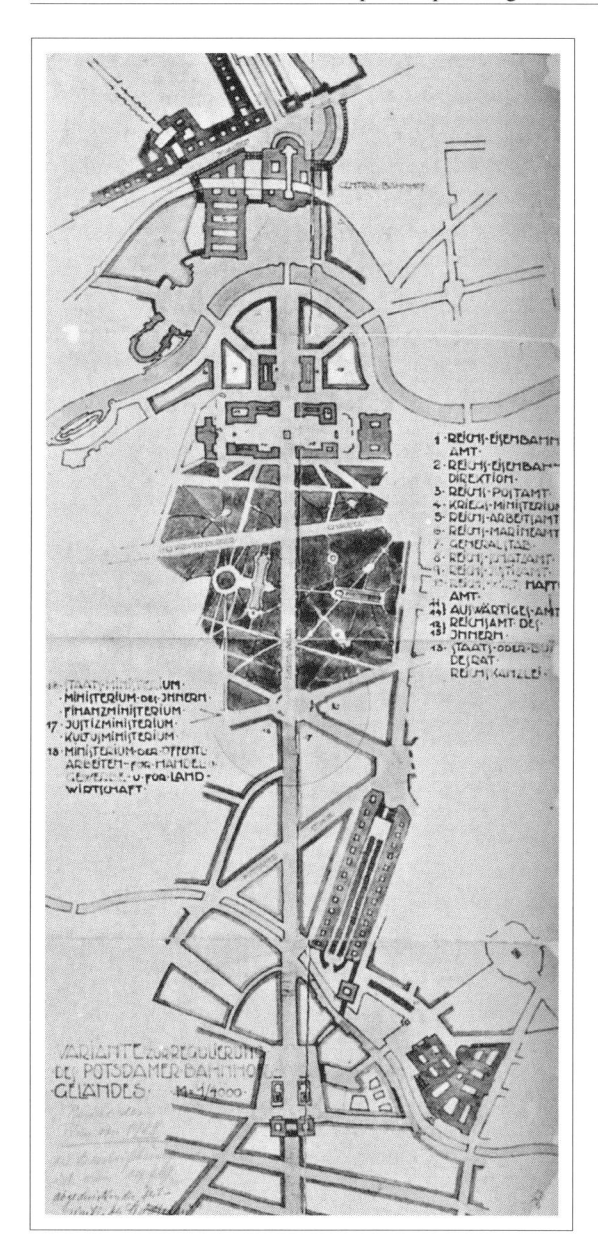

Vorschlag für eine Nord-Süd-Achse
mit Regierungsgebäuden
Martin Mächler, 1908

---

10 Martin Wagner (Hrsg.), *Das neue Berlin. Großstadtprobleme*, Berlin 1929 [Reprint 1988], S. 132.

Vorschlag zur Gestaltung eines Durchbruches der Jägerstraße durch die Ministergärten
Bruno Möhring, 1920

und damit die Beseitigung einer zentralen materiellen wie mentalen »Barriere«: »Mühsam, nur auf Umwegen, mit Drehungen und Wendungen kommt zusammen, was notwendig zusammengehört ... Des Großen Kurfürsten Straße zielt nach Westen, schließt das Berliner Schloß an das System Paris an ... das Schloß, aber nicht die Stadt. An der Spree bricht diese Achse ab. Der Weg nach Osten erhält einen ähnlichen Ausbau nicht, hat ihn nicht bis auf den heutigen Tag ... Das Schloß ist heute bedeutungslos, da es seiner Politik nicht gelang, den Bund zwischen Ost und West auf die Dauer zu verstellen ... Ich stelle mir vor, es wird die Bahn aus Westen direkt auf geradem Wege in die Ostbahn hineingeleitet ... Ein Stück des Schlosses müßte fallen ... Das neue Berlin muß wieder anknüpfen an seine ursprüng-

liche Aufgabe als Vermittler zwischen Ost und West.«[11] Auch der Teilabriß des Schlosses blieb ein papierener Traum.
In der nationalsozialistischen Zeit wurde an solchen Perspektiven weitergeplant – nunmehr auf einer monumentalen Stufenleiter. Das galt für den von Adolf Behne ersehnten Ausbau des Weges nach Osten, der in der Ostachse seine planerische Weiterentwicklung fand. Das galt in erster Linie für die Planung der gigantomanen Nord-Süd-Achse, die nicht nur die Wilhelmstraße, sondern die gesamte Berliner City in einen Schatten stellen wollte. Jenseits dieser nicht realisierten Pla-

---

11 Adolf Behne, *Berliner Probleme. Hundert Meter vor dem Ziele ...*, in: *die neue stadt* 3 (1932), S. 62f.

Demonstration der Barrierenwirkung der Ministergärten in der von Martin Wagner herausgegebenen Zeitschrift *Das neue Berlin*, 1929

nungen wurde die Wilhelmstraße ausgebaut – vor allem durch die Anlage der Reichskanzlei, aber auch durch das Riesenbauwerk des Reichsluftfahrtministeriums. Als Folge der Kriegspolitik fiel die Wilhelmstraße in Trümmer. Weitgehend erhalten blieb vor allem das Reichsluftfahrtministerium, erhalten blieb natürlich auch das staatliche Grundeigentum.
Nach dem Zweiten Weltkrieg erlitt Berlin die Spaltung der Stadt, die im Bau der Mauer gipfelte. Die weiterhin – besonders im südlichen Teil – für staatliche Zwecke genutzte Wilhelmstraße wurde wieder zu einer Straße im Schatten der Mauer, sie selbst war nicht die Barriere, sondern nur eine Folge der Barriere.
Auch in der DDR wurde schon bald nach ihrer Gründung eine besser sichtbare Präsentation staatlicher Herrschaft erstrebt, eine Präsentation, die sich im Haus der Ministerien nicht verwirklichen ließ, auch nicht am Thälmannplatz.[12] Diesen Absichten mußte das Berliner Stadtschloß weichen. Die Planungen der fünfziger Jahre, im Bereich des abgebrochenen Stadtschlosses ein neues Zentrales Haus zu errichten, das den neuen Staat repräsentiert, scheiterten allerdings. Erst mit dem Einzug des Zentralkomitees (ZK) der SED in die ehemalige Reichsbank, dem Bau des Staatsratsgebäudes und dem Bau des Außenministe-

riums der DDR wurde ein etwas sperriger Standort staatlicher Bauten geschaffen. Und zwar augerechnet dort, wo nach der Flucht der Hohenzollern der Staat seinen Herrschaftsanspruch aufgeben mußte. Dieser Standort entwickelte ebenfalls eine gewisse Barrierefunktion, er stellte die Friedrichstadt zumindest symbolisch in den Schatten des neuen Zentrums der Hauptstadt der DDR. Die nördliche Wilhelmstraße, in der DDR Otto-Grotewohl-Straße, wurde dagegen durch die Neubauten der achtziger Jahre weitgehend entstaatlicht.

Planungen nach 1989

1989 fiel die wichtigste Barriere in unserem Gebiet, die Berliner Mauer. Der Beschluß, Berlin zur Hauptstadt des vereinten Deutschland auszugestalten, brachte neue Bewegung in die historischen Standorte staatlicher Herrschaft.
Unumstritten war die Festlegung des wichtigsten Standortes, des Regierungsviertels im Spreebogen. Die Offenheit und der vernetzende Charakter der ursprünglichen Planung ist allerdings inzwischen weitgehend verloren gegangen. Der drohende staatliche Hochsicherheitstrakt ist solange noch einigermaßen durch die Stadt zu verkraften, als er sich auf die insuläre Situation im Spreebogen selbst beschränkt. Er wird dann zu einem erheblichen Problem, wenn er in die vorhandene Stadt ausgreift. Das zeigt sich heute vor allem in der Friedrich-Wilhelm-Stadt. Hier ist die Gefahr einer neuen Barrierenwirkung sehr real geworden.
Ein zweiter Schwerpunkt staatlicher Anlagen ist – nach der Zwischenepisode des Nachdenkens über eine Verortung des Außenministeriums in den Ministergärten – im Südbereich der ehemaligen Regierungsmeile Wilhelmstraße geplant. Hier stellt sich massiv das Problem der Verödung der westlichen Leipziger Straße, da eine monofunktionale Staatsfront auf der Südseite womöglich nicht mehr durch eine stadtbürgerliche Front auf

---

12 Zur Planungsgeschichte des Thälmannplatzes vgl. den Beitrag von Laurenz Demps in diesem Band.

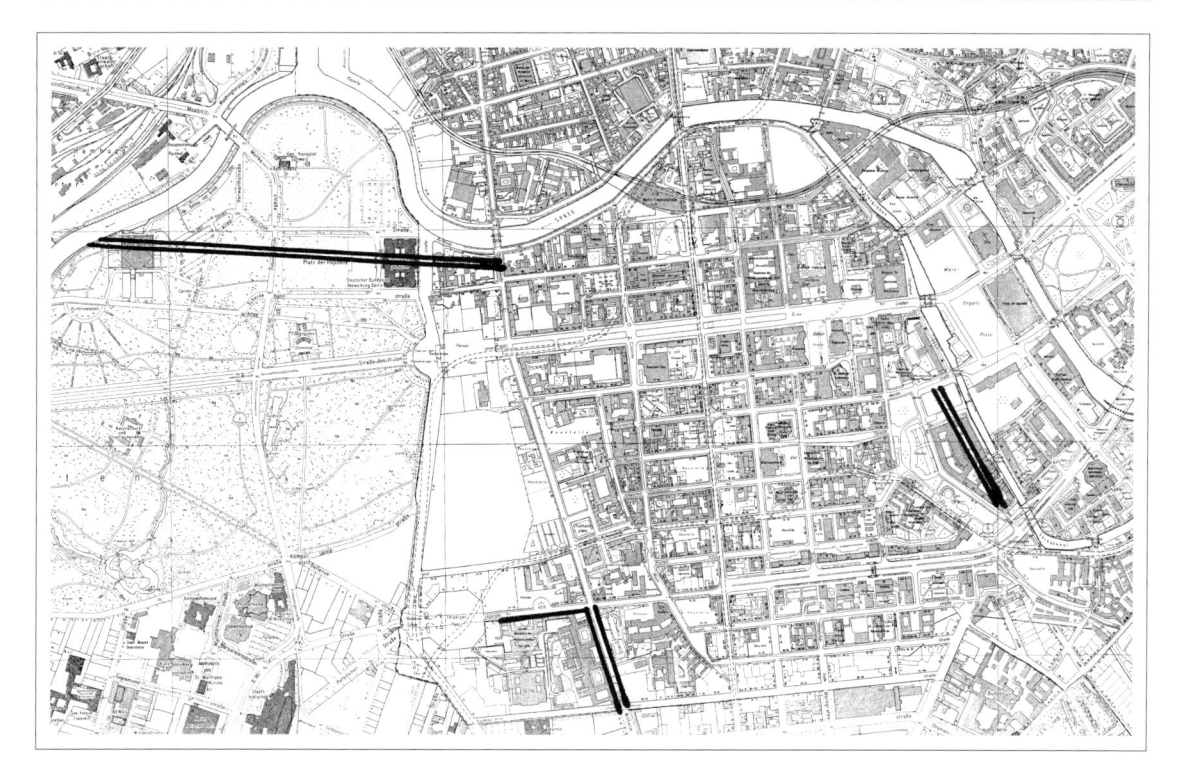

Mögliche künftige stadträumliche Barrieren infolge von Regierungsfunktionen: Spreebogen, südliche Wilhelmstraße mit westlicher Leipziger Straße und südlicher Friedrichswerder

der Nordseite kompensiert werden wird. Fast genauso problematisch ist der Abschnitt der Wilhelmstraße zwischen Leipziger und Niederkirchnerstraße. Die äußerst stadtabweisende Westseite (ehemaliges Reichsluftfahrtministerium) wird möglicherweise durch eine gegenüberliegende weitere Staatsfront ergänzt. Damit könnte eine fußläufige Vernetzung der nördlichen Friedrichstadt sowohl zum Potsdamer Platz als auch zur südlichen Friedrichstadt beeinträchtigt werden.
Der Bau des Wohngebiets in der nördlichen Wilhelmstraße war zweifellos ein wenig akzeptabler Umgang mit der Geschichte des Ortes. Inzwischen ist das Gebiet aber selbst ein Sediment der Geschichte geworden. Und typologisch kann es nun wirklich nicht als Vorstadt bezeichnet werden. Die Stadtstraße muß in die weitere Entwick-

lung eingebunden werden. Zur Zeit wird sie allerdings massiv bedroht – durch autoorientierte Straßendurchbruchsplanungen. Die Behrenstraße ist bereits durchgelegt, die Durchlegung der Französischen Straße wird vorbereitet. Diese Durchbrüche mit womöglich vierspurigen Straßen dienen offensichtlich keiner städtischen Vernetzung öffentlicher Räume, sie schaffen eine weitere Ost-West-Transitzone für den privaten Kfz-Verkehr mit fatalen Konsequenzen für das gesamte historische Zentrum.
Ein dritter größerer Standort staatlicher Anlagen war auf der Spreeinsel und dem Friedrichswerder vorgesehen worden. Die ursprüngliche Planung des Ausbaus der relativ bescheidenen Staatsbarriere aus DDR-Zeiten zu einer massiven Barriere zwischen den beiden großen Ost-West-Straßen ist

nach einer konfliktreichen Auseinandersetzung inzwischen erheblich beschnitten worden. Der ursprünglichen Planung wäre auch das Staatsratsgebäude zum Opfer gefallen. Bis zu Beginn des Jahres 1995 schien der Abbruch des Gebäudes besiegelt. Heute präsentiert sich das Staatsratsgebäude als offenes Gebäude, sozusagen als exemplarische Nicht-Barriere. Auch der Garten soll noch geöffnet werden. Dieses positive Beispiel ist aber nicht das Ergebnis einer aufgeklärten Hauptstadtplanung, sondern das Ergebnis des erfolgreichen Streites gegen eine unaufgeklärte Hauptstadtplanung. Ein Ergebnis dieses Streites war die planerische Verschiebung des Außenministeriums von der Spreeinsel auf den Friedrichswerder. Wieder war nicht die Stadtplanung das Subjekt der Entwicklung. Der jetzt geplante, Nord-Süd-gerichtete Komplex des Außenministeriums auf dem Friedrichswerder ist aufgrund seiner Lage im Hintergrund der bedeutenden öffentlichen Räume für die Stadt noch einigermaßen verkraftbar.

Die Wahrscheinlichkeit, daß wir nach der Realisierung der aktuellen Planungen – trotz Altbauorientierung und Dezentralisierung – mit einer neuen Dimension an stadträumlichen Barrieren konfrontiert sein werden, ist nicht zu unterschätzen. Mit Barrieren, die langfristig nicht schrumpfen, sondern sich ausdehnen werden. Dies gilt auch für die Wilhelmstraße, und zwar für den Bereich zwischen Leipziger und Niederkirchnerstraße. Eine Öffnung der Erdgeschoßzone des ehemaligen Reichsluftfahrtministeriums für städtische Einrichtungen und eine funktional durchmischte Bebauung an der Ostseite der Straße könnte diese Gefahr bannen. Die Bereitschaft aber, weiter gegen solche Barrieren zu streiten, hat spürbar nachgelassen.

Falk Jesch

Die Wilhelmstraße im Nutzungswandel
Vom Machtzentrum zum sozialen Wohnungsbau

Das Wohngebiet in der Planung

An der Wilhelmstraße (1964 bis 1991 Otto-Grotewohl-Straße) wurden auf Brachland mit einer geringen Restbebauung, das einstmals Regierungsviertel des Deutschen Reiches (die sogenannten »Ministergärten« aus kaiserlicher und Weimarer Zeit) war, in der Zeit von 1987 bis 1991 Wohnbauten mit Gewerbebereichen errichtet. Die Bebauungsplanung resultiert auf einen Beschluß des Ministerrates der DDR von 1986, genannt »Investitionskomplex Friedrichstraße/Otto-Grotewohl-Straße«.

Dieser Beschluß beinhaltete alle Bauvorhaben im Bereich zwischen der Friedrichstraße, Leipziger Straße und der damaligen Otto-Grotewohl-Straße. Überwiegend handelte es sich dabei um gesellschaftliche Bauten, wie zum Beispiel die mittlerweile abgerissenen »Friedrichstadtpassagen«. An deren Stelle steht nun das »Lafayette«. Zu den Teilbereichen des Planungsgebietes, an denen Wohnungsbauten errichtet werden sollten, gehörte das Areal beidseitig der Wilhelmstraße zwischen dem Pariser Platz und der Leipziger Straße. Dabei wurde zugleich vorgegeben, daß eine höhere Qualität gegenüber der herkömmlichen »Wohnungsbauserie 70« zu erreichen ist.

Dafür gab es Gründe. Das Wohnungsbauprogramm der DDR, zu erfüllen bis zum Jahre 1990, sah die Lösung der Wohnungsmisere als Hauptanliegen der Partei- und Staatspolitik vor. Damit war aber überwiegend die schlechte Wohnsituation der Durchschnittsbevölkerung gemeint. Für Privilegierte und Besserverdienende mußte ein eigener Wohnungsbau entwickelt werden, der deren weitergehende Wünsche einigermaßen zufriedenstellte. Das Nikolaiviertel ist ein Beispiel dafür. Weitere Bauvorhaben wurden eiligst vorbereitet. Berlin sollte Hauptstadt der DDR sein, weltoffen und mit guten Wohnungen für die Staatsdiener.

Mit der Erarbeitung der Aufgabenstellung, Projektierung und Bauträgerschaft wurde die Baudirektion Berlin beauftragt. Ein Teil der Projektierungsleistung erstellte man bereits mit CAD-Programmen. 1986 wurde die Aufgabenstellung bestätigt und 1987 mit den ersten Arbeiten begonnen. Zuvor waren die Reste der ehemaligen Bunkeranlage, der »Führerbunker«, beseitigt worden. Die Bauausführung übertrug man dem VEB Wohnungsbaukombinat »Fritz Heckert« Berlin. Als Bauweise wurde eine Mischung aus monolithischem Bau in Kombination mit Skelett- und Plattenbauweise gewählt.

Die Gebäude unterschieden sich in Form, Gestaltung und in den Grundrißlösungen vom allgemein üblichen Plattenbau der DDR (»WBS 70«) durch größere Gebäudetiefe, plastisch ausgebildete Außenwandelemente und Funktionsüberlagerungen. Die Einbeziehung von Läden, Gaststätten und Versorgungseinrichtungen in die Bebauung für die Versorgung der Anwohner war zur unabdingbaren Notwendigkeit geworden. Dieser in Grenznähe zu West-Berlin angelegte Komplex sollte ein in sich geschlossenes und angenehmes Wohnareal vor allem für Privilegierte, aber nur

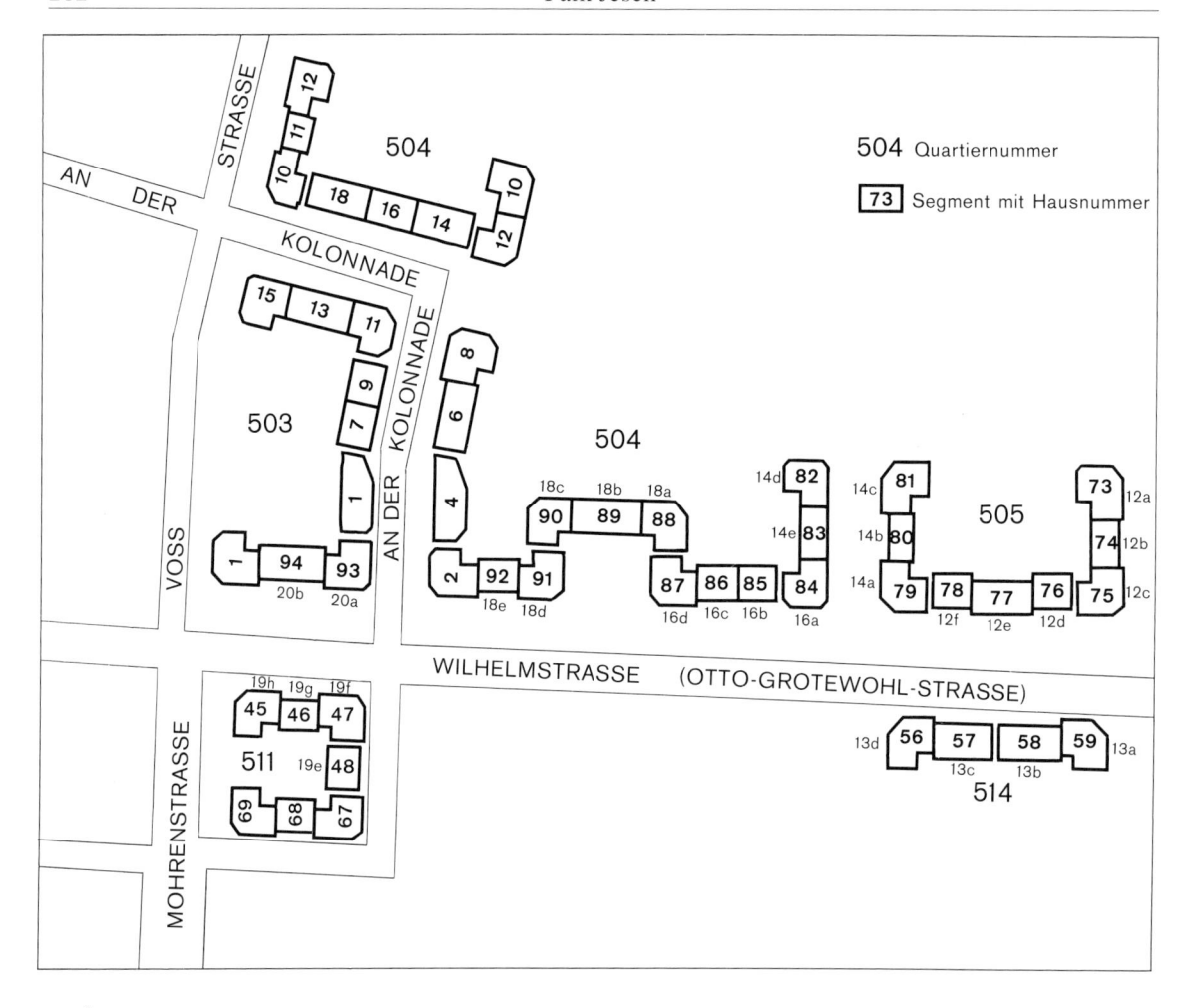

Übersichtsplan (Ausschnitt) der Wohnungsneubauten in der Wilhelmstraße mit der Umnumerierung der Häuser (kleine Ziffern: Otto-Grotewohl-Straße, große Ziffern: Wilhelmstraße), 1996

für einige wenige »Normalbürger« der DDR werden. Über die Vergabe der Wohnungen entschied vor allem der Magistrat und nur zu einem kleinen Teil der Bezirk Mitte selbst.
Das Wohngebiet ist in mehrere Quartiere unterteilt. Es umfaßt neben der durch Vor- und Rücksprünge aufgelockerten Bebauung an der Wilhelmstraße (Quartiere 503, 504, 505 und 514) das im Karree errichtete Wohngebäude an der Wilhelmstraße Ecke Mohrenstraße (Quartier 511) und die an der neu angelegten Straße »An der Kolonnade«/Voßstraße (zum Quartier 503 und 504 zählende) beidseitig errichteten Zeilenbauten. Mit der Fertigstellung der ersten Wohnungen wurde dann der damalige Volkseigene Betrieb (VEB) »Kommunale Wohnungsverwaltung (KWV) Berlin-Mitte« vom Magistrat von Berlin mit deren Verwaltung beauftragt. Damit waren aber für die KWV Mitte keine Möglichkeiten der Vergabe von Wohnungen oder Gewerbe verbunden. Welche

Hof des Hauses Wilhelmstraße 92, Zustand 1996

Kindertagesstätte An der Kolonnade 3–5, Zustand 1996

Gewerbe im Gebiet anzusiedeln waren, wurde durch staatliche Vorgaben bestimmt.

Mit der Umwandlung der KWV in die »WBM Wohnungsbaugesellschaft Berlin-Mitte mbH« nach der politischen Wende übernahm die WBM automatisch die Rechte und Pflichten der KWV im Gebiet. Sie mußte selbstverständlich auch die Herstellungskosten übernehmen, konnte aber über die Vergabe der Wohnungen und die Ansiedlung bestimmter Gewerbe selbst entscheiden. Offen blieb noch die Eigentumsfrage.

Die Eigentumssicherung gestaltet sich in diesem Gebiet als sehr schwierig. Von Beginn an bemühte sich die WBM intensiv um die rechtmäßige Zuordnung der Grundstücke. Bislang lautete der Eintrag im Grundbuch für die betroffenen Grundstücke noch immer »Eigentum des Volkes«. Altansprüche waren zu prüfen, obwohl nach dem Einigungsvertrag Grundstücke mit einer Bebauung aus dem komplexen Wohnungsbau nicht rückübertragungsfähig sind. Das Bundesvermögensamt hatte aber gleichfalls Anspruch auf einen großen Teil der Flurstücke erhoben. Mittlerweile hat das Amt seine Klage auf Herausgabe des Wohnvermögens (die Wendebauten) zurückgezogen. Die WBM ist jetzt auf dem Wege, Eigentümer dieses Komplexes zu werden.

So ist ein Teil der Bebauung bereits im Vermögen der WBM (Q 514), der größere Teil aber noch dem Land Berlin zugeordnet. Mittlerweile sind alle erforderlichen Anträge auf Zuordnung zur WBM gestellt. Der Teil der betroffenen Flurstücke, der nicht zum Wohnvermögen gehörte, wurde dem Bund zugeordnet. Dabei handelt es sich um die Teilflächen, die an den Tiergarten angrenzen. Die Vermessung und Teilung der Flurstücke sowie deren grundbuchliche Sicherung ist erst nach einer Direktzuordnung der Teilflächen zur WBM möglich.

Der Anteil der Gesamtbebauung, der erst nach der Wende fertiggestellt wurde, vor allem das Quartier 511, mußte von der WBM bereits in DM bezahlt werden (als sogenannte Wendebauten). Für das Quartier 511 beantragte die WBM 1994/95 mit Zustimmung des Landes Berlin die Abgeschlossenheit nach dem Wohnungseigentumsgesetz. Eine Teilungserklärung ist inzwischen notariell beurkundet. Die Wohnungs- und Gewerbeeinheiten stehen seitdem für eine Privatisierung zur Verfügung, selbstverständlich zunächst zum Verkauf an die dort ansässigen Mieter und Nutzer.

In diesem Quartier sind nach der Wende im Gewerbebereich in der Projektierung aufgrund falscher Nutzungsvorgaben Anpassungen und Änderungen vorgenommen worden. So wurde anstelle einer zunächst geplanten gesellschaftlichen Einrichtung der bereits vorhandene Rohbaukörper durch einen privaten Investor zu einem Lebensmittelverbrauchermarkt umprojektiert (»Ullrich«).

Die Kosten trug der Investor. Mittlerweile hat die Ullrich-GmbH den Gewerbebereich im Keller- und Erdgeschoß käuflich erworben. Auch andere Gewerbenutzer haben Um- und Ausbauten auf eigene Kosten vorgenommen.

Im Wohngebiet gibt es darüber hinaus eine Schule und eine große Kindertagesstätte, die aber beide nicht von der WBM verwaltet werden. Um die Wohngebäude hat die WBM Grünanlagen und Parkplätze angelegt; eine größere Anzahl dieser Parkplätze wurden von der WBM an Anwohner vermietet. Im Wohngebiet sind die wichtigsten Gewerbe vorhanden: So gibt es einen Lebensmittelverbrauchermarkt, eine Apotheke, mehrere Gaststätten sowie Boutiquen und Dienstleistungsbetriebe. Günstige Verkehrsanbindungen eröffnen den Anwohnern kurze Wege in die beiden wichtigen Citybereiche am Alexanderplatz und zum Kurfürstendamm.

Die Bevölkerungsentwicklung im Gebiet vor und nach der Wende

Der besondere Wohnungsbau mit verbesserten Grundrißlösungen, attraktiverer äußerer Gestaltung der Gebäude und die Ansiedlung von Gewerbeeinheiten im Wohngebiet prädestinierte die Ansiedlung einer privilegierten Schicht der DDR-Bevölkerung. Diesem Grundanliegen hatte das Projekt zu entsprechen. Vor allem die mittlere und gehobene Funktionärsschicht sollte hier einziehen. Auch Politbüromitglieder konnten eine offizielle Stadtwohnung beanspruchen, mußten sie aber nicht unbedingt beziehen. Darüber hinaus waren die Wohnungen »verdienstvollen Bürgern« aus dem kulturellen und sportlichen Bereich vorbehalten. Eine besondere Regelung gab einzelnen zudem das Recht, einen Arbeitsraum zu beanspruchen.

Ein kleinerer Teil von Wohnungen verblieb für eine normale Vergabe an Arbeiter und Angestellte, die aus unzumutbaren Wohnverhältnissen im Altbaubereich umzusiedeln waren. Ein größerer Teil der Wohnungen wurde noch vor der Wende fertiggestellt und vergeben. Gerade zur Wendezeit setzte dann ein hektisches Bemühen um den Bezug dieser Wohnungen ein. Viele der Politbüro- und Zentralkomiteemitglieder erhielten, da sie ihre Wohnghettos (beispielsweise in Pankow und Wandlitz) verlassen wollten, schnell eine Zuweisung über den noch amtierenden Magistrat. Zunehmend erhielten aber auch »nichtprivilegierte« Stadtbewohner, die sonst wenig Chancen gehabt hätten, eine Zuweisung. Die Miethöhe war zu dieser Zeit überhaupt kein Problem. Der Mietpreis lag bei etwa 1,35 Mark pro Quadratmeter Warmmiete inklusive Warmwasser und aller Nebenkosten. Aber auch heute, im Frühjahr 1996, liegen die Mieten im Rahmen der im Ostteil der Stadt üblichen Preise für den komplexen Wohnungsbau wie anderenorts in der Stadt auch. Die Ausnahme bilden lediglich die im frei finanzierten Wohnungsbau entstandenen Wohnungen, die sogenannten »Wendebauten« (zum Beispiel im Quartier 511). Hier liegt der Warmmietpreis bei 18 bis 19 DM pro Quadratmeter, allerdings bei einer höherwertigen Ausstattung der Wohnungen. Diese Wohnungen stehen gegenwärtig zum Verkauf. Das Quartier weist dadurch künftig eine andere Bevölkerungsstruktur auf als die angrenzenden Wohnbereiche.

Mit der Vergabe der Wohnungen nach der Wende blieb die Mieterstruktur zunächst erhalten. Niemand mußte seine Wohnung verlassen, auch nicht die Angehörigen der Nomenklatura der DDR. So wohnen auch heute noch eine Reihe ehemaliger hoher und höchster Funktionäre in der Wilhelmstraße.

Nach 1990 konnte sich jeder Wohnungssuchende mit einem gültigen Wohnberechtigungsschein für eine Wohnung in diesem Gebiet bei der WBM bewerben, die aber ihre Wohnungen ausschließlich an Bewohner aus dem Ostteil der Stadt, vor allem an Bewohner aus Berlin-Mitte vergab. Die Bevölkerungsstruktur in diesem Wohngebiet ist typisch für die meisten besseren DDR-Neubaugebiete: Neben Funktionären der mittleren Leitungsebene leben dort Arbeiter, Angestellte und vor allem auch Wissenschaftler. Eine größere Anzahl der Bewohner befindet sich seit 1990 im Vorruhestand oder ist als Rentner aus dem aktiven Dienst in Partei und Staat ausgeschieden.

Otto-Grotewohl-Straße 16b–12c, Bauphase 1991/1992

Eine Veränderung erfuhr die Wohnstruktur seit 1991/92 durch den Bezug frei finanzierter Wohnungen und mit der Privatisierung des »Quartieres 511«, insbesondere durch den Zuzug an Bewohnern, die finanziell besser gestellt sind. Bedingt durch einen hohen Anteil an Dreizimmer-Wohnungen, die zur DDR-Zeit zumeist nur an Familien mit Kindern vergeben wurden, leben hier viele junge Leute. Aufwendige Spielplatz- und Freizeiteinrichtungen wurden eigens für sie von der WBM zur Verfügung gestellt.

Eine deutliche Veränderung der Bevölkerungsstruktur ist nach der Wende nicht zu verzeichnen. Das Gebiet ist in dieser Hinsicht mit ähnlichen Wohnensembles, wie dem Nikolaiviertel oder der Leipziger Straße/Spittelmarkt, zu vergleichen. Das Konzept einer besonderen Wohngegend, grenznah und komfortabler, blieb in den Anfängen stecken.

Mit der Auflösung der DDR ließ sich die ursprünglich vorgesehene Vergabe der Wohnungen an Bevorzugte nicht restlos verwirklichen. Dies galt auch für die Erfüllung des Wohnungsbauprogramms bis 1990, das für jede Familie eine Wohnung mit Bad oder Dusche, warm und trocken, vorsah. Dies blieb Fiktion.

Eine spürbare Änderung wird sich mit dem Bezug des privatisierten Wohnbereiches einstellen. Die Nähe des Potsdamer Platzes wird viele Interessenten anziehen.

Die Infrastruktur und die Umgebung

Das Wohngebiet besitzt aufgrund seiner jetzt exponierten Lage zwischen der Friedrichstraße und dem Potsdamer Platz eine sehr gute Infrastruktur. Eine wichtige Verkehrsader ist die unmittelbar vorbeiführende U-Bahnlinie, die von Pankow über den Alexanderplatz, Stadtmitte, Potsdamer Platz zum Wittenbergplatz/Kurfürstendamm fährt. Alle wichtigen Citybereiche sind damit direkt erreichbar ebenso wie mit einer in der Wilhelmstraße verkehrenden Buslinie. In nur geringer Entfernung befindet sich ein S-Bahnhof mit einer Nord-Süd-Verbindung, die zum Fernbahnhof »Friedrichstraße« fährt. So sind auch internationale Verkehrsanbindungen schnell erreichbar. In der nahegelegenen Friedrichstraße gibt es weitere U-Bahnhöfe. Die Linie 6 führt über den Innenstadtbereich (Friedrichstraße, Oranienburger Straße) in den Wedding im Norden und nach Kreuzberg im Süden. Alle historisch bedeutsamen Straßen mit ihren kulturhistorisch wichtigen Bauwerken wie Unter den Linden, Friedrichstraße und Umgebung sind bequem zu Fuß zu erreichen, und damit auch die kulturellen Einrichtungen der östlichen City (zum Beispiel Staatsoper, Komische Oper, Metropoltheater, Gorki-Theater, Deutsches Museum, Postmuseum, Museumsinsel, Staatsbibliothek). Mit der Fertigstellung der Bebauung am Potsdamer Platz kommt ein bedeutender Erlebnisbereich dazu.

Im Wohngebiet gibt es einen großen Verbrauchermarkt für die tägliche Versorgung, viele kleinere Geschäfte und eine Reihe von Restaurants. Eine Apotheke, ein Reisebüro und viele Boutiquen runden den Servicebereich ab. Ganz in der Nähe liegt der Tiergarten mit seinen kilometerlangen Wanderwegen, mit seinen Denkmälern und Liegewiesen. In der Behrenstraße befinden sind ein großes Fitneß-Center und eine Schwimmhalle mit Saunabetrieb.

Direkt an das Wohngebiet grenzt das Brandenbur-

Wilhelmstraße 84 und 79–75, Zustand 1996

ger Tor mit der entsprechenden Neubebauung des Pariser Platzes, der Reichstag, die Banken an der Straße Unter den Linden und die neuen Einkaufsstätten in der Friedrichstraße, allen voran das Kaufhaus »Lafayette«. In der Nähe befindet sich das Berliner Abgeordnetenhaus, und es werden auch einige Einrichtungen der Bundesregierung hier ihren Sitz nehmen.

Innerhalb der Wohnbebauung wurden eine große Anzahl an Parkplätzen von der WBM angelegt. Sie stehen ausschließlich den Anwohnern zur Verfügung.

Die Konstruktion der Häuser

Das gesamte Bebauungsgebiet ist in einer Mischung aus monolithischen Bauteilen, eingesetzt in den Kellergeschossen, Stahlbetonskelettbauweise, montiert im Keller- und Erdgeschoß sowie am Zwischenbau im Quartier 511 (Verbrauchermarkt), und darübergestellten Plattenbaugeschossen in den Wohngeschossen ausgeführt. Die Häuser sind auf Streifen-, Platten- und Hülsenfundamenten gegründet. Der in Plattenbauweise errichtete Wohnteil ist ein angepaßtes Projekt der Wohnungsbauserie 70. Hier wurde zur Verbesserung der Grundrißlösungen und bei der bauplastischen Gestaltung der Häuser eine größere Haustiefe von 14,1 Meter vorgegeben. Die Hauszeilen setzen sich aus Einzel- und Ecksegmenten mit Bewegungsfugen zusammen.

Die wichtigsten Achsmaße im Wohnungsbau sind 6 Meter und 3,6 Meter. Die Wohngeschosse haben eine Systemraumhöhe von 2,8 Meter (effektiv 2,65 Meter), im Gewerbebereich sind es 3,3 Meter und 4,2 Meter Geschoßhöhe. Die Außenwandplatten sind dreischichtig aufgebaut und mit sechs Zentimeter Wärmedämmung gefertigt. Räumliche Außenwandelemente ermöglichen zudem unterschiedliche Grundrisse mit Loggien, Erkern, Austritten oder eingezogenen Balkonen. Diese Bauteile sind, soweit erforderlich, gleichfalls dreischichtig ausgebildet. Die Außenschale (Wetterschutzschicht) der Platten besteht aus eingefärbtem Beton mit Klopfsplitt, in den siebenten Geschossen aus profiliertem Beton. Hier wurde die Wetterschale um drei Zentimeter verdickt.

Der Plattenbauteil ist zwischen den einzelnen Außenwandelementen mit einer offenen Fuge versehen, die zum Innenbereich durch eine Windfeder und mit Beton gegen Witterungseinflüsse geschützt ist. Diese Bauart ist typisch für die WBS 70. In den in Skelettbauweise errichteten Erdgeschossen sind vorgehängte Betonteile, Stahlfenster und Stahltüren sowie ausgemauerte Bereiche eingefügt. Alle Häuser sind eingeschossig unterkellert und haben im Erdgeschoß Gewerbeeinrichtungen unterschiedlicher Art. In den Kellergeschossen befinden sich die Mieterkeller, Gemeinschaftsräume, technische Räume und Hausanschlußstationen. Tiefgaragen sind nicht vorhanden, auch nachträglich nicht zu errichten.

Im Quartier 511 ist im Blockkarree zusätzlich ein zweigeschossiger Gewerbebau in Skelettbauweise einbezogen. Er wird in Verbindung mit Teilen des Kellergeschosses als Verbrauchermarkt genutzt. Darüber befindet sich eine größere Kanzlei. Der Verbrauchermarkt umfaßt zudem den gesamten Hofbereich im Erd- und Kellergeschoß.

Bereiche des obersten Geschosses aller Häuser wurden in Verbindung mit einem Teil des ausgebauten Dachbereiches als Zwei- und Fünfzimmer-Maisonette-Wohnungen entworfen. Diese Wohnungen befinden sich überwiegend in den Eckbereichen der Häuser. Alle Häuser haben ein Berliner Dach mit einer ziegelgedeckten Dachschräge und einem Flachdachbereich. Hervorspringende Gaupen aus Beton und liegende Fenster der oberen Maisonettewohnräume lockern den Dachbereich auf. Die Dachgeschosse sind eine Konstruktion aus Stahlbetonelementen, Holzbauteilen und einem Wärmeverbundsystem. Der Übergang vom Kalt- zum Warmdachbereich ist wärmegedämmt, ebenso die oberste Dachdecke und das Flachdach.

Durch die Unterteilung der Zeilenbauten in Einzelsegmente ergeben sich in sich abgeschlossene Hausteile mit jeweils separaten Eingängen ohne Vorbauten. Alle Bauteile der Treppenhausanlage wurden als Stahlbetonelemente gefertigt und montiert. Die Decken der Häuser bestehen aus Stahlbetonfertigteilen. Sie sind untereinander und mit den tragenden Querwänden sowie Außenwänden verschweißt. Zusammen mit einem im Außenwandbereich umlaufenden Ringanker sind so der statische Verbund und die Standsicherheit der Gebäude gewährleistet. Die Wohngeschosse sind über Aufzugsanlagen erreichbar. Die Aufzüge verkehren nur bis zum siebten Geschoß. Im Dachbereich ist das Maschinenhaus integriert.

Je Geschoß sind in der Regel vier Wohnungen erschlossen. Einige Bereiche des ersten Geschosses sind für Gewerbezwecke ausgebaut, zumeist von den Betreibern selbst und zum Teil auf ihre eigenen Kosten. In den Treppenhäusern sind generell Müllabwurfanlagen eingebaut. Alle Wohnungs- und Gewerbeeinheiten werden zentral mit Wärme und Warmwasser versorgt. Die einzelnen Haussegmente sind über Hausanschlußstationen erschlossen, Wohnungen und Gewerbe getrennt versorgt.

Rings um die Hauszeilen, die durch Vor- und Rücksprünge, Ecklösungen oder Versätze aufgelockert wurden, sind gestaltete Grünflächen, Bäume, Sträucher und Ruhe- und Spielzonen angelegt. Weitere Bereiche am Rande der Grünflächen sind als abschließbare Parkplätze angelegt. Durchgänge durch die Blöcke ermöglichen den Zugang zu den Grünflächen sowie zu den rückseitigen Eingängen und Notausgängen. Große Gebäudeabstände zur Wilhelmstraße mit davorgelagerten Parkzonen schirmen die Häuser etwas

Otto-Grotewohl-Straße 13a–13d, Bauphase 1991/92

vom unmittelbaren Fahrzeugverkehr ab. Auch hier wurde Grün-, Baum- und Strauchbestand in großem Umfang angelegt.

Im Wohngebiet sind Ein- bis Sechszimmerwohnungen mit unterschiedlichen Grundrißlösungen und Maisonette-Wohnungen (Zwei- und Fünfzimmerwohnungen) vorhanden. Fast allen Wohnungen wurde eine Loggia, ein Erker, ein Austritt oder ein Balkon zugeordnet. Dadurch ergeben sich unterschiedlich gestaltete Grundrisse mit einer breiten Skala von Wohnungsgrößen.

Die Wohnungen sind einheitlich mit einer vorgefertigten, im Inneren der Wohnung gelegenen fensterlosen Bad ausgestattet. Die Be- und Entlüftung wird über ein Zwangsentlüftungssystem gewährleistet. Anschlüsse und Platz für die Waschmaschine sind berücksichtigt. Die meisten Küchen sind über den Wohnraum zugänglich und von diesem durch eine Holz-Glaswand und Durchreiche abgetrennt. Einige Wohnungen besitzen einen eingezogenen Balkon vor der Küche. Ein Elektroherd ist eingebaut, darüber hinaus eine Spüle, Einbaumöbel und ein ausgewiesener Platz für die Geschirrspülmaschine mit den erforderlichen Anschlüssen.

Die einzelnen Wohnungen sind durch tragende Wände mit 15 Zentimeter Dicke voneinander getrennt. Wohnräume selbst sind, soweit nicht aus statischen Gründen tragende Wände stehen, durch

Wilhelmstraße 56–59, Zustand 1996

sechs Zentimeter dicke Betonwände abgetrennt. Diese Wände haben keine statische Funktion und sind somit veränderbar anzuordnen. Das ist vor allem beim Wohnungseigentum von Belang. So können Grundrißveränderungen vorgenommen werden. Bei einigen Wohnungsgrundrissen, so vor allem bei den Maisonette-Wohnungen, ist der Wohnungsflur durch eine Glas-Holzwand vom Wohnraum abgeteilt.

Das obere Geschoß der Maisonettevariante ist über eine gewendelte Holz-Stahltreppe mit dem darunterliegenden Wohnraum verbunden. Im oberen Geschoß ist generell über dem Bad ein zusätzlicher Waschplatz als eigener Raum vorhanden. Auf den Fußböden der Wohnungen sind über dem Ausgleichsestrich PVC-Beläge, teils auch Spannteppiche verlegt. Alle Wände sind tapeziert und gestrichen. Die Fenster der Wohnräume sind Holzdoppelfenster mit einer zusätzlichen Dichtung gegen Feuchte und Schall.

Sämtliche Rohrleitungen im Gebäude wurden gegen Wärmeverluste isoliert. Den Wohnungen wird über ein regelbares Einrohrheizungssystem Wärme zugeführt. Individuelle Meßeinrichtungen und Meßregler für den Wärme- und Wasserverbrauch sind in allen Räumen vorhanden. Die Wohnungen sind an eine Gemeinschafts-TV-Antennenanlage angeschlossen. Für Telefonanschlüsse ist eine Leerverrohrung vorinstalliert. Jede Wohnung oder Gewerbeeinheit hat einen separaten Stromanschluß mit Meßeinrichtung. Auf den Austritten und Balkonen, die durch Stahlgitter oder Stahl-Glas-Rahmen gesichert wurden und die eine Fußbodenentwässerung haben, sind Pflanzschalen angebracht.

Die Häuser sind für eine normale Nutzungsdauer von 80 Jahren ausgelegt. Dies bestätigen auch Untersuchungen, die vom Senat in Auftrag gegeben wurden. Mit zunehmendem Grünbestand verbessert sich auch zunehmend das Mikroklima im Wohngebiet.

Annalie Schoen

Planungen seit dem Mauerfall im Parlaments- und Regierungsviertel um die Wilhelmstraße

Die Wilhelmstraße heute ist eine normale Stadtstraße mit Wohn-, Bürogebäuden und Läden. Kaum etwas erinnert an ihre historische Bedeutung, die alten Bausubstanz ist fast vollständig zerstört, der Stadtgrundriß hat sich geändert, die Kenntnis über den Ort ist nur noch bei Experten vorhanden. Die Planung der DDR hat die Geschichte negiert, dies hat sich seit der Wende nicht geändert. Was ist also die aktuelle Planungsgeschichte seit Mauerfall und wie sehen die derzeit im Verfahren befindlichen Konzepte aus? Wie hat die Hauptstadtentscheidung diesen Planungsprozeß beeinflußt?

Vorbereitende Planungen

Kurz nach der Wende hat Berlin bereits dargestellt, daß es über den historischen Anspruch auf die Hauptstadt hinaus auch die notwendigen räumlichen Kapazitäten besitzt. »Berlin verfügt über hervorragende Standortbedingungen und Entwicklungsmöglichkeiten für die Ansiedlung von Parlaments- und Regierungsfunktionen und bestimmten Folgenutzungen in der Stadt.«[1] Zu diesem Ergebnis kam der Bericht des Arbeitsstabes »Hauptstadtplanung Berlin« bereits im Oktober 1990. Die Untersuchung bezog sich im wesentlichen auf vorhandene Gebäude, legte aber schon Schwerpunkte der Ansiedlung dar (Abb. auf S. 268). So ist der Bereich um die Wilhelmstraße durchaus als Schwerpunktbereich ablesbar. Der noch freiliegende Teil der »Ministergärten« ist nicht einbezogen, nur ein Symbol weist auf einen möglichen Wohnstandort für Bundesbedienstete hin. Auch die 1991 vorgelegten Berichte zur Unterbringungsmöglichkeit der Bundesregierung[2] und des Deutschen Bundestages stellten die in Berlin ausreichend vorhandenen Kapazitäten von bundeseigenen Flächen und Gebäuden sowie deren Erweiterungsmöglichkeiten dar.

Seit dem Beschluß des Deutschen Bundestages vom 21. Juni 1991 zur »Vollendung der Deutschen Einheit« wurde die öffentliche Diskussion intensiviert. Themen waren die Dezentralität von Regierungsstandorten, die Nutzung vorhandener Kapazitäten und die Realisierung eines demokratischen Planungsprozesses. Dazu hat die Senatsverwaltung für Bau- und Wohnungswesen 1992 vier Architekturgespräche zur Hauptstadt Berlin im Reichstag durchgeführt. Der damalige Bausenator Nagel sagte: »Das Bauen für die Hauptstadt muß sich mit der geschichtlichen Identität der Orte auseinandersetzen ... Orte von Parlament

---

1 *Bericht des Arbeitsstabes »Hauptstadtplanung Berlin«. Rahmenbedingungen und Potentiale für die Ansiedlung oberster Bundeseinrichtungen in Berlin,* hrsg. von der Senatsverwaltung für Stadtentwicklung und Umweltschutz/Magistratsverwaltung für Stadtentwicklung und Umweltschutz, Berlin Oktober 1990.
2 *Unterbringungsmöglichkeiten der Bundesregierung. Eine Untersuchung des Bundesbauamtes,* hrsg. vom Bundesminister für Raumordnung, Bauwesen und Städtebau, der Bundesbaudirektion in Zusammenarbeit mit der Bundesfinanzverwaltung und den Architekten Ziegert und Strey, Berlin–Bonn im August 1991.

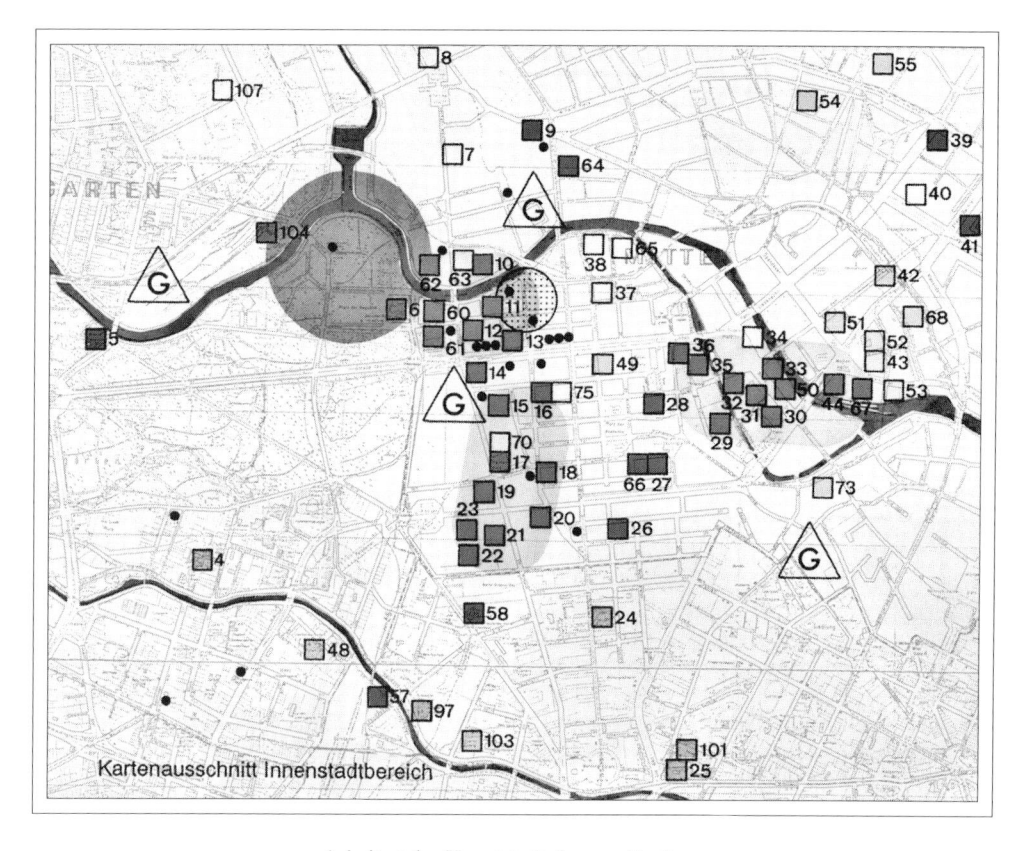

Arbeitsstab »Hauptstadtplanung Berlin«
Bericht des Arbeitsstages »Hauptstadtplanung Berlin«, Rahmenbedingungen und Potentiale für die Ansiedlung oberster Bundeseinrichtungen in Berlin, hrsg. von der Senatsverwaltung für Stadtentwicklung und Umweltschutz/Magistratsverwaltung für Stadtentwicklung und Umweltschutz, Berlin Oktober 1990

■	Standorte für oberste Bundeseinrichtungen	▨	Durch Alliierte genutzte Flächen
▢	Standorte für weitere Bundesbehörden	•••	Standorte diplomatischer Einrichtungen
□	Standorte für oberste kommunale Einrichtungen	◔	Flächenreserven für diplomatische Einrichtungen
□45	sonstige untersuchte Standorte Nummer nach Standortliste	△	mögliche Wohnstandorte für Bundesbedienstete G = Geschoßwohnungsbau E = Eigenheimbau
	Schwerpunktbereiche zur Unterbringung oberster Bundeseinrichtungen	△a	vorhandene / mögliche Wohnstandorte für Bundesbedienstete auf Flächen der Alliierten
	Schwerpunktbereich Reichstag / Spreebogen mit Flächen für Neubauten		

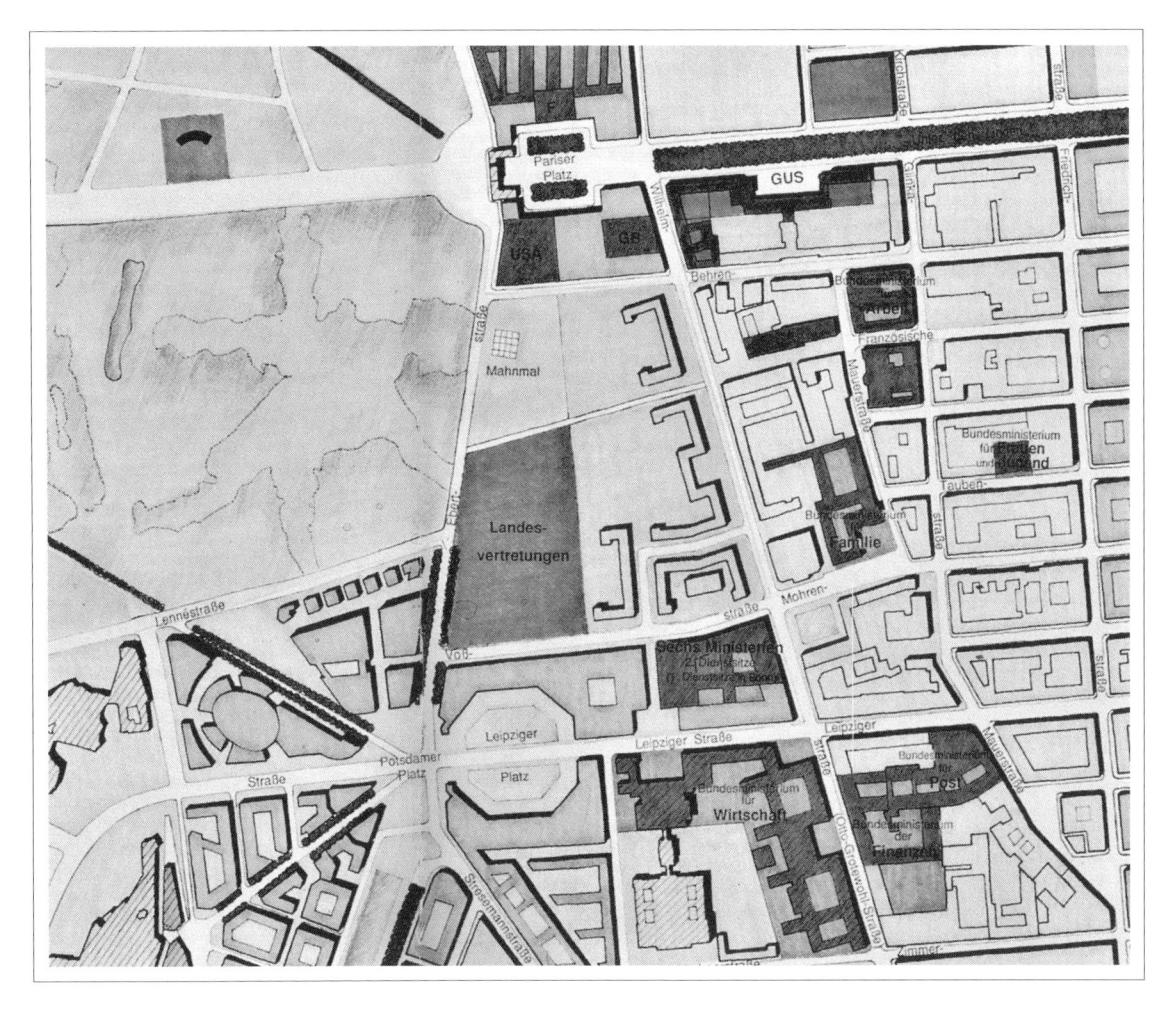

Nutzungskonzept
Parlaments- und Regierungsviertel Berlin. Ergebnisse der vorbereitenden Untersuchung, hrsg. von der Senatsverwaltung für Bau- und Wohnungswesen, Berlin 1993

und Regierung sollen neben dem Neuanfang im Spreebogen vor allem historische Stadträume wie Wilhelmstraße und Ministergärten, das Herz der Stadt um die Spreeinsel und natürlich die Dorotheen- und Friedrichstadt sein.«[3] Schon damals formulierte der Stadtsoziologe Harald Bodenschatz: »Die Wilhelmstraße verlangt ganz außerordentliche Anstrengungen: Sie verlangt mehr als nur eine städtebauliche Antwort auf die Vergangenheit.«[4] Vier Jahre später ist dieser Anspruch

3 *Hauptstadt Berlin. Festung, Schloß, demokratischer Regierungssitz* (= Reihe Städtebau und Architektur 10), hrsg. von der Senatsverwaltung für Bau- und Wohnungswesen, Berlin 1992, S. 10f.
4 *Hauptstadt Berlin* ... (wie Anm. 3), S. 16.

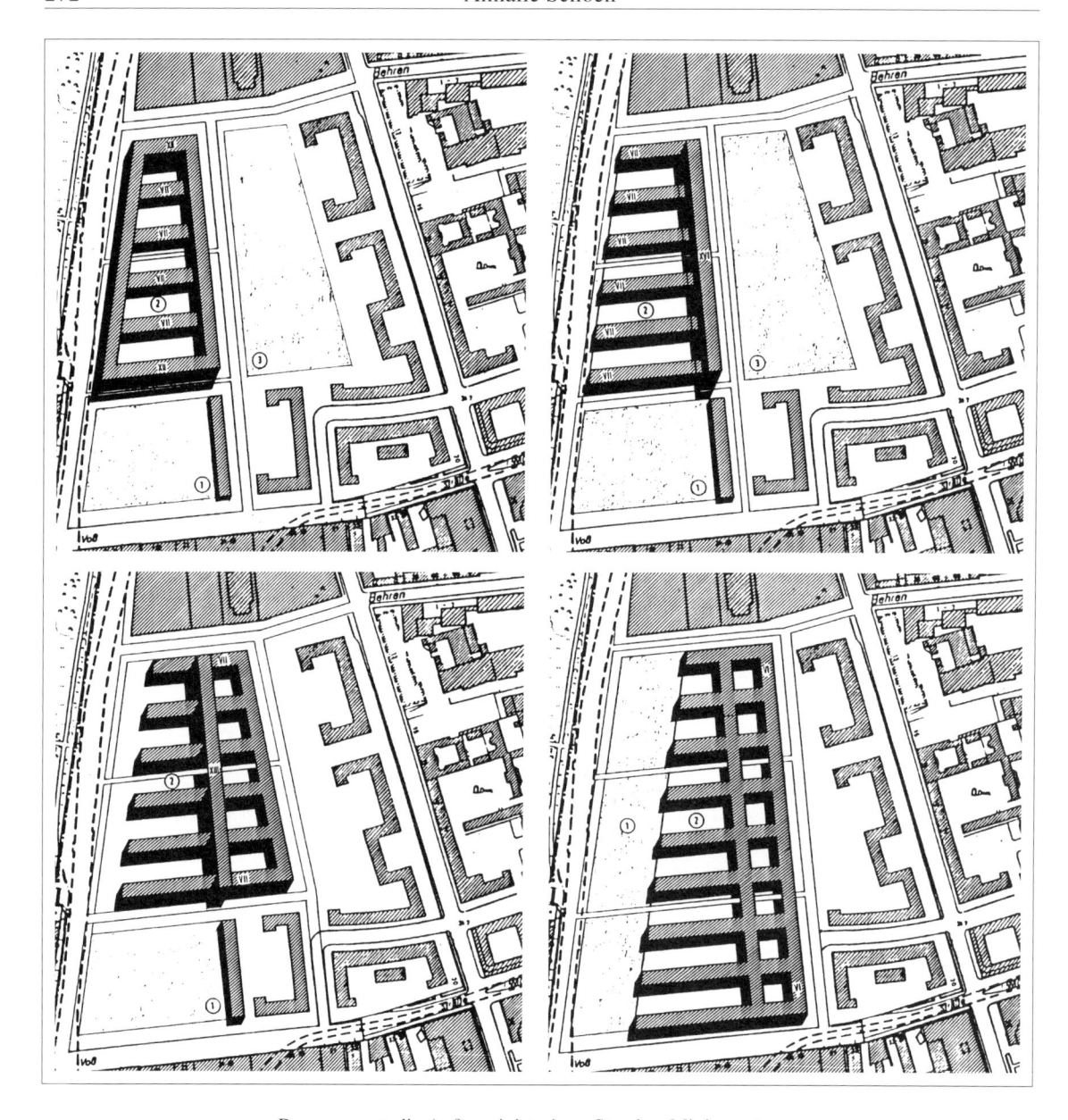

Baumassenstudie Außenministerium, Standort Ministergärten
Baumassenstudie Außenministerium, Standorte Ministergärten und Reichsbank, im Auftrage der Senatsverwaltung für Stadtentwicklung und Umweltschutz erstellt von der Arbeitsgemeinschaft Jahn, Kny, Machleidt, Müller und Schäche, Berlin September 1992

nicht eingelöst und es bleibt fraglich, ob er es je wird.
Im Herbst 1991 hat der Berliner Senat die Durchführung der Vorbereitenden Untersuchungen zur Festlegung einer Entwicklungsmaßnahme für den Hauptstadtbereich beschlossen. Diese wurden zügig durchgeführt und 1992 abgeschlossen.[5] Einer der räumlichen Untersuchungsschwerpunkte war der Bereich um die Wilhelmstraße. Die Bestandsanalyse legte erneut dar, daß Bundeseigentum in erheblichem Umfang vorhanden und für Einrichtungen nutzbar ist. Die Gutachter empfahlen: »Aus stadtstrukturellen Erwägungen soll neben Regierungsfunktionen eine möglichst kleinteilige Nutzungsvielfalt realisiert werden. Dazu gehören … auch Lobby, Verbände und Medien, Einrichtungen der Kultur und Wissenschaft, Einzelhandel, Gastronomie und nicht zuletzt das Wohnen … Angesichts der dichten Bebauung sollten die Grünflächenbestände qualitativ verbessert und vorhandene Grünpotentiale – etwa im Bereich der ehemaligen Ministergärten – ausgeschöpft werden.«[6]
Die damals vorgeschlagenen Nutzungen (Abb. auf S. 269) haben sich seither eher stabilisiert: Nördlich des Pariser Platzes wird der Deutsche Bundestag angesiedelt, am Platz selbst wird in etwa der alten Parzellenstruktur wieder die Amerikanische und Französische Botschaft neben Geschäftsgebäuden entstehen, an der Wilhelmstraße die Britische Botschaft. Die Behrenstraße war bereits als Verlängerung zur Ebertstraße geplant. In den »Ministergärten« liegen das Denkmal für die ermordeten Juden Europas und die Landesvertretungen. Östlich des Leipziger Platzes ist noch der Standort für die in Bonn verbleibenden Ministerien an der Voß-/Wilhelmstraße vorgesehen (heute im Preußischen Herrenhaus), in dem ehemaligen Reichsluftfahrtministerium das Wirtschaftsministerium (heute das Finanzministerium). Die östliche Seite der Wilhelmstraße bleibt fast vollständig außerhalb der planerischen Betrachtung. Hier soll der Bestand erhalten, gegebenenfalls umgenutzt werden. Nur südlich der Leipziger Straße an der Ecke Wilhelmstraße soll in dem sogenannten »Postblock« der Neubau des Finanzministerium errichtet werden (heute Reservefläche). Diese erste Festlegung der Standorte für die Bundesministerien erfolgte am 17. Dezember 1992 durch Beschluß des Bundeskabinetts und wurde seither zweimal geändert.

»Ministergärten«

Einer der bedeutendsten Orte, auf den sich das besondere Augenmerk der Planer und Bauherren richtete, war das noch freie Gelände des ehemaligen Grenzstreifens im Bereich der Ministergärten. Im Vorfeld der Festlegung der Ministerienstandorte 1992 wurden vom Auswärtigen Amt auch die Ministergärten als Standort präferiert. Es war ein Gebäudevolumen von 144 000 Quadratmeter Bruttogeschoßfläche gefordert. Die Senatsverwaltung für Stadtentwicklung und Umweltschutz ließ von der Arbeitsgemeinschaft Jahn, Kny, Machleidt, Müller, Schäche eine Baumassenstudie erarbeiten.[7] Die erforderliche Fläche war nur entweder durch eine sehr große Dichte und Höhe der Baukörper zu erreichen, zum Beispiel mit bis zu zwölf Geschossen (Abb. auf S. 270) beziehungsweise mit einer 16 Geschosse hohen Scheibe (Abb. auf S. 270), oder durch Inanspruchnahme größerer Flächen entweder zu Lasten der Denkmalfläche (Abb. auf S. 270) beziehungsweise der wohnungsnahen Frei- und Schulsportfläche (Abb. auf S. 270). Die Gutachter kamen zu dem Ergebnis, daß sich die bauliche Inanspruchnahme der Fläche aus kulturpolitischer wie städtebaulicher Sicht zum damaligen Zeitpunkt im Grunde verbietet. Wesentliche Argumente waren das Fehlen der sorgfältigen politischen Reflexion, des verantwortungsbewußten Diskurses über den Ort und des sensiblen Umgangs mit Geschichte. Ein ge-

---

5 *Parlaments- und Regierungsviertel Berlin. Ergebnisse der Vorbereitenden Untersuchungen* (= Reihe Städtebau und Architektur 17), hrsg. von der Senatsverwaltung für Bau- und Wohnungswesen, Berlin 1993.
6 *Parlaments- und Regierungsviertel …* (wie Anm. 5), S. 100.
7 *Baumassenstudie Außenministerium. Standorte Ministergärten und Reichsbank,* im Auftrage der Senatsverwaltung für Stadtentwicklung und Umweltschutz erstellt von der Arbeitsgemeinschaft Jahn, Kny, Machleidt, Müller und Schäche, Berlin September 1992.

sellschaftspolitischer Konsens muß städtebaulichen Planungen vorangehen. Schließlich würde eine derartige Massivität der Baumasse dem einstmaligen räumlichen Vermittlungscharakter des Blockes zwischen Stadtkante und offener Parklandschaft zuwiderlaufen. Vor allem das letzte Argument und vorhandene Flächen auf der Spreeinsel (hinter dem ehemaligen Staatsratsgebäude) haben schließlich zur Aufgabe des Standortes für ein Außenministerium geführt. Seither hat das Auswärtige Amt noch einmal den Standort auf den Friedrichswerder gewechselt.

Landesvertretungen

Der Bundesrat hat am 5. Juli 1991 beschlossen, vorerst in Bonn zu bleiben. Gleichwohl lautet der Beschluß der Ministerpräsidentenkonferenz am 4. Dezember 1991: »Die Vertretungen [der Länder, d. Verf.] sind gleichgewichtig mit den Einrichtungen des Bundes in die städtebauliche Planung des Parlaments- und Regierungsviertels einzubeziehen. Hierfür benötigen die Länder Grundstücke, die dem zukünftigen Sitz des Bundestages und der Dienststellen der Bundesregierung nahe gelegen sind und nach Lage und Größe eine individuelle Selbstdarstellung des jeweiligen Landes ermöglichen. Die Ansiedlung der Landesvertretungen in einem gemeinsamen Viertel erscheint unbeschadet der abweichenden Einzelentscheidungen einzelner Länder zweckmäßig.« Nachdem das Außenministerium für die Spreeinsel vorgesehen wurde, erhielt die Ministerpräsidentenkonferenz der Länder am 16. November 1992 vom Bundeskanzler das Einverständnis, »daß die Ministergärten für eine Nutzung den

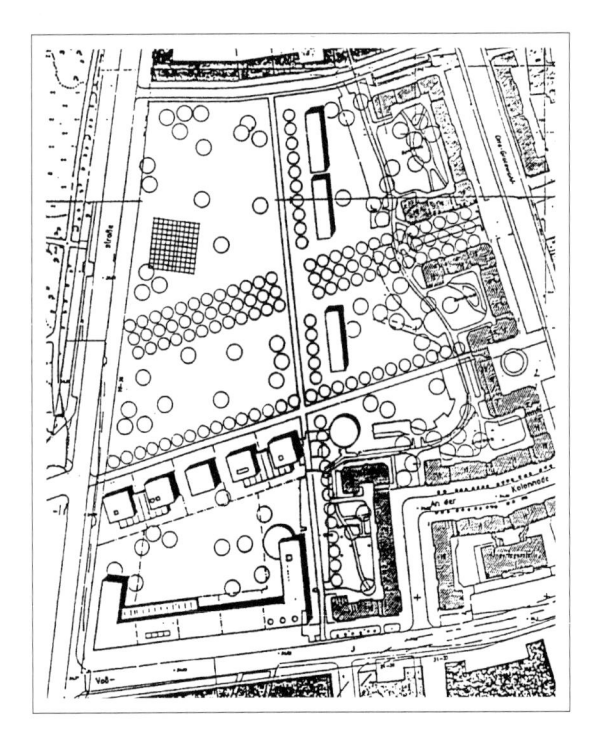

Landesvertretungen zwischen Voß- und Ebertstraße
Städtebauliches Gutachten, Büro für Stadtplanung und Stadtforschung, Prof. Zlonicky, 1993

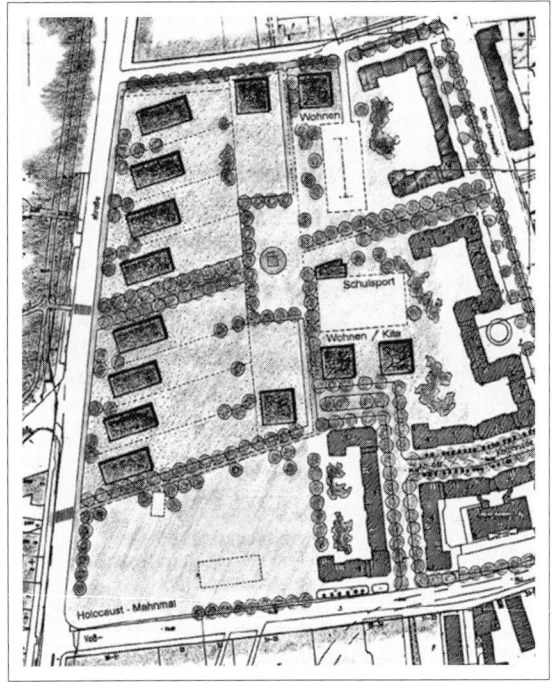

Städtebauliche Studien zu den Ministergärten, »Länderkette« Büro UrbanPlan, 1993

Ländern zur Errichtung von Landesvertretungen zur Verfügung gestellt werden.«
Am 18. Januar 1993 beschloß der Senatsausschuß »Berlin 2000« zur künftigen Nutzung der »Ministergärten«, daß auf dem Gelände ein Mahnmal für die ermordeten Juden Europas, die Bundesländervertretungen, Wohnungen sowie Sportfreiflächen untergebracht werden sollen.
Ebenfalls im Januar 1993 beauftragte die Senatsverwaltung für Bau- und Wohnungswesen drei Büros mit der Bearbeitung von Bebauungsvorschlägen für Landesvertretungen in den Ministergärten. Dabei sollte davon ausgegangen werden, daß
- ca. zwei bis zweieinhalb Hektar für das Mahnmal im Süden an der Voßstraße zur Verfügung gestellt werden,
- zehn bis zwölf Landesvertretungen mit jeweils einer BGF von 2500 bis 3500 Quadratmeter realisiert werden (ca. drei Hektar),
- der Wohnungsbau mittelfristig erhalten bleibt,
- eine Option für die Verlängerung der Französischen Straße berücksichtigt wird.

In einer ersten Arbeitsphase wurde eine Vielzahl an Lösungsmöglichkeiten entwickelt. Im Februar 1993 wählte ein Obergutachtergremium vier grundsätzlich unterschiedliche Konzepte zur weiteren Überarbeitung aus. Das Konzept vom Büro für Stadtplanung und Stadtforschung, Prof. Zlonicky (Abb. auf S. 272), antwortet im Süden mit einem geschlossenen Baukörper zur Bebauung des Leipziger Platzes, zum Tiergarten löst sich die Bebauung in solitäre Baukörper auf. Im Anschluß befindet sich das Mahnmal in einer »erweiterten« Tiergartenfläche. Das Büro Urbanplan (Abb. auf S. 272) griff die historische Gliederung

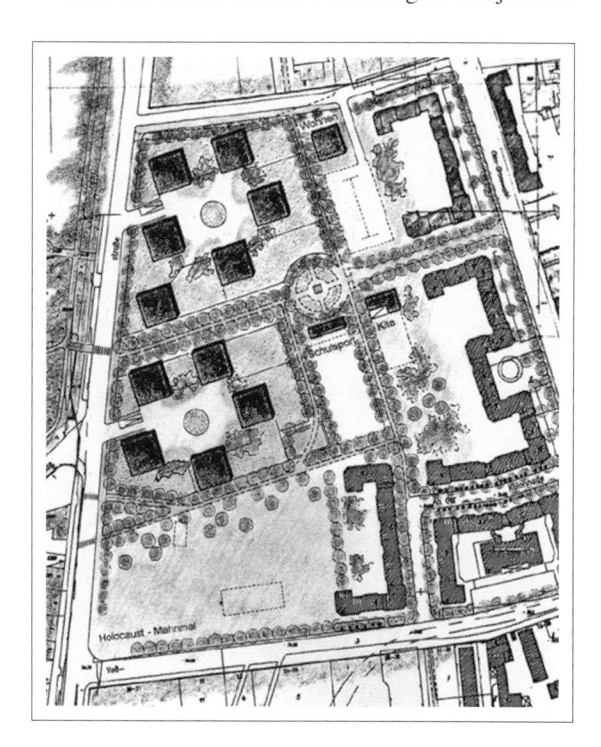

Städtebauliche Studien zu den Ministergärten, »Länderpark«
Büro UrbanPlan, 1993

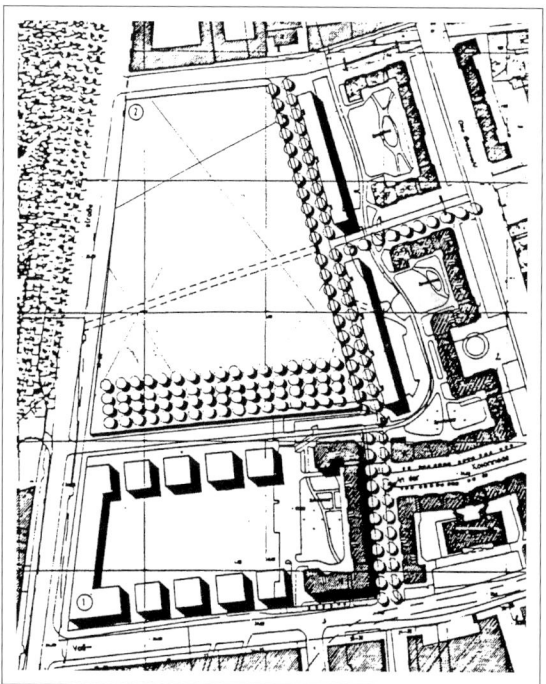

Städtebauliche Studien zu den Ministergärten
Hildebrand Machleidt,
Büro für Städtebau, 1993

und Ausrichtung der »Ministergärten« mit der Variante »Länderkette« auf und kehrte die historische Erschließung zur Ebertstraße um. Das Mahnmal bleibt im Süden, wie in der Variante »Länderpark« (Abb. auf S. 273). Auch hier bildet die Ebertstraße die Orientierung für die aufgelockerte Bebauung, zur Wohnbebauung entsteht ein grüngeprägter Raum. Das Büro für Städtebau, Hildebrand Machleidt, schlägt die Konzentration der Landesvertretungen im Anschluß an die Bebauung des Leipziger Platzes in Form von maximal sechsgeschossigen Stadtvillen und einer geschlossenen Bebauung an der Ebertstraße vor. Das nördlich anschließende freie Areal wird für Denkmal und die weiteren öffentlichen Grün- und Freiflächen genutzt. Dieses Konzept überzeugte die Obergutachter und wurde Grundlage für die weiteren Planungen.

Im Dezember 1993 beschloß die Senatsverwaltung für Bau- und Wohnungswesen die Aufstellung eines Bebauungsplans für die Flächen der ehemaligen Ministergärten (I-202). Die Planung wurde präzisiert, die Anzahl der unterzubringenden Landesvertretungen mit zwölf angenommen und die erforderliche Schulsportfläche einbezogen. Diese Planung wurde im Mai 1994 der Öffentlichkeit und auch den Landesvertretungen vorgestellt. Seither ist sie ohne wesentliche Änderungen weiterverfolgt worden. Auch die Beteiligung der Träger öffentlicher Belange im Juni 1995 hat die städtebauliche Grundkonzeption nicht in Frage gestellt (Abb. auf S. 273).

Die Diskussion mit den Landesvertretungen ist aufgrund der unterschiedlichen Interessenlagen und Situationen in den Ländern sehr kompliziert. Die Entscheidung, welches Land in die »Ministergärten« geht, ist noch nicht endgültig getroffen, einige halten sich andere Optionen offen. Eine Flächenaufteilung unter den Ländern hat noch nicht stattgefunden. Wesentliche Diskussionspunkte mit dem Land Berlin waren anfänglich die Veränderung der Flächenkulisse, später der Grundstückspreis. Die Auseinandersetzung mit der Geschichte war nicht Gegenstand der Erörterungen. Um eine Bebaubarkeit der Grundstücke zu gewährleisten, wird Berlin die Kosten der erforderlichen Beseitigung der noch vorhandenen Teile der Bunkeranlage der Neuen Reichskanzlei übernehmen.

Denkmal für die ermordeten Juden

Der bedeutungsvollste Ort in den »Ministergärten« wird das Denkmal für die ermordeten Juden Europas sein. Auf Initiative des »Förderkreises zur Errichtung eines Denkmals für die ermordeten Juden Europas« wurde 50 Jahre nach dem Holocaust die Errichtung des Denkmals beschlossen. Es sollte an zentraler Stelle Berlins entstehen. Für den weltweit offenen künstlerischen Wettbewerbs war das Thema wie folgt beschrieben: »Das Gelände für das geplante Denkmal – zwischen Brandenburger Tor und Potsdamer Platz – steht für Extreme der vergangenen 60 Jahre deutscher Geschichte. Seine Nähe zur Reichskanzlei, dem Amtssitz Hitlers, verweist auf die Täter, aber auch auf ihre Unterwerfung und Entwaffnung. Schließlich markiert dieser Ort nahezu 40 Jahre der Trennung zwischen den beiden Deutschland … Heutige künstlerische Kraft soll die Hinwendung in

Künstlerischer Wettbewerb:
Denkmal für die ermordeten Juden Europas
Entwurf: Jackob-Marks/Rolfes/Scheib/Stangel, 1995

Künstlerischer Wettbewerb:
Denkmal für die ermordeten Juden Europas
Entwurf: Simon Ungers, 1995

Trauer, Erschütterung und Achtung symbiotisch verbinden mit der Besinnung in Scham und Schuld.«[8]
Aus 528 eingereichten Arbeiten wählte das Preisgericht am 17. März 1995 zwei Arbeiten aus. Einerseits eine die gesamten zwei Hektar umfassende schiefe Ebene mit den Namen von sechs Millionen ermordeter Juden der Künstler Jackob-Marks/Rolfes/Scheib/Stangel (Abb. auf S. 276) und andererseits einen 85 mal 85 Meter überdimensionierten Stahlträger mit den ausgestanzten Namen der Vernichtungslager des Architekten Simon Ungers (Abb. oben). Die Auslober (Berlin, Förderverein, Bundesinnenministerium) haben sich im Nachgang zum Wettbewerb zur Realisierung der schrägen Ebene entschlossen. Diese Entscheidung hat grundsätzliche Diskussionen und heftige Kritik in bezug auf Namensnennung, Größe, Standort, Sinnhaftigkeit bundesweit ausgelöst und bisher zur Aussetzung des weiteren Verfahrens geführt.

Wohnbebauung

Im Zuge der baulichen Revitalisierung der Friedrichstadt begann man 1987 an der damaligen Otto-Grotewohl-Straße mit der Errichtung eines innerstädtischen Wohngebietes in »Sonderplatte« mit ca. 1 100 Wohnungen. Zur Vorbereitung wurden in aufwendigem Verfahren die Bunkeranlagen unter der ehemaligen Neuen Reichskanzlei, vor allem der eigentliche Führerbunker, entfernt. Nur einige Teile im Bereich des Todesstreifens blieben unberührt, der sogenannte Führerbunker und ein Teil der Hofbefestigung der ehemaligen Neuen Reichskanzlei.[9] Die Wohnbebauung wurde nach der Wende fertiggestellt. »Eine Initiative des 9. Dezember 1989 – engagierte Architekten und Stadtplaner – verhinderten den Weiterbau des Wohnkomplexes in Richtung Leipziger Platz und retteten zumindest diesen Platz.«[10]
Die ersten planerischen Vorstellungen unmittelbar nach der Wende stellten die Wohnbebauung zumindest langfristig in Frage. Die Einsicht in die Lebensdauer der Wohnbauten und die Unmöglichkeit der Vernichtung von Wohnraum in diesem Umfang gaben diesen Ideen keine Zukunft. Alle weiteren Planungen gehen von der Erhaltung aus und ergänzen die Wohnbebauung an der Westseite. Bei Investitionsvorhaben vor allem in Mitte setzt sich Berlin intensiv für die Schaffung eines 20prozentigen Wohnanteils ein. An diesem Ort ist daher die historische Chance zu nutzen, die Wohnfunktion zu stärken und die DDR-Geschichte zu integrieren, auch wenn sich über die städtebauliche und architektonische Qualität der Bauten sicherlich streiten läßt (Abb. auf S. 279). (Ein anderer Beitrag geht intensiver auf das Thema ein.)

---

8 *Künstlerischer Wettbewerb. Denkmal für die ermordeten Juden Europas. Ausschreibung*, hrsg. von der Senatsverwaltung für Bau- und Wohnungswesen, Berlin April 1994, S. 57.
9 Vgl. Wolfgang Schäche, *Zur Geschichte und stadträumlichen Bedeutung der »Ministergärten«*. Vortrag im Stadtforum am 19. und 20. Juni 1992, S. 9.
10 Laurenz Demps, *Berlin-Wilhelmstraße, Eine Topographie preußisch-deutscher Macht,* Berlin 1994, S. 290.

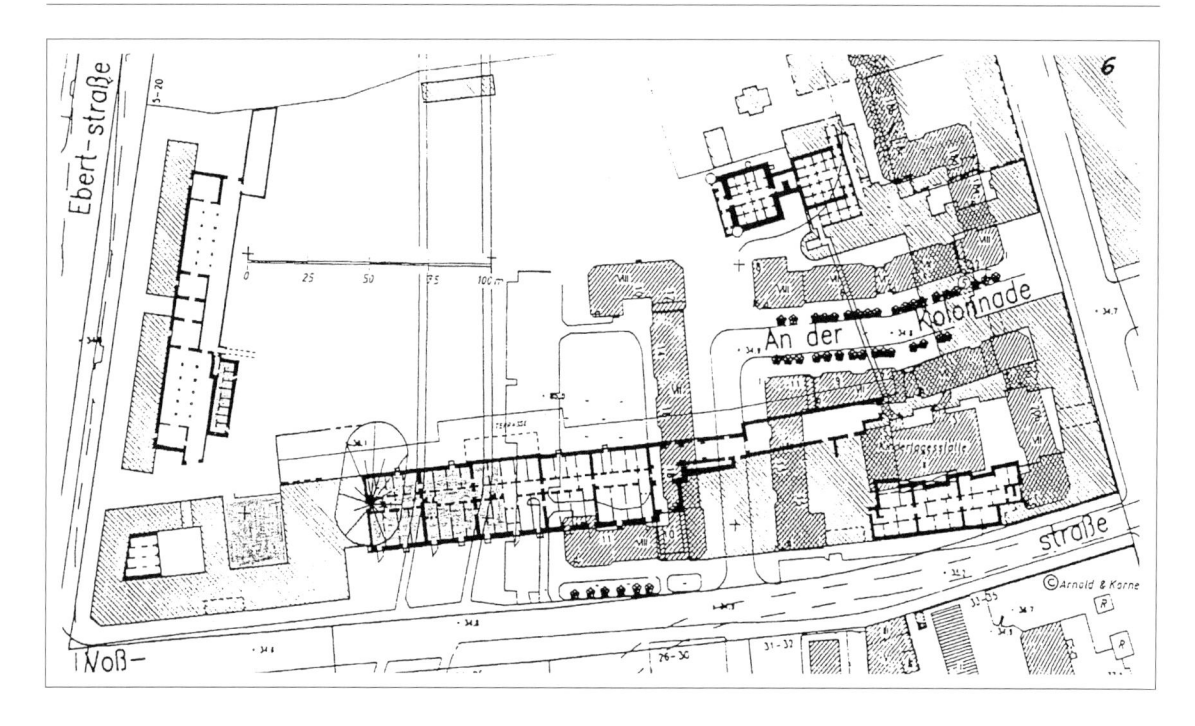

Bunkeranlagen der ehemaligen Neuen Reichskanzlei
Arnold & Körner nach Vorgaben des Archäologischen Landesamts, 1993

Legende:
Übersichtsplan des Geländes der Reichskanzlei mit Bebauung gegen Kriegsende (Schraffur von rechts unten nach links oben) und heutigen Wohnblocks (Schraffur von links unten nach rechts oben); die ehemaligen Bunkeranlagen (nicht überbaut im Nordosten »Führerbunker«) sind fett schwarz gekennzeichnet, grau ausgefüllt sind die vom Archäologischen Landesamt als denkmalwert angesehenen Komplexe: Von West nach Ost: Fahrerbunker, Innenhof, Bunkeranlage unter der Neuen Reichskanzlei

Verkehr

Im Dezember 1993 beschloß die Senatsverwaltung für Bau- und Wohnungswesen die Aufstellung des Bebauungsplans für die Behrenstraße (I-201). Er wurde im Juni 1995 vom Abgeordnetenhaus beschlossen und schreibt den Straßendurchbruch fest. So wird eine vierspurige Straße in Ost-West-Richtung zur Entlastung des Verkehrs durch das Brandenburger Tor und der Dorotheenstraße ermöglicht. Der Bundestag schließt Durchgangsverkehr zwischen den beiden von ihm genutzten Blöcken aus. Es hat inzwischen eine Einigung mit der Baukommission des Deutschen Bundestages gegeben, die noch vertraglich geregelt werden muß. Sie sieht vor, daß die Dorotheenstraße zwei Reihen Bäumen erhält, jeweils sechs Meter breite Bürgersteige und eine Fahrbahnbreite von sieben Metern. Damit kann sie also dem Erschließungsverkehr dienen.

In den ursprünglichen Konzeptionen der »Ministergärten« wurde nicht davon ausgegangen, daß die Verlängerung der Französischen Straße realisiert wird, sondern nur, daß die Option durch Trassenfreihaltung gewährleistet werden muß. Am 21. Dezember 1993 beschloß der Berliner Senat, daß in einem ersten Schritt ein Verbindungsstück zwischen der Wilhelm- und der Ebertstraße

Wohnbebauung an der Wilhelmstraße
Quelle: Laurenz Demps, *Berlin-Wilhelmstraße.
Eine Topographie preußisch-deutscher Macht*,
Berlin 1994

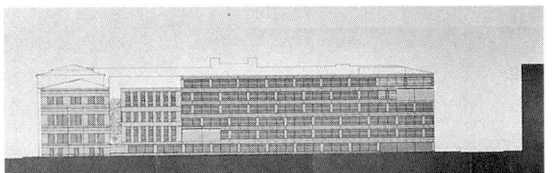

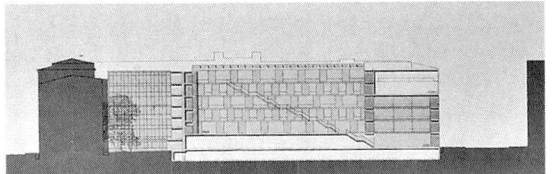

Hauptstadtstudios der ARD, Reichstagsufer/
Wilhelmstraße
Architekten: Ortner & Ortner, Berlin
mit Hanns-Peter Wulf

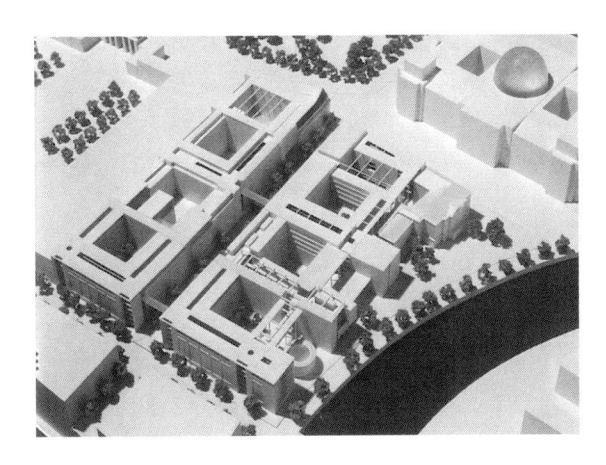

Dorotheenblöcke, Bundesbaugesellschaft, Berlin 1996
Architekten: Planungsgesellschaft Dorotheenblöcke
mbH, Busmann & Haberer, de Architekten Cie von
Gerkan, Marg und Partner, Architekten Schweger
+ Partner, Thomas van den Valentin

in Höhe der Französischen Straße gebaut werden soll. Diese Haltung wurde durch den Gemeinsamen Ausschuß am 6. Februar 1995 bestätigt, der zur Kenntnis nahm, daß für den Bau einer Straße durch die »Ministergärten« in Höhe der Französischen Straße zwischen Wilhelm- und Ebertstraße Planungsrecht geschaffen wird.

Die öffentliche Diskussion wurde bisher nur mit den Bewohnern der Wilhelmstraße geführt, die helle Empörung äußern. Sie haben bereits die Klage gegen den Bebauungsplan Behrenstraße angekündigt und wehren sich gegen eine zusätzliche Belastung durch die Französische Straße. Ebensoschwer wiegt jedoch, daß die Notwendigkeit dieser Straße nicht vor dem geschichtlichen Hintergrund und der städtebaulichen Situation diskutiert wird. Ist beispielsweise die Anordnung des Denkmals für die ermordeten Juden Europas zwischen dann zwei stark mit Ost-West-Verkehr belasteten Straßen die richtige Antwort? Verwischt man nicht den historischen Zusammenhang der »Ministergärten« durch die Zerstückelung gänzlich?

Die gesamte Planung für die »Ministergärten« ist gekennzeichnet durch
– den Pragmatismus von unterzubringenden Flächen,
– der mangelnden öffentlichen Diskussion aufgrund der Ferne der Akteure (Bund, Länder),
– der zwar bekannten historischen Situation, aber der mangelnden Hinweise aus Fachkreisen für Planungsentscheidungen,
– dem Zeit- und Sachdruck, der die planenden Akteure überfordert, dieses Defizit auszugleichen.

Aktuelle Projekte entlang der Wilhelmstraße[11]

Die Wilhelmstraße ist offensichtlich keine Adresse mehr. Eingangssituationen orientieren sich auf die »wichtigeren« Straßen. So liegt der Hauptzufahrtsbereich der Bundestagsbebauung in der Dorotheenstraße, der wichtigste Eingang gegenüber dem Reichstag, an der Wilhelmstraße wurden Nebeneingänge vorgesehen (Abb. auf S. 277). Die internen Verbindungen zwischen den Blöcken erfolgen unterirdisch und über Brücken. Die gegenüberliegende Neubebauung der ARD hat den Haupteingang zur Wilhelmstraße, den repräsentativen Foyerbereich jedoch am Reichstagsufer (Abb. auf S. 277). Das fast am Pariser Platz gelegene, von der Dresdner Bank geplante Bürogebäude hat die Hauptadresse »Unter den Linden«, das in diesem Bebauungskomplex getrennte Wohngebäude liegt zur Wilhelmstraße (Abb. auf S. 278). Das gegenüberliegende Hotel Adlon hat ebenfalls den Haupteingang »Unter den Linden 75/77«, wo sich allerdings der geringste Teil der Baumasse befindet, Nebeneingänge sind an der Wilhelm- und Behrenstraße (Abb. auf S. 278).

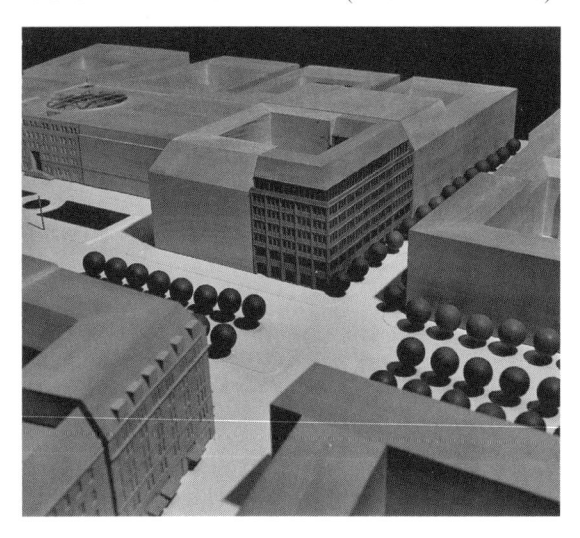

Hotel Adlon, Entwurf 1995
Architekten: Patzschke und Partner

Wettbewerbsergebnis 1996: Wohn- und Geschäftshaus
Unter den Linden 78/Wilhelmstraße
Architekt: Hans Kollhoff

Der Bundestagsbau Unter den Linden/Wilhelmstraße firmiert ebenfalls an der prominenten Adresse »Unter den Linden 69/73« (Abb. auf S. 279). Die Britische Botschaft hat einen sehr einladenden Eingangsbereich an der Wilhelmstraße 70/71, liegt aber ohnehin ausschließlich an der Wilhelmstraße (Abb. auf S. 279). Die Anschrift des künftigen Finanzministeriums (ehemaliges Reichsluftfahrtministerium) liegt an der Leipziger Straße, obwohl sich der Hauptteil des Baues mit dem Ehrenhof an der Wilhelmstraße befindet (Abb. auf S. 279).

Im Umfeld der Wilhelmstraße sind künftig darüber hinaus einige Ministerien zu finden, und zwar das Bundespresse- und Informationsamt in

11 Vgl. *Projekte für die Hauptstadt Berlin* (= Reihe Städtebau und Architektur 34), hrsg. von der Senatsverwaltung für Bau- und Wohnungswesen, Berlin Januar 1996.

der Dorotheenstraße, das Bundesministerium für Familie, Frauen, Senioren und Jugend sowie das Bundesministerium für Arbeit und Sozialordnung an der Mauerstraße, der zweite Dienstsitz des Postministeriums an der Leipziger Ecke Mauerstraße und die zweiten Dienstsitze der weiteren fünf in Bonn verbleibenden Ministerien im ehemaligen Preußischen Herrenhaus.

Abschließende Thesen

- Die Bedeutung der Wilhelmstraße hat mit dem Untergang des Nationalsozialismus ihre geschichtliche Dimension des Machtzentrums verloren und damit die Chance einer positiven Neudefinition gefunden.
- Diese neue Bedeutung einer normalen Stadtstraße mit Wohnungen, Büros, Geschäften, vereinzelten Bundeseinrichtungen entspricht durchaus einer demokratischen Auffassung von Stadt.
- Daher ist die Wilhelmstraße keine bedeutungsvolle Adresse mehr, die prominenten Nutzungen liegen am Reichstagsufer, der Dorotheenstraße, Unter den Linden, Pariser Platz und Leipziger Straße.
- Die Stabilisierung der Wohnfunktion an dieser Stelle wird zu einer wichtigen städtischen Belebung beitragen.
- Die Auseinandersetzung mit der Geschichte muß in die Planung einfließen. Wie diese Konsequenzen allerdings aussehen, ist erst noch zu erarbeiten.

In diesem Sinne haben auch die Beiträge dieser Tagung Bausteine geliefert.

Bauten für die Bundesregierung, Künftiges Bundesministeriums der Finanzen,
Ehrenhof an der Wilhelmstraße

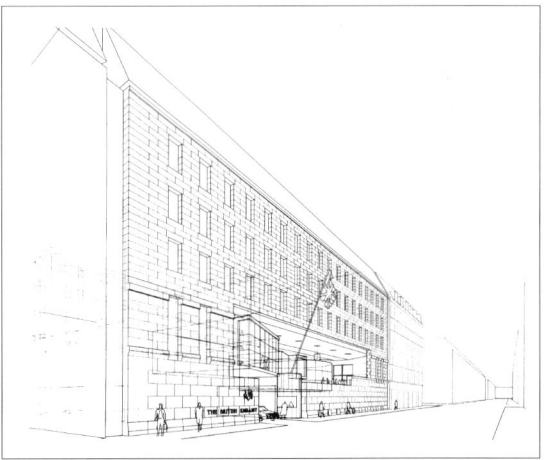

Deutscher Bundestag, Bürohaus Unter den Linden/Wilhelmstraße
Architekten: Gehrmann Consult und Partner, Wiesbaden

Britische Botschaft Berlin, Wilhelmstraße 70–71,
Renovierungswettbewerb 1995
Architekten: Michael Wilford and Partners, London

Ausblick*

Die Wilhelmstraße wird nie wieder das sein, was sie einst war: Ein Zentrum der Macht. In der konstitutionellen Monarchie teilte sie diese Position mit dem Berliner Stadtschloß und dem Deutschen Reichstag, während der Weimarer Demokratie bildeten nur noch der Reichstag und die Wilhelmstraße die politischen Eckpfeiler, und in der nachfolgenden Diktatur konzentrierte sich die Macht, aber vor allem auch der Machtmißbrauch, auf die Wilhelmstraße, mit Hitlers Neuer Reichskanzlei im Zentrum, flankiert von alten und neuen Ministerien, von staatlichen und privaten Institutionen und von den wichtigsten Organisationen der alles beherrschenden Partei. Fast nahtlos hat dann die DDR-Regierung den politischen Standort Wilhelmstraße für sich reklamiert, indem sie mit ihren Ministerien in noch verfügbare Bauten des alten Regierungsviertels zog, bis die Ereignisse des 17. Juni 1953 ein Umdenken bewirkten. Die Exekutive und später auch die Legislative wurden aus dem Grenzgebiet zu West-Berlin weg in die historische Mitte Berlins auf die Spreeinsel transloziert. Sie und ihre unmittelbare Umgebung avancierten nun zur neuen politischen Mitte der sozialistischen Hauptstadt in Deutschland. Die Reste der historischen Bebauung auf der Reichsseite der Wilhelmstraße zwischen den Linden und der Leipziger Straße wichen einer Wohnhausbebauung, die keinerlei Rückschlüsse auf die frühere politische Funktion des Areals mehr erlaubt. Der künftige Regierungssitz in der Bundeshauptstadt Berlin wird dezentral gestaltet mit einem Schwerpunkt im Spreebogen. Angesichts dieser Konstellation stellt sich die Frage, ob die historische Bedeutung der Wilhelmstraße wieder sichtbar gemacht werden sollte oder ob sie ein gleichsam »geschichtsloses« Dasein fristen soll.

Inwieweit der künftige Planungsprozeß auch die historische Bedeutung der Wilhelmstraße berücksichtigen müßte, ist am Schluß der Tagung in einer Podiumsdiskussion erörtert worden, bei der Helmut Engel eingangs die Frage stellte: Kann man an dieser klassischen Stelle der Stadt den Umgang mit der Geschichte demonstrieren oder muß man hier nur resignierend einen größeren Strukturwandel zur Kenntnis nehmen? Wir haben solche strukturellen Veränderungen auch an anderer Stelle in der Stadt. Vergleichbare Phänomene begegnen uns auf der Spreeinsel in Verbindung mit dem Stadtschloß; auch hier, in der früheren hoheitlichen Mitte der Stadt und des Staates, ist die historische Substanz abgebrochen und eigentlich nur noch im Sinne einer nackten Topographie gegenwärtig.

---

* Es handelt sich bei diesem Ausblick um Ergebnisse einer Podiumsdiskussion, an der neben Helmut Engel und Wolfgang Ribbe als Veranstalter der Tagung Laurenz Demps (Humboldt-Universität zu Berlin), Etienne François (Centre Marc Bloch, Berlin) und Christoph Stölzl (Deutsches Historisches Museum, Berlin) teilgenommen haben. Einen Beitrag aus dem Publikum hat Hans Wilderotter beigesteuert. Die Redebeiträge sind redaktionell bearbeitet worden.

Durch die neue Bebauung auf der Reichsseite der Wilhelmstraße sind Tatsachen geschaffen worden, die nicht ohne weiteres aus der Welt zu bringen sind. Das Areal der Ministergärten wird bestimmt sein durch das Holocaust-Denkmal, dessen Errichtung hier geplant ist. Die künftige Gestaltung des Geländes muß damit korrespondieren. Dies schließt eine kommerzielle Nutzung weitgehend aus. Soll und kann es aber künftig noch Verbindungen zur Geschichte der Wilhelmstraße geben, oder ist hier etwas völlig Neues geschaffen worden, das mit der Vergangenheit nichts mehr zu tun hat, wo der Faden abgerissen ist und woran nicht wieder angeknüpft werden kann?

Stölzl

Wer als Fußgänger von der »Topographie der Terrors« zum Brandenburger Tor geht, die Wilhelmstraße entlang, wird im unteren Teil, bis zum Haus der Ministerien, außerordentlich starke Geschichtseindrücke erfahren. Vielleicht falsche, aber daß er da an einem bedeutenden Ort ist, merkt er. Von da an hört es auf, denn etwas Belangloseres als diesen Wohnungsbau kann man sich nicht vorstellen. Das ist in der Tat eine Maske, eine Anästhesie auf ein historisches Gelände. Man könnte sich vorstellen, daß allein die Spannung zwischen diesem magischen Namen und dieser Lächerlichkeit im architektonischen Befund die Wahrheit über diese Straße ist. Man kann auch sagen: Wir haben kein Leichentuch und keinen Friedhof, sondern eine Pastete, einen Kuchen, einen Nachtisch über die Geschichte gelegt. Das kann man so empfinden und sich denken: Gut, am Brandenburger Tor wird es wieder ernst, und diese hundert Meter müßt ihr eben durchstehen. Doch wenn man nun an die Träger, das heißt beim Straßenraum an die Stadt und bei diesen Bauten an die Wohnungsgesellschaft appelliert, doch das nicht mehr Sichtbare zu bezeichnen, wäre unsere Phantasie herausgefordert. Es gibt eine Vielzahl von Bezeichnungs- und Durchdringungsmöglichkeiten, von diesen anrührenden Tafeln, wie sie in Frankreich überall dort zu finden sind, wo Resistance-Kämpfer zu Tode kamen, über Bäume, die nach etwas heißen,

über Brunnen, die einen Namen tragen, über – sagen wir – transparente Architekturen, die ein Portal nachzeichnen. Der Phantasie dessen, der mit Einwilligung des Grundstücks- oder Hausbesitzers Kunst im öffentlichen Raum, im Straßenraum oder Geschichtskunst appliziert, ist keine Grenze gesetzt. Denkbar wäre natürlich, daß jemand am Brandenburger Tor aus der U-Bahn herausgeworfen wird, dort den Eingang zu diesem Pompeji vorfindet und sich mit einem gewissen Staunen an Merkzeichen entlang bis zum Haus der Ministerien begibt, wo es wieder ganz historisch wird und wo eines Tages ganz sicher ein Denkmal oder ein Museum zum Aufstand vom 17. Juni 1953 sein wird.

Die Spekulation auf die Ministergärten, also auf die Rückseite der Wilhelmstraße, geht nicht auf. Eine Straße wird von der Frontseite benutzt und diese Reichsseite ist eben futsch, weg, einfach nicht mehr sichtbar, und da muß man etwas machen. Was, weiß ich auch nicht, aber ich fände es als Herausforderung außerordentlich interessant, so etwas zu tun, ganz stark, ganz naiv, in dem Moment, wo die normale, banale Abfolge von Einzelhandel, Café, Wohnungseingang, Parkplatz durchbrochen wird durch einen Eingriff, handele es sich nun um Kunst, um eine Verstörung oder um eine Tafel. Dies alles funktioniert und muß auch gar nicht neu erfunden werden. Die Straße ist wunderbar topographisch dokumentiert durch die Meßbildanstalt und durch Forschungen. Das ist nicht das Problem, nur müssen im Grunde die Eigentümer es wollen. Wenn die Bewohner oder vor allem die Besitzer dieser riesigen Wohnanlagen dafür keine Verantwortung fühlen und sagen, das ist ganz egal, das Café heißt »Tahiti« und das hat gar nichts damit zu tun, was da vorher war, wird man es schwerlich einer Straße aufzwingen können, vor allem auch, weil es in Berlin keinen Mangel gibt an historischer Topographie, die ganz eindeutig, auch im jetzigen Befund, noch an die dramatischen Zeiten erinnert. Von Karlshorst bis zur Wannsee-Villa ist »in situ« noch sehr vieles zu sehen, das geeignet ist, Geschichte, Geschichtsbotschaft, Herausforderung, Ärgernis auszustrahlen. Ich könnte mir schon vorstellen, daß man an einem Wochenende Historiker, Stadtplaner, Künstler und die Eigentümer in Klausur zusammensperrt mit einem Sponsor, um eine Idee zu konzipieren. Das kann auch zunächst mal eine »fliegende Architektur« sein. Ich habe gerade in unserem eigenen Fotoarchiv einen neuen Bestand durchgeschaut und zufällig folgendes gesehen: In den zwanziger Jahren wurden die Wahlkämpfe offenkundig auch auf dem Pflaster ausgetragen. Da wurde ein Sowjetstern auf den Boden gemalt – dürfte man heute gar nicht – und er schaut außerordentlich eindrucksvoll aus. Also, der Pariser Platz mit so einem Sowjetstern in weißer Farbe bemalt, ist ja lächerlich. Trotzdem, man glaubt nicht, wie das den Gedanken eines Platzes verändern kann. Das Spektrum reicht von so einer Billiggeschichte, wo steht, hier war dies oder das, bis hin zur Sophistication, die darin bestehen könnte, die in außerordentlichem Reichtum erhaltenen Tonquellen zur Wilhelmstraße, also zur deutschen Politik des 20. Jahrhunderts, zu nutzen. Was von dort gesprochen oder von dort in Szene gesetzt wurde, könnte man aus der Wand ziehen. Es ist ja kein Problem heutzutage, das auf CD oder Festplatte zu tun, es in den Telefonhörer zu installieren und da die Geschichte sich selbst darstellen zu lassen. Also, von einfachen bis schweren Dingen gäbe es eine Vielzahl von Möglichkeiten, wenn man es will. Nun kann man sagen, diese Banalisierung ist falsch, wenn sie allein bestehen bleibt, sie bekommt erst ihren Sinn, wenn sie eine »Brunnengrabung«, eine »Schichtengrabung« bekommt, die nicht in Büchern und in Broschüren zu finden ist, die natürlich immer auf ein Bildungsmilieu beschränkt bleiben werden. Wenn ich aber das Ärgernis will, die Stolperstelle, ästhetisch oder wirklich, dann kann man das sicher machen. Ich glaube, das man darüber keinen großen Denkmalstreit braucht, weil es ja keine eindeutige Aussage hervorruft. Es ist nicht so wie beim Holocaust-Denkmal oder bei der »Topographie des Terrors«, wo ein unschilderbares Ereignis nach einem Ausdruck sucht; das ist ja hier nicht der Fall, sondern es ist eigentlich eine begehbare Heimatkunde, eine begehbare Enzyklopädie, eine begehbare Verlockung, sich hinter diesen Phänotypus des Jetzigen hindurchzuschauen, eine Einladung zum Röntgenblick, sie muß ja nicht unbedingt ganz schwer mit Kanonen auf die Besucher losgehen, aber sie könnte verlockend sein. Ich glaube, wenn man Ihrer aller Reiseerfahrungen in europäischen Städten zusammennähme, kämen wir schon auf so eine Typologie von Möglichkeiten.

Ribbe

Allerdings besteht die Gefahr der Selektion. Wir wählen nur die Themen aus, die uns gerade genehm sind und die anderen fallen unter den Tisch. Der historische Ort in seiner ganzen Dimension wird dann nicht sichtbar. Wenn ich daran denke, was uns heute Herr François über Paris berichtet hat, daß die Spitzenpolitiker in Häuser und Paläste einziehen, die eine eigene Geschichte haben und die mit dieser Geschichte auch durchaus zu leben verstehen und trotzdem etwas Eigenes darin schaffen, das Ganze auch weiterentwickeln. Dies alles ist bei uns kaum denkbar. Wir haben dann an der Wilhelmstraße vielleicht unser Café Stresemann, aber es gäbe schon eine große Diskussion, wenn da ein Café Bismarck eröffnet würde. Das ist ein Problem, das sich nur bei uns so stellt und das es in anderen Ländern nicht gibt.

Stölzl

Ich hätte eine wirklich große Frage, auf die man keine Antwort geben kann; jeder auswärtige Besucher Berlins zeigt einem dies: Das Interessanteste an dieser ganzen Gegend ist die Herrschaftssymbolik der Nazi-Zeit. Ob wir uns trauen würden, da in Plexiglas den Schmid-Ehmenschen Hoheitsadler über der Reichskanzlei leuchten zu lassen, in Neon? Wahrscheinlich würden wir das frivol, unanständig und zynisch finden, wenn jemand auf diese Idee käme. Trotzdem muß man darüber reden; man kann in der Tat nicht einen Teil aussperren. Es ist dann kein Ort des sichtbaren Verbrechens, sondern der außerordentlichen neoklassizistischen hollywoodartigen Prachtentfaltung. Aber wie erinnert man daran, schwierige Frage.

Demps

Wer in das künftige Finanzministerium geht, der hat sich zu stellen der Tätigkeit des Reichsluftfahrtministeriums, der hat sich zu stellen Schulze-Boysen und der hat sich dem 17. Juni zu stellen, der hat sich der DDR, die diesen Bau als »Haus der Ministerien« nutzte, zu stellen. Ich halte diesen Weg für richtig. Wir können das allerdings nicht mit heiterer Gelassenheit machen, wir sind da etwas hegelianischer und fangen immer an zu diskutieren; vielleicht ist das auch richtig so. Ich erinnere an eine Diskussion, als 1991 in der FAZ die Frage gestellt wurde: Wo liegt Reinhard Heydrich begraben? Man stellte fest, der liegt in Berlin auf dem Invalidenfriedhof, und da ist – Gott sei Dank – die Mauer drüber. Ich habe den Eindruck, daß mit dem Wegfall der Mauer, mit der deutschen Einheit, plötzlich die ganze Chose wieder da ist, von der die einen gedacht haben, das haben die da drüben und umgekehrt. Und nun haben wir plötzlich diese sensiblen Bereiche wie »Invalidenfriedhof«, »Reichskanzlei«, »Landwirtschaftsministerium« und vieles mehr mit der Einheit als gemeinsames Erbe zurückerhalten, als Teil unserer gemeinsamen Geschichte, die nun wieder da ist. Wir sind ja vielleicht auch ganz froh, daß die DDR diese Plattenbauten da hingesetzt hat. Verflucht nochmal, wie wären wir jetzt gezwungen gewesen, mit diesem Ort umzugehen, wäre der Originalbunker noch dagewesen, der ja erst im Mai 1988 rausgerissen wurde. Die Mauer wäre weg und wir hätten plötzlich die ganze Stadtbrache, und nun würden wir hier sitzen und nachdenken, was machen wir bloß mit diesem Ort. Insoweit ist das Problem doch gelöst.

Ribbe

Das hat Tradition bei uns. Nur nicht mit der eigenen Geschichte leben, und wenn es schon sein muß, dann in entschärfter Form. Erst das wiederherstellbare Prinz-Albrecht-Palais abreißen, um dann aus den kargen Resten die »Topographie des Terrors« zu gestalten.

Demps

Von allen Möglichkeiten ist die mit dem Wohnungsbau nicht die schlechteste, wobei man über die Qualität des Wohnungsbaus unterschiedlicher Meinung sein kann. Aber die Singularität der Nazi-Zeit und das, was preußische, deutsche und Berliner Geschichte an diesem Ort ausmacht, ist weitgehend aus dem Gedächtnis unserer Zeit. Die Wilhelmstraße ist keine Adresse mehr. Sie ist keine Adresse mehr! Sie ist aus der Geschichte, nein, nicht aus der Geschichte, aus der Gegenwart heraus durch ihre Geschichte. Ich weiß doch, wie der »run« ist: unbedingt »Unter den Linden«! Neuberufene Professoren sagen: Also ich sitze jetzt hier, und das war früher das Niederländische Palais und das ist jetzt d i e Adresse und es ist ja etwas Schmückendes. Haus 1 der Staatsbibliothek, Unter den Linden 7. Ist das nicht eine Adresse? Pariser Platz 3, oh, herrlich. Wilhelmstraße 77? Das kennt keiner mehr. Übrigens: Auf die Gefahr hin, daß Sie mich jetzt alle steinigen, ich bin nicht so glücklich darüber, daß das Holocaust-Denkmal dahin kommt. Für mich ist ganz Deutschland ein Holocaust-Denkmal. Das ist nun mal so, für mich sind die Original-Schauplätze wichtig und ich bedaure, wie die Leute in Sachsenhausen darum kämpfen müssen, daß die Original-Substanz nicht vergammelt. Es muß irgendwas an diese Stelle, es muß dort etwas sein, der Stolperstein, der sensibilisiert.

François

Die Wilhelmstraße ist tot, sowieso. Darüber sind wir uns alle einig. Aber wenn es die Wilhelmstraße im üblichen Sinne auch nicht mehr gibt – Gott sei Dank, möchte ich sagen – gibt es trotzdem die Gespenster der Wilhelmstraße und es gibt viele Spuren. Unsere Frage muß lauten: Wie gehen wir mit diesen Gespenstern um, die überall lauern und die manchmal noch zu greifen sind, speziell in dem Reichsluftfahrtministerium, da sind sie unmittelbar greifbar. Ich habe keine Antwort darauf, nur einige Vorschläge in dieser Richtung. Wir sollten uns darüber freuen, daß die Wilhelmstraße jetzt zu einer »normalen« Straße geworden ist, eine ganz biedere Straße mit normalen Leuten, mit normalen Cafés und nicht mehr mit Spitzenhauben oder mit allerlei Ministerien und mit dieser Mischung aus Neoklassizismus und Imperialismus, was keine guten Folgen gehabt hat. Aber wenn diese Straße auch ganz normal geworden ist, mit normalen Leuten – die Gespenster sind da! Wie zähmen wir diese Gespenster, wie gehen wir mit ihnen um? Wahrscheinlich in der Art, wie das Christoph Stölzl vorgeschlagen hat, nicht unbedingt mit Denkmälern, sondern mit Denkzeichen, wechselbar, die einen Gegensatz zu der Normalität darstellen, ohne diese Normalität ganz in Frage zu stellen, denn die Leute, die dort wohnen, müssen auch weiterhin normal wohnen können, aber die Besucher, die dorthin kommen, müssen daran erinnert werden, daß hinter der Normalität Spuren von einer ganz anderen Geschichte lauern, die man nicht vergessen sollte. Daß vieles vergessen wurde, ist eine gute Sache, eine normale Sache. Wir haben auch in Paris vieles abgerissen. Das Schloß der Tuilerien ist nicht mehr da und niemand hat daran gedacht, dieses Schloß wieder aufzubauen. Das ist verbrannt während der Commune und dieses Schloß war verbunden mit negativen Erinnerungen in unserem Geschichtsbild; es ist verbunden mit der absoluten Monarchie, auch mit dem dritten Kaiserreich und niemand hat daran gedacht, es wieder aufzubauen. Das Gleiche gilt für die Bastille. Auch die Bastille wurde total zerstört nach ihrer Erstürmung und man war ganz froh darüber. Ein cleverer Geschäftsmann hat aus den Steinen der Bastille kleine Denkmäler gemacht, die er dann überall in Frankreich verkauft hat. Inzwischen haben wir dort nur noch einen Platz mit einer Säule und seit kurzem auch mit einer Oper, aber eben erst nach zwei Jahrhunderten. Wir haben zwei Jahrhunderte gebraucht, damit dieser negative Fixpunkt der französischen Geschichte irgendwie geläutert wurde. Was hier an der Wilhelmstraße möglich sein wird, weiß ich nicht. Eines wünsche ich mir jedenfalls, das Holocaust-Denkmal muß dort sein, wo die Zentrale der Macht war. Es muß jedenfalls im Zentrum von Berlin sein, und je näher am Brandenburger Tor desto besser. Die Nähe zum symbolischen Ort von Berlin, verbunden auch mit den Erinnerungen an den Fall der Mauer ist für mich noch wichtiger ist als der tatsächliche Ort. Das Denkmal muß nicht unbedingt dort sein, wo die Reichskanzlei stand. Wenn es näher am Brandenburger Tor errichtet steht, wird der Gegensatz, der konstitutive Gegensatz, der konstitutiv ist für die jetzige Bundesrepublik, noch deutlicher faßbar für die Deutschen wie für die Ausländer.

Stölzl

Wenn die Sprayer etwas politischer wären, wie sie es am Anfang waren, dann kann man sich ja vorstellen, da sprayt einer: »Hier wohnte Adolf Hitler«. Das wird vielleicht den nicht freuen, der dort wohnt, aber es würde natürlich die Banalität des Wohnblocks erhellen. Wenn man sich umgekehrt vorstellt – und dies ist in allen Hauptstädten üblich – historisch-politische Größen als Fotofigur, denen man die Hand schüttelt: die Besetzung der zentralen Plätze durch historische Gestalten könnte ich mir durchaus denken. Wenn dies nicht leichtfertig angedacht wird, sondern, wie man in Deutschland sagt, auf hohem Niveau, dann wird dieser problematische Part zwischen Brandenburger Tor und Treuhand interessant durch eine Kreuzwegstation. Da muß wirklich alle zehn Meter etwas kommen. Das Hörerlebnis, das Memento, das Graffito, das Tor, durch das man geht, auch die Gespenster fand ich sehr gut. Die Stimme kann man in der Tat aktivieren. Man muß sich ein Programm ausdenken. Ich bin auch mißtrauisch, was die Wirkung der Ministergärten und dieses Denkmals angeht, weil ich glaube, da wird man von der anderen Seite, direkt vom Brandenburger Tor aus, hingehen. Man muß sich aber auch dieser banalen rechten Seite stellen. Wenn die Stadt Berlin sich dazu aufraffte, dies zu einer Ausstellung, zu einer Denkzeichen-Meile, zu einer Kreuzwegstation zu machen, dann, glaube ich, könnte man auch höchst bedeutende Lösungen finden. Dieser unselige Straßennamenstreit und die punktuellen Denkmalstreitigkeiten haben im Grunde niemals irgendeiner Seite Recht gegeben. Das ist ja das Schlimme. Nach einer durchkämpften Nacht über »Platte« oder »Nicht-Platte«, über »Clara Zetkin« oder »Dorothea« sind sich im Grunde alle einig, daß es ein saublöder Streit ist, daß man sich auf einer wirklich sehr niedrigen Ebene mit unheimlich altmodischen Zeichen nur gegenseitig an die Köpfe haut, statt darüber nachzudenken, welche anderen, welche Zeichen der nächsten Generation im Reiche der Bildenden Kunst oder der Stadtbeschreibung bereits möglich sind. Also, ich glaube, der erste Schritt wäre die Eroberung dieses Stadtraums. Ich kann mich erinnern, daß in München, wo ich herkomme, ein jahrzehntelanger Streit tobte über die Frage, ob dort, an dem fashionablen Hotel »Bayerischer Hof«, die Stelle bezeichnet werden dürfe, wo der Graf Arco den Ministerpräsidenten Eisner aus antisemitischen und völkischen Motiven erschossen hat und damit das Desaster der Räterepublik und im Grunde den Aufstieg Adolf Hitlers in Szene gesetzt hat, und es ging lange hin und her. Natürlich haben sich alle dagegen gewehrt, diese Blutlache irgendwie zu bezeichnen oder einen Schatten zu malen. Ich glaube, jetzt gibt es dort nur eine Platte, die den Namen nennt. Es ist unvollkommen, ist eine große Herausforderung für München und ein Mythos gewesen, eine Herausforderung, der die Stadt München nicht gewachsen war. Die Idee, das preußische, das imperiale, das sozial-darwinistisch Verbrecherische und die DDR-Zeit der Wilhelmstraße entsprechend in Bilder zu setzen, empfinde ich als große Herausforderung. Aber wir sollten zunächst einmal auf die Stadt losgehen und sagen, ja, ihr bekommt diesen Gehsteig. Das ist euer Zeichenpapier, ihr dürft da mal zu zeichnen anfangen.

Wilderotter

In Kürze werden einige Tafeln in der Wilhelmstraße aufgestellt, als ein erster Versuch, die Geschichte dieses Raumes wieder sichtbar zu machen. Das ist nichts Innovatives, es handelt sich nur um ein par Fotos und Texte, aber man kann schon einmal darüber stolpern. Ich wollte eigentlich auf etwas anderes hinaus. Die Frage, ob ihr das benutzen dürft, war unglaublich schwer zu beantworten. Da war ein Bauherr, der hat gesagt,

er hat jetzt seinen Bauzaun so schön gestaltet, da könne nicht einfach ein Schild ran, daß da auch der Heydrich gesessen habe, und erst mehrere Mahnbriefe haben ihn einlenken lassen. Wegen so konventioneller Texte auf Tafeln gibt es bereits große Probleme. Wenn wir jetzt aber kommen würden und etwas Schrilles machten, bin ich mir ganz sicher, daß es noch viel größere Probleme geben würde. Und noch etwas anderes: Auf der Preußen-Seite der Wilhelmstraße steht noch das Haus, das früher Teil des Staatsministeriums war. Dort ist eine Gedenktafel angebracht für Konrad Adenauer. In diesem Haus haben aber viele Leute gewohnt und gearbeitet, die mindestens so wichtig sind wie Konrad Adenauer, dessen Bedeutung gar nicht bestritten werden soll. Dort haben auch Otto Braun und später Rudolf Hess gewohnt, aber an so viel Geschichte wollte man sich nun auch wieder nicht erinnern. Wenn die Kölner an ihrem Rathaus eine Tafel anbrächten mit dem Hinweis, hier war Konrad Adenauer Oberbürgermeister, dann ist das nicht in Frage zu stellen. Aber am Preußischen Staatsministerium hätte man des preußischen Ministerpräsidenten Otto Braun gedenken sollen, der zwölf Jahre lang ein demokratisches Preußen regiert hat und nicht des preußischen Staatsratspräsidenten, der einmal im halben Jahr von Köln nach Berlin gekommen ist, um an einem Nachmittag an einer Sitzung teilzunehmen.

Ribbe

Lieber Herr Wilderotter, seit vielen Jahren betreue ich das Berliner Gedenktafel-Programm, dem auch die Gedenktafel für Konrad Adenauer am Hause Wilhelmstraße 64 zu verdanken ist. Diese Tafel gilt nicht nur dem Präsidenten des Preußischen Staatsrates, sondern vor allem dem späteren »Ehrenbürger von Berlin«, wie auf der Tafel zu lesen ist, der sich 1933 auf der Flucht vor seinen NS-Verfolgern vorübergehend in diesem Hause versteckt hielt.

Demps

Ich erinnere mich deutlich, wie lange es gedauert hat, eine Gedenktafel für Erich Mühsam anzubringen, der auch eine bedeutende Persönlichkeit war. Der Hausbesitzer wollte die Tafel nicht an der Straße, sondern am Tordurchgang. Schließlich hat er akzeptiert. Wir müssen vor allem das öffentliche Bewußtsein in dieser Stadt sensibilisieren, jedenfalls mehr als bisher; wenn wir das erreichen, sind wir am Ziel.

François

Die Frage, wie wir mit diesen Straßennamen umgehen sollen, ist nur sehr schwer zu beantworten, denn sie ist so kompliziert, so emotional und so existentiell für alle, für die Deutschen wie für die Nichtdeutschen, daß es kaum möglich ist, hier eine befriedigende Lösung zu finden. Deswegen würde ich dafür plädieren, mit Phantasie an die Sache herranzugehen, anstatt sofort Denkmäler oder feste Erinnerungstafeln zu errichten. Erprobt werden sollten Formen, die man austauschen, durch andere ersetzen kann, etwa durch Transparente. Man erprobt in Wettbewerben mehrere Möglichkeiten, bis sich allmählich Formen entwickeln, die konsensfähig sind und die Anklang finden.

Ribbe

Es herrscht Einigkeit zwischen uns, daß es durchaus Möglichkeiten gibt, diesen historischen Ort, die »Geschichtsmeile Wilhelmstraße«, sichtbar werden zu lassen. Es sind verschiedene Vorschläge gemacht worden, die durchaus realistisch sind und die man weiter verfolgen kann. Auch das ist ein Ergebnis unserer Tagung, das ganz pragmatisch in die Zukunft weist.

Rosemarie Baudisch
Verzeichnisse

Quellen und Literatur

Ungedruckte Quellen

Bundesarchiv Koblenz, R 43 I: *Alte Reichskanzlei*, Nr. 1534.

Bundesarchiv Potsdam, Rep. DH 1: *Ministerium für Aufbau*, Nr. 38927; Rep DH 2: *Deutsche Bauakademie*, A/21.

Stiftung Archiv der Parteien und Massenorganisationen der DDR im Bundesarchiv Berlin, DY/30/IV 2/2/240; IV L/2/6, Nr. 263; IV L 2/6, Nr. 267; ZPA, J IV 2/3, Nr. 193; ZPA, IV 2/906, Nr. 169.

PA Auswärtiges Amt, Bestand *Sächliche Geldangelegenheiten* [der Personal- und Verwaltungsabteilung], Aktenzeichen 130–70, vier Bände betr. die Gebäude Wilhelmstraße 74–76 in den Jahren 1933–1944, PA AA, R 128 191-R 128 194. Bestand *Ministerialbürodirektor bzw. Referat Innerer Dienst:* Neubau des Auswärtigen Amts, drei Aktenbände, PA AA, B 111, Bde. 4 bis 6; Johannes Sievers, *Aus meinem Leben*, Berlin 1966, maschinenschriftliche Aufzeichnung.

Geheimes Staatsarchiv Preußischer Kulturbesitz, Rep. 90: *Staatsministerium*, Nr. 1723: *Protokoll der Sitzung des Preußischen Staatsministeriums vom 14. September 1869*; Rep. 2.4.1: *Ministerium der auswärtigen Angelegenheiten*, ZB Nr. 236, fol. 86: *Protokoll der Sitzung des Preußischen Staatsministeriums vom 4. Januar 1869*; Rep. 2.4.1, ZB Nr. 226, fol. 123/124, Nr. 227, fol. 86–88; Rep. 2.4.1, ZB Nr. 227 und 236; Rep. 2.4.1, ZB Nr. 227, fol. 162–174; Rep. 2.4.1, ZB Nr. 232, fol. 19; Rep. 2.5.1: *Justizministerium*, Nr. 34.

Landesarchiv Berlin, Rep. 101, Nr. 729; Rep 131/9/10, Akte Nr. 6: *Bau- und Wohnungswesen 1947–1948*.

Landesdenkmalamt Berlin, Bestand *Wilhelmstraße*.

Bauamt Berlin-Mitte, Aktenbestand *Wilhelmstraße*, undatiert 1948.

Stiftung »Topographie des Terrors«, Archiv *Hausgefängnis*.

Gedruckte Quellen und Amtliche Schriften

Akten zur Deutschen Auswärtigen Politik 1918–1945. Ergänzungsband zu den Serien A–E. Gesamtpersonenverzeichnis. Portraitphotos und Daten zur Dienstverwendung. Anhänge, Göttingen 1995.

Baumassenstudie Außenministerium. Standorte Ministergärten und Reichsbank, im Auftrage der Senatsverwaltung für Stadtentwicklung und Umweltschutz erstellt von der Arbeitsgemeinschaft Jahn, Kny, Machleidt, Müller und Schäche, Berlin September 1992.

Bericht des Arbeitsstabes »Hauptstadtplanung Berlin«. Rahmenbedingungen und Potentiale für die Ansiedlung oberster Bundeseinrichtungen in Berlin, hrsg. von der Senatsverwaltung für Stadtentwicklung und Umweltschutz/Magistratsverwaltung für Stadtentwicklung und Umweltschutz, Berlin Oktober 1990.

Berlin. Quellen und Dokumente 1945–1951 (= Schriftenreihe zur Berliner Zeitgeschichte, Bd. 4), hrsg. im Auftrage des Senats von Berlin, bearb. durch Hans J. Reichhardt u. a., 1. Halbbd., Berlin 1964.

Günther Gieraths, *Die Kampfhandlungen der brandenburgisch-preußischen Armee 1626–1807. Ein Quellenhandbuch* (= Veröffentlichungen der Historischen Kommission zu Berlin beim Friedrich-Meinecke-Institut der Freien Universität Berlin. Quellenwerke, Bd. 3), Berlin 1964.

Willy Real (Hrsg.), *Karl Friedrich von Savigny 1814 bis 1875. Briefe, Akten, Aufzeichnungen aus dem Nachlaß eines preußischen Diplomaten der Reichsgründungszeit* (= Deutsche Geschichtsquellen des 19. und 20. Jahrhunderts, Bd. 53/II), Boppard am Rhein 1981.

Literatur

Friedrich Achleitner, *Österreichische Architektur im 20. Jahrhundert. Ein Führer in vier Bänden*, Bd. III/1: Wien. 1.–12. Bezirk, Salzburg 1990.

Erich Achterberg, *Berliner Hochfinanz. Kaiser, Fürsten, Millionäre um 1900*, Frankfurt am Main 1965.

Erik Amburger, *Geschichte der Behördenorganisation Rußlands von Peter dem Großen bis 1917* (= Studien zur Geschichte Osteuropas, Bd. 10), Leiden 1966.

Erwin M. Auer, *Ein »Museum der Ersten und Zweiten Republik Österreichs«. Dr. Karl Renners Plan und erster Versuch*, in: Wiener Geschichtsblätter 38 (1983), H. 2.

Maximilian Bach, *Geschichte der Wiener Revolution im Jahre 1948*, Wien 1898.

Evemarie Badstübner-Peters, *Wie unsere Republik entstand* (= Illustrierte Historische Hefte 2), Berlin 1976.

Christian Baechler, *Gustave Stresemann (1878–1929). De l' impérialisme à la Sécurité collective*, Straßburg 1996.

Renate Banik-Schweitzer (Hrsg.), *Wien wirklich. Der Stadtführer*, Wien 1992.

Dominik Bartmann (Hrsg.), *Anton von Werner. Geschichte in Bildern*, München 1993.

Peter Baumgart, *Zur Gründungsgeschichte des Auswärtigen Amtes in Preußen (1713–1728)*, in: Jahrbuch für die Geschichte Mittel- und Ostdeutschlands 7 (1958), S. 229–248.

Jacqueline Beaujeu-Garnier (Hrsg.), *Atlas de Paris et de la région parisienne*, Paris 1967.

Jacqueline Beaujeu-Garnier, *Paris – hasard ou prédestination* (= Nouvelle Histoire de Paris), Paris 1993.

Otto Becker, *Bismarcks Ringen um Deutschlands Gestaltung*, Heidelberg 1958.

Andreas Bekiers/Karl-Robert Schütze, *Zwischen Leipziger Platz und Wilhelmstraße. Das ehemalige Kunstgewerbemuseum zu Berlin und die bauliche Entwicklung seiner Umgebung von den Anfängen bis heute*, Berlin 1981.

Max Beloff/Gillian Peele, *The Government of the UK: Political Authority in a Changing Society*, London 1985.

Heinrich Benedikt, *Monarchie der Gegensätze. Österreichs Weg durch die Neuzeit*, Wien 1947.

Manfred Berg, *Gustav Stresemann. Eine politische Karriere zwischen Reich und Republik* (= Persönlichkeit und Geschichte, Bd. 36/36a), Göttingen–Zürich 1992.

Peter Berglar, *Walther Rathenau. Ein Leben zwischen Philosophie und Politik*, Graz–Wien–Köln 1987.

Berlins Aufstieg zur Weltstadt. Ein Gedenkbuch mit Beiträgen von Max Osborn, Adolph Donath, Franz M. Feldhaus, hrsg. vom Verein Berliner Kaufleute und Industrieller, Berlin 1929.

Berlin und seine Bauten, bearb. und hrsg. vom Architekten-Verein zu Berlin, Berlin 1877.

Berlin und seine Bauten, bearb. und hrsg. vom Architekten-Verein zu Berlin, 2. Aufl., Berlin 1896.

Marianne Bernhard, *Zeitenwende im Kaiserreich. Die Wiener Ringstraße. Architektur und Gesellschaft 1858–1906*, Regensburg 1992.

Ludwig Biewer, *125 Jahre Auswärtiges Amt. Ein Überblick*, in: 125 Jahre Auswärtiges Amt. Festschrift, Bonn 1995, S. 87–106.

Ludwig Biewer, *Erich Kaufmann – Jurist aus Pommern im Dienste von Demokratie und Menschenrechten*, in: Baltische Studien N. F. 75 (1989), S. 115–124.

Otto von Bismarck, *Gedanken und Erinnerungen*, Bd. 1–3, Stuttgart–Berlin 1922–1925.

Bismarck – Preußen – Deutschland und Europa. Eine Ausstellung des Deutschen Historischen Museums, Berlin 1990.

Weert Börner, *Heinrich von Brentano*, in: *Christliche Demokraten der ersten Stunde*, hrsg. von der Konrad-Adenauer-Stiftung, Bonn 1966, S. 51–83.

Berliner Börse 1685–1985, hrsg. von der Berliner Börse, Berlin o. J. [1985].

Lothar Bolz, *Vom deutschen Bauen*, Berlin 1950.

Gerhard Botz, *Nationalsozialismus in Wien. Machtübernahme und Herrschaftssicherung 1938/39*, Buchloe 1988.

Gerhard Botz/Albert Müller, *Differenz/Identität in Österreich. Zu Gesellschafts-, Politik- und Kulturgeschichte vor und nach 1945*, in: *Österreichische Zeitschrift für Geschichtswissenschaften* 6 (1995), H. 1.

Artur von Brauer, *Im Dienste Bismarcks*, Berlin 1936.

Rudolf Braune, *Aus Bismarcks Hause*, Bielefeld 1918.

Wilhelm Brauneder/Friedrich Lachmayer, *Österreichische Verfassungsgeschichte*, 3. Aufl., Wien 1983.

John Brewer, *The Sinews of Power: War, Money and the English State 1688–1783*, London 1989.

Harald Brost/Laurenz Demps, *Berlin wird Weltstadt*, Leipzig 1981.

Ernst Bruckmüller, *Nation Österreich. Sozialhistorische Aspekte ihrer Entwicklung*, Wien 1984.

Ernst Bruckmüller, *Sozialgeschichte Österreichs*, Wien 1985.

Tilmann Buddensieg, *Eine Architektur der Erinnerung: Die Petersburger Botschaft von Peter Behrens*, in: *Neue Heimat* 26 (1979), H. 12, S. 4–11.

Bernhard Fürst von Bülow, *Denkwürdigkeiten*, Berlin 1930.

Marie von Bunsen, *Zeitgenossen, die ich erlebte*, Leipzig 1932.

G. A. Campbell, *The Civil Service in Britain*, London 1955.

Edmund Collein, *Das Nationale Aufbauprogramm – Sache aller Deutschen*, in: *Deutsche Architektur* (1952), H. 1.

Richard Crossman, *The Diaries of a Cabinet Minister*, Bd. 1, London 1975.

Michael Cullen, *Leipziger Straße Drei. Eine Baubiographie*, in: *Mendelssohnstudien. Beiträge zur neueren deutschen Kultur- und Wirtschaftsgeschichte*, Bd. 5, Berlin 1982.

Felix Czeike, *Historisches Lexikon Wien*, Bd. 1–4, Wien 1992 ff.

Felix Czeike, *Liberale, christlichsoziale und sozialdemokratische Kommunalpolitik (1861–1934). Dargestellt am Beispiel der Gemeinde Wien*, Wien 1962.

Felix Czeike, *Wien Innere Stadt. Kunst- und Kulturführer*, Wien 1993.

Le Débat. Numéro spécial »Paris« 70 (1992) und 80 (1994).

Laurenz Demps, *Berlin – Wilhelmstraße. Eine Topographie preußisch-deutscher Macht*, Berlin 1994.

Julius Deutsch, *Aus Österreichs Revolution. Militärpolitische Erinnerungen*, Wien o. J. [1921].

Peter Diem, *Die Symbole Österreichs. Zeit und Geschichte in Zeichen*, Wien 1995.

Das neue Dienstgebäude für das preußische Staatsministerium in Berlin, in: *Zentralblatt der Bauverwaltung* 23 (1903), S. 105–109.

Hans-Jürgen Döscher, *Das Auswärtige Amt im Dritten Reich. Diplomatie im Schatten der »Endlösung«*, Berlin 1986; 2. Aufl. unter dem Titel: *SS und Auswärtiges Amt im Dritten Reich. Diplomatie im Schatten der »Endlösung«*, Frankfurt am Main–Berlin 1991.

Hans-Jürgen Döscher, *Verschworene Gesellschaft. Das Auswärtige Amt unter Adenauer zwischen Neubeginn und Kontinuität*, Berlin 1995.

Dieter Dolgner, *Architektur im 19. Jahrhundert. Ludwig Bohnstedt – Leben und Werk*, Weimar 1979.

Kurt Doß, *Das Auswärtige Amt im Übergang vom Kaiserreich zur Weimarer Republik*, Düsseldorf 1977.

Jost Dülffer/Jochen Thies/Josef Henke, *Hitlers Städte. Baupolitik im Dritten Reich. Eine Dokumentation*, Köln 1978.

Helene von Düring-Oetken, *Zu Hause in der Gesellschaft und bei Hofe*, Berlin 1896.

Rudolf Eberstadt/Bruno Möhring/Richard Petersen, *Großberlin. Ein Programm für die Planung der neuzeitlichen Großstadt*, Berlin 1910.

Murray Edelman, *Politik als Ritual. Die symbolische Funktion staatlicher Institutionen und politischen Handelns,* Frankfurt am Main 1976.

Hanns Martin Elster (Hrsg.), *Helmuth von Moltke. Ein Lebensbild nach seinen Briefen und Tagebüchern*, Stuttgart 1923.

Friedrich Engel-Janosi, *Geschichte auf dem Ballhausplatz. Essays zur österreichischen Außenpolitik 1830–1945*, Graz 1963.

Ernst Engelberg, *Bismarck*, Bd. 1: *Urpreuße und Reichsgründer*, Bd. 2: *Das Reich in der Mitte Europas*, Berlin 1985 und 1990.

Theodor Eschenburg, *Diplomaten unter Hitler*, in: *Die Zeit*, Nr. 24 vom 5.6.1987, S. 35f.

Festreden. Schinkel zu Ehren 1846–1980, ausgew. und eingel. von Julius Posener, Berlin o. J. [1981].

Jörg Fidorra/Katrin Bettina Müller, *Ruthild Hahne. Geschichte einer Bildhauerin*, Schadow-Gesellschaft [Berlin], 1995.

André François-Poncet, *Botschafter in Berlin 1931–1938*, 3. Aufl., Berlin–Frankfurt am Main 1962.

Etienne François/Hannes Siegrist/Jakob Vogel (Hrsg.), *Nation und Emotion. Deutschland und Frankreich im Vergleich. 19. und 20. Jahrhundert* (= Kritische Studien zur Geschichtswissenschaft, Bd. 110), Göttingen 1995.

Lothar Gall, *Bismarck. Der weiße Revolutionär,* Frankfurt am Main–Berlin–Wien 1980.

Gedenkfeier des Auswärtigen Amts für Botschafter Rudolf Nadolny (12. Juli 1873–18. Mai 1953), Bonn 28. Mai 1973, Bonn 1973.

Gedenkfeier des Auswärtigen Amts zum 100. Geburtstag von Staatssekretär Dr. Bernhard Wilhelm von Bülow (19. Juni 1885–21. Juni 1936), Bonn 18. Juni 1985, Bonn 1985.

Gedenkfeier des Auswärtigen Amts zum 100. Geburtstag von Botschafter Friedrich-Werner Graf von der Schulenburg (20. November 1875–10. November 1944), Bonn 10. Dezember 1975, Bonn 1975.

Gedenkfeier des Auswärtigen Amts zum 150. Geburtstag des Reichskanzlers Fürst Otto von Bismarck, Bonn 1. April 1965, Bonn 1965.

Gedenkfeier des Auswärtigen Amts zum 30. Jahrestag des Todes von Botschafter Leopold von Hoesch (10. April 1936), Bonn 14. April 1966, Bonn 1966.

Gedenkfeier des Auswärtigen Amts zum 40. Jahrestag des Todes von Reichsminister und Botschafter Ulrich Graf von Brockdorff-Rantzau, Bonn 6. September 1968, Bonn 1968.

Gedenkfeier des Auswärtigen Amts zum 60. Todestag von Staatssekretär Ago Freiherr v. Maltzan (31. Juli 1877–23. September 1927) und zum 40. Todestag von Staatssekretär Dr. Carl v. Schubert (15. Oktober 1882 bis 1. Juni 1947), Bonn 18. September 1987, Bonn 1987.

Lucas Gehrmann (Red.), *Wettbewerb Mahnmal und Gedenkstäte auf dem Wiener Judenplatz*, Wien 1996.

Johann Friedrich Geist/Klaus Kürvers, *Das Berliner Mietshaus 1945–1989*, München 1989.

James W. Gerard, *Meine vier Jahre in Deutschland*, Lausanne 1919.

Die Gerichtsbarkeit öffentlichen Rechts in Österreich. Das Palais der Österreichischen und Böhmischen Hofkanzlei, hrsg. vom Verfassungsgerichtshof, Wien 1983.

Zur Geschichte des Reichskanzlerpalais und der Reichskanzlei, hrsg. vom Staatssekretär in der Reichskanzlei [= Hermann Pünder], Berlin 1928.

Jean Giraudoux/Chas-Laborde, *Berlin 1930. Straßen und Gesichter*. Übersetzt, hrsg. und mit einem Nachwort versehen von Friederike Haussauer und Peter Roos, Nördlingen 1987.

Joseph Goebbels, *Vom Kaiserhof zur Reichskanzlei*, München 1934.

Klaus Gotto, *Heinrich von Brentano (1904–1964)*, in: Jürgen Aretz/Rudolf Morsey/Anton Rauscher (Hrsg.), *Zeitgeschichte in Lebensbildern*, Bd. 4, Mainz 1980, S. 225–239.

Peter Grupp/Pierre Jardin, *Das Auswärtige Amt und die Entstehung der Weimarer Verfassung*, in: *Francia* 9 (1982), S. 473–493.

Iselin Gundermann, *Berlin als Kongreßstadt 1878* (= Berlinische Reminiszenzen, Bd. 49), Berlin 1978.

Hanns Haas/Hannes Stekl (Hrsg.), *Bürgerliche Selbstdarstellung. Städtebau, Architektur, Denkmäler*, Wien 1995.

Wilhelm Haas, *Beitrag zur Geschichte der Entstehung des Auswärtigen Dienstes der Bundesrepublik Deutschland*, Bremen 1969.

Edgar Haider, *Versunkenes Deutschland: Auf den Spuren kriegszerstörter Residenzen und Palais*, Wien–Köln 1989.

Gerhard Hallmann, *Leningrad*, Leipzig 1975.

Karl-Alexander Hampe, *Das Auswärtige Amt in der Ära Bismarck*, Bonn 1995.

Karl-Alexander Hampe/Horst Röding, *Das Auswärtige Amt im Dritten Reich*, in: Auswärtiger Dienst. Vierteljahrsschrift der Vereinigung deutscher Auslandsbeamter e. V. 50 (1987), S. 83–90.

Ernst Hanisch, *Der lange Schatten des Staates. Österreichische Gesellschaftsgeschichte im 20. Jahrhundert*, Wien 1994.

Knut Hansen, *Albrecht Graf von Bernstorff. Diplomat und Bankier zwischen Kaiserreich und Nationalsozialismus* (= Europäische Hochschulschriften III, Bd. 684), Frankfurt am Main – Berlin – Bern – New York – Paris – Wien 1995.

Niels Hansen, *Ein wahrer Held jener Zeit. Zum dreißigsten Todestag von Johannes Ullrich*, in: *Historische Mitteilungen* 9 (1996), S. 95–109.

Edgard Harder, *Versunkenes Deutschland*, Wien 1992.

Hauptstadt Berlin. Festung, Schloß, demokratischer Regierungssitz (= Reihe Städtebau und Architektur 10), hrsg. von der Senatsverwaltung für Bau- und Wohnungswesen, Berlin 1992.

Hauptstadt. Zentren, Residenzen, Metropolen in der deutschen Geschichte, hreraugegeben im Auftrag des Oberstadtdirektors der Stadt Bonn von Bodo-Michael Baumunk und Gerhard Brunn, Köln 1989.

Hauptstadtplanung und Denkmalpflege. Die Standorte für Parlament und Regierung in Berlin (= Beiträge zur Denkmalpflege in Berlin, H. 3), hrsg. von der Senatsverwaltung für Stadtentwicklung und Umweltschutz, Berlin 1995.

Friedrich Heer, *Der Glaube des Adolf Hitler. Anatomie einer politischen Religiosität*, München 1968.

Waltraud Heindl, *Gehorsame Rebellen. Bürokratie und Beamte in Österreich 170 bis 1848*, Wien 1991.

Heldenplatz. Eine Dokumentation, herausgegeben vom Burgtheater Wien, Wien 1989.

Peter Hennessy, *Whitehall*, London 1990.

Leonidas E. Hill, *Walter Gyssling. The Centralverein and the Büro Wilhelmstraße, 1929–1933*, in: *Leo Baeck Institute Year Book* 1993, S. 193–208.

Friedrich Frhr. Hiller von Gaertringen (Hrsg.), *Die Hassell-Tagebücher 1938–1944. Nach der Handschrift revidierte und erweiterte Ausgabe*, Berlin 1988.

Felix Hirsch, *Stresemann. Ein Lebensbild*, Göttingen–Frankfurt am Main–Zürich 1978.

Eric J. Hobsbawm, *Die Blütezeit des Kapitals. Eine Kulturgeschichte der Jahre 1848–1875*, Frankfurt am Main 1980.

Bogdan Graf von Hutten-Czapski, *60 Jahre Politik und Gesellschaft*, Bd. 1, Berlin 1936.

Charles W. Ingrao (Hrsg.), *State and Society in Early Modern Austria*, West Lafayette–Indiana 1994.

Istorija Moskvy. Kratkij očerk, Redaktion S. S. Chromov u. a., Moskau 1974.

Gerhard Jagschitz, *Der Putsch. Die Nationalsozialisten 1934 in Österreich*, Graz 1976.

Ludwig Jedlicka, *Der 20. Juli 1944 in Österreich*, Wien 1965.

Kurt G. A. Jeserich/Hans Pohl/Georg Christoph von Unruh (Hrsg.), *Das Deutsche Reich bis zum Ende der Mon-*

archie (= Deutsche Verwaltungsgeschichte, Bd. 3), Stuttgart 1984.

William M. Johnston, *Österreichische Kultur- und Geistesgeschichte. Gesellschaft und Ideen im Donauraum 1848 bis 1938*, Wien 1974.

Claus von Kameke, *Palais Beauharnais. Die Residenz des deutschen Botschafters in Paris*, Stuttgart 1968.

Der Kanzler. Otto von Bismarck in seinen Briefen, Reden und Erinnerungen, sowie in Berichten und Anekdoten seiner Zeit. Mit geschichtlichen Verbindungen von Tim Klein, Ebenhausen–München–Leipzig 1919.

Ursula von Kardoff, *Berliner Aufzeichnungen 1942–1945. Unter Verwendung der Original-Tagebücher neu herausgegeben und dokumentiert von Peter Hartl*, München 1992.

Jörg Kastl, *Am straffen Zügel. Bismarcks Botschafter in Rußland 1871–1892*, München 1994.

Dennis Kavanagh, *British Politics. Continuities and Change*, Oxford 1991.

Harry Graf Kessler, *Tagebücher 1918–1937*, hrsg. von Wolfgang Pfeiffer-Belli, Frankfurt am Main 1961.

Lothar Kettenacker, *Die Briten und ihre Geschichte. Was ist anders als bei uns?*, in: *Großbritannien und Deutschland. Nachbarn in Europa*, hrsg. von der Niedersächsischen Landeszentrale für politische Bildung, Hannover 1988, S. 131–140.

Robert von Keudell, *Fürst und Fürstin Bismarck*, Berlin 1901.

Uwe Kieling, *Berliner Baubeamte und Staatsarchitekten im 19. Jahrhundert. Biographisches Lexikon* (= Miniaturen zur Geschichte, Kultur und Denkmalpflege Berlins, Nr. 17) Berlin 1986.

Uwe Kieling, *Berliner Privatarchitekten und Eisenbahnbaumeister im 19. Jahrhundert. Biographisches Lexikon* (= Miniaturen zur Geschichte, Kultur und Denkmalpflege Berlins, Nr. 26), Berlin 1988.

Henning Köhler, *Adenauer. Eine politische Biographie*, Frankfurt am Main–Berlin 1994.

Daniel Kosthorst, *Heinrich von Brentano (1904–1964). Eine biographische Skizze*, in: Konrad Feilchenfeldt/Luciano Zayari (Hrsg.), *Die Brentano. Eine europäische Familie*, Tübingen 1992, S. 82–91.

Peter Krüger, *»Man läßt sein Land nicht im Stich, weil es eine schlechte Regierung hat.« Die Diplomaten und die Eskalation der Gewalt*, in: Martin Broszat/Klaus Schwabe (Hrsg.), *Die deutschen Eliten und der Weg in den Zweiten Weltkrieg*, München 1989, S. 180–225 und S. 413–416.

[Bernhard] Kühn, *Das Dienstgebäude für das Königl. Ministerium der geistlichen, Unterrichts- und Medicinal-Angelegenheiten in Berlin*, in: *Zeitschrift für Bauwesen* 35 (1885), Sp. 505–509.

[Bernhard] Kühn, *Das neue Dienstgebäude für das Königliche Ministerium der geistlichen, Unterrichts- und Medicinal-Angelegenheiten in Berlin*, in: *Centralblatt der Bauverwaltung* III (1883), No. 14, S. 125f., No. 16, S. 137f.

Frank Lambach, *Der Draht nach Washington. Von den ersten preußischen Ministerresidenten zu den Botschaftern der Bundesrepublik Deutschland*, Köln 1976.

Der Preußische Landtag. Bau und Geschichte, hrsg. von der Präsidentin des Abgeordnetenhauses von Berlin, Berlin 1993.

Annemarie Lange, *Das Wilhelminische Berlin*, Berlin 1967.

Detlef Lehnert (Hrsg.), *Politische Teilkulturen zwischen Integration und Polarisierung. Zur politischen Kultur der Weimarer Republik*, Opladen 1990.

Norbert Leser/Manfred Wagner (Hrsg.), *Österreichs politische Symbole. Historisch, ästhetisch und ideologiekritisch beleuchtet*, Wien 1994.

Alphons Lhotsky, *Die Baugeschichte der Museen und der neuen Burg. Festschrift des kunsthistorischen Museums zur Feier des fünfzigjährigen Bestandes*, Wien 1941.

Hugo Licht (Hrsg.), *Die Architektur Berlins. Sammlung hervorragender Bauten der letzten zehn Jahre*, Berlin [1877].

Elisabeth Lichtenberger, *Die Wiener Altstadt. Von der mittelalterlichen Bürgerstadt zur City*, Wien 1977.

Elisabeth Lichtenberger, *Stadtgeographischer Führer Wien*, Berlin 1978.

Elisabeth Lichtenberger, *Wien–Prag. Metropolenforschung*, Wien 1993.

Peter Longerich, *Propagandisten im Krieg. Die Presseabteilung des Auswärtigen Amtes unter Ribbentrop. Grundlinien und Dokumente*, Köln–Wien 1976.

Reinhold Lorenz, *Die Wiener Ringstraße. Ihre politische Geschichte*, Wien 1943.

Martin Mächler, *Ein Detail aus dem Bebauungsplan von Groß-Berlin*, in: Der Städtebau 5/6 (1920).

Claudio Magris, *Der Habsburgische Mythos in der österreichischen Literatur*, Salzburg 1966.

Ekkhard Mai/Stephan Waetzoldt (Hrsg.), *Kunstverwaltung, Bau- und Denkmal-Politik im Kaiserreich* (= Kunst, Kultur und Politik im Deutschen Kaiserreich, Bd. 1), Berlin 1981.

Henry O. Malone, *Adam von Trott zu Solz. Werdegang eines Verschwörers 1909–1939*, Berlin 1986.

Bernd Martin, *Weltmacht oder Niedergang? Deutsche Großmachtpolitik im 20. Jahrhundert*, Darmstadt 1989.

Werner Martin, *Manufakturbauten im Berliner Raum seit dem ausgehenden 17. Jahrhundert* (= Die Bauwerke und Kunstdenkmäler von Berlin, Beih. 18), Berlin 1989.

Erwin Matsch, *Der Auswärtige Dienst von Österreich (-Ungarn) 1720–1920*, Wien 1986.

Beppo Mauhart (Hrsg.), *Das Winterpalais des Prinzen Eugen. Von der Residenz des Feldherrn zum Finanzministerium der Republik*, Wien 1979.

Heinrich Otto Meisner, *Bundesrat, Bundeskanzler und Bundeskanzleramt (1867–1871)*, in: Forschungen zur Brandenburgischen und Preußischen Geschichte 54 (1943), S. 342ff.

Robert Menasse, *Das Land ohne Eigenschaften. Essay zur österreichischen Identität*, Frankfurt am Main 1995.

Peter de Mendelssohn, *Zeitungsstadt Berlin. Menschen und Mächte in der Geschichte der deutschen Presse*, Frankfurt am Main–Berlin–Wien 1982.

Klaus Meyer, *St. Petersburg: Die Metropole an der Peripherie. Ein Versuch*, in: Uwe Hinrichs u.a. (Hrsg.), *Sprache in der Slavia und auf dem Balkan. Slavistische und balkanologische Aufsätze*. Norbert Reiter zum 65. Geburtstag (= Opera Slavica, NF Bd. 13), Wiesbaden 1993, S. 161–168.

Wolfgang Michalka, *Ribbentrop und die deutsche Weltpolitik 1933–1940. Außenpolitische Konzeption und Entscheidungsprozesse im Dritten Reich* (= Veröffentlichungen des Historischen Instituts der Universität Mannheim, Bd. 5), München 1980.

Kurt Milde, *Neorenaissance in der deutschen Architektur des 19. Jahrhunderts. Grundlagen, Wesen und Gültigkeit*, Dresden 1981.

Ottmar von Mohl, *Fünfzig Jahre Reichsdienst*, Leipzig 1920–1922.

Rudolf Morsey, *Die oberste Reichsverwaltung unter Bismarck 1867–1890* (= Neue Münstersche Beiträge zur Geschichtsforschung, Bd.3), Münster 1957.

Claus M. Müller, *Relaunching German Diplomacy. The Auswärtiges Amt in the 1950s*, Münster–Hamburg–London 1996.

Herbert Mumm von Schwarzenstein/Eduard Brücklmeier, *In memoriam Albrecht Graf von Bernstorff*, London 1961.

[Alexander] Freiherr von Musulin, *Das Haus am Ballplatz. Erinnerungen eines österreichisch-ungarischen Diplomaten*, München 1924.

Eberhard Naujoks, *Bismarcks auswärtige Pressepolitik und die Reichsgründung (1865–1871)*, Wiesbaden 1968.

Jürgen Nautz/Richard Vahrenkamp (Hrsg.), *Die Wiener Jahrhundertwende. Einflüsse – Umwelt – Wirkungen*, Wien 1993.

Klaus Nohlen, *Baupolitik im Reichsland Elsaß-Lothringen 1871–1918. Die repräsentativen Staatsbauten um den ehemaligen Kaiserplatz in Straßburg* (= Kunst, Kultur und Politik im Deutschen Kaiserreich, Bd. 5), Berlin 1982.

November 1918 auf dem Ballhausplatz. Erinnerungen Ludwigs Freiherrn von Flotow, des letzten Chefs des Österreichisch-Ungarischen Auswärtigen Dienstes 1895 bis 1920, bearb. von Erwin Matsch, Wien 1982.

Manfred Ohlsen, *Der Eisenbahnkönig Bethel Henry Strousberg. Eine preußische Gründerkarriere*, Berlin 1987.

Bulat Okudžava, *Arbat – moj Arbat*, Moskau 1976.

Parlaments- und Regierungsviertel Berlin. Ergebnisse der vorbereitenden Untersuchungen (= Reihe Städtebau und Architektur 17), hrsg. von der Senatsverwaltung für Bau- und Wohnungswesen, Berlin 1993.

Das österreichische Parlament. The Austrian Parliament, herausgegeben von der Parlamentsdirektion, Wien 1992.

Das österreichische Parlament. Zum Jubiläum des 100jährigen Bestandes des Parlamentsgebäudes, herausgegeben von der Parlamentsdirektion der Republik Österreich, o. O. o. J. [Wien 1983].

Richard Perger, *Straßen, Türme und Basteien. Das Straßennetz der Wiener City in seiner Entwicklung und seinen Namen*, Wien 1991.

Reinhard E. Petermann, *Wien im Zeitalter Kaiser Franz Josephs I. Schilderungen*, Wien 1908.

Neander von Petersheiden, *Neue Anschauliche Tabellen von der gesamten Residenz-Stadt Berlin, oder Nachweisung aller Eigenthümer*, Berlin 1801.

Renate Petras, *Das Schloß in Berlin. Von der Revolution 1918 bis zur Vernichtung 1950*, München–Berlin 1992.

Niklaus Pevsner, *London*, Bd. 1: *The Cities of London and Westminster*, Ausgabe London 1973.

Hans Philippi, *Das Politische Archiv des Auswärtigen Amts. Rückführung und Übersicht über seine Bestände*, in: *Der Archivar* 13 (1960), Sp. 199–218.

Friedrich Polleross (Hrsg.), *Fischer von Erlach und die Wiener Barocktradition*, Wien 1995.

Hugo Portisch, *Österreich I*, Bd. 1: *Die unterschätzte Republik*, München 1989.

Heinrich Ritter von Poschinger, *Fürst Bismarck und die Parlamentarier. Tischgespräche*, Bd. 1–3, Breslau 1894–1896.

Die Präsidentschaftskanzlei in der Wiener Hofburg. Tag der offenen Tür, Wien o. J. [1992].

Hans-Jochen Pretsch, *Das Politische Archiv des Auswärtigen Amts*, in: *Der Archivar* 32 (1979), Sp. 299–302.

Projekte für die Hauptstadt Berlin (= Reihe Städtebau und Architektur 34), hrsg. von der Senatsverwaltung für Bau- und Wohnungswesen, Berlin Januar 1996.

Projektierung mit CAD für das Wohngebiet Otto-Grotewohl-Straße, in: *Architektur der DDR* (1988), H. 4.

Willy Real, *Karl Friedrich von Savigny 1814–1875. Ein preußisches Diplomatenleben im Jahrhundert der Reichsgründung*, Berlin 1990.

Die Regierung ruft die Künstler. Dokumente zur Gründung der »Deutschen Akademie der Künste« (DDR) 1945–1953, Berlin 1993.

Vom Deutschen Reichstag. Realistische Skizzen eines Eingeweihten, in: *Vom Fels zum Meer. Spemann's Illustrierte Zeitschrift für das Deutsche Haus*, 2. Bd., Stuttgart 1893, S. 111–120.

Horst Röding, *Werben um Vertrauen. Die Entstehungsgeschichte des Auswärtigen Amtes*, in: *Informationen für die Truppe* 4 (1990), S. 49–63.

Hugo Röttcher/Werner Falck, *Die Geschichte des Hauses Wilhelmstraße 79 auf der Friedrichstadt in Berlin*, Leipzig 1936.

Gerhard Roth, *Eine Reise in das Innere von Wien. Essays*, Frankfurt am Main 1993.

Malve Gräfin Rothkirch, *Prinz Carl von Preußen. Kenner und Beschützer des Schönen 1801–1883*, Osnabrück 1981.

Reinhard Rürup (Hrsg.), *Topographie des Terrors. Gestapo, SS und Reichssicherheitshauptamt auf dem »Prinz-Albrecht-Gelände«. Eine Dokumentation*, 10. Aufl., Berlin 1995.

Johann Daniel Friedrich Rumpf, *Der Fremdenführer oder wie kann der Fremde in der kürzesten Zeit, alle Merkwürdigkeiten in Berlin, Potsdam, Charlottenburg und deren Umgebungen, sehen und kennenlernen*, Berlin 1826.

Ulrich Sahm, *Gedanken zum 20. Juli 1992. Hitler-Gegner im Auswärtigen Amt*, in: *Deutsches Adelsblatt* 31 (1992), S. 152–155.

Heinz Günther Sasse, *100 Jahre Botschaft London. Aus der Geschichte einer Deutschen Botschaft*, Bonn 1963.

Heinz Günther Sasse, *Das Politische Archiv des Auswärtigen Amts*, in: *Almanach 1968*, Köln–Berlin–Bonn–München 1968, S. 125–137.

Heinz Günther Sasse, *Die Entstehung der Bezeichnung »Auswärtiges Amt«*, in: *Nachrichtenblatt der Ver-*

einigung Deutscher Auslandsbeamter e. V. 19 (1956), S. 85–89.

Heinz Günther Sasse, *Die Entwicklung des gehobenen Auswärtigen Dienstes*, in: Vereinigung Deutscher Auslandsbeamter e.V. 22 (1959), S. 198–204.

Heinz Günther Sasse, *Die Wilhelmstraße 74–76. 1870–1945. Zur Baugeschichte des Auswärtigen Amts in Berlin*, in: Oswald Hauser (Hrsg.), *Preußen, Europa und das Reich* (= Neue Forschungen zur Brandenburg-Preußischen Geschichte, Bd. 7), Köln–Wien 1987, S. 357–376.

Heinz Günther Sasse, *Zur Geschichte des Auswärtigen Amts*, in: *Nachrichtenblatt der Vereinigung Deutscher Auslandsbeamter e. V.* 22 (1959), S. 171–191.

Wolfgang Schäche, *Zur Geschichte und stadträumlichen Bedeutung der »Ministergärten«*. Vortrag im Stadtforum am 19. und 20. Juni 1992.

Theodor Schieder, *Walther Rathenau und die Probleme der deutschen Außenpolitik*, in: *Gedenkfeier des Auswärtigen Amtes zum 100. Geburtstag des Reichsaußenministers Dr. Walther Rathenau. Bonn 28. September 1967*, Bonn 1967, S. 9–32.

Karl Schlögel, *Moskau lesen*, Berlin 1984.

Georg Schmid, *Die Spur und die Trasse. (Post-)Moderne Wegmarken der Geschichtswissenschaft*, Wien 1988.

Hartwig Schmidt, *Das Tiergartenviertel. Baugeschichte eines Berliner Villenviertels* (= Die Bauwerke und Kunstdenkmäler von Berlin, Beih. 4), T. 1: *1790–1870*, Berlin 1981.

Justus Schmidt/Hans Tietze, *Wien* (= Dehio-Handbuch. Die Kunstdenkmäler Österreichs), 5. Aufl., Wien 1954.

Edgar von Schmidt-Pauli, *Diplomaten in Berlin*, Berlin 1930.

Gregor Schöllgen, *Ulrich von Hassell 1884–1944. Ein Konservativer in der Opposition*, München 1990.

Carl E. Schorske, *Wien. Geist und Gesellschaft im Fin de siécle*, Frankfurt am Main 1982.

Peter Schubert, *Schauplatz Österreich*, Bd. 1: *Wien*, Wien 1976.

Ernst Schulin, *Walther Rathenau. Repräsentant, Kritiker und Opfer seiner Zeit*, 2. Aufl., Göttingen 1993.

Joachim Schulz/Werner Gräbner, *Berliner Architektur von Pankow bis Köpenick*, Berlin 1987.

Klaus Schwabe (Hrsg.), *Das Diplomatische Korps 1871–1945. Büdinger Forschungen zur Sozialgeschichte 1982* (= Deutsche Führungsschichten in der Neuzeit, Bd. 16), Boppard am Rhein 1985.

Hans-Peter Schwarz, *Adenauer*, Bd. 1: *Der Aufstieg: 1876–1952*, Bd. 2: *Der Staatsmann: 1952–1967*, Stuttgart 1986 und 1991.

Hans-Peter Schwarz, *Staatssekretär Professor Dr. Walter Hallstein*, in: *Gedenkfeier des Auswärtigen Amts zum 90. Geburtstag von Staatssekretär Professor Dr. Walter Hallstein (17. November 1901–29. März 1982)*, Bonn 25. November 1991, Bonn 1991, S. 9–36.

Peter Schweizer, *Der Aufbau der Leipziger Straße in Berlin. Eine neue Etappe der sozialistischen Umgestaltung des Zentrums der Hauptstadt der DDR*, in: *Deutsche Architektur* (1969), H. 10.

Maren Seliger/Karl Ucakar, *Wien. Politische Geschichte 1740–1934. Entwicklung und Bestimmungskräfte großstädtischer Politik*, T. 1: *1740–1895*, Wien 1985.

Reinhard Sieder/Heinz Steinert/Emmerich Talos (Hrsg.), *Österreich 1945–1955. Gesellschaft – Politik – Kultur*, Wien 1995.

Rudolf Sieghart, *Die letzten Jahrzehnte einer Großmacht. Menschen, Völker, Probleme des Habsburger-Reichs*, Berlin 1932.

Johannes Sievers, *Die Arbeiten von K. F. Schinkel für Prinz Wilhelm, späteren König von Preussen* (= Karl Friedrich Schinkel. Lebenswerk), Berlin 1955.

Johannes Sievers, *Bauten für die Prinzen August, Friedrich und Albrecht von Preussen. Ein Beitrag zur Geschichte der Wilhelmstraße in Berlin* (= Karl Friedrich Schinkel. Lebenswerk), Berlin 1954.

Johann Sievers, *Schinkel. Bauten für den Prinzen Karl August von Preußen*, Berlin 1942.

Albert Speer, *Erinnerungen*, Frankfurt am Main 1979.

Hilde Spiel, *Wien. Spektrum einer Stadt*, München 1971.

Hildegard Baronin Spitzemberg, *Das Tagebuch der Baro-*

nin Spitzemberg geb. Freiin v. Varnbüler. Aufzeichnungen aus der Hofgesellschaft des Hohenzollernreiches, ausgew. und hrsg. von Rudolf Vierhaus, 5. Aufl., Göttingen 1989.

Robert Springer, *Berlin. Ein Führer durch die Stadt und ihre Umgebungen*, Leipzig 1861.

Heinrich Starck, *Berlin plant und baut,* in: *Bauplanung und Bautechnik* 3 (1949), S. 345–355.

Hannes Stekl u. a. (Hrsg.), *»Durch Arbeit, Besitz, Wissen und Gerechtigkeit«*, Wien 1992.

Wolfgang Stresemann, *Mein Vater Gustav Stresemann*, München–Berlin 1979.

Kurt von Stutterheim, *Die Majestät des Gewissens. In memoriam Albrecht Bernstorff.* Mit einem Vorwort von Theodor Heuss, Hamburg 1962.

Die Tagebücher von Joseph Goebbels. Sämtliche Fragmente, T. 1: *Aufzeichnungen 1924–1941*, Bd. 2: *1.1.1931–31.12.1936*, herausgegeben von Elke Fröhlich im Auftrag des Instituts für Zeitgeschichte und in Verbindung mit dem Bundesarchiv, München–New York–London–Paris 1987.

Renate Theis, *Zur Repräsentation des Staates. Ministerien in Berlin 1800–1945*, Examensarbeit, Manuskript Marburg 1990.

Karl Ucakar, *Demokratie und Wahlrecht in Österreich. Zur Entwicklung von politischer Partizipation und staatlicher Legitimationspolitik*, Wien 1985.

Hans-Peter Ullmann, *Interessenverbände in Deutschland*, Frankfurt am Main 1988.

Unterbringungsmöglichkeiten der Bundesregierung. Eine Untersuchung des Bundesbauamtes, hrsg. vom Bundesminister für Raumordnung, Bauwesen und Städtebau, der Bundesbaudirektion in Zusammenarbeit mit der Bundesfinanzverwaltung und den Architekten Ziegert und Strey, Berlin–Bonn im August 1991.

Vergangenheit und Gegenwart. Die Bank Unter den Linden Berlin, Bd. 1, hrsg. von der Debeko Immobilien GmbH, Frankfurt am Main 1995.

Deutsche diplomatische Vertretungen beim Heiligen Stuhl, Rom [1984].

Eberhard Vietsch, *Die politische Bedeutung des Reichskanzleramts für den inneren Ausbau des Reiches von 1867 bis 1880*, Leipzig 1936.

Rüdiger Voigt (Hrsg.), *Symbole der Politik. Politik der Symbole*, Opladen 1989.

Dieter Wagner/Gerhard Tomkowitz, *Ein Volk, ein Reich, ein Führer*, München 1968.

Manfred Wagner, *Kultur und Politik. Politik und Kunst*, Wien 1991.

Martin Wagner (Hrsg.), *Das neue Berlin. Großstadtprobleme*, Berlin 1929 [Reprint 1988].

Renate Wagner-Rieger (Hrsg.), *Die Wiener Ringstraße. Bild einer Epoche*, Bd. 1ff., Wiesbaden 1979ff.

Adam Wandruszka/Marielle Reininghaus, *Der Ballhausplatz*, Wien 1984.

Günter Weisenborn, *Memorial*, Berlin 1948.

John Weitz, *Hitler's Diplomat. The life und the times of Joachim von Ribbentrop*, New York 1992.

Manfried Welan, *Der Bundespräsident. Kein Kaiser in der Republik*, Wien 1992.

Künstlerischer Wettbewerb. Denkmal für die ermordeten Juden Europas. Ausschreibung, hrsg. von der Senatsverwaltung für Bau- und Wohnungswesen, Berlin April 1994.

John Wheeler-Bennett (Hrsg.), *Action This Day. Working with Churchill*, London 1968.

Wien 1938. Ausstellungskatalog, herausgegeben vom Historischen Museum der Stadt Wien, Wien 1988.

Wien. Ballhausplatz 2, hrsg. vom Bundespressedienst, Wien 1995.

Hans Wilderotter (Hrsg.), *Die Extreme berühren sich. Walther Rathenau 1867–1922*, Berlin 1993.

Hans Wilderotter, *Wohin mit der Mitte. Zur politischen Topographie der Hauptstadt Berlin* (= Magazin. Deutsches Historisches Museum, H. 2), Berlin 1991.

Die Wilhelmstraße machte Geschichte. Ein Gang durch Berlins Regierungsviertel – Erinnerungen und lebendige

Gegenwart, in: *Berliner Morgenpost*, vom 28. 10. 1937, Beilage.

Petra Wilhelmy, *Der Berliner Salon im 19. Jahrhundert (1870–1914)* (= Veröffentlichungen der Historischen Kommission zu Berlin, Bd. 73), Berlin–New York 1989.

Adolf von Wilke, *Die Berliner Gesellschaft,* Berlin 1907.

Leopold Freiherr von Zedlitz, *Neuestes Conversations-Handbuch für Berlin und Potsdam zum täglichen Gebrauch der Einheimischen und Fremden aller Stände*, Berlin 1834.

Gudrun Ziegler, *Moskau und Petersburg in der russischen Literatur. Zur Gestaltung eines literarischen Stoffes* (= Slavistische Beiträge, Bd. 80), München 1974.

Fedor von Zobeltiz, *Chronik der Gesellschaft unter dem letzten Kaiserreich*, Bd. 1, Hamburg 1922.

Register

Beide Register beziehen sich ausschließlich auf den Text, nicht auf die Anmerkungen, die Bildlegenden und den Ausblick.

Personen

Achenbach, Heinrich Karl Julius von 114
Adenauer, Konrad 96f.
Adler, Victor 166
Albrecht, Prinz von Preußen 238
Alexander, Prinz von Preußen 75
Alopeus, Maximilian von 92, 95
Androsch, Hannes 161
Arnim, Bettina von 131
August, Prinz von Preußen 118
August, Prinz von Württemberg 224
August Ferdinand, Prinz von Preußen 238
Augusta, Deutsche Kaiserin, Königin von Preußen 136

Bahr, Hermann 175f.
Baudelaire, Charles 194
Bauer, Otto 166
Baum, Bruno 63
Baumann, Ludwig 181, 184f.
Beauharnais s. Joséphine
Begas, Reinhold 138
Behne, Adolf 57, 255f.
Behrens, Peter 12
Benda, Julius 226
Benjamin, Walter 218
Bennigsen, Rudolf von 104, 107
Bernhard, Thomas 183
Bernstorff, Albrecht Graf von 90
–, Christian Günther Graf von 22, 92

Bismarck, Familie von 113, 115, 136
–, Johanna von 136, 138, 140f.
–, Otto Fürst von B.-Schönhausen 15, 25, 27f., 35f., 85–87, 92f., 95, 99, 101, 103, 106–109, 113–115, 121, 130, 135f., 140–147, 149, 221, 228f., 231–233, 240, 245
Bleichröder, Gerson 113f., 138
Bodenschatz, Harald 271
Böckmann, Wilhelm 242
Böttcher, Karl 56
Bogner, Dieter 183
Bohle, Ernst Wilhelm 89
Bohnstedt, Ludwig 228
Bolz, Lothar 55–57, 61
Borsig, August Julius Albert 227
Braune, Rudolf 141
Brecht, Bertolt 217
Bredel, Willy 51
Brentano, Heinrich von 90, 97
Brewer, John 201
Broch, Hermann 175
Brockdorff-Rantzau, Ulrich Karl Christian Graf 99
Brockenschmidt, Karl 63
Broebes, Jean Baptiste 249
Brücklmeier, Eduard 90
Bülow, Bernhard Heinrich Martin Fürst von 135, 141, 147, 149, 245
–, Bernhard Wilhelm von 88, 99
–, Ernst Bernhard von 113f.
–, Familie von 148f.
–, Karl Ulrich von 148
Bürckel, Josef 179
Bulgakov, Michail 218
Bunsen, Marie von 149

Cagnola, Luigi 180

Campanini, Barberina 92
Canova, Antonio 180
Caprivi, Georg Leo Graf von C. de Caprera de Montecuccoli 135, 146
Charles Quint s. Karl V.
Churchill, Sir Winston 210
Collein, Edmund 63, 66, 68
Cremer, Wilhelm Albert 242
Crossman, Richard 208

Decker, Georg Jacob 93
–, Rudolf Ludwig [von] 93, 111
Delbrück, Rudolf 107f.
Demps, Laurenz 15
Destailleur, Hippolyte 228
Ditmar, Hermann 243
Dönhoff, August Heinrich Hermann Graf von 118
Dollfuß, Engelbert 165f., 179, 181
Downing, Sir George 209
Droysen, Johann Gustav 240
Dustmann, Hanns 182

Ebe, Gustav 226
Eberstadt, Rudolf 253
Ebert, Friedrich 11, 29f., 150
–, Friedrich jun. [Fritz] 47, 49, 56, 73
–, Wils 56
Eichmann, Adolf 118f.
Eisenhower, Dwight D. 210
Emmerlich, Julius 236
Ende, Hermann Gustav Louis 230, 242
Engels, Erich 45
Eugen, Prinz von Savoyen-Carignan 161, 180
Evtušenko, Evgenij 218

Ferstel, Heinrich von 174, 184
Figl, Leopold 168
Finckenstein, Martha Gräfin von 146
Fischer von Erlach, Johann Bernhard 159, 161
–, Joseph Emanuel 160
Flotow, Ludwig Freiherr von 164
Förster, Ludwig Christian F. 173
Fontane, Theodor 227
Franz I., Kaiser von Österreich, Kaiser des Heiligen Römischen Reichs [als Franz II. Joseph Karl], 159, 180
Franz Joseph I., Kaiser von Österreich, König von Ungarn 164f., 171–173, 177f., 180f.

Franz Ferdinand, Erzherzog von Österreich-Ungarn 181, 185
Friedrich III./I., Kurfürst von Brandenburg, König in Preußen 248f.
Friedrich II. (der Große), König in/von Preußen 36, 93, 250
Friedrich, Prinz von Preußen 118, 238
Friedrich August, Herzog zu Braunschweig-Lüneburg 93
Friedrich Wilhelm (der Große Kurfürst), Kurfürst von Brandenburg 11, 249, 256
Friedrich Wilhelm I. (Soldatenkönig), König in Preußen 13, 22, 92f.
Friedrich Wilhelm II., König von Preußen 238
Friedrich Wilhelm IV., König von Preußen 21, 25, 240
Friedrich, Peter 56

Gaulle, Charles de 192
Georg, Prinz von Preußen 75
Gißke, Erhard 76f.
Giraudoux, Jean 12
Giscard d'Estaing, Valéry 196
Goebbels, Joseph 14, 32, 43, 79, 123f., 150
Göring, Hermann 31, 39, 150
Goldbeck, Julius von 104
Graeb, Carl 221
Graetz, René 53, 73f.
Grillparzer, Franz 160, 165
Gropius, Walter 237
Grosz, George 218
Grotewohl, Otto 51, 55, 60f.
Grumbkow, Friedrich Wilhelm von 243
Gruson, Paul 73

Haeften, Hans-Bernd von 90
Hässlin, Johann Jakob 11
Hahne, Ruthild 53, 71f., 79
Hallstein, Walter 97
Hansen, Theophil 176f.
Hardenberg, Carl August Fürst 21, 230
Hasenauer, Carl 180
Hassell, Ulrich von 90, 99
Haussmann, Georges Eugène Baron 191
Heer, Friedrich 157
Heine, Heinrich 12
Heinrich VIII., König von England 202
Hellmuth, Eckhart 202
Helmholtz, Anna von 138

Helmholtz, Hermann von 138
Hennessy, Peter 207
Hennicke, Julius Wilhelm 238
Henning, Helmut 63
Henselmann, Hermann 73
Herz, Henriette 131
Herzenstein, Ludmilla 56
Herzmanovsky-Orlando, Fritz von 160
Heydrich, Reinhard 118f., 125
Heydt, August Freiherr von der 103
Hildebrandt, Johann Lucas von 160f., 163
Himmler, Heinrich 12, 124f.
Hindenburg, Paul von Beneckendorff und von H. 11, 14, 30, 36, 150, 181
Hirsch, Felix 30
Hitler, Adolf 11, 14, 32, 36, 44, 46, 62, 69, 77, 93, 119, 125, 150, 177, 179, 181–183, 276
Hitzig, Friedrich 224, 226, 230f., 236
Hoesch, Leopold von 99
Hoffmann, Bernhard 242
–, Heinz 81
–, Ludwig 243
Hohenlohe-Schillingsfürst, Chlodwig Fürst zu 135, 146f.
–, Elisabeth Prinzessin zu 147
Holstein, Friedrich von 134
Honecker, Margot 117
Hrdlicka, Alfred 169
Hude, Hermann Philipp von der 238
Humm von Schwarzenstein, Herbert 90

Ihne, Ernst von 147, 245
Innitzer, Theodor 158
Iwan III. Wassiljewitsch (Iwan der Große), Großfürst von Moskau 214

Jean Paul [eigentl.: Johann Paul Friedrich Richter] 12
Johannes Paul II., Papst 181
Jonas, Franz 169
Joseph II., Kaiser des Heiligen Römischen Reichs 167, 187
Joséphine (Joséphine de Beauharnais), Kaiserin der Franzosen 193
Junghans, Kurt 56f., 60, 62
Junker, Wolfgang 81

Kaltenbrunner, Ernst 118
Kamptz, Albert von 104

Kapp, Wolfgang 88
Kardoff, Ursula von 13f.
Karl V. (der Weise), König von Frankreich 189
Karl VI., Kaiser des Heiligen Römischen Reichs, König von Österreich [als Karl III.] 158, 163
Karl, Prinz von Preußen 41, 223, 238
Kastner, Hermann 51
Kaunitz-Rietberg, Wenzel Anton Graf 164
Keitel, Wilhelm, 12, 118
Kerbel, Lev 73
Kessler, Harry Graf 245
Keudell, Robert von 107
Kiep, Otto 90
Kies, Hans 71, 73
Kieschke, Paul 243f.
Knoblauch, Karl Heinrich Eduard 242
Kraus, Karl 166f.
Kraut, Johann Andreas 21
Kreisky, Bruno 161, 165, 167f., 186
Kühn, Bernhard 237
Kurowski, Adele von 141
Kyrle, Martha 168

Lebbin, Helene von 133–135
Lehndorff, Heinrich Graf 141
Lenbach, Franz von 99
Lenin, Wladimir I. 214f.
Lenné, Peter Joseph 252
Lernert-Holenia, Alexander 160
Leucht, Kurt W. 62f.
Liebknecht, Kurt 53, 56, 60–63, 65f., 71, 77
Ligner, Max 58
Lingner, May 51
–, Reinhold 56
Lippert, Julius 124
Liszt, Franz 138
Loebell, Friedrich Wilhelm von 148
Loos, Adolf 185
Lorenz, Reinhold 185
Louis s. Ludwig
Lucae, Richard 227, 230f.
Ludwig IX. (der Heilige), König von Frankreich 193
Ludwig XIV. (der Sonnenkönig), König von Frankreich 190, 193, 228
Lueger, Karl 181, 185
Luise von Mecklenburg-Strelitz, Königin 11, 238
Luther, Hans 30

Lutze, Viktor 124

Madame de Pompadour s. Pompadour
Madame de Staël s. Stael-Holstein
Mächler, Martin 254
Maetzing, Kurt 45
Makart, Hans 178
Maltzan, Ago Freiherr von 99
Maria Theresia, Erzherzogin von Österreich, Königin von Ungarn und Böhmen, Kaiserin des Heiligen Römischen Reichs 160, 163–165, 167, 187
Maria de Medici, Königin von Frankreich 193
Matern, Hermann 73
Max, Prinz von Baden 245
Mendelsohn, Erich 12
Menzel, Adolph [von] 138
–, Robert 53
Messel, Alfred 243
Metternich, Klemens Wenzel Fürst 163–165
Miklas, Wilhelm 168
Mitterrand, François 196
Mock, Alois 165
Möhring, Bruno 253
Möller, Ferdinand Hermann Gustav 240
Moltke, Helmuth Graf von 143, 239
Mordwinow, Alexander G. 56
Mosse, Rudolf 222
Müller, Hermann 88
Mulisch, Harry 118f.
Musil, Robert 160

Nadolny, Rudolf 99
Nagel, Wolfgang 269
Napoleon I. Bonaparte, Kaiser der Franzosen 179f., 192, 195, 203, 214, 216
Napoléon III. (Charles Louis Bonaparte), Kaiser der Franzosen 11, 193
Naumann, Konrad 81
Neumann [ab 1878: von Mörner], Georg Joachim Wilhelm 232–236
Nicolson, Harold 12
Nietzsche, Friedrich 66
Nikolaj [Nikolaus] I. Pawlowitsch, Zar und Kaiser von Rußland 213
Nobile, Pietro 180
Nora, Pierre 186, 192
Northcote, Sir Stafford 204

Nüll, Eduard van der 173
Nuschke, Otto 72

Okudžava, Bulat 218
Orth, August 223, 230
Ortner, Manfred 183
Osborn, Max 17
Ottokar II. Premysl, König von Böhmen 158

Palmerston, Henry John Temple, Viscount 202
Papen, Franz von 31, 35
Pei, Ieoh Ming 193
Perger von Perglas, Freiherr 224
Petersen, Richard 253
Philippe II. Auguste, König von Frankreich 189
Philippe IV. (der Schöne), König von Frankreich 193
Philippe I., Herzog von Orléans 193
Pieck, Wilhelm 47, 75
Pisternick, Walter 60, 62f., 71
Poelzig, Hans 12
Pompadour, Jeanne Antionette Poisson, Dame Le Normant d'Etioles, Marquise de [Madame de Pompadour] 193
Pompidou, Georges 196
Proksch, Udo 162
Pünder, Hermann 17, 124

Quast, Ferdinand von 237

Raab, Julius 165
Radetzky, Joseph Wenzel Graf R. von Radetz 185
Radziwill, Anton Fürst 113f., 238
–, Boguslaw Fürst 113
–, Elisa Fürstin 238
–, Familie 113f.
–, Ferdinand Fürst 113
–, Luise Fürstin 238
–, Marie Fürstin 136
–, Wilhelm Fürst 113
Ranke, Leopold von 138
Rathenau, Walther 95, 99
Rave, Paul Ortwin 41
Rayner, Sir Derek 206
Renner, Karl 162, 166–169, 179
Repin, Ilja Jefinowitsch 47
Ribbentrop, Joachim von 89, 91, 94, 119
Richelieu, Armand Jean de Plessis, Herzog von 189, 193

Ripley, Thomas 202
Roon, Albrecht Graf von 143
Rosenberg, Frederic von 96
Rossi, Carlo 213
Roth, Gerhard 158
Roth von Schreckenstein, Cäcilie 141
–, Freiherr 141
Rubinstein, Anton 138
Rumpf, Johann Daniel Friedrich 118f.
Rumpler, Helmut 164
Rybakov, Anatolij 218

Saenger, Carl von 107
Sagebiel, Ernst 14
Saul, Moritz 113f.
Savigny, Familie von 103, 107
–, Friedrich Carl von 104
–, Karl Friedrich von 103f., 106–108, 116
Schärf, Adolf 168
Scharoun, Hans 51, 56, 61
Scheidemann, Philipp 29
Schenk von Stauffenberg, Claus Graf 186
Schinkel, Karl Friedrich 223–225, 228, 236–238, 240f., 250, 252
Schirach, Baldur von 167
Schirdewan, Karl 73
Schleinitz, Alexander Graf von 136
–, Familie von 136
–, Marie von 136, 138
Schlüter, Andreas 75, 249
Schmieden, Heino 237
Schoen, Annalie 16
Schorske, Carl E. 177
Schranz, Karl 167
Schubert, Carl von 99
Schüler, Edmund 87f., 91, 95
Schulenburg, Friedrich-Werner Graf von der 90, 99
Schulte, Axel 16
Schulze, Friedrich 243
Schuschnigg, Kurt 186
Schwabach, Familie 138
–, Julius 138
–, Leonie 138
Schwartzkoppen, Emil von 148
Schwarz, Hans-Peter 98
Schweizer, Heinrich 79
Scott, Sir George Gilbert 202

Seipel, Ignaz 165
Seitz, Luise 56
Selmanagic, Selman 56
Semper, Gottfried 180f.
Seyß-Inquart, Arthur 166
Seydlitz, Friedrich Wilhelm von 118
Sharp, Evelyn 208
Sicard von Sicardsburg, August 173
Sinowatz, Fred 169
Sitte, Camillo 181
Solf, Wilhelm 99
Speer, Albert 42
Spitzemberg, Carl Baron von 137
–, Hildegard Baronin von 12, 135–138, 141, 146f., 233, 245
Staël-Holstein, Germaine Baronin von [Madame de Staël] 197
Stalin, Jossip W. [Dschugaschwili] 49, 53, 56, 73, 215, 217
Staudte, Wolfgang 45
Stauffenberg s. Schenk von Stauffenberg
Stein zum Altenstein, Karl Freiherr von 21
Stoph, Willi 61
Strack, Johann Heinrich 241
Strauss, Gerhard 66
Stresemann, Gustav 30, 91, 99
Strousberg, Bethel Henry 223–225
Stüler, Friedrich August 234f., 240

Tausig, Karl 138
Taut, Bruno 57
–, Max 12, 57
Teray, Emmanuel 197
Thälmann, Ernst 51, 53, 72
Thatcher, Margret 204, 206
Thile, Hermann von 106
Thun-Hohenstein, Leo Graf 180
Töpfer, Bernd 191
Tolstoj, Lev 218
Tomskij, Nikolaj 73
Trevelyan, Sir Charles 204
Trifonov, Jurij 218
Trott zu Solz, Adam von 90
Tucholsky, Kurt 197

Ulbricht, Walter 49, 51, 56, 60–62, 73–75
Ungers, Simon 277
Unruh, Hans Victor von 230

Varnhagen, Rahel 131
Vernezobre [de Laurieux], François Mathieu Baron de 118
Vohl, Carl 244
Volk, Waltraud 76

Wagner, Cosima 138
–, Martin 57, 61, 255
–, Otto 166, 181, 184f.
–, Richard 137, 180
Waldheim, Kurt 168f.
Wallot, Paul 30, 254
Wandel, Paul 51, 73
Wandruszka, Adam 182

Weinberger, Herbert 56
Weinert, Erich 216
Weisenborn, Günter 12, 41
Werner, Alexander Friedrich 221
–, Anton von 138, 226f.
Wilhelm I., Deutscher Kaiser, König von Preußen 62, 112, 129, 136, 146
Wilhelm II., Deutscher Kaiser, König von Preußen 120f.
Wilhelm, Prinz von Preußen 238
Winterfeldt, Hans Karl von 118
Wolffenstein, Richard 242

Zedlitz, Leopold Freiherr von 238
Zieten (Ziethen), Hans Joachim von 118

Orte – Standorte – Bauwerke

Das Register umfaßt neben den Ortschaften im engeren Sinne auch historisch-geographische Begriffe sowie Straßennamen und Bauwerke. Aufgenommen wurden darüber hinaus Regierungsgebäude und andere politisch-relevante Bauwerke. Sofern kein anderer Ort angegeben ist, waren bzw. sind die genannten Standorte und Bauwerke in Berlin zu finden.

Adenauerallee (Bonn; früher: Koblenzer Straße; s. auch dort) 97f.
Admiralitätsgebäude (London) 202
Afghanische Republik 125
Alexandergarten (Moskau) 217
Alexanderplatz 11, 60, 264f.
Alexandria 91
Alsenstraße 121
Alte Reichskanzlei (früher: Palais Radziwill; s. auch dort) 12, 14, 27–29, 32, 35f., 41–43, 75, 92, 102, 107, 111f., 115, 118, 138, 142, 146–150, 228, 230–232, 245
Altenburg 23
– Fürstentum 23
Am Hof (Wien) 159
Am Karlsbad 135
Amalienburg (Wien) 162
Amerikanische Botschaft 51
Amsterdam (Niederlande) 97

An der Kolonnade 262
Anhalt (Herzogtum) 86
Anhalter Bahnhof 17
Anhalter Straße 17
Arbat (Moskau) 217f.
Arc de Triomphe (Paris) 193
Aspern (heute Stadtgebiet von Wien) 180
Athen (Griechenland) 58, 91, 97, 180
Atlantik 120
Augustinergasse (Wien) 159
Auguststraße 11
Auswärtiges Amt (Auswärtiges Amt des Deutschen Reichs, Auswärtiges Amt des Norddeutschen Bundes, Ministerium der auswärtigen Angelegenheiten des Königsreichs Preußen, Preußisches Amt der auswärtigen Angelegenheiten, Preußisches Ministerium der auswärtigen Angelegenheiten) 13, 15, 21, 25, 27, 29f., 32, 36, 85–94, 96, 101, 111–113, 115, 118f., 121, 134f., 145, 148, 233, 240
Außenministerium (DDR) 39, 257

Baden (Großherzogtum) 86
Bahnhof d'Orsay (Paris) 195
Bahnhofstraße 77
Ballhausplatz (Wien) 35, 85, 160–170, 179, 182, 187, 213
Bankenviertel 222
Bankgasse (Wien) 162
Bastille (Paris) 196

Bayern 224
- Königreich 86, 120
Bayreuth 137
Behrenstraße 17, 24, 81, 121f., 238, 242, 244, 251, 258, 265, 273, 278–280
Belgien 23
Belgrad (Serbien) 91
Belle-Alliance-Platz (früher: Rondell, heute: Mehringplatz; s. auch dort) 30
Berlin (s. auch Groß-Berlin) 11f., 15, 17, 21, 24, 26, 28f., 39, 41, 46–51, 53, 55–58, 60f., 66–69, 72f., 76f., 79–81, 83, 92, 94, 100, 103f., 107, 115, 117f., 120, 123–125, 129–131, 133, 136–138, 141–143, 146f., 149f., 197, 210, 213, 218, 224f., 227–229, 231, 233, 236, 238, 240–243, 247–251, 254–257, 261–263, 269, 273, 275–278
- Biesdorf 72
- Biesdorf (Süd) 70
- Charlottenburg 17, 150
- Cölln 21
- Dorotheenstadt 271
- Friedrichstadt 13, 16f., 22, 239, 257f., 271, 277
- Friedrich-Wilhelm-Stadt 257
- Gropiusstadt 11
- Köpenick 77
- Kreuzberg 248, 265
- Mitte 55, 262, 264
- Niederschönhausen 11
- Ost (s. auch Berlin-Sowjetsektor) 45, 53, 55f., 61, 63, 76
- Pankow 265
- Prenzlauer Berg 53, 73
- Schöneberg 11, 248
- Sowjetsektor (s. auch Berlin-Ost) 49
- Spandau 11, 251
- Treptow 70
- Wannsee 89
- Wedding 265
- West (s. auch Berlin-Westsektor[en]) 49, 55, 65, 68, 71, 81, 119, 261
- Westsektor[en] (s. auch Berlin-West) 71f.
- Wilmersdorf 150
Bern (Schweiz) 91
Biesdorf s. Berlin-Biesdorf
Big Ben (London) 203
Böhmen 160
Bol'šaja Bronnaja (Moskau) 218

Bolivien 120
Bonn 16, 49, 90, 97f., 117
Bordeaux (Frankreich) 195
Botschaftsviertel s. Tiergartenviertel
Brandenburg 124, 254
Brandenburger Tor 14, 30, 32, 60, 64, 77f., 119, 228f., 231, 265f., 276, 278
Braunschweig 23
- Fürstentum 23
- Herzogtum 86
Breite Straße 21
Bremen 86
Breslau 113
Britische Botschaft 241
Brüderstraße 21
Brüssel (Belgien) 91, 97, 211
Buchenwald (Konzentrationslager) 53, 124
Buckingham Palace (London) 199
Budapest (Ungarn) 91, 156f., 168
Budapester Straße (ab 1925: Friedrich-Ebert-Straße; in der NS-Zeit: Hermann-Göring-Straße) 93
Bülowstraße 248
Bürgerplatz 53
Bukarest (Rumänien) 91
Bundeskanzleramt s. Alte Reichskanzlei
Bundesrepublik Deutschland (s. auch Deutsche Demokratische Republik, Deutschland) 39, 49, 96f., 125, 204
Burgstraße 231

Cambridge (England) 205
Charlottenburg s. Berlin-Charlottenburg
Charlottenburger Chaussee 228
Chinesische Gesandtschaft 121
Cisleithanien s. Österreich-Ungarn
Cölln s. Berlin-Cölln
Conseil d'Etat (Paris) 189, 195
Costa Rica 120

Dachau (Konzentrationslager) 124
Dänemark 23, 176
Dänische Botschaft 121
Darmstadt 91
DDR s. Deutsche Demokratische Republik
Deutsche Demokratische Republik (DDR; s. auch Bundesrepublik Deutschland, Deutschland, Sowjetzone) 11, 13, 15, 39, 41, 43–51, 53, 55f., 58, 61, 63, 65, 67f.,

70, 72, 74f., 78, 80–82, 117, 125, 151, 216, 257f., 261f., 264f., 269, 277
Deutscher Reichstag 14, 16, 22, 26, 29–31, 107, 121, 144, 221, 228f., 231, 233, 235, 237, 243, 252, 254, 266, 280
Deutsches Reich (s. auch Deutschland, Norddeutscher Bund, Weimarer Republik) 25–29, 31, 41, 55, 66, 85f., 88, 91–93, 101, 111, 113–115, 120, 125, 129, 143, 182, 221, 224, 228–232, 236f., 243, 254, 261
Deutschland (s. auch Bundesrepublik Deutschland, Deutsche Demokratische Republik, Weimarer Republik) 15, 21, 29, 47, 53, 55, 62, 77, 82f., 85, 87, 89, 122, 166, 204, 210, 216, 230f., 257, 276
Donau 155, 157, 186
Donaukanal 155, 157, 183f.
Dönhoffplatz 221, 230
Dorotheenstraße 17, 278, 280f.
Dorotheenstadt s. Berlin-Dorotheenstadt
Downing Street (London) 14, 29, 35 85, 164, 199, 202, 209
Dresden 11, 180
Dresdner Bahnhof 17

Ebersdorf 23
– Fürstentum 23
Ebertstraße 17, 273, 276, 278f.
Ecole Militaire (Paris) 190
Ecuador 120
El Salvador 120
Elsaß-Lothringen 111f., 228, 230
Elysée-Palast (Paris) 189, 195
England (s. auch Großbritannien) 125, 201f., 204
Erfurt 11
Erlöserkathedrale (Moskau) 216
Ernst-Thälmann-Platz (in der DDR: Wilhelmplatz; s. auch dort) 47, 49–51, 53, 56, 60–65, 67f., 70f., 73, 79f., 257
Europa 16, 28f., 35, 41, 80, 85, 87f., 117, 120, 159, 163f., 172, 177, 192, 195, 201f., 211, 213, 273, 275f., 279
Exerzierplatz (Wien) 173f., 177

Fasanenstraße 11
Ferstelpalais (Wien) 162
Fichtegasse (Wien) 166
Foreign Office (London) 85, 202, 210
Forum Fridericianum 250

Frankfurt (Main) 102f., 111
Frankreich 23, 85, 97, 114, 120, 131, 136, 143, 146, 174, 190, 193–196
Franz-Mehring-Platz (früher: Küstriner Platz; s. auch dort) 64
Französische Botschaft 77
Französische Straße 17, 57, 62, 65f., 253, 258, 275, 278f.
Friedrich-Ebert-Straße 30
Friedrich-Wilhelm-Stadt s. Berlin – Friedrich-Wilhelm-Stadt
Friedrichstadt s. Berlin-Friedrichstadt
Friedrichstadtpassagen 261
Friedrichstraße 12f., 26, 63, 81, 118, 150, 261, 265f.
– Bahnhof 81, 265
Friedrichswerder 258f., 274

Georgenstraße (später: Königsstraße; s. auch dort) 248f.
Georgentor (später: Königstor; s. auch dort) 249
Gertraudenstraße 60f.
Glinkastraße 16
Gorkij (Rußland) 214
Grand Arche de la Défense (Paris) 194, 196
Great George Street (London) 203
Gropiusstadt s. Berlin-Gropiusstadt
Groß-Berlin (s. auch Berlin) 41, 46f., 55f., 254
Großbritannien (s. auch England) 23, 85, 97, 120, 199, 203f., 211
Große Hamburger Straße 11
Guatemala 120

Haag (Den Haag, Niederlande) 91
Hainburg (Österreich) 183
Hallesches Tor 239
Hamburg 86, 91
Hannover (Fürstentum) 23
Hardthöhe (Bonn) 117
Haus der Ministerien (früher: Reichsluftfahrtministerium; s. auch dort) 16, 39, 58, 67, 71f., 74, 117
Hedemannstraße 17, 123
Heldenplatz (Wien) 162, 164, 167, 169–171, 173, 179–183, 187
Herrengasse (Wien) 159–162, 166
Herrenhaus s. Preußisches Herrenhaus
Hessen-Darmstadt (Großherzogtum) 86
Himmelpfortgasse (Wien) 161
Hintere Zollamtstraße (Wien) 184

Hofburg (Wien; s. auch Neue Hofburg) 129, 155, 157–160, 163f., 167–171, 173, 180f., 183
»Hohe Pforte« s. Türkische Botschaft
Hoher Steinweg 58
Home Office (London) 202
Honduras 120
Hotel Adlon 13, 16, 64f., 77, 82, 280
Hôtel de Lassay (Paris) 193
Hotel Kaiserhof 32, 237
Hotel Lux (Moskau) 216
Hôtel Matignon (Paris) 193, 195
Houses of Parliament 203

Iberische Pforte (Moskau) 216
Île de la Cité (Paris) 189, 192
In den Zelten 121
Innere Stadt s. Wien – Innere Stadt
Irak 208
Istanbul (Türkei; bis 1930: Konstantinopel; s. auch dort) 97
Italien 120, 224

Jägerstraße 16f., 57f., 70f., 222, 236
Jerusalem (Israel) 118
Jerusalemer Straße 222
Josefstadt (Wien) 173
Jouy-en-Josas (Frankreich) 196
Judenplatz (Wien) 160f.

Kaiser-Wilhelm-Straße 250, 255
Kaiserhof (U-Bahnhof; in der DDR: Thälmannplatz; heute: Mohrenstraße s. auch dort) 70
Kanzlerpalais s. Alte Reichskanzlei
Karlsruhe 91
Karsten-Rohwedder-Haus (früher: Reichsluftfahrtministerium, Haus der Ministerien, Treuhandanstalt; s. auch dort) 16, 58
Katzbachstraße 248
Kemperplatz 254
Klosterstraße 72
Koblenzer Straße (Bonn; heute: Adenauerallee; s. auch dort) 97f.
Kochstraße 119, 251
Köln 11
Königgrätz 174
Königgrätzer Straße 229, 253
Königsberg (Preußen) 248
Königsplatz 228, 230, 243, 249, 253f.

Königsstraße (früher: Georgenstraße; s. auch dort) 21, 58, 60, 243, 249
Königstor (früher: Georgentor; s. auch dort) 249
Konstantinopel (ab 1930: Istanbul; s. auch dort) 91
Kopenhagen 91
Köpenick s. Berlin-Köpenick
Kreml (Moskau) 168, 213–218
Kreuzberg s. Berlin-Kreuzberg
Kronenstraße 51, 81
Küstriner Platz (heute: Franz-Mehring-Platz; s. auch dort) 64
Kujbešev (Rußland) 217
Kulikower Feld (Rußland) 47
Kurfürstendamm 11, 118, 264f.
Kurstraße 21

Landtag s. Preußischer Landtag
Landwehrkanal 221
Lange Brücke 249
Lastenstraße (Wien) 183
Lehrter Bahnhof 17
Leipzig 180
Leipziger Platz 13, 16f., 82, 221, 239, 241, 251, 273, 275–277
Leipziger Straße 11, 13, 16, 22, 25f., 31, 42, 63, 67f., 71, 81, 118, 221, 224, 230f., 233, 235, 238–241, 243, 250f., 254f., 257–259, 261, 265, 280f.
Lennéstraße 17, 251
Leopoldstadt s. Wien-Leopoldstadt
Liebknechtstraße 58
Linden s. Unter den Linden
Lindenstraße s. Unter den Linden
Linz (Österreich) 177
Lippe (Fürstentum) 86
Lissabon (Portugal) 91
Locarno (Tessin) 29
London (England) 14, 29, 35, 61, 85, 91, 97, 159, 177, 199, 211
Louvre (Paris) 189, 193, 196
Löwelstraße (Wien) 182
Lübeck 86
Luisenstraße 12, 61, 65
Lustgarten 14, 60, 62 250
Luxemburgplatz 60

Madrid (Spanien) 91
Magdeburger Straße 138

Main 85
Marokko 12
Marsfeld (Paris) 190
Marx-Engels-Platz 65, 67
Mauerstraße 16, 48, 72, 222f., 238, 281
Mecklenburg-Schwerin (Großherzogtum) 86
Mecklenburg-Strelitz 23
– Fürstentum 23
– Großherzogtum 86
Mehringplatz (früher: Rondell, Belle-Alliance-Platz; s. auch dort) 13
Michaelerplatz (Wien) 158
Ministergärten 16f., 61, 80, 83, 251, 255, 257, 261, 269, 271, 273–276, 278f.
Ministerium der auswärtigen Angelegenheiten des Königreichs Preußen s. Auswärtiges Amt
Ministerium des Innern 72
Ministerium für Aufbau 55f., 58, 60, 64, 66, 75
Ministerium für Auswärtige Angelegenheiten der DDR 65–67
Ministerium für Volksbildung 78
Minoritenplatz (Wien) 162
Mitte s. Berlin-Mitte
Modenapalais (Wien) 161, 166
Mohrenstraße 51, 62, 65, 81, 118, 251, 262
– U-Bahnhof 70
Mojka (Rußland) 213
Moltkestraße 121
Moskau (Moskva; Rußland) 47, 55f., 58, 61f., 213f., 216–218
– Großfürstentum 214
München 91

Nassau 23
– Fürstentum 23
Nationalrat der Nationalen Front (früher: Reichspropagandaministerium; s. auch dort) 51, 74
Neue Hofburg (Wien; s. auch Hofburg) 158, 175, 179, 181f., 185
Neue Reichskanzlei 15f., 26, 36, 41–44, 46, 49, 51, 62, 65, 69f., 74, 75, 77–79, 93, 119, 125, 257, 276, 277
Neue Wilhelmstraße 61, 64f.
Neustädter Kanal (Wien) 183
Neva (Rußland) 216
New Government Offices (London) 203
New York (USA) 91, 97
Nicaragua 120

Niederkirchnerstraße (früher: Prinz-Albrecht-Straße; s. auch dort) 258f.
Niederlande 23f., 118, 120, 125
Niederösterreich 160
Niederrhein 11
Niederschönhausen s. Berlin-Niederschönhausen
Nikolaiviertel 261, 265
Nollendorfstraße 11
Norddeutscher Bund (s. auch Deutsches Reich) 27, 85f., 99, 101–103, 109, 113, 115, 223
Norditalien 174
Normannenstraße 71
Nürnberg 36, 41, 146

Oberbaumbrücke 72
Obersalzberg 151
Oberwallstraße 63
Oldenburg 91
– Großherzogtum 86
Oranienburger Straße 81, 265
Ordenspalais 48, 51, 118
Österreich 24, 28, 85, 102, 153, 155–169, 171, 174–183, 185–187
Österreich-Ungarn (Cisleithanien) 85, 163, 256
Ost-Berlin s. Berlin-Ost
Ost-Zone s. Deutsche Demokratische Republik
Otto-Grotewohl-Straße (heute: Wilhelmstraße; s. auch dort) 13, 78, 81, 257, 261, 277
Oxford (England) 205

Pakistan 125
Palais Beauvau (Paris) 189
Palais Borsig 41
Palais Bourbon (Paris) 193
Palais Cardinal s. Palais Royal
Palais Danckelmann (»Fürstenhaus«) 21
Palais de Justice (Paris) 189, 192, 195
Palais des Invalides (Paris) 196
Palais Dönhof 118
Palais du Luxembourg (Paris) 189, 193
Palais Prinz Alexander 75f.
Palais Prinz August 118
Palais Prinz Friedrich 118
Palais Prinz Georg 75f.
Palais Prinz Karl 41, 43, 223
Palais Radziwill (später: Alte Reichskanzlei; s. auch dort) 27, 36, 92, 112, 118, 222f.

Palais Raiczinsky 230
Palais Royal (ehemals Palais Cardinal; Paris) 189, 193–195
Palais Schwerin 42, 66, 75, 77
Palais Trautson (Wien) 170
Palais Vernezobre (später: Prinz-Albrecht-Palais; s. auch dort) 35, 251
Palais Voß 227
Pankow s. Berlin-Pankow
Paris (Frankreich) 29, 35, 61, 91, 97, 120, 159, 189, 191f., 194–197, 225, 256
Pariser Platz 13f., 16, 23, 44, 63–65, 69, 77, 117, 120, 125, 136, 241f., 261, 266, 273, 280f.
Parlamentsgebäude s. Houses of Parliament
Parliamentstreet (London) 203
Patriarchenteiche (Moskau) 218
Peking (China) 91, 118
Persische Gesandtschaft 121
Petersberg 96
Petersburg s. St. Petersburg
Place Dauphine (Paris) 189
Place de la Concorde (ehemals Place Louis XV; Paris) 189f., 193f.
Place Louis Le Grand s. Place Vendôme
Place Louis XV s. Place de la Concorde
Place Vendôme (ehemals Place Louis Le Grand; Paris) 189f.
Polen 125, 146
Portugal 125
Potsdam 36, 95, 243
Potsdamer Bahnhof 17
Potsdamer Platz 11, 16f., 53, 72, 80f., 258, 265, 276
Potsdamer Straße 138
Prag (Tschechische Republik) 157, 168
Prenzlauer Berg s. Berlin-Prenzlauer Berg
Preußen 11, 14, 21, 24–27, 29, 31, 41, 66, 82, 86f., 90–92, 101f., 107, 109, 115, 118, 120, 143, 176, 202, 221, 237, 240, 248, 251, 254
– Freistaat 26
– Königreich 85f.
Preußischer Landtag 14, 21, 230f., 243
Preußisches Abgeordnetenhaus 26, 67, 144, 221, 230f., 243
Preußisches Amt der auswärtigen Angelegenheiten s. Auswärtiges Amt
Preußisches Herrenhaus 14, 16, 21, 26, 67, 144, 221, 230f., 243, 254, 273, 281

Preußisches Justizministerium 25, 240, 242, 253
Preußisches Kriegsministerium 31, 230f., 235, 240–242, 251
Preußisches Ministerium der auswärtigen Angelegenheiten s. Auswärtiges Amt
Preußisches Ministerium des Innern 236f.
Preußisches Ministerium für Handel, Gewerbe und öffentliche Arbeiten 25, 108, 240 242
Preußisches Staatsministerium 29, 32, 106f., 109, 112, 115, 233, 240, 243
Prinz-Albrecht-Palais (früher: Palais Vernezobre; s. auch dort) 15, 35, 118f., 124
Prinz-Albrecht-Straße (heute: Niederkirchnerstraße; s. auch dort) 17, 35, 63, 67, 83, 118, 124, 231, 243, 251
Prinz-Heinrich-Palais 26
Propagandaministerium s. Reichspropagandaministerium

Quai d'Orsay (Paris) 29, 35, 85, 164, 193
Quai de Bercy (Paris) 193, 196
Quartier de la Défense (Paris) 191, 193

Rapallo (Italien) 29
Rathauspark (Wien) 171
Rathausstraße 243
Reichsamt des Innern 12, 27, 233–236, 253
Reichsaußenministerium 43
Reichsfinanzministerium 42, 69
Reichskanzlerpalais s. Alte Reichskanzlei
Reichsluftfahrtministerium (später: Haus der Ministerien, Treuhandanstalt; heute: Karsten-Rohwedder-Haus; s. auch dort) 14–16, 26, 31, 39, 42f., 48, 58, 67, 72, 74, 77, 117, 125, 257–259, 273, 280
Reichsministerium des Innern 94
Reichsministerium für Wissenschaft, Kunst und Volksbildung (später: Volksbildungsministerium; s. auch dort) 16
Reichspräsidentenpalais 29, 76, 94
Reichspropagandaministerium (Reichsministerium für Volksaufklärung und Propaganda [»Promi«]; in der DDR: Nationalrat der Nationalen Front; s. auch dort) 13, 32, 42f., 51, 74, 77, 80, 119
Reichssicherheitshauptamt 35, 89, 118
Reichstag s. Deutscher Reichstag
Reichstagsufer 280f.
Reims (Frankreich) 210
Reuß ältere Linie (Fürstentum) 86

Reuß jüngere Linie (Fürstentum) 86
Reuß-Greiz 23
– Fürstentum 23
Reuß-Lobenstein 23
– Fürstentum 23
Reuß-Schleiz 23
– Fürstentum 23
Rhein 11, 97–99
Rheingebiet 11
Rheinland 181, 238
Ringstraße (Wien) 153, 155–158, 170–176, 178–185, 187
Rio de Janeiro (Brasilien) 91
Robert-Koch-Platz 53
Rom (Italien) 91, 180, 197
Rondell (später: Belle-Alliance-Platz, heute: Mehringplatz; s. auch dort) 251
Roonstraße 121
Roter Platz (auch: Schöner Platz; Moskau) 47, 62, 214–217
Rudolstadt (Fürstentum) 23
Rue Saint-Honoré (Paris) 189
Russische Botschaft 242
Russische Föderation (s. auch Russisches Reich, Rußland) 213f.
Russisches Reich (s. auch Russische Föderation, Rußland) 213
Rußland (s. auch Russische Föderation, Russisches Reich) 24, 28, 120, 125, 213f., 217f.

Sachsen 24
– Fürstentum 24
– Königreich 86, 120
Sachsen-Altenburg (Herzogtum) 86
Sachsen-Coburg-Gotha 23
– Fürstentum 23
– Herzogtum 86
Sachsen-Meiningen-Hildburghausen (Herzogtum) 86
Sachsen-Weimar-Eisenach (Großherzogtum) 86
San Stefano (heute: Istanbul-Yeşilköy) 28
Sängerbrücke (St. Petersburg) 213
Sardinien 174
SBZ s. Sowjetische Besatzungszone
Schaumburg-Lippe (Fürstentum) 86
Schlesien 228
Schloß Monbijou 76f.
Schloß Schönbrunn (Wien) 129, 158

Schloßplatz 250
Schloßplatz (St. Petersburg) 213
Schönbrunn s. Schloß Schönbrunn
Schöneberg s. Berlin-Schöneberg
Schwabengau 11
Schwarzburg-Rudolstadt (Fürstentum) 86
Schwarzburg-Sondershausen 23
– Fürstentum 23, 86
Schwarzenbergplatz (Wien) 182
Schweden 24
Serbien 166
Serbische Gesandtschaft 121
Siamesische Botschaft 121
Siegesallee 252, 254
Sizilien 24
Smolensker Platz (Moskau) 213
Sowjetische Besatzungszone (SBZ; s. auch Deutsche Demokratische Republik, Ostzone) 42, 44–47
Sowjetische Botschaft 63f., 72, 78
Sowjetsektor s. Berlin-Sowjetsektor
Sowjetunion 56f., 62, 73f.
Spandau s. Berlin-Spandau
Spittelmarkt 265
Spree 58, 67, 98, 249, 256
Spreebogen 248, 251f., 254, 257, 271
Spreeinsel 60, 68, 248, 258f., 271, 274
St. Germain (Frankreich) 181
St. James Palast (London) 202
St. Petersburg (Petrograd) 91, 141, 213f., 216
Staatsratsgebäude 257, 259
Stadtschloß 15, 21f., 24, 29, 31, 36, 46, 56f., 60f., 65, 69f., 75, 95, 129, 222, 228, 230, 236, 239f., 243, 248–250, 255–257
Stalinallee (heute: Karl-Marx-Allee) 60, 67f., 70
Starhembergpalais (Wien) 162
Stockholm (Schweden) 91
Straßburg 112, 196, 230
Stresemannstraße 63
Stubenring (Wien) 184–186
Stubenviertel (Wien) 175, 184
Stuttgart 91
Sucharev-Turm (Moskau) 217
Süddeutschland 86
Südosteuropa 165

Tegel (Flugplatz) 11
Tempelhof (Flughafen) 248

Thailändische Botschaft 121
Thälmannplatz s. Ernst-Thälmann-Platz
Tiergarten 16, 62f., 65, 93, 229, 238f., 251, 263, 265, 275
Tiergartenstraße 65
Tiergartenviertel 63, 65
Tierpark 77
Tokio (Japan) 91
»Toleranzstraße« s. Wilhelmstraße
Treasury (London) 202, 208f.
Treptow s. Berlin-Treptow
Treuhandanstalt (früher: Reichsluftfahrtministerium, Haus der Ministerien; heute: Karsten-Rohwedder-Haus; s. auch dort) 16
Trier 11
Trubnaja-Platz (Trubnaja ploščad; Moskau) 215f.
Tschechische Botschaft 117
Tschechische Republik 125
Tuilerien (Paris) 195
Türkei 28, 61
Türkische Botschaft (»Hohe Pforte«) 121
Tverskaja (auch: Gor'kij-Straße; Moskau) 217

Unter den Linden (»Via triumphalis«) 11–14, 16, 21, 23–25, 29, 35, 60f., 63–65, 67, 72, 77f., 81, 117–120, 125, 221, 231, 236–240, 242, 249–251, 255, 265f., 280f.
USA s. Vereinigte Staaten von Amerika

Varzin 113, 130
Vatikan 91
Venedig (Italien) 227
Venezuela 125
Vereinigte Staaten von Amerika (USA) 24, 97, 120, 125
Versailles (Frankreich) 195
– Schloß 196
»Via triumphalis« s. Unter den Linden
Vichy (Frankreich) 195
Vindobona ([Römisches] Lager) 156
Volksbildungsministerium (früher: Reichsministerium für Wissenschaft, Kunst und Volksbildung; s. auch dort) 16, 117
Volksgarten (Wien) 162, 164f., 171, 179–182
Vossisches Palais 118
Voßstraße 17, 25, 32, 35, 51, 62, 68, 70, 74, 112, 114, 120, 222, 226f., 242, 251, 262, 273, 275

Waldeck-Pyrmont (Fürstentum) 86
Wandlitz 118
Wannsee s. Berlin-Wannsee
Warschau (Polen) 55, 91
Washington (USA) 91
Weberwiese 58
Wedding s. Berlin-Wedding
Weidendammer Brücke 70
Weimar 57, 86, 91, 261
Weimarer Republik (s. auch Deutsches Reich, Deutschland) 14, 27–30, 94, 118, 120f., 123, 151, 255
»Weißes Haus« (Moskau) 213
West-Berlin s. Berlin-West
Westminster (London) 199, 201
Westsektoren s. Berlin-Westsektor[en]
Whitehall (London) 199, 202, 204, 206–208, 210f.
Wien 35, 91, 129, 153, 155–160, 162, 167, 169–175, 177, 179, 181, 183–187
– Innere Stadt 155
– Leopoldstadt 182
Wiesbaden 113
Wilhelmplatz (in der DDR: Ernst-Thälmann-Platz; s. auch dort) 15, 24f., 29, 32, 41, 43, 47, 49, 53, 56, 62, 80, 111, 118, 223, 233, 237–239, 242
Wilhelmstraße (in der DDR: Otto-Grotewohl-Straße [als Vorschlag für eine Umbenennung: »Toleranzstraße«]; s. auch dort) 11–17, 21–32, 35f., 39, 41–46, 49, 51, 53, 56–58, 60–69, 71f., 74–78, 80–83, 85, 92–103, 107, 109, 111, 113–115, 117–125, 129f., 134–138, 141, 143f., 146–151, 164, 199, 213, 221–226, 228f., 231, 233–237, 239–245, 248, 250f., 253–259, 261f., 264f., 267, 269, 271, 273, 278–281
Wilmersdorf s. Berlin-Wilmersdorf
Winterpalast (St. Petersburg) 213
Wipplingerstraße (Wien) 160, 163
Wittenbergplatz 265
Württemberg 24
– Fürstentum 24
– Königreich 86, 120

Zeitungsviertel 222
Zietenplatz 223, 237, 242f.
Zimmerstraße 122, 124, 231, 251

Bildnachweis

Neben den Beitragsautoren stellten freundlicherweise Abbildungsvorlagen zur Verfügung:

Archäologisches Landesamt Berlin
Auswärtiges Amt, Polit. Archiv u. Hist. Referat. Historische Bildsammlung
Der Beauftragte der Bundesregierung für den Berlin-Umzug und den Bonn-Ausgleich
Bundesarchiv Koblenz – ADN Bildarchiv
Bundesgesellschaft Berlin mbH
Deutsche Presse-Agentur GmbH
Deutsche Reichsbahn, Bildstelle
Henner Noack. Bildberichte. Bild-Pressedienst
Herbert Hoffmann. Berliner-Presse-Bild
Historische Kommission zu Berlin
Landesbildstelle Berlin
Senatsverwaltung für Bau- und Wohnungswesen

Bildzitate wurden entnommen:
Akademie der Künste. Diskussion um den Martin-Gropius-Bau und das angrenzende Gelände. Dokumentation, Berlin 1983
Berlin, die Hauptstadt des Reiches, hrsg. von der Deutschen Arbeitsfront
Friedrich Ebert und seine Zeit. Ein Gedenkbuch über den ersten Präsidenten der Deutschen Republik, Berlin o. J. (1925/26)

Walter M. Espe, *Das Buch der NSDAP. Werden, Kampf und Ziel der NSDAP,* G. Schönfeld's Verlagsbuchhandlung, Berlin 1933
Gerd Fesser: *Reichskanzler Bernhard Fürst von Bülow. Eine Biographie,* Deutscher Verlag der Wissenschaften GmbH, Berlin 1991
Jörg Fidorra, Katrin Bettina Müller: *Ruthild Hahne. Geschichte einer Bildhauerin,* hrsg. von der Schadow Gesellschaft 1995
Otto Hamman: *Bilder aus der letzten Kaiserzeit,* Verlag von Reimar Hobbing, Berlin 1922
Felix Hirsch: *Stresemann. Ein Lebensbild,* Musterschmidt Göttingen, Frankfurt/Zürich 1978
Adolf Hitler. Bilder aus dem Leben des Führers, hrsg. vom Cigaretten/Bilderdienst
Manfred Ohlsen: *Der Eisenbahnkönig Bethel Henry Strousberg. Eine preußische Gründerkarriere,* Verlag der Nation, Berlin 1987
Max von Stockhausen: *Sechs Jahre Reichskanzlei. Von Rapallo bis Locarno. Erinnerungen und Tagebuchnotizen 1922–1927,* bearb. und hrsg. von Walter Görlitz, Athenäum-Verlag, Bonn 1954
Petra Wilhelmy: *Der Berliner Salon im 19. Jahrhundert,* Walter de Gruyter, Berlin/New York 1989
Ingelore Marie Winter: *Mein geliebter Bismarck. Der Reichskanzler und die Fürstin Johanna. Ein Lebensbild. Mit unveröffentlichten Briefen,* Droste, Düsseldorf 1988
Günter Wollstein: *Theobald von Bethmann Hollweg. Letzter Erbe Bismarcks, erstes Opfer der Dolchstoßlegende,* Musterschmidt Verlag Göttingen, Zürich 1995

Autoren und Herausgeber

ARNDT, ULRICH, Staatssekretär bei der Senatsverwaltung für Bauen, Wohnen und Verkehr
BAUDISCH, ROSEMARIE, Wissenschaftliche Mitarbeiterin und Geschäftsführerin bei der Historischen Kommission zu Berlin
BIEWER, LUDWIG, Dr. phil., Vortragender Legationsrat Erster Klasse beim Politischen Archiv des Auswärtigen Amtes, Bonn
BODENSCHATZ, HARALD, Dr. phil., Professor am Institut für Soziologie der Technischen Universität Berlin
BOTZ, GERHARD, Dr. phil., Professor an der Universität Wien

DEMPS, LAURENZ, Dr. phil., Professor am Institut für Geschichtswissenschaften der Humboldt-Universität zu Berlin
ENGEL, HELMUT, Dr. phil., Honorarprofessor am Kunsthistorischen Institut der Freien Universität Berlin, Leiter der Obersten Denkmalschutzbehörde Berlin
FRANÇOIS, ETIENNE, Dr. phil., Honorarprofessor am Friedrich-Meinecke-Institut der Freien Universität Berlin, Direktor des »Centre Marc Bloch«, Berlin
JESCH, FALK, Dipl.-Ing., Wohnungsbaugesellschaft Berlin-Mitte m. b. H.
KETTENACKER, LOTHAR, Dr. phil., Professor, Stellvertretender Direktor des Deutschen Historischen Instituts, London
LAURIN, HANNA-RENATE, Dr. phil., Dr. h. c., Präsidentin des Abgeordnetenhauses von Berlin a. D.

MEYER, KLAUS, Dr. phil., Professor a. D. am Osteuropa-Institut der Freien Universität Berlin

NACHAMA, ANDREAS, Dr. phil., Geschäftsführender Direktor der Stiftung »Topographie des Terrors«, Berlin

RIBBE, WOLFGANG, Dr. phil., Professor am Friedrich-Meinecke-Institut der Freien Universität Berlin; Vorsitzender der Historischen Kommission zu Berlin

SCHOEN, ANNALIE, Dipl.-Ing., Hauptstadtbeauftragte und Leiterin des Hauptstadtreferats bei der Senatsverwaltung für Bauen, Wohnen und Verkehr

WILDEROTTER, HANS, Professor an der Fachhochschule für Technik und Wirtschaft, Berlin